高等学校电子信息类系列教材

数学物理方法

（第二版）

张民　罗伟　吴振森　编著

U0378889

西安电子科技大学出版社

内 容 简 介

本书系统地讲述了数学物理方法的基础理论及其在物理学、工程技术科学中的应用。全书共 8 章，包括三部分内容：第一部分为数学物理方程的建立与常规解法，包括定解问题、行波法、分离变量法、积分变换法、格林函数法和其他常用的数学物理方法（如变分法、积分方程解法等）；第二部分为特殊函数，重点讨论球函数（勒让德多项式）和柱函数（贝塞尔函数）的基本性质及其在数学物理方程中的应用；第三部分主要结合物理、电子信息工程、通信和材料科学类专业的特点，针对数学物理方程和特殊函数在电磁场等问题中的应用提出算例，利用计算机编程，求解问题并给出解的可视化图形，以提高读者编程、理解和解决实际问题的能力。

本书可作为物理、电子信息工程、通信、材料科学等专业的理工科大学本科教材，亦可作为相关专业研究生、科技工作者的参考书。

图书在版编目(CIP)数据

数学物理方法/张民，罗伟，吴振森编著. —2 版.
—西安：西安电子科技大学出版社，2016.6(2025.1重印)
ISBN 978 - 7 - 5606 - 4076 - 1

Ⅰ. ① 数…　Ⅱ. ① 张…　② 罗…　③ 吴…　Ⅲ. ① 数学物理方法－高等学校－教材　Ⅳ. ① O411.1

中国版本图书馆 CIP 数据核字(2016)第 119466 号

责任编辑　王　瑛　刘小莉
出版发行　西安电子科技大学出版社(西安市太白南路 2 号)
电　　话　(029)88202421　88201467　　邮　　编　710071
网　　址　www.xduph.com　　　　　电子邮箱　xdupfxb001@163.com
经　　销　新华书店
印刷单位　西安日报社印务中心
版　　次　2016 年 6 月第 2 版　2025 年 1 月第 3 次印刷
开　　本　787 毫米×1092 毫米　1/16　印　张　18
字　　数　426 千字
定　　价　45.00 元
ISBN 978 - 7 - 5606 - 4076 - 1
XDUP 4368002 - 3

＊＊＊如有印装问题可调换＊＊＊

前　言

数学物理方法是物理、电子信息工程、通信及材料科学等专业的重要公共基础课和工具。其主要特色在于将数学和物理紧密地结合，将精妙的数学思想及方法应用于实际的物理和交叉科学的实际问题的研究中，通过物理过程建立数学模型（偏微分方程），再通过求解和分析模型，进一步理解实际物理过程，从而提出解决实际问题的途径和方法。

全书共 8 章。第 1 章为数学物理方程的定解问题，主要介绍由三类数理方程导出的基本理论和定解问题的确定方法。第 2 章为行波法，主要介绍一维波动方程的达朗贝尔公式、三维波动方程的泊松公式、冲量原理的相关知识以及数理方程的求解技巧。第 3 章为分离变量法，主要讨论斯特姆-刘维型方程本征值问题的求解、直角坐标系和正交曲线坐标系下的双齐次问题的分离变量法、非齐次泛定方程的本征函数展开法和非齐次边界条件定解问题的边界条件齐次化原理。第 4 章为特殊函数，重点研究特殊函数（勒让德函数和贝塞尔函数）的性质与应用，进一步讲述正交曲线坐标系下的分离变量法。第 5 章为积分变换法，主要介绍傅里叶变换和拉普拉斯变换在数学物理方程中的应用。第 6 章为格林函数法，主要讨论格林函数的基本概念和用电像法等求解格林函数，以及其在数学物理方程中的应用。第 7 章为数学物理方程的其他解法，主要介绍求解数学物理方程中的一些常用方法，包括延拓法、保角变换法、积分方程的迭代解法和变分法等。第 8 章为数学物理方程的可视化计算，主要结合物理、电子信息工程、通信及材料科学等专业的特点，针对数学物理方程和特殊函数在电磁场等问题中的应用提出多个算例，包括平面波展开为球面波或柱面波的叠加，球体电磁散射的 Mie 理论解等实际问题；利用计算机编程，求解问题并给出解的可视化图形；同时，给出了相关计算程序和分析。

本书把斯特姆-刘维型方程的本征值问题的求解和特殊函数的内容穿插在分离变量法求解偏微分方程的教学中，并且增加了特殊函数和场论的相关知识在数学物理方程中的应用，使书中内容的衔接更为紧密。同时，作为修订版，修改了部分例题和第一版中的错误，并重点修改了第 8 章的内容，以便读者提高 C++语言的编程水平以及理解和解决实际问题的能力，激发学习兴趣。

在本书的编写过程中，参照了国内外许多优秀的数学物理方法的教材，在此对这些教材的作者表示感谢。要特别感谢李平舟教授对本书编写的关心和指导，感谢西安电子科技大学教务处、物理与光电工程学院的领导和同事们的支持。同时，还要感谢团队中的各届博士和硕士研究生们在文字录入、校对、绘图等方面的工作。另外，本书在出版过程中云立实编辑和王瑛编辑做了大量细致的编辑工作，在此也一并表示衷心的感谢。

限于作者的知识水平，虽然数易书稿，但书中难免存在不足和疏漏，热忱欢迎广大读者提出宝贵意见。

本次修订版的出版得到了西安电子科技大学教材建设基金项目和西安电子科技大学本科提升计划专项资金的资助和支持，在此表示衷心的感谢。

作　者

2016 年 3 月

于西安电子科技大学

目　　录

第1章　数学物理方程的定解问题 ……………………………………………… 1

1.1　基本概念 …………………………………………………………………… 1

1.1.1　偏微分方程的基本概念 ……………………………………………… 1

1.1.2　三类常见的数学物理方程 …………………………………………… 2

1.1.3　数学物理方程的一般性问题 ………………………………………… 2

1.2　数学物理方程的导出 ……………………………………………………… 3

1.2.1　波动方程的导出 ……………………………………………………… 4

1.2.2　输运方程的导出 ……………………………………………………… 10

1.2.3　稳定场方程的导出 …………………………………………………… 15

1.3　定解条件与定解问题 ……………………………………………………… 17

1.3.1　初始条件 ……………………………………………………………… 17

1.3.2　边界条件 ……………………………………………………………… 19

1.3.3　三类定解问题 ………………………………………………………… 23

1.4　本章小结 …………………………………………………………………… 23

习题 ……………………………………………………………………………… 24

第2章　行波法 …………………………………………………………………… 27

2.1　一维波动方程的达朗贝尔公式 …………………………………………… 27

2.1.1　达朗贝尔公式的导出 ………………………………………………… 27

2.1.2　达朗贝尔公式的物理意义 …………………………………………… 29

2.1.3　依赖区间和影响区域 ………………………………………………… 31

2.2　半无限长弦的自由振动 …………………………………………………… 32

2.3　三维波动方程的泊松公式 ………………………………………………… 35

2.3.1　平均值法 ……………………………………………………………… 36

2.3.2　泊松公式 ……………………………………………………………… 36

2.3.3　泊松公式的物理意义 ………………………………………………… 39

2.4　强迫振动 …………………………………………………………………… 41

2.4.1　冲量原理 ……………………………………………………………… 41

2.4.2　纯强迫振动 …………………………………………………………… 43

2.4.3　一般强迫振动 ………………………………………………………… 44

2.5　三维无界空间的一般波动问题 …………………………………………… 46

2.6　本章小结 …………………………………………………………………… 48

习题 ……………………………………………………………………………… 49

第3章　分离变量法 ……………………………………………………………… 53

3.1　双齐次问题 ………………………………………………………………… 53

3.1.1　有界弦的自由振动 …………………………………………………… 53

3.1.2　均匀细杆的热传导问题 ……………………………………………… 57

   3.1.3　稳定场分布问题 ……………………………………………………… 60

  3.2　本征值问题 ……………………………………………………………… 63

    3.2.1　斯特姆-刘维型方程 …………………………………………………… 63

    3.2.2　斯特姆-刘维型方程的本征值问题 …………………………………… 64

    3.2.3　斯特姆-刘维型方程本征值问题的性质 ……………………………… 67

  3.3　非齐次方程的处理 ……………………………………………………… 72

    3.3.1　本征函数展开法 ……………………………………………………… 72

    3.3.2　冲量原理法 …………………………………………………………… 76

  3.4　非齐次边界条件的处理 ………………………………………………… 77

    3.4.1　边界条件的齐次化原理 ……………………………………………… 77

    3.4.2　其他非齐次边界条件的处理 ………………………………………… 79

  3.5　正交曲线坐标系下的分离变量法 ……………………………………… 82

    3.5.1　圆域内的二维拉普拉斯方程的定解问题 …………………………… 82

    3.5.2　正交曲线坐标系下分离变量法的基本概念 ………………………… 84

    3.5.3　正交曲线坐标系中的分离变量法 …………………………………… 87

  3.6　本章小结 ………………………………………………………………… 90

  习题 …………………………………………………………………………… 92

第4章　特殊函数 ……………………………………………………………… 95

  4.1　二阶线性常微分方程的级数解 ………………………………………… 95

    4.1.1　二阶线性常微分方程的常点与奇点 ………………………………… 95

    4.1.2　方程常点邻域内的级数解 …………………………………………… 95

    4.1.3　方程正则奇点邻域内的级数解 ……………………………………… 99

  4.2　勒让德多项式 …………………………………………………………… 103

    4.2.1　勒让德多项式 ………………………………………………………… 104

    4.2.2　勒让德多项式的微分和积分表示 …………………………………… 107

  4.3　勒让德多项式的性质 …………………………………………………… 108

    4.3.1　勒让德函数的母函数 ………………………………………………… 108

    4.3.2　勒让德多项式的递推公式 …………………………………………… 110

    4.3.3　勒让德多项式的正交归一性 ………………………………………… 111

    4.3.4　广义傅里叶级数展开 ………………………………………………… 113

  4.4　勒让德多项式在解数学物理方程中的应用 …………………………… 114

  4.5　连带勒让德函数 ………………………………………………………… 116

    4.5.1　连带勒让德函数本征值问题 ………………………………………… 117

    4.5.2　连带勒让德函数的性质 ……………………………………………… 119

    4.5.3　连带勒让德函数在解数学物理方程中的应用 ……………………… 121

  4.6　球函数 …………………………………………………………………… 122

    4.6.1　一般的球函数定义 …………………………………………………… 122

    4.6.2　球函数的正交归一性 ………………………………………………… 122

    4.6.3　球函数的应用 ………………………………………………………… 123

  4.7　贝塞尔函数 ……………………………………………………………… 125

    4.7.1　三类贝塞尔函数(贝塞尔方程的解) ………………………………… 125

    4.7.2　贝塞尔方程的本征值问题 …………………………………………… 128

  4.8　贝塞尔函数的性质 ……………………………………………………… 129

    4.8.1　贝塞尔函数的母函数和积分表示 ························ 129
    4.8.2　贝塞尔函数的递推关系 ····························· 130
    4.8.3　贝塞尔函数的正交归一性 ··························· 132
    4.8.4　广义傅里叶-贝塞尔级数展开 ························· 133
  4.9　其他柱函数 ······································· 136
    4.9.1　球贝塞尔函数 ································· 136
    4.9.2　虚宗量贝塞尔函数 ······························· 139
  4.10　贝塞尔函数的应用 ································· 141
  4.11　本章小结 ····································· 146
  习题 ··· 149

第5章　积分变换法 ······································ 154
  5.1　傅里叶变换 ······································· 154
    5.1.1　傅里叶积分 ···································· 154
    5.1.2　傅里叶变换 ···································· 155
    5.1.3　傅里叶变换的物理意义 ····························· 157
    5.1.4　傅里叶变换的性质 ······························· 157
    5.1.5　δ函数的傅里叶变换 ························· 162
    5.1.6　n维傅里叶变换 ······························· 162
  5.2　傅里叶变换法 ····································· 162
    5.2.1　波动问题 ····································· 162
    5.2.2　输运问题 ····································· 164
    5.2.3　稳定场问题 ···································· 165
  5.3　拉普拉斯变换 ····································· 167
    5.3.1　拉普拉斯变换 ································· 167
    5.3.2　拉普拉斯变换的基本定理 ··························· 167
    5.3.3　拉普拉斯变换的基本性质 ··························· 171
  5.4　拉普拉斯变换的应用 ································· 174
    5.4.1　用拉普拉斯变换解常微分方程 ························ 174
    5.4.2　用拉普拉斯变换解偏微分方程 ························ 176
  5.5　本章小结 ····································· 182
  习题 ··· 184

第6章　格林函数法 ······································ 188
  6.1　δ函数 ······································· 189
    6.1.1　δ函数的定义 ······························· 189
    6.1.2　δ函数的性质 ······························· 189
    6.1.3　δ函数的应用 ······························· 193
  6.2　泊松方程边值问题的格林函数法 ························· 194
    6.2.1　格林函数的一般概念 ······························· 194
    6.2.2　泊松方程的基本积分公式 ··························· 195
  6.3　格林函数的一般求法 ································· 201
    6.3.1　无界空间的格林函数 ······························· 201
    6.3.2　一般边值问题的格林函数 ··························· 203
    6.3.3　电像法 ····································· 204

　　　6.3.4　电像法和格林函数的应用 ……………………………………… 212
　　6.4　格林函数的其他求法 ……………………………………………… 214
　　　6.4.1　用本征函数展开法求解边值问题的格林函数 ………………… 214
　　　6.4.2　用冲量法求解含时间的格林函数 …………………………… 216
　　6.5　本章小结 ……………………………………………………………… 219
　　习题 …………………………………………………………………………… 222

第7章　数学物理方程的其他解法 …………………………………………… 224
　　7.1　延拓法 ………………………………………………………………… 224
　　　7.1.1　半无界杆的热传导问题 ………………………………………… 224
　　　7.1.2　有界弦的自由振动 ……………………………………………… 225
　　7.2　保角变换法 …………………………………………………………… 226
　　　7.2.1　单叶解析函数与保角变换的定义 ……………………………… 226
　　　7.2.2　拉普拉斯方程的解 ……………………………………………… 229
　　7.3　积分方程的迭代解法 ………………………………………………… 231
　　　7.3.1　积分方程的几种分类 …………………………………………… 231
　　　7.3.2　迭代解法 ………………………………………………………… 232
　　7.4　变分法 ………………………………………………………………… 234
　　　7.4.1　泛函和泛函的极值 ……………………………………………… 234
　　　7.4.2　里兹方法 ………………………………………………………… 237
　　7.5　本章小结 ……………………………………………………………… 240

第8章　数学物理方程的可视化计算 ………………………………………… 241
　　8.1　分离变量法的可视化计算 …………………………………………… 241
　　　8.1.1　矩形区泊松方程的求解 ………………………………………… 241
　　　8.1.2　直角坐标系下的分离变量法在电磁场中的应用 ……………… 243
　　8.2　特殊函数的应用 ……………………………………………………… 247
　　　8.2.1　平面波展开为柱面波的叠加 …………………………………… 247
　　　8.2.2　平面波展开为球面波的叠加 …………………………………… 251
　　　8.2.3　特殊函数在波动问题中的应用 ………………………………… 255
　　　8.2.4　球体雷达散射截面的解析解 …………………………………… 259
　　8.3　积分变换法的可视化计算 …………………………………………… 274
　　8.4　格林函数的可视化计算 ……………………………………………… 276
　　8.5　本章小结 ……………………………………………………………… 279

参考文献 …………………………………………………………………………… 280

第1章　数学物理方程的定解问题

　　数学物理方程(简称数理方程)是指从物理学和实际工程问题中导出的描述物理规律的数学表述,一般特指偏微分方程,有时也包括与此相关的积分方程和常微分方程。本章主要介绍偏微分方程的基本概念,三类常见数理方程的建立,定解条件的确定和定解问题的描述等内容。

1.1　基　本　概　念

1.1.1　偏微分方程的基本概念

　　含有未知函数及其导数的方程称为微分方程。自然科学和工程技术的许多规律、过程和状态都可以用微分方程来描述。当这个方程中的未知函数含有两个以上自变量时,称此方程为偏微分方程,并记为

$$F\left(x_1, x_2, \cdots, x_n, u, \frac{\partial u}{\partial x_1}, \frac{\partial u}{\partial x_2}, \cdots, \frac{\partial u}{\partial x_n}, \cdots, \frac{\partial^m u}{\partial x_1^{m_1} \partial x_2^{m_2} \cdots \partial x_n^{m_n}}\right) = 0 \qquad (1.1)$$

其中：$x_1, x_2, \cdots, x_n$ 为自变量；u 为未知函数；$m = m_1 + m_2 + \cdots + m_n$。

　　在此,需引入以下几个定义。

1. 方程的阶数

　　方程的阶数即微分方程中出现的未知函数的偏导数的最高次数,如式(1.1)就是一个 m 阶偏微分方程。

2. 线性偏微分方程和非线性偏微分方程

　　如果一个偏微分方程中的未知函数及其各阶导数都是线性的,即含有未知函数及其导数的表达式是一次式,系数只依赖于自变量,则方程称为线性偏微分方程,否则称为非线性偏微分方程。例如,一个含有变量 x、y 的未知函数 $u = u(x, y)$ 满足的方程

$$A(x, y)\frac{\partial^2 u}{\partial x^2} + B(x, y)\frac{\partial^2 u}{\partial y^2} + C(x, y)u = f(x, y) \qquad (1.2)$$

就是一个二阶线性偏微分方程。

3. 齐次方程和非齐次方程

　　方程中不含未知函数及其导数的项称为自由项,当自由项为零时,方程称为齐次方程,否则称为非齐次方程。式(1.2)中的 $f(x, y)$ 就是自由项,当 $f(x, y) = 0$ 时,方程为二阶线性齐次方程,否则为非齐次方程。

1.1.2 三类常见的数学物理方程

数学物理方程是从物理问题中导出的反映物理过程的数学表达式,它所包括的范围十分广泛,本书主要讨论二阶线性偏微分方程。按照我们常见的典型物理过程,可以把数学物理方程分为波动方程、输运方程和稳定场方程,它们分别描述以下三类典型的物理现象:

(1) 描述波动过程的波动方程(机械波和电磁波):

$$u_{tt} = a^2 \Delta u + f \tag{1.3}$$

其中:$u = u(x, y, z; t)$代表坐标为(x, y, z)的点在t时刻的位移(未知函数);a是波传播的速度;$f = f(x, y, z; t)$是与振源有关的函数;$\Delta = \nabla^2 = \dfrac{\partial^2}{\partial x^2} + \dfrac{\partial^2}{\partial y^2} + \dfrac{\partial^2}{\partial z^2}$是拉普拉斯(Laplace)算符;记$u_{tt} = \partial^2 u / \partial t^2$。

(2) 描述输运过程的输运方程(热传导和扩散):

$$u_t = D \Delta u + f \tag{1.4}$$

其中:$u = u(x, y, z; t)$表示扩散物质的浓度(或物体的温度);D是扩散(或热传导)系数;$f = f(x, y, z; t)$是与扩散源有关的函数;记$u_t = \partial u / \partial t$。

(3) 描述平衡状态的稳定场方程(势场分布、平衡温度场分布):

$$\Delta u = -h \tag{1.5}$$

其中:$u = u(x, y, z)$表示稳定现象的物理量,如静电场中的电势等;$h = h(x, y, z)$表示与源有关的已知函数。

从方程本身来看,以上这三类方程的特点是:关于未知函数的偏导数最高阶数是二阶的,同时,关于未知函数及其导数的表达式均是线性表示,所以都是二阶线性偏微分方程。还可以看出,这三类方程都是关于空间的二阶偏导数,而关于时间,它们则分别是二阶、一阶偏导数以及与时间无关。因此,这三类方程在数学上又是三类不同的方程,可以依次分别称为双曲型方程、抛物型方程和椭圆型方程。

1.1.3 数学物理方程的一般性问题

数学物理方程是以物理学和工程技术中的具体问题作为研究对象的。利用数学物理方程研究物理问题一般需要以下三个步骤。

1. 确定定解问题

在物理学中,经常需要研究某个物理量(如位移、电势分布等)在空间某个区域中的分布情况和其随时间变化的规律。要解决这个问题,首先必须掌握该物理量在空间的分布和随时间变化的规律,即掌握有关的物理规律,把这些规律用数学语言描述出来,就得到了数学物理方程。值得注意的是,数学物理方程描述的是同一类物理现象的共同规律,反映的是物理量变化的最本质的关系,如波动方程(式(1.3))反映了所有的波动现象,如弦的振动、声音的传播、电磁波的传播所满足的共同规律。要解决具体问题,必须考虑研究区域所处的物理状态,即定解条件。简单地说,这个过程就是把物理问题的研究对应翻译成数学问题,利用物理规律,确定能够恰当反映物理规律的数理方程和定解条件。

我们把这种由一类物理问题所共有的物理特性所决定的方程称为泛定方程,把由具体问题在研究区域所满足的约束边界条件和时间初值条件统称为定解条件。为了得到符合具体问题的解，必须同时提出泛定方程和定解条件，作为一个整体，把上述过程称为定解问题的确定。

2．定解问题的求解

一旦定解问题确定，需要完成的就是对定解问题的求解。这些数学物理方程的求解（偏微分方程的求解）与常微分方程的求解有很大不同，主要体现在对偏微分方程还没有一个适用于偏微分方程求解的统一理论。也就是说，对于不同的定解问题，一般需要采用不同的方法一类一类地进行讨论。这些方法大致可以归纳为以下几种：

（1）行波法；

（2）分离变量法；

（3）积分变换法；

（4）格林函数法；

（5）保角变换法。

以上这些解析解法将在后面各章中一一阐述。此外，当无法得到解析解时，可以利用数值方法来求解。

3．解的适定性

用数学物理方程研究实际问题时，仅仅求解出方程是远远不够的，还必须讨论解的适定性，即存在性、唯一性和稳定性。

（1）存在性是指验证所求解的解是否满足方程，是否符合实际物理问题的意义。

（2）唯一性是指讨论在什么样的定解条件下，对于不同函数类，方程的解是否唯一。

（3）当定解条件有微小变化时，解是否也只有微小变化，如果是这样，则说明解具有稳定性。在从事工程设计或者物理规律的研究时，总需要实际测量，而测量难免会有误差。如果定解条件的微小误差会导致解的重大改变，就无法保证在数学上找出的解确实是实际所需解的近似，这样的解就失去了实用价值。相反，如果定解问题的解具有稳定性，那么只要是在合理的误差范围内所得到的解就可以看做是实际问题解的良好近似。

只有对定解做适定性分析，才可以得到符合实际问题的物理规律的解，这样的解才具有实际意义。

数学物理方程一方面紧密联系物理学中的许多问题，另一方面又广泛地应用相关的数学成果。其主要特色在于数学和物理的紧密结合，将数学方法应用于实际的物理和交叉科学的具体问题的分析中，通过物理过程建立数学模型（偏微分方程），通过求解和分析模型，进一步深入理解具体物理过程，从而解决实际问题。

1.2　数学物理方程的导出

基于数学物理方程的重要作用，本节将以几个具体的物理模型为例来描述如何从物理学的实际问题中导出数学物理方程。这里所谓的"导出"，就是用数学语言把物理规律表达出来。它主要包括：表述同一类物理现象的共同规律——泛定方程的建立；表述具体问题特殊性的边界条件和初始条件——定解问题的建立。因此，导出数学物理方程的一般步骤如下：

(1) 确定研究对象，即所研究的物理量 u。

(2) 利用微元法建立方程，即从所研究的物理系统中分离出一个小部分，对应数学中的"微元"，根据物理规律，分析这个微元邻近部分和它的相互作用规律，抓住最本质的关系，略去不重要的因素，把这种相互作用规律在短时间内对物理量 u 的影响用数学表达式表示出来，经化简整理就可以得到相应的数学物理方程。

以下具体讨论三类典型数学物理方程的建立。

1.2.1 波动方程的导出

1. 弦的横振动方程

如图 1.1 所示，设有一根细长柔软的弦线绷紧于 A、B 两点之间，在平衡位置 AB 附近产生振幅极为微小的横振动，求该弦上各点的运动规律。

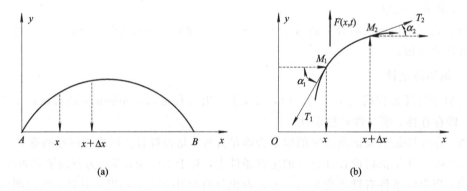

(a)　　　　　　　　　　　　　　　(b)

图 1.1　弦的横振动示意

一根拉紧的弦不振动时是一条直线，它处于平衡位置，如图 1.1(a)所示。我们将弦的平衡位置选在 x 轴上，并以 $u(x, t)$ 表示弦上 x 点在时刻 t 沿垂直于 x 轴方向的位移。首先对这个问题的物理名词做以下数学描述：

(1) 由于弦是"细长"的，即线密度 $\rho(x, t) = \rho(t)$，且任一小段的重量可以忽略不计。

(2) 由于弦"绷紧"于 AB 两点，这说明弦中各相邻部分之间有拉力即"张力"作用；由于弦是"柔软"的，这就意味着弦没有弯抗力，在放松情况下，把它弯成任意形状都可以保持不变，而在绷紧以后，相邻小段张力总是弦线的切线方向。

(3) 由于弦作"微小"的横向振动，故相邻点沿振动方向位移的差别很小，即

$$|u_x| = \left| \frac{\partial u}{\partial x} \right| \ll 1(无穷小量) \quad (u_x^2 \approx 0) \tag{1.6}$$

显然，一根均匀柔软且具有弹性的细弦，绷紧之后相邻各小段之间都存在沿弦切线方向的张力；由于这个张力的作用，一个小段的振动必定带动相邻小段的振动，这种振动形式的传播便形成了波动。

有了以上对问题的数学描述，下面来推导方程。

首先，应确定研究对象，即从任意弦中划分出不包括端点 (A, B) 的一小段 Δx 作为研究对象。

注意到在振动过程中这一小段 Δx 变成了弧 $\overparen{M_1 M_2}$，但是

$$\overparen{M_1 M_2} = \int_x^{x+\Delta x} \sqrt{1 + (u_x)^2} \, \mathrm{d}x \approx \int_x^{x+\Delta x} \mathrm{d}x = \Delta x \tag{1.7}$$

即这一小段弦的长度在振动过程中可以看做是不变的。因此，由胡克(Hooke)定律可知张力和线密度都不随 t 而变，即

$$T(x, t) = T(x) \quad 且 \quad \rho(t) = \rho(常数) \tag{1.8}$$

其次，从这一小段与相邻部分的相互作用的物理规律出发，尝试建立表征这种规律的数学方程。

分析 $\overparen{M_1 M_2}$ 的受力情况，如图 1.1(b)所示。

(1) M_1 点受有张力 T_1，它在 x 轴方向的分力为 $-T_1 \cos\alpha_1$，y 轴方向的分力为 $-T_1 \sin\alpha_1$。

(2) M_2 点受有张力 T_2，它在 x 轴方向的分力为 $T_2 \cos\alpha_2$，y 轴方向的分力为 $T_2 \sin\alpha_2$。

(3) 设 $\overparen{M_1 M_2}$ 受有沿 y 轴方向的外力 $F(x + \eta_1 \Delta x, t) \Delta x$(注意，$\overparen{M_1 M_2} = \Delta x$)，其中 $F(x, t)$ 表示单位长度所受的外力，$0 < \eta_1 \leqslant 1$。

由牛顿(Newton)第二定律，得

$$T_2 \cos\alpha_2 - T_1 \cos\alpha_1 = 0 \tag{1.9}$$

$$T_2 \sin\alpha_2 - T_1 \sin\alpha_1 + F(x + \eta_1 \Delta x, t) \Delta x = (\rho \Delta x) u_{tt}(x + \eta_2 \Delta x, t) \tag{1.10}$$

其中：$\rho \Delta x$ 为小段弦的质量；$u_{tt}(x + \eta_2 \Delta x, t)$ 为 t 时刻在小段弦上 $x + \eta_2 \Delta x$ 处的加速度，这里 $0 < \eta_2 \leqslant 1$。

由三角公式

$$\sin\alpha = \frac{\tan\alpha}{\sqrt{1 + \tan^2\alpha}} = \frac{u_x}{\sqrt{1 + u_x^2}} \approx u_x \tag{1.11}$$

可得

$$\begin{cases} \sin\alpha_1 \approx u_x(x, t), \ \sin\alpha_2 = u_x(x + \Delta x, t) \\ \cos\alpha_1 = \sqrt{1 - \sin^2\alpha_1} \approx 1, \ \cos\alpha_2 = \sqrt{1 - \sin^2\alpha_2} \approx 1 \end{cases} \tag{1.12}$$

因此，由式(1.9)可得

$$T_1 = T_2 = T \tag{1.13}$$

进而由式(1.10)可得

$$(\rho \Delta x) u_{tt}(x + \eta_2 \Delta x, t) = F(x + \eta_1 \Delta x, t) \Delta x + T[u_x(x + \Delta x, t) - u_x(x, t)] \tag{1.14}$$

即

$$u_{tt}(x + \eta_2 \Delta x, t) = \frac{T}{\rho} \frac{u_x(x + \Delta x, t) - u_x(x, t)}{\Delta x} + \frac{F(x + \eta_1 \Delta x, t)}{\rho} \tag{1.15}$$

对式(1.15)两边取 $\Delta x \to 0$ 时的极限，得

$$u_{tt} = a^2 u_{xx} + f(x, t) \tag{1.16}$$

其中：$a^2 = T/\rho$，表示振动在弦上的传播速度；$f(x, t) = F(x, t)/\rho$，称为力密度，表示 t 时刻作用于 x 处的单位质量上的横向外力。

式(1.16)即为弦的横振动方程。若 $f = 0$，即弦在振动过程中不受外力时，

$$u_{tt} = a^2 u_{xx} \tag{1.17}$$

称之为弦的自由振动方程。

可以看到，弦的微小横振动方程是一维的波动方程，式(1.16)是非齐次波动方程，式(1.17)是齐次波动方程。

2. 均匀薄膜的微小横振动

把柔软的均匀薄膜张紧，静止薄膜所在的平面记为 xy 平面，求薄膜在垂直于 xy 平面方向上作微小横振动时所满足的运动规律。

这个问题如图 1.2 所示，不妨设膜上各点的横位移为 $u(x, y; t)$，并对薄膜的运动做以下数学描述：

(1) 薄膜是"柔软"的，即在膜的横截面内不存在切应力（指与薄膜的切平面相垂直的应力）。这样，对于膜上任一点，膜的表面张力 T（指作用在单位长度上并且与该长度方向相垂直的拉力）必须在过这一点的切平面内，如图 1.2(a)所示。

(2) 膜是"均匀"的，即面密度 $\rho(x, y; t) = \rho(t)$。

(3) 振动是"微小"的，也就是说张力的仰角 $\alpha \approx 0$，这样，张力 T 的横向分量为 $T \sin\alpha \approx T \tan\alpha = T \dfrac{\partial u}{\partial n}$，$\hat{\boldsymbol{n}}$ 指的是张力 T 在 xy 平面上的投影的单位矢量。

(4) 与弦的横振动中推导式（即式(1.7)～式(1.9)）类似，可以证明张力 T 和面密度函数 ρ 均与空间位置坐标无关，为常量。

依据以上数学描述，做如下具体推导：

如图 1.2(b)所示，把膜分成许多小方块，取 x 与 $x+\mathrm{d}x$ 之间，y 与 $y+\mathrm{d}y$ 之间的小块作为研究对象。这一小块在 x 到 $x+\mathrm{d}x$ 方向的两边，受到的张力的横向分力分别是 $-T\dfrac{\partial u}{\partial x}\Big|_x$ 和 $T\dfrac{\partial u}{\partial x}\Big|_{x+\mathrm{d}x}$，这样，小块膜在 x 轴方向所受的横向作用力为

$$\left[T\frac{\partial u}{\partial x}\Big|_{x+\mathrm{d}x} - T\frac{\partial u}{\partial x}\Big|_x \right] \mathrm{d}y = T\frac{\partial^2 u}{\partial x^2}\,\mathrm{d}x\,\mathrm{d}y \tag{1.18}$$

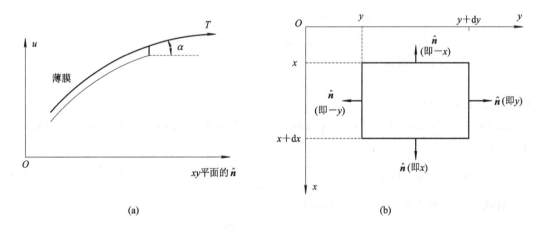

(a)　　　　　　　　　　　　　　　　　　(b)

图 1.2　薄膜微小横振动示意

同理，在 y 到 $y+\mathrm{d}y$ 两边受到的横向力为 $T\dfrac{\partial^2 u}{\partial y^2}\,\mathrm{d}x\,\mathrm{d}y$。根据牛顿第二定律，这小块膜的横向运动方程为

$$(\rho\,\mathrm{d}x\,\mathrm{d}y)u_{tt} = Tu_{xx}\,\mathrm{d}x\,\mathrm{d}y + Tu_{yy}\,\mathrm{d}x\,\mathrm{d}y \tag{1.19}$$

即

$$u_{tt} = a^2 \Delta u \tag{1.20}$$

其中：$a^2 = \dfrac{T}{\rho}$ 为膜上振动的传播速度；$\Delta = u_{xx} + u_{yy} = \dfrac{\partial^2 u}{\partial x^2} + \dfrac{\partial^2 u}{\partial y^2}$，在此表示二维拉普拉斯算符。

式(1.20)为二维齐次波动方程。若膜上有横向外力作用，可设单位面积上的横向外力为 $F(x, y; t)$，重复上述步骤，可以得到薄膜的受迫振动方程为

$$u_{tt} - a^2 \Delta u = f(x, y; t) \tag{1.21}$$

其中：$f(x, y; t) = F(x, y; t)/\rho$ 为作用于单位质量上的横向外力。

3. 传输线方程(电报方程)

对于直流电或者低频交流电，线与线之间的电容和电感可以忽略不计，根据电路的基尔霍夫定律有：同一支路的电流相等。但是，对于较高频率的交流电(这里指频率还没有高到能显著向外辐射电磁波的情况)，电路中导线的自感和电容的效应不可忽略，因而同一支路中的电流未必相等。那么，该如何确定这种高频传输线中电流和电压所满足的规律呢？

考虑一对高频传输线，如图 1.3 所示，可以把它看成是具有分布参数的导体。

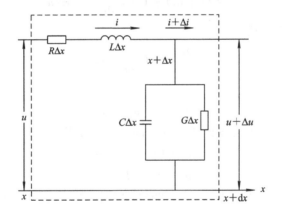

图 1.3　高频传输线的等效电路示意

对所求问题做以下数学描述：

(1) 在具有分布参数的导体中，电流分布的情况可以用电流强度 i 与电压 u 来描述，此处 i 与 u 是 x，t 的函数，记做 $i(x, t)$ 与 $u(x, t)$。

(2) 分别以单位传输线的参数 R、L、C、G 表示传输线的介质特性。其中：R 表示每一回路单位长度的串联电阻；L 表示每一回路单位长度的串联电感；C 表示每单位长度的分路电容；G 表示每单位长度的分路电导。

(3) 解决传输线上电压和电流分布的基本原理是基尔霍夫(Kirchhoff)电流电压定律。

第一定律：汇合在节点的电流的代数和为零(规定流入节点的为正，流出节点的为负)，即

$$\sum_{k=1}^{n} I_k = 0 \tag{1.22}$$

第二定律：沿任一闭合回路的电势增量的代数和为零（规定沿回路顺时针方向的电动势和电流都为正，反之为负），即

$$\sum_{k=1}^{n} I_k R_k = \sum_{k=1}^{n} \mathscr{E}_k \qquad (1.23)$$

具体求解过程如下：

把传输线分成许多小段，取区间$(x, x+\mathrm{d}x)$上的小段加以研究。

根据基尔霍夫第二定律，由式(1.23)得

$$u - (u + \mathrm{d}u) = R\,\mathrm{d}x \cdot i + L\,\mathrm{d}x \cdot \frac{\partial i}{\partial t} \qquad (1.24)$$

其中，$\mathrm{d}u \approx \dfrac{\partial u}{\partial x}\,\mathrm{d}x$。故式(1.24)可写成

$$\frac{\partial u}{\partial x} \approx -Ri - L\frac{\partial i}{\partial t} \qquad (1.25)$$

即

$$u_x \approx -Ri - Li_t \qquad (1.26)$$

同时，根据基尔霍夫第一定律，由式(1.22)得

$$i = (i + \mathrm{d}i) + C\,\mathrm{d}x\,\frac{\partial u}{\partial t} + G\,\mathrm{d}x\,u \qquad (1.27)$$

同理，可以将式(1.27)写成

$$\frac{\partial i}{\partial x} = -C\frac{\partial u}{\partial t} - Gu \qquad (1.28)$$

即

$$i_x = -Cu_t - Gu \qquad (1.29)$$

由式(1.26)和式(1.29)可以得到i、u应满足如下方程组：

$$\begin{cases} i_x + Cu_t + Gu = 0 & (1.30a) \\ u_x + Ri + Li_t = 0 & (1.30b) \end{cases}$$

将$\partial/\partial x$作用于式(1.30a)（即作用于式(1.29)），同时，对式(1.30b)两端乘以C后，再对t微分$\left(\text{即将 } C\dfrac{\partial}{\partial t}\text{作用于式}(1.26)\right)$，并把两个结果相减，即得

$$i_{xx} + Gu_x - LCi_{tt} - RCi_t = 0 \qquad (1.31)$$

同时消去u，把式(1.26)代入式(1.31)，得

$$i_{xx} = LCi_{tt} + (RC + GL)i_t + GRi \qquad (1.32)$$

这就是电流i所满足的偏微分方程。采用类似的方法，从式(1.26)与式(1.29)中消去i，可得电压u满足的偏微分方程为

$$u_{xx} = LCu_{tt} + (RC + GL)u_t + GRu \qquad (1.33)$$

式(1.32)和式(1.33)称为传输线方程（也称为电报方程）。如果导线电阻R和线间的漏电导G（即分路电导）很小，则这种传输线称为理想传输线。对于理想的均匀传输线，G和R均可忽略，即$G=R=0$，则式(1.32)和式(1.33)可简化为

$$i_{tt} - a^2 i_{xx} = 0 \qquad (1.34)$$

$$u_{tt} - a^2 u_{xx} = 0 \qquad (1.35)$$

其中，$a^2 = \dfrac{1}{LC}\left(\dfrac{1}{LC}=c^2,\ c\ \text{为光速}\right)$。

显然，上述理想的传输线方程也是典型的一维波动方程。

4. 电磁场方程

电磁场的麦克斯韦方程组的微分形式是

$$\begin{cases} \nabla \cdot \boldsymbol{D} = \rho \\ \nabla \times \boldsymbol{E} = -\,\boldsymbol{B}_t \\ \nabla \cdot \boldsymbol{B} = 0 \\ \nabla \times \boldsymbol{H} = \boldsymbol{J} + \boldsymbol{D}_t \end{cases} \tag{1.36}$$

其中：$\nabla = \dfrac{\partial}{\partial x}\hat{\boldsymbol{i}} + \dfrac{\partial}{\partial y}\hat{\boldsymbol{j}} + \dfrac{\partial}{\partial z}\hat{\boldsymbol{k}}$ 为哈密顿算符；$\boldsymbol{E}$ 是电场强度；$\boldsymbol{H}$ 是磁场强度；$\boldsymbol{D}$ 是电位移矢量；$\boldsymbol{B}$ 是磁感应强度；$\boldsymbol{J}$ 是传导电流；ρ 是电荷的体密度；记 $\boldsymbol{B}_t = \partial \boldsymbol{B}/\partial t$，$\boldsymbol{D}_t = \partial \boldsymbol{D}/\partial t$。这组方程还必须与下述场的物质方程联立：

$$\begin{cases} \boldsymbol{D} = \varepsilon \boldsymbol{E} \\ \boldsymbol{B} = \mu \boldsymbol{H} \\ \boldsymbol{J} = \sigma \boldsymbol{E} \end{cases} \tag{1.37}$$

其中：ε 是介电常数；μ 是磁导率；σ 是电导率。若介质是均匀且各向同性的，则 ε、μ、σ 均为常数。

方程组(1.36)中的第二式和第四式都同时包含有 $\boldsymbol{E}$ 和 $\boldsymbol{H}$，从中消去一个变量，就可以得到关于另一个变量的微分方程。首先消去 $\boldsymbol{E}$，用 $\nabla \times$ 作用于方程组(1.36)的第四式，并利用方程组(1.37)的第一式和第三式，得

$$\nabla \times (\nabla \times \boldsymbol{H}) = \varepsilon \frac{\partial}{\partial t}\nabla \times \boldsymbol{E} + \sigma \nabla \times \boldsymbol{E} \tag{1.38}$$

将方程组(1.36)中的第二式与方程组(1.37)中的第二式代入式(1.38)，得

$$\nabla \times (\nabla \times \boldsymbol{H}) = -\,\varepsilon\mu \boldsymbol{H}_{tt} - \sigma\mu \boldsymbol{H}_t \tag{1.39}$$

由矢量公式得 $\nabla \times (\nabla \times \boldsymbol{H}) = \nabla(\nabla \cdot \boldsymbol{H}) - \nabla^2 \boldsymbol{H}$。又因为 $\nabla \cdot \boldsymbol{H} = \dfrac{1}{\mu}\nabla \cdot \boldsymbol{B} = 0$，所以 $\boldsymbol{H}$ 所满足的方程为

$$\nabla^2 \boldsymbol{H} = \varepsilon\mu \boldsymbol{H}_{tt} + \sigma\mu \boldsymbol{H}_t \tag{1.40}$$

同理，若消去 $\boldsymbol{H}$，即得 $\boldsymbol{E}$ 所满足的方程为

$$\nabla^2 \boldsymbol{E} = \varepsilon\mu \boldsymbol{E}_{tt} + \sigma\mu \boldsymbol{E}_t \tag{1.41}$$

如果介质不导电(即 $\sigma = 0$)，则上面两个方程可简化为

$$\boldsymbol{H}_{tt} = \frac{1}{\varepsilon\mu}\nabla^2 \boldsymbol{H} = \frac{1}{\varepsilon\mu}\Delta \boldsymbol{H} \tag{1.42}$$

$$\boldsymbol{E}_{tt} = \frac{1}{\varepsilon\mu}\nabla^2 \boldsymbol{E} = \frac{1}{\varepsilon\mu}\Delta \boldsymbol{E} \tag{1.43}$$

式(1.42)和式(1.43)称为电磁场所满足的三维波动方程。在直角坐标系下，这个三维波动方程以标量函数的形式表示，即

$$u_{tt} = a^2 \nabla^2 u = a^2(u_{xx} + u_{yy} + u_{zz}) \tag{1.44}$$

其中：$a^2 = \dfrac{1}{\varepsilon\mu}$；$u$ 是 $\boldsymbol{E}$(或者 $\boldsymbol{H}$)在直角坐标中的任意一个分量；$\nabla^2 = \dfrac{\partial^2}{\partial x^2} + \dfrac{\partial^2}{\partial y^2} + \dfrac{\partial^2}{\partial z^2}$，在此

表示三维拉普拉斯算符。

通过前面的例子可以看到，对于不同物理过程中的物理规律可以用同一个数学物理方程来表示。也就是说，同一个方程可以用来描述不同的物理现象。正因为如此，就有可能用一种物理现象去模拟另一种物理现象。

1.2.2 输运方程的导出

1. 热传导方程

在导热介质中，由于温度不均匀，致使热量从温度高的地方向温度低的地方转移的现象称为热传导。

在热传导问题中，主要研究的是温度在空间的分布和随时间的变化情况，即温度的分布和变化规律所满足的微分方程。以下讨论一维热传导问题。

设有一根横截面积为 A 的均匀细杆，沿杆长方向有温度差，其侧面绝热，求杆中温度的分布变化规律。

待求解的问题如图 1.4 所示，不妨取 x 轴与杆重合，根据问题的物理叙述，利用热传导的相关定律，对所求问题做以下数学描述：

（1）因为热量只会沿着杆长方向传导，所以，这是一个一维问题。以 $u(x, t)$ 表示杆上 x 点处在 t 时刻的温度。

（2）由傅里叶(Fourier)实验定律知，热传导的强弱是由热流强度 $\boldsymbol{q}$ 描述的，它是单位时间内垂直通过单位面积的热量，定义式为

$$\boldsymbol{q} = -k \frac{\partial u}{\partial n} \hat{\boldsymbol{n}} \tag{1.45}$$

其中：k 为热导率，一般与介质材料有关，当温度变化范围不大时，可以视为与温度无关；$\hat{\boldsymbol{n}}$ 为曲面的外法向方向；公式中的负号表示由温度高处流向温度低处。

（3）解决热力学问题的基本规律是能量守恒定律和傅里叶(Fourier)实验定律。

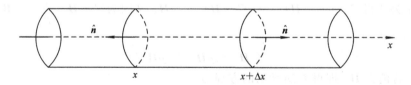

图 1.4 细杆中热传导示意

问题的具体求解过程如下：

仿照前面求导弦振动方程的过程，如图 1.4 所示，从杆的内部划出一小段 Δx，考察这一小段在时间间隔 Δt 内热量流动的情况。

设 c 为杆的比热容(单位物质升高单位温度所需的热量，它与物质的材料有关)，ρ 为杆的密度，则在 Δt 时间内引起 Δx 的温度升高时所需的热量为

$$Q = c(\rho A \Delta x)[u(x, t + \Delta t) - u(x, t)] \tag{1.46}$$

取 $\Delta t \to 0$ 时的极限，得

$$Q \approx c\rho A u_t \Delta x \Delta t \tag{1.47}$$

根据傅里叶实验定律,由热流强度的定义(式(1.45))可以得到:

① 在 Δt 时间内沿 x 轴正向流入 x 处截面的热量为

$$Q_1(x) = -ku_x(x, t)A\Delta t \tag{1.48}$$

② 在 Δt 时间内由 $x+\Delta x$ 处截面流出的热量为

$$Q_2(x+\Delta x) = -ku_x(x+\Delta x, t)A\Delta t \tag{1.49}$$

另外,如果考虑杆内有热源,设其热源密度为 $F(x, t)$(单位时间内单位体积所释放出的热量),则在 Δt 内,杆内热源在 Δx 段产生的热量为

$$Q_3 = F(x, t)(A\Delta x)\Delta t \tag{1.50}$$

至此,根据能量守恒定律,流入和流出 Δx 段的总热量与 Δx 段中热源产生的热量恰好应该等于 Δx 段温度升高时所吸收的热量,即

$$Q = Q_1 - Q_2 + Q_3 \tag{1.51}$$

将式(1.47)~式(1.50)代入式(1.51)中,得

$$c\rho Au_t\Delta x\Delta t = -ku_x(x, t)A\Delta t + ku_x(x+\Delta x, t)A\Delta t + FA\Delta x\Delta t \tag{1.52}$$

即

$$c\rho u_t = \frac{k[u_x(x+\Delta x, t) - u_x(x, t)]}{\Delta x} + F \tag{1.53}$$

令 $\Delta x \to 0$,两边取极限,可得

$$u_t = \frac{k}{c\rho}u_{xx} + \frac{F}{c\rho} \tag{1.54}$$

即

$$u_t = Du_{xx} + f(x, t) \tag{1.55}$$

其中

$$D = \frac{k}{c\rho}, \quad f = \frac{F}{c\rho}$$

式(1.55)即为一维热传导方程,用类似的方法可推出三维热传导方程。

下面推导任意一个三维物体内各点的温度分布和变化所满足的热传导方程。

针对此类问题,所讨论的对象是物体内各处的温度 u。因此,把物体分成许多小区域,只考虑任意一个小区域内的温度。为此,在物体中任取一封闭曲面 S,如图 1.5 所示,它所包围的区域记为 V。

设在时刻 t,区域 V 内 $M(x, y, z)$ 点处的温度为 $u(x, y, z; t)$,$\hat{n}$ 为曲面元素 ΔS 的法向单位矢量(由 V 内指向 V 外)。

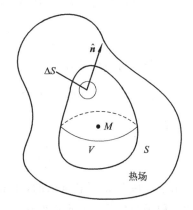

图 1.5 三维物理的热传导示意

由热传导的傅里叶定律知,在 $[t, t+\Delta t]$ 时间内,从 ΔS 流入区域 V 的热量与时间 Δt、面积 ΔS 以及热流强度 q 均成正比,即热传导定律

$$\Delta Q = k\frac{\partial u}{\partial n}\Delta S\Delta t = k(\nabla u \cdot \Delta S)\Delta t \tag{1.56}$$

其微分形式为

$$dQ = k \nabla u \cdot dS \, dt \tag{1.57}$$

其中：k 称为物体的热传导系数，通常是空间位置(x, y, z)的函数，即$k(x, y, z)$。当物体为各向同性的均匀介质体时，k 为常数。

于是，在 $t_1 \to t_2$ 这段时间里，通过曲面 S 流入区域 V 内的全部热量为

$$Q_1 = \int_{t_1}^{t_2} \left[\iint_S k \nabla u \cdot dS \right] dt \tag{1.58}$$

流入的热量使体元 V 内温度发生了变化，在 Δt 时间内，区域 V 内各点温度从$u(x, y, z; t)$变化到 $u(x, y, z; t + \Delta t)$，则在 Δt 时间内 V 内稳定升高所需要的热量为

$$\iiint_V c\rho [u(x, y, z; t + \Delta t) - u(x, y, z; t)] dV = \iiint_V c\rho \frac{\partial u(x, y, z; t)}{\partial t} \Delta t \, dV \tag{1.59}$$

从而由时刻 t_1 到 t_2，由于温度升高体元所吸收的热量为

$$Q_2 = \int_{t_1}^{t_2} \left[\iiint_V c\rho \frac{\partial u}{\partial t} \, dV \right] dt \tag{1.60}$$

其中：c 为物体的比热容；ρ 为物体的密度。对均匀物体来说，它们都是常数。

另外，以 $F(x, y, z; t)$ 表示热源强度，即介质中热源在单位时间、单位体积内所释放出的热量，则体元 V 内热源释放的热量为

$$Q_3 = \int_{t_1}^{t_2} \left[\iiint_V F \, dV \right] dt \tag{1.61}$$

这样，根据能量守恒定律，流入的热量应等于物体温度升高所需吸收的热量，即

$$Q_1 + Q_3 = Q_2 \tag{1.62}$$

将式(1.58)、式(1.60)、式(1.61)代入式(1.62)，得

$$\int_{t_1}^{t_2} \left[\iint_S k \nabla u \cdot dS \right] dt + \int_{t_1}^{t_2} \left[\iiint_V F \, dV \right] dt = \int_{t_1}^{t_2} \left[\iiint_V c\rho \frac{\partial u}{\partial t} \, dV \right] dt \tag{1.63}$$

因为时间间隔$[t_1, t_2]$是任意取的，并且被积函数是连续可积的，故有

$$\iint_S k \nabla u \cdot dS + \iiint_V F \, dV = \iiint_V c\rho \frac{\partial u}{\partial t} \, dV \tag{1.64}$$

利用高斯公式可将此式左端对曲面 S 的积分化为体积分，即

$$\iint_S k \nabla u \cdot dS = \iiint_V k \nabla \cdot (\nabla u) \, dV = \iiint_V k \nabla^2 u \, dV \tag{1.65}$$

因此，有

$$\iiint_V k \nabla^2 u \, dV + \iiint_V F \, dV = \iiint_V c\rho \frac{\partial u}{\partial t} \, dV \tag{1.66}$$

由于区域 V 是任意选取的，且被积函数是连续的，所以式(1.66)左右恒等的条件是它们的被积函数恒等，由此式得到

$$c\rho \frac{\partial u}{\partial t} = k \nabla^2 u + F \tag{1.67}$$

整理得

$$u_t = a^0 \Delta u + f \tag{1.68}$$

其中：$a^2 = \dfrac{k}{c\rho}$；$f = \dfrac{F}{c\rho}$；$\Delta = \nabla^2 = \dfrac{\partial^2}{\partial x^2} + \dfrac{\partial^2}{\partial y^2} + \dfrac{\partial^2}{\partial z^2}$，在此为三维拉普拉斯算符。

式(1.68)称为三维热传导方程。若物体内没有热源，则相应的三维齐次热传导方程为

$$u_t = a^2 \Delta u \tag{1.69}$$

2. 扩散方程

和热传导过程类似，扩散过程在实际中也是经常见到的。当我们在房间里打开一瓶香水时，香水分子会从瓶中扩散出来，开始在瓶的附近会嗅到香水的气味，过一会儿整个房间里都会充满香水的气味，这种现象就是一种扩散现象。一般来说，由于物质浓度(单位体积中的分子数或质量)分布的不均匀，物质从浓度高的地方向浓度低的地方转移的现象称为扩散。

扩散现象并不限于气体，在液体、固体中也有扩散现象，例如制作半导体器件时可以采用扩散法。

在扩散问题中，需要研究的是浓度函数 u 在空间中的分布和随时间的变化关系。这里从一维扩散问题(指的是只沿一个方向进行的扩散)出发，来研究浓度在空间中的分布和随时间的变化规律。

如图 1.6 所示，不妨设有一个沿 x 轴方向的扩散，求其扩散过程中浓度函数 $u(x, t)$ 所满足的方程，即扩散过程中浓度函数随空间位置和时间的变化关系。

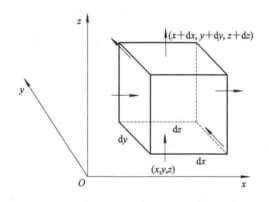

图 1.6　一维扩散过程示意

根据待求问题的物理叙述，利用扩散的相关规律，对所求问题做以下数学描述：

(1) 扩散运动的强弱可用"单位时间里通过单位横截面积的质量或粒子数"来表示，即扩散流强度，记作 q。

事实上，引起物质扩散运动的原因是浓度分布的不均匀性。浓度不均匀的空间分布程度可用浓度梯度 ∇u 来表示。实验证明，扩散流强度 q 与浓度梯度 ∇u 间存在一定的关系，这就是扩散定律，即

$$q = -D\nabla u \tag{1.70}$$

其中：负号表示扩散转移方向(浓度减小的方向)跟浓度梯度(浓度增大的方向)相反；D 为扩散系数，因物质而异，即使同一物质在不同温度下，D 也不同。一般来说，温度越高，扩散系数越大。

(2) 对于沿 x 轴方向进行的一维扩散，式(1.70)可写为

$$\boldsymbol{q} = - D \frac{\partial u}{\partial x} \hat{\boldsymbol{x}} \tag{1.71}$$

(3) 应用扩散定律和物质守恒定律(或粒子数守恒定律)来研究一维扩散问题中的浓度在空间中的分布和在时间中 $u(x, t)$ 的变化规律。

问题的具体求解过程如下：

取 x 与 $x + \mathrm{d}x$ 之间，y 与 $y + \mathrm{d}y$ 之间，z 与 $z + \mathrm{d}z$ 之间的小长方体作为研究对象，如图 1.6 所示，这个小体积元里面的浓度变化取决于扩散流强度 $\boldsymbol{q}$ 向它汇集或从它发散，也就是说取决于穿过它表面的流量。

这里，扩散只沿 x 轴方向进行，扩散流并不穿过前、后和上、下四个面，而只穿过左、右两面。因此：

(1) 在 Δt 时间内，从左边穿过面元 $\mathrm{d}S_1 = \mathrm{d}y \, \mathrm{d}z$ 进入体积元 $\mathrm{d}V = \mathrm{d}x \, \mathrm{d}y \, \mathrm{d}z$ 的粒子数(或质量)是

$$N_1 = q \mid_x \mathrm{d}y \, \mathrm{d}z \, \Delta t \tag{1.72}$$

(2) 在 Δt 时间内，由右边的面元 $\mathrm{d}S_2 = \mathrm{d}y \, \mathrm{d}z$ 流出的粒子数(或质量)是

$$N_2 = q \mid_{x+\mathrm{d}x} \mathrm{d}y \, \mathrm{d}z \, \Delta t \tag{1.73}$$

所以，在 Δt 时间内净流入 $\mathrm{d}V = \mathrm{d}x \, \mathrm{d}y \, \mathrm{d}z$ 的粒子数(或质量)为

$$N = N_1 - N_2 = -(q \mid_{x+\mathrm{d}x} - q \mid_x) \mathrm{d}y \, \mathrm{d}z \, \Delta t = -\frac{\partial q}{\partial x} \mathrm{d}x \, \mathrm{d}y \, \mathrm{d}z \, \Delta t \tag{1.74}$$

把扩散定律(式(1.71))代入式(1.74)，令 $\Delta t \to 0$，以 $\mathrm{d}t$ 代替，并假设扩散系数 D 在空间中各处是均匀的，则净流入体积元 $\mathrm{d}V$ 的粒子数为

$$N = \frac{\partial}{\partial x}(D u_x) \mathrm{d}x \, \mathrm{d}y \, \mathrm{d}z \, \mathrm{d}t = D \frac{\partial^2 u}{\partial x^2} \mathrm{d}x \, \mathrm{d}y \, \mathrm{d}z \, \mathrm{d}t \tag{1.75}$$

(3) 假设体积元 $\mathrm{d}V$ 内没有源和转化过程，也就是说，这种物质的原子或分子既不从其他物质转化出来也不转化为其他物质，则在 Δt 时间内粒子数的增加量为

$$N_3 = [u(x, y, z; t + \Delta t) - u(x, y, z; t)] \mathrm{d}x \, \mathrm{d}y \, \mathrm{d}z = \frac{\partial u}{\partial t} \mathrm{d}x \, \mathrm{d}y \, \mathrm{d}z \, \mathrm{d}t \tag{1.76}$$

则由粒子数守恒定律知，在 $\mathrm{d}t$ 内净流入 $\mathrm{d}V$ 中的粒子数应该等于 $\mathrm{d}V$ 内粒子增加量。由式(1.75)和式(1.76)可得

$$D \frac{\partial^2 u}{\partial x^2} \mathrm{d}x \, \mathrm{d}y \, \mathrm{d}z \, \mathrm{d}t = \frac{\partial u}{\partial t} \mathrm{d}x \, \mathrm{d}y \, \mathrm{d}z \, \mathrm{d}t \tag{1.77}$$

化简为

$$\frac{\partial u}{\partial t} = D \frac{\partial^2 u}{\partial x^2} \tag{1.78}$$

即

$$u_t - D u_{xx} = 0 \tag{1.79}$$

该式称为一维扩散方程。令 $a^2 = D$，则可以把扩散方程改写为

$$u_t - a^2 u_{xx} = 0 \tag{1.80}$$

对于三维扩散问题，不仅需要计算穿过图 1.6 所示小体积元左、右两个面的流量，还

要计算穿过前、后和上、下四个面的流量，其结果为

$$u_t = \frac{\partial}{\partial x}(Du_x) + \frac{\partial}{\partial y}(Du_y) + \frac{\partial}{\partial z}(Du_z) \tag{1.81}$$

同样，如果扩散系数在空间各处是均匀的，则式(1.81)可化简为

$$u_t - a^2(u_{xx} + u_{yy} + u_{zz}) = 0 \tag{1.82}$$

即

$$u_t - a^2 \Delta u = 0 \tag{1.83}$$

另外，如果在所研究的区域存在源，当扩散源的强度 $f(x, y, z; t)$ 与浓度无关时，则扩散方程为

$$u_t - a^2 \Delta u = f \tag{1.84}$$

如果源的强度与浓度成正比，则扩散方程可修改为

$$u_t - a^2 \Delta u + bu = 0 \tag{1.85}$$

其中：b 是待定系数，需要根据具体问题的分析确定，如在放射性衰变过程中，$b = \dfrac{\ln 2}{\tau}$，τ 为半衰期。

1.2.3　稳定场方程的导出

所谓稳定场方程，是指所研究的各种物理现象处于稳定状态(即场分布不随时间而变化)时所满足的偏微分方程。

1. 稳定的浓度分布方程

对于前面讨论的扩散运动，如果持续下去，最终会达到稳定状态，浓度的空间分布不再随时间变化，即 $u_t = 0$，则由式(1.84)得稳定的浓度分布方程为

$$a^2 \Delta u = -f \tag{1.86}$$

这就是数学中的泊松(Poisson)方程。如果没有源，则由式(1.83)可得稳定场方程为

$$a^2 \Delta u = 0 \tag{1.87}$$

此式称为拉普拉斯(Laplace)方程。

2. 稳定的温度分布方程

如果依据热传导方程来考察稳定的温度场特性，即在热传导方程中，当物体的温度趋于某种稳定状态时，温度 u 已与时间 t 无关，则称此状态为稳定的温度场分布状态。显然，这时 $u_t = 0$。同样，由式(1.68)可得稳定的温度场分布方程为

$$a^2 \Delta u = -f \tag{1.88}$$

这也是泊松方程。如果没有源，则由式(1.83)可得稳定的温度场方程为

$$a^2 \Delta u = 0 \tag{1.89}$$

此式同样也是拉普拉斯方程。

事实上，上面两个稳定场过程的推导都是从输运方程取极限情况得到的。从其满足的方程可以看到，稳定场方程与时间无关，是关于空间的偏微分方程。

3. 静电场

在充满介电常数 ε 的介质区域中，有体密度为 $\rho(x, y, z)$ 的电荷分布，试研究这个区

域中的静电场的分布特性。

我们知道,由于静电场中存在电势函数 $U(x, y, z)$ 满足

$$\boldsymbol{E} = -\nabla U \tag{1.90}$$

其中:$\boldsymbol{E}$ 为电场强度。显然,要研究区域的静电场分布特性,只需要研究此区域中电位函数 U 所遵循的规律即可。

所以,在研究的区域中,任作一封闭曲面 S,其所包围的空间区域为 τ,则由介质中静电场中的高斯定理,得

$$\oint_S \boldsymbol{E} \cdot \mathrm{d}\boldsymbol{S} = \frac{1}{\varepsilon} \int_\tau \rho \, \mathrm{d}\tau \tag{1.91}$$

由高斯公式把面积分化为体积分,得

$$\oint_S \boldsymbol{E} \cdot \mathrm{d}\boldsymbol{S} = \int_\tau \nabla \cdot \boldsymbol{E} \, \mathrm{d}\tau \tag{1.92}$$

由于 τ 是任意的,因此

$$\nabla \cdot \boldsymbol{E} = \frac{1}{\varepsilon} \rho \tag{1.93}$$

将式(1.90)代入式(1.93),由矢量场运算得

$$\Delta U = -\frac{1}{\varepsilon} \rho \tag{1.94}$$

这就是介质中的静电场满足的泊松方程。如果是在真空中,则 $\varepsilon = \varepsilon_0$。同样,如果所讨论的区域中无电荷,则

$$\Delta U = 0 \tag{1.95}$$

此式仍然是拉普拉斯方程。

至此,我们已从三个方面推导出了物理上的三类典型方程,由以上推导过程可以看出,建立(导出)数学物理方程一般要经历以下三个步骤:

(1) 对所研究的问题做数学抽象表述,从所研究的系统中划出一小部分,即微元作为研究对象,分析相邻部分与这一微元的相互作用。

(2) 根据相关领域中物理学的规律(如前面所用的牛顿第二定律、能量守恒定律、高斯定律等),以数学表达对微元的这种作用关系。

(3) 化简、整理后取相应的极限过程,即得到数学物理方程。

显然,以上三类常见的数学物理方程并非能包揽物理学中的一切问题。例如,量子力学中的薛定谔(Schrödinger)方程:

$$\mathrm{i}\hbar \frac{\partial \varphi}{\partial t} = -\frac{\hbar^2}{2\mu} \Delta \varphi + U(r) \varphi \tag{1.96}$$

其中:$\hbar$ 为约化普朗克(Planck)常数($\hbar = h/2\pi$,h 为普朗克常数);μ 为粒子质量;$\varphi(r, t)$ 为波函数;$U(r)$ 为势函数;i 为虚数单位,$\mathrm{i} = \sqrt{-1}$。

还有反映孤波问题的 KdV 方程:

$$u_t + \sigma u u_x + u_{xxx} = 0 \tag{1.97}$$

其中:σ 为常数;$u(x, t)$ 为位移。

方程(1.96)和方程(1.97)均不属于上述三类方程。针对不同的物理问题,需要根据具体问题按照前面所述的建立方程的方法进行具体分析。

1.3　定解条件与定解问题

从 1.2 节对三类典型数学物理方程的推导可以看到，方程本身反映了所研究函数（物理量）在区域内部相邻点之间、相继时刻之间联系的规律。这种规律通常与周围环境（边界上）和初始时刻研究对象所处的状态无关，即从物理上看，方程本身描述的是物理系统的一般性规律。

一个具体的物理系统必须与外界有相互作用，这个相互作用就反映在所求的物理量（或者它关于位置量的导数）在边界上的值，这就是边界条件。同时，这个系统随时间的变化还与它的"历史"有关，即与物理量（或者它关于时间的导数）在初始时刻的值，就是初始条件。显然，对于给定的数学物理方程，即所谓的泛定方程，只有附加了这些初始条件和边界条件（统称为定解条件），才可能确定给定物理问题的唯一解。下面分别就初始条件和边界条件展开分析。

1.3.1　初始条件

从数学角度看，对于一个含有时间变量 t 的微分方程而言，其未知函数将随时间 t 的不同而不同。所以，必须考虑到研究对象的特定"历史"，需要追溯到早先某个所谓"初始"时刻的状态，我们把这个物理过程的初始状态的数学表达式称为初始条件。显然，关于含有时间变量 t 的不同阶数的偏微分方程，定解时所需的初始条件也不同，应分别讨论。

1. 波动方程的初始条件

由 1.2 节波动方程的推导可以看到，弦、杆的振动（波动）问题，膜的振动传输线和电磁波的波动问题，都对应同一类波动方程形式，即

$$u_{tt} - a^2 \Delta u = f(x, y; t) \tag{1.98}$$

显然，这是一个关于时间 t 的二阶偏导数，要求定解就必须给出两个初始条件，即所讨论的物理量（位移、电压、声压、电场强度等）的两个初始状态。以弦振动为例，应给出的条件是弦振动的初始位移和初始速度，即

（1）弦上各点在开始振动时刻（$t=0$）的初始位移为

$$u(x, y, z; t)\,|_{t=0} = \varphi(x, y, z) \tag{1.99}$$

（2）弦上各点的初始速度为

$$u_t(x, y, z; t)\,|_{t=0} = \psi(x, y, z) \tag{1.100}$$

其中：$\varphi(x, y, z)$ 和 $\psi(x, y, z)$ 是已知函数。

例 1.1　一根长为 l 的两端固定的弦，用手把它的中点横向拨开距离 h，如图 1.7 所示，然后放开任其振动，试确定其初始条件。

解　由图可见，弦上各点的初始位移由两段直线组成，这两段直线在 $x=l/2$ 处相连，故可分段给出。由题设 u 表示弦的横向

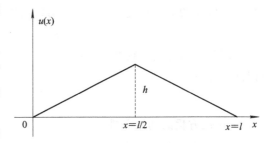

图 1.7　两端固定的弦的横振动

位移, 已知直线的点斜式方程为

$$u = ax + b \tag{1.101}$$

对弦的左半段, 即 $0 \leqslant x \leqslant l/2$, 分别过点$(0, 0)$和点$(l/2, h)$, 可得

$$u \mid_{t=0} = \frac{2h}{l}x \tag{1.102}$$

对弦的右半段, 即 $l/2 < x \leqslant l$, 分别过点$(l/2, h)$和点$(l, 0)$, 可得

$$u \mid_{t=0} = \frac{2h}{l}(l-x) \tag{1.103}$$

此外, 由于弦是被拉开后由静止开始振动的, 所以初始速度为零, 即

$$u_t(x, t) \mid_{t=0} = 0 \tag{1.104}$$

因此, 该定解问题的初始条件为

$$u(x, t) \mid_{t=0} = \begin{cases} \dfrac{2h}{l}x & \left(0 \leqslant x \leqslant \dfrac{2}{l}\right) \\ \dfrac{2h}{l}(l-x) & \left(\dfrac{2}{l} \leqslant x \leqslant l\right) \end{cases} \quad \text{和} \quad u_t(x, t) \mid_{t=0} = 0 \tag{1.105}$$

注意 初始条件应该给出整个系统的初始状态, 而不仅是系统中个别地点的初始状态, 如例 1.1 中各点在 $t=0$ 时刻的位移和速度。如果只根据 $x=l/2$ 处的位移为 h, 而写成 $u(x, t) \mid_{t=0} = h$, 就错了。

例 1.2 如图 1.8 所示, 设高频传输线(双线)已被充电到恒定电压 E, 然后在 $x=0$ 处短路, 在 $x=l$ 处接入一电阻 R, 求其传输线方程的初始条件。

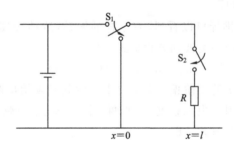

图 1.8 传输线问题示意

解 由 1.2 节可知, 传输线的电压或电流满足波动方程, 故需提出两个初始条件。设传输线上电压为 $u(x, t)$, 由题设知初始时刻(突然断电时)传输线已充电到电压 E, 这时, 传输线上各点的电压恒定为 E, 所以初始电压写为

$$u(x, t) \mid_{t=0} = E \tag{1.106}$$

又因为初始时刻传输线已充电到恒定电压 E(处于稳定状态), 所以在 $t=0$ 时刻, 电压随时间变化率为 0, 即

$$u_t(x, t) \mid_{t=0} = 0 \tag{1.107}$$

2. 输运方程的初始条件

输运问题(热传导、扩散等)的初始条件指的是所研究的物理量 u(温度、浓度等)的初始状态, 如初始浓度分布或初始温度分布等。由于输运过程的基本形式为

$$u_t = a^2 \Delta u + f \tag{1.108}$$

方程中只含时间变量 t 的一阶偏导数，故只需一个初始条件。只需根据定解问题的描述给出初始温度或浓度的分布

$$u(x, y, z; t) \big|_{t=0} = \varphi(x, y, z) \tag{1.109}$$

即可。其中，$\varphi(x, y, z)$ 为已知函数。

例 1.3 长为 l 的细杆导热问题。设其初始温度均匀，记为 u_0，试写出该过程的初始条件。

解 根据题意，由于各点的初始温度为 u_0，故初始条件可写为

$$u(x, t) \big|_{t=0} = u_0 \quad (0 \leqslant x \leqslant l) \tag{1.110}$$

例 1.4 把纯净的硅片放入含有大量杂质原子的气体中，杂质原子通过硅表面向内部扩散。开始时硅是纯净的，其所含杂质的浓度为零，设硅中所含杂质的浓度为 $u(x, y; t)$，试写出这个表面浓度扩散问题的初始条件。

解 显然，由于初始浓度为零，所以初始条件可写为

$$u(x, y; t) \big|_{t=0} = 0 \quad (x, y \text{ 在硅表面}) \tag{1.111}$$

3. 稳定场问题

对于稳定场方程（静电场、稳定的浓度分布、稳定的温度分布等），因为方程 $\Delta u = 0$ 或 $\Delta u = f$ 中，函数 $u(x, y, z)$ 不含关于时间 t 的自变量，所以没有初始条件。

总之，如果泛定方程是关于时间变量 t 的 $n(n = 1, 2, \cdots)$ 阶方程，就必须给出 n 个初始条件，只有这样才可能给出具体问题的定解。

1.3.2 边界条件

1. 边界条件的分类

由于泛定方程中的未知函数均是空间位置的函数，因此，在讨论具体的物理问题时，还必须考虑研究对象所处的特定环境和边界的物理状况。这是因为所研究的物理量在某一位置与其相邻位置的取值之间的关系，将会延伸到被研究的区域的边界，与边界状况发生联系。我们称这个物理过程的边界状况的数学表达式为边界条件。与初始条件的给法有所不同，虽然三类典型的数理方程都是关于空间坐标的二阶偏导数，但是在区域的整个边界上，每块边界面上必须且只需给出一个边界条件。边界条件主要有以下三类：

（1）第一类边界条件：又称狄利克雷（Dirichlet）条件，它直接给出了未知函数在边界上的值，即

$$u \big|_{\text{边}} = f(M, t) \tag{1.112}$$

其中：M 代表边界上的已知点；$f(M, t)$ 是已知函数（下同）。

（2）第二类边界条件：又称诺依曼（Neumann）条件，它给出了未知函数在边界上的法向导数的值，即

$$u_n \big|_{\text{边}} = f(M, t) \tag{1.113}$$

（3）第三类边界条件：又称混合边界条件，它给出了未知函数和它的法线方向上的导数的线性组合在边界上的值，即

$$(u + h u_n) \big|_{\text{边}} = f(M, t) \tag{1.114}$$

2. 波动问题的边界条件

例 1.5 长为 l 两端固定的弦的横振动问题($0 \leqslant x \leqslant l$)。其边界条件为

$$\begin{cases} u(x, t) \mid_{x=0} = 0 \\ u(x, t) \mid_{x=l} = 0 \end{cases} \tag{1.115}$$

像式(1.112)这种右端不为零的第一类边界条件称为第一类非齐次边界条件,而像式(1.115)这种右端为零的第一类边界条件称为第一类齐次边界条件。

例 1.6 长为 l 的细杆的纵振动问题($0 \leqslant x \leqslant l$)。若 $x=l$ 端受有外力,单位面积所受的力为 $F(t)$,另一端固定在墙上,如图 1.9 所示,试写出 $x=l$ 端的边界条件。

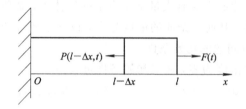

图 1.9 杆的纵振动示意

解 在 $x=l$ 端向左取一小微元段 Δx 作为研究对象,由胡克(Hooke)定律,在 $x=l-\Delta x$ 处,受到的内部应力为

$$P(l - \Delta x, t) = EA \frac{\partial u}{\partial x} = EAu_x \tag{1.116}$$

其中:E 为杨氏模量;A 为杆的横截面积。

由牛顿第二定律,得

$$FA - P = \rho A \Delta x u_{tt} \tag{1.117}$$

其中:ρ 为杆的体密度;u_{tt} 为小段 Δx 的加速度。取 $\Delta x \to 0$,就得到

$$FA = P \tag{1.118}$$

即

$$u_x \mid_{x=l} = \frac{1}{E} F(t) \tag{1.119}$$

若 $x=l$ 端是自由的,即不受外力(外力 $F=0$),则

$$u_x \mid_{x=l} = 0 \tag{1.120}$$

显然,式(1.119)为第二类非齐次边界条件,式(1.120)为第二类齐次边界条件。

例 1.7 如图 1.9 所示,在 $x=l$ 端受到弹性力 $F(t)=-Ku(l, t)$(K 为弹簧的弹性系数)的作用时,试写出 $x=l$ 端的边界条件。

解 显然,只需把 $F(t)=-Ku(l, t)$ 代入式(1.119)即可得到边界条件,即

$$u_x \mid_{x=l} = -\frac{K}{E} u \mid_{x=l} \tag{1.121}$$

亦即

$$\left(u + \frac{E}{K} u_x \right) \Big|_{x=l} = 0 \tag{1.122}$$

这是一个第三类齐次边界条件。

例 1.8　传输线的边界条件。由电学知，如果线路端是断开的，在这端有电流 $i=0$；如果线路端是闭合的，在这端应有电压 $u=0$；当线路端受外电动势 E 的作用时，在这端应有 $u=E$。一般来说，如果线路端有外电动势 E、电阻 R 与电感 L 存在，则在这端闭合时应有 $u=E+Ri+L\dfrac{\mathrm{d}i}{\mathrm{d}t}$。因此，如果线路的一端 $x=0$（发电厂）处有电动势 E 的作用，另一端 $x=l$（用户）处电路断开，则这个传输线满足的条件为

$$\begin{cases} u\mid_{x=0}=E \\ i\mid_{x=l}=0 \end{cases} \tag{1.123}$$

3. 输运问题的边界条件

例 1.9　一维杆的热传导问题（$0\leqslant x\leqslant l$）。若杆的 $x=l$ 处的一端温度为 $T_0\mathrm{e}^{-t}$，则这点处温度随时间变化的规律，也就是边界条件为

$$u(x,t)\mid_{x=l}=T_0\mathrm{e}^{-t} \tag{1.124}$$

例 1.10　一维杆的导热问题（$0\leqslant x\leqslant l$）。若已知杆的一端 $x=l$ 处流入的热流强度为 $\Phi(t)$，则

$$-q\mid_{x=l}=\Phi(t) \tag{1.125}$$

由热流强度的定义（式（1.45））知

$$q=-ku_x \tag{1.126}$$

因此在 $x=l$ 处的边界条件为

$$u_x\mid_{x=l}=\frac{1}{k}\Phi(t) \tag{1.127}$$

例 1.11　一维杆的导热问题（$0\leqslant x\leqslant l$）。若杆在 $x=l$ 端自由冷却，即在这个端点与周围媒质按牛顿冷却定律（即物体冷却时放出的热量 $-k\nabla u$ 与物体外界的温度差 $u\mid_{边}-u_0$ 成正比，其中 u_0 为周围媒质的温度）交换热量，试写出这个端点的边界条件。

解　根据牛顿冷却定律，对于一维问题，在 $x=l$ 端有

$$-k\frac{\partial u}{\partial x}\bigg|_{x=l}=H(u\mid_{x=l}-u_0) \tag{1.128}$$

其中：k 是热导系数；H 是热交换系数。

因此，这个端点的边界条件为

$$(u+hu_x)\mid_{x=l}=u_0 \tag{1.129}$$

其中：$h=k/H$。这是一个第三类非齐次边界条件。

例 1.12　设有一厚壁圆筒（$a\leqslant r\leqslant b$），其初始温度为 u_0，并设它的内表面的温度增加与时间 t 成正比关系，外表面按牛顿冷却进行热交换，试写出其边界条件。

解　在内表面 $r=a$ 上，温度的增加和时间 t 成线性关系，则内表面的边界条件为

$$u(r,t)\mid_{r=a}=ct+u_0 \tag{1.130}$$

其中，c 为常数。

在外表面 $r=b$ 上，按牛顿冷却定律进行热交换，不妨设初始温度 u_0 为周围介质温度，则由例 1.11 的结论可得外表面的边界条件为

$$(u+hu_r)\mid_{r=b}=u_0 \tag{1.131}$$

4. 稳定场问题的边界条件

对于稳定场问题，由于泛定方程与时间变量无关，因此边界条件也就是定解问题的定解条件。

如果直接给出了未知函数 $u(x, y, z)$ 在物体边界面 Γ 上的变化规律 $\varphi(M)$，即

$$u(x, y, z)\big|_\Gamma = \varphi(M) \tag{1.132}$$

(其中：M 为边界上的已知点，$\varphi(M)$ 为已知函数)，则称此为第一类边界条件或狄利克雷条件。对应于这一类边界条件的定解问题称为狄利克雷问题。

如果给出未知函数 $u(x, y, z)$ 沿物体边界面外法线方向的变化率(梯度)，即

$$\frac{\partial u(x, y, z)}{\partial n}\bigg|_\Gamma = \varphi(M) \tag{1.133}$$

则称此为第二类边界条件或诺依曼边界条件。对应于这一类边界条件的定解问题称为诺依曼问题。

同理，如果给出物体边界面上未知函数的数值与边界面上外法向导数的数值之间的某种线性组合的值，即

$$\left(u + h\frac{\partial u}{\partial n}\right)\bigg|_\Gamma = \varphi(M) \tag{1.134}$$

(其中，h 为常数)，则称此为第三类边界条件。

显然，给出的边界条件并不是唯一的，而且也不只局限于以上三类。对边界条件的要求，是要求提出的边界条件能够确切地说明物体边界所处的物理状态。在实际中，往往还需要其他边界条件。

5. 其他边界条件

1) 衔接条件

在研究具有不同媒质的问题中，方程在媒质的突变区域(即分层处由于媒质的不连续性)会失去意义，因此，除了边界条件外，还需要增加在不同媒质界面处的关联性的数学表达，我们称此为衔接条件。

例如，用两根不同质料的杆接成的一根杆的纵振动问题，在连接处位移相等，应力也相等，故在连接点 $x = x_0$ 处应满足下列衔接条件：

$$\begin{cases} u_1\big|_{x=x_0} = u_2\big|_{x=x_0} \\ E_1\dfrac{\partial u_1}{\partial x}\bigg|_{x=x_0} = E_2\dfrac{\partial u_2}{\partial x}\bigg|_{x=x_0} \end{cases} \tag{1.135}$$

其中：$u_1 = u_1(x, t)$ 和 $u_2 = u_2(x, t)$ 分别代表杆的两连接部分的位移；E_1 和 E_2 分别为两部分的杨氏模量。

又如，在静电场问题里，两种电介质的交界面 s 上，电势应当相等(连续)，电位移矢量的法向分量也应当相等(连续)，因而有衔接条件：

$$\begin{cases} u_1\big|_s = u_2\big|_s \\ \varepsilon_1\dfrac{\partial u_1}{\partial n}\bigg|_s = \varepsilon_2\dfrac{\partial u_2}{\partial n}\bigg|_s \end{cases} \tag{1.136}$$

其中：u_1 和 u_2 分别为两种电介质的电势；ε_1 和 ε_2 分别为两种电介质的介电常数。

2）自然边界条件

在一些实际情况下，考虑到物理上的合理性，要求解必须为单值和有限等。这些条件通常都不是由要研究的问题直接明确给出的，而是根据解的特定性加上定解条件，因此称为自然边界条件。

例如，对于欧拉(Euler)方程(在后面偏微分方程的求解中会用到)：

$$x^2 y'' + 2xy' - l(l+1)y = 0 \tag{1.137}$$

其通解为

$$y = Ax^l + Bx^{-(l+1)} \tag{1.138}$$

在区间 $[0, a]$ 中，由于受物理上的要求解有限的条件限制(如 y 表示杆上的温度)，故存在自然边界条件：

$$y \mid_{x=0} \to 有限 \tag{1.139}$$

从而在 $[0, a]$ 中，其解应表示为

$$y = Ax^l \tag{1.140}$$

1.3.3　三类定解问题

至此，我们知道，定解问题是由泛定方程和定解条件组成的，而定解条件主要由初始条件和边界条件组成。定解问题依据定解条件的不同(包括初始条件和边界条件)，一般可以分为以下三类：

1. 初值问题

若定解条件仅为初始条件，所研究问题在无界域空间(或者如果考虑的物体体积很大，而所需知道的只是在较短时间和较小范围内的温度变化情况或者弦振动的位移情况)，则相应的定解问题为初值问题(或称柯西问题)。

2. 边值问题

若定解条件仅为边界条件，则称相应的定解问题为边值问题。如满足第一类边界条件的定解问题称为第一类边值问题，依次类推。

3. 混合问题

若定解条件既有边界条件又有初始条件，则称相应的定解问题为混合问题。

在实际中也常常遇到这样的混合问题，即在边界的一部分给出这种边界条件，而在边界的另一部分给出另一种边界条件。

1.4　本 章 小 结

1. 三类典型的数学物理方程

波动方程：$u_{tt} = a^2 \Delta u + f$。

输运方程：$u_t = D\Delta u + f$。

稳定场方程：$\Delta u = -h$。

波动方程为双曲型方程，输运方程为抛物型方程，稳定场方程为椭圆型方程。

2. 定解条件

1) 初始条件

波动方程是一个关于时间 t 的二阶偏导数，要求定解就必须给出两个初始条件，即初始位移和初始速度。

输运方程是只含时间变量 t 的一阶偏导数，故只需一个初始条件。

稳定场问题与时间无关，没有初始条件。

2) 边界条件

第一类边界条件(狄利克雷条件)：$u|_{边} = f(M, t)$。

第二类边界条件(诺依曼条件)：$u_n|_{边} = f(M, t)$。

第三类边界条件(混合边界条件)：$(u + hu_n)|_{边} = f(M, t)$。

其他边界条件：衔接条件、自然边界条件等。

3. 定解问题

初值问题：泛定方程＋初始条件。

边值问题：泛定方程＋边界条件。

混合问题：泛定方程＋初始条件＋边界条件。

4. 数学物理方法的步骤

提出定解问题(泛定方程＋定解条件)→求解(分离变量法等)→分析解答。

习　　题

1.1　有一个均匀杆，只要杆中任意一段有纵向位移或速度，必导致相邻段的压缩或伸长，这种伸缩继续，就会有纵波沿着杆传播。试推导杆的纵振动方程。

(提示：应用胡克定律。)

答案：$u_{tt} = a^2 u_{xx} + f$。其中：$a^2 = \dfrac{E}{\rho}$；$f = \dfrac{F(x, t)}{\rho}$($E$ 为杨氏模量；ρ 为杆的密度；F 为单位长度的杆沿杆长方向所受的外力)。

1.2　在弦的横振动问题中，若弦受到一与速度成正比的阻尼，试导出弦的阻力振动方程为

$$u_{tt} + cu_t = a^2 u_{xx}$$

其中，c 是常数。又考虑到回复力与弦的位移成正比时的情形，证明这时得到的数理方程(即电报方程)为

$$u_{tt} + cu_t + bu = a^2 u_{xx}$$

其中，b 是常数。

1.3　导出圆锥形匀质细杆的纵振动方程。

答案：以圆锥的轴线为 x 轴，以圆锥顶点为原点，x 轴的正方向指向杆内，则方程为

$$u_{tt} = a^2 \frac{1}{x^2} \frac{\partial}{\partial x}(x^2 u_x)。$$

1.4　导出均匀细杆的热传导方程，设杆上 x 点时刻 t 的温度为 $u(x, t)$，杆的比热容、

密度和热源强度分别为 c、ρ 和 F（均为常量），并设杆的侧面是绝热的。

答案：$u_t = a^2 u_{xx} + f$。其中：$a^2 = \dfrac{k}{c\rho}$；$f = \dfrac{F}{c\rho}$。

1.5　设扩散物质的源强为 $F(x, y, z; t)$（定义为单位体积内，在单位时间所产生的扩散物质），试根据能斯特（Nernst）定律（通过界面 $d\sigma$ 流出的扩散物质为 $-D\nabla u \cdot d\boldsymbol{\sigma}$）和能量守恒定律导出扩散方程

$$u_t = D\Delta u + F$$

其中，D 为扩散系数。

1.6　利用基尔霍夫电压电流定律，试导出理想传输线的电报方程：

$$\begin{cases} U_{tt} = a^2 U_{xx} \\ I_{tt} = a^2 I_{xx} \end{cases}$$

其中：U 和 I 分别为理想传输线上的电压和电流；$a^2 = 1/CL$，C 和 L 分别为单位长度上的电容和电感。

1.7　真空中电磁场的麦克斯韦（Maxwell）方程组的微分形式为

$$\begin{cases} \nabla \cdot \boldsymbol{E} = 0 \\ \nabla \times \boldsymbol{E} = -\dfrac{1}{c}\boldsymbol{H}_t \\ \nabla \cdot \boldsymbol{H} = 0 \\ \nabla \times \boldsymbol{H} = \dfrac{1}{c}\boldsymbol{E}_t \end{cases}$$

试由这组方程导出电磁波方程：

$$\begin{cases} E_{tt} = c^2 \Delta E \\ H_{tt} = c^2 \Delta H \end{cases}$$

其中：$\boldsymbol{E}$、$\boldsymbol{H}$ 为真空中的电场和磁场强度；c 为光速。

1.8　导出下列情况下的静电场方程：

（1）真空中由静止电荷所产生的电场；

（2）导体中稳恒电流所产生的电场。

答案：（1）$\Delta u(x, y, z) = -\dfrac{1}{\varepsilon_0}\rho(x, y, z)$；（2）$\Delta u(x, y, z) = 0$。其中：$u$ 为电势；ρ 为电荷密度。

1.9　长为 l 两端固定的弦作振幅极其微小的横振动，试写出其定解条件。

答案：$\begin{cases} u|_{x=0} = 0 \\ u|_{x=l} = 0 \end{cases}$，$\begin{cases} u|_{t=0} = \varphi(x) \\ u_t|_{t=0} = \psi(x) \end{cases}$。

1.10　长为 l 的均匀杆，两端受拉力 $F(t)$ 而作纵振动，写出其边界条件。

答案：$\begin{cases} u_x|_{x=0} = \dfrac{F(t)}{ES} \\ u_x|_{x=l} = \dfrac{F(t)}{ES} \end{cases}$。其中：$E$ 为杨氏模量；S 为杆的横截面积。

1.11　长为 l 的均匀杆，侧面绝缘，一端温度为零，另一端有恒定热流 q 进入（即单位时间内通过单位截面积流入的热量为 q），杆的初始温度分布是 $\dfrac{x(l-x)}{2}$，试写出相应的定

解问题。

答案：$\begin{cases} u_t = a^2 u_{xx} & (0 < x < l,\ t > 0) \\ u|_{t=0} = \dfrac{x(l-x)}{2} & (0 \leqslant x \leqslant l) \\ u|_{x=0} = 0,\ ku_x|_{x=l} = q & (t > 0) \end{cases}$。

1.12 一根长为 l 的导热杆由两段构成，两段的热传导系数、比热容、密度分别为 k_1、c_1、ρ_1 和 k_2、c_2、ρ_2，初始温度为 u_0，然后保持两端温度为零，试写出此热传导问题的定解问题。

答案：$\begin{cases} u_t^{\mathrm{I}} = \dfrac{k_1}{c_1 \rho_1} u_{xx}^{\mathrm{I}} & (0 < x < x_0) \\ u^{\mathrm{I}}(0,\ t) = 0 \\ u^{\mathrm{I}}(x,\ 0) = u_0 \end{cases}$，$\begin{cases} u_t^{\mathrm{II}} = \dfrac{k_2}{c_2 \rho_2} u_{xx}^{\mathrm{II}} & (x_0 < x < l) \\ u^{\mathrm{II}}(l,\ t) = 0 \\ u^{\mathrm{II}}(x,\ 0) = u_0 \end{cases}$。

连接条件：

$$\begin{cases} u^{\mathrm{I}}\big|_{x_0^{-0}} = u^{\mathrm{II}}\big|_{x_0^{+0}} \\ k_1 \dfrac{\partial u^{\mathrm{I}}}{\partial x}\bigg|_{x_0^{-0}} = k_2 \dfrac{\partial u^{\mathrm{II}}}{\partial x}\bigg|_{x_0^{+0}} \end{cases}$$

1.13 设有半径为 R 的导体球壳，被一层过球心的水平绝缘薄片分隔为两个半球壳，若上下半球壳分别充电到电势 u_1 和 u_2，试写出球壳内的电势 u 所满足的定解问题。

答案：$\begin{cases} \Delta u = 0 & (\rho < R) \\ u|_{\rho=R} = \begin{cases} u_1 & \left(0 \leqslant \theta < \dfrac{\pi}{2}\right) \\ u_2 & \left(\dfrac{\pi}{2} \leqslant \theta \leqslant \pi\right) \end{cases} \end{cases}$。

1.14 长为 l 的理想传输线，在 $x=l$ 处开路，先把传输线充电到电压 u_0，然后再把 $x=0$ 处短路，试写出其定解问题。

答案：$\begin{cases} u_{tt} - a^2 u_{xx} = 0 \\ u|_{x=0} = 0,\ u_x|_{x=l} = 0 \\ u|_{t=0} = u_0,\ u_t|_{t=0} = 0 \end{cases}$。

1.15 已知半径为 a 的球面上的电势分布为 $f(\theta)$，试写出此球内外的无电荷空间中的电势分布的定解问题。

答案：$\begin{cases} \Delta u = 0 \\ u|_{r=a} = f(\theta) \end{cases}$。

1.16 设有一单位球，其边界球面上温度分布为 $u|_{r=1} = \cos^2\theta$，试写出球内的稳定温度分布的定解问题。

答案：$\begin{cases} \Delta u = 0 \\ u|_{r=1} = \cos^2\theta \end{cases}$。

第 2 章 行 波 法

第 1 章介绍了建立数学物理方程和定解条件的基本方法，即确定定解问题，从本章开始将重点介绍各种求解数学物理方程的方法，如行波法、分离变量法、积分变换法和格林函数法等。

求解常微分方程时，一般是先求方程的通解，再用初始条件来确定通解中的任意常数，从而得到特解。那么这种思想能否用于求解偏微分方程的定解问题呢？也就是说，先求出偏微分方程的通解，再用定解条件确定通解中的任意常数或函数。通过研究可以发现，由于偏微分方程定解问题本身的特殊性，很难定义通解的概念，即使对某些方程可以定义并求出通解，但要通过定解条件来确定通解中的任意函数也是相当困难的。因此，一般情况下不能使用类似于常微分方程的求解过程来求解偏微分方程，但是，对于某些特殊的偏微分方程的定解问题，尤其在求解无界区域上的齐次波动方程等类型的定解问题时，可以考虑这种先求通解再确定特解的方法。另外，从物理学上看，齐次波动方程反映了媒质被扰动后在区域里不再受到外力时的振动传播规律，当问题的区域是整个空间时，由初始扰动所引起的振动就会一直向前传播出去，形成行波，而这类问题可以得到通解，我们把这种主要适用于求解行波问题的方法称为行波法。本章将介绍行波法的求解思路、方法和应用。

2.1 一维波动方程的达朗贝尔公式

2.1.1 达朗贝尔公式的导出

无限长弦的自由振动、无限长杆的纵向自由振动以及无限长理想传输线上的电流和电压均满足相同的波动方程的定解问题。

泛定方程：

$$u_{tt} = a^2 u_{xx} \quad (-\infty < x < \infty, \, t > 0) \tag{2.1}$$

初始条件：

$$\begin{cases} u(x, 0) = \varphi(x) \\ u_t(x, 0) = \psi(x) \end{cases} \tag{2.2}$$

式中，$\varphi(x)$、$\psi(x)$ 为已知函数。

因为对于无限长弦，其边界的物理状态并未影响到所考察的区域，所以不需提出边界条件，此定解问题即为初值问题。

为了用行波法求解这一问题，首先要求出式(2.1)的通解。作变量代换，引入新的自变量：

$$\begin{cases} \xi = x - at \\ \eta = x + at \end{cases} \tag{2.3}$$

利用复合函数求微商的法则，可以得到

$$u_x = u_\xi \xi_x + u_\eta \eta_x = u_\xi + u_\eta \tag{2.4}$$

$$\begin{aligned} u_{xx} &= (u_x)_\xi \xi_x + (u_x)_\eta \eta_x = (u_x)_\xi + (u_x)_\eta \\ &= (u_\xi + u_\eta)_\xi + (u_\xi + u_\eta)_\eta \\ &= u_{\xi\xi} + 2u_{\xi\eta} + u_{\eta\eta} \end{aligned} \tag{2.5}$$

$$u_t = u_\xi \xi_t + u_\eta \eta_t = a(-u_\xi + u_\eta) \tag{2.6}$$

$$\begin{aligned} u_{tt} &= (u_t)_\xi \xi_t + (u_t)_\eta \eta_t = a[-(u_t)_\xi + (u_t)_\eta] \\ &= a[-a(-u_\xi + u_\eta)_\xi + a(-u_\xi + u_\eta)_\eta] \\ &= a^2(u_{\xi\xi} - 2u_{\xi\eta} + u_{\eta\eta}) \end{aligned} \tag{2.7}$$

将式(2.5)和式(2.7)代入式(2.1)，得

$$a^2(u_{\xi\xi} - 2u_{\xi\eta} + u_{\eta\eta}) = a^2(u_{\xi\xi} + 2u_{\xi\eta} + u_{\eta\eta}) \tag{2.8}$$

即

$$u_{\xi\eta} = 0 \tag{2.9}$$

求上面方程的解，先对 η 积分，得

$$u_\xi = \int u_{\xi\eta}\, \mathrm{d}\eta = \int 0\, \mathrm{d}\eta + c(\xi) = c(\xi) \tag{2.10}$$

再对 ξ 积分，得

$$u(\xi, \eta) = \int c(\xi)\, \mathrm{d}\xi + f_2(\eta) = f_1(\xi) + f_2(\eta) \tag{2.11}$$

式中，$f_1(\xi)$、$f_2(\eta)$ 分别是 ξ、η 的任意函数。把式(2.3)代入式(2.11)，得

$$u(x, t) = f_1(x - at) + f_2(x + at) \tag{2.12}$$

容易验证，只要 f_1、f_2 具有二阶连续偏导数，式(2.12)就是自由弦振动方程(式(2.1))的通解。

下面利用初始条件(式(2.2))来确定任意函数 f_1 和 f_2，即求满足定解条件的解。将式(2.12)代入式(2.2)，得

$$u(x, 0) = f_1(x) + f_2(x) = \varphi(x) \tag{2.13}$$

$$u_t(x, 0) = -af_1'(x) + af_2'(x) = \psi(x) \tag{2.14}$$

即

$$f_1(x) - f_2(x) = -\frac{1}{a}\int_{x_0}^{x} \psi(\alpha)\, \mathrm{d}\alpha + c \tag{2.15}$$

由式(2.13)和式(2.15)容易解得

$$f_1(x) = \frac{1}{2}\varphi(x) - \frac{1}{2a}\int_{x_0}^{x} \psi(\alpha)\, \mathrm{d}\alpha + \frac{c}{2} \tag{2.16}$$

$$f_2(x) = \frac{1}{2}\varphi(x) + \frac{1}{2a}\int_{x_0}^{x} \psi(\alpha)\, \mathrm{d}\alpha - \frac{c}{2} \tag{2.17}$$

将 $f_1(x)$ 和 $f_2(x)$ 中的 x 分别换成 $x-at$ 和 $x+at$，并代入式(2.12)，得

$$u(x, t) = \frac{1}{2}[\varphi(x + at) + \varphi(x - at)] + \frac{1}{2a}\int_{x-at}^{x+at} \psi(\alpha)\, \mathrm{d}\alpha \tag{2.18}$$

这就是达朗贝尔(D'Alembert)公式(或称为达朗贝尔行波解)。它是一维无界齐次波动方程的初值问题的特解的一般表达式。

例 2.1 求解初值问题：

$$\begin{cases} u_{tt} = a^2 u_{xx} \\ u\big|_{t=0} = x, \ u_t\big|_{t=0} = 4 \end{cases} \tag{2.19}$$

解 显然这是一个一维无界齐次波动方程的初值问题，$\varphi(x)=x$，$\psi(x)=4$，故由达朗贝尔公式(式(2.18))有

$$u(x,\ t) = \frac{1}{2}(x+at+x-at) + \frac{1}{2a}\int_{x-at}^{x+at} 4\,\mathrm{d}\alpha = x + 4t \tag{2.20}$$

2.1.2 达朗贝尔公式的物理意义

首先，以无限长弦的横向自由振动为例来阐述达朗贝尔公式的通解式(式(2.12))的物理意义。

先考察第一项：

$$u_1 = f_1(x-at) \tag{2.21}$$

它是方程(2.1)的解，对于不同的 t 值，可以看到弦在不同时刻相应的振动状态。

在 $t=0$ 时，$u_1(x,0)=f_1(x)$，它对应于初始时刻的振动状态，假如图 2.1(a)所示曲线表示的是 $t=0$ 时的弦振动的状态(即初始状态)；在 $t=1/2$ 时，$u_1(x,1/2)=f_1(x-a/2)$ 的图形如图 2.1(b)所示；在 $t=1$ 时，$u_1(x,1)=f_1(x-a)$ 的图形如图 2.1(c)所示；在 $t=2$ 时，$u_1(x,2)=f_1(x-2a)$ 的图形如图 2.1(d)所示。这些图形说明，随着时间的推移，$u_1 = f_1(x-at)$ 的图形以速度 a 向 x 轴正向移动，所以 $u_1 = f_1(x-at)$ 表示一个以速度 a 沿 x 轴正向传播的行波。

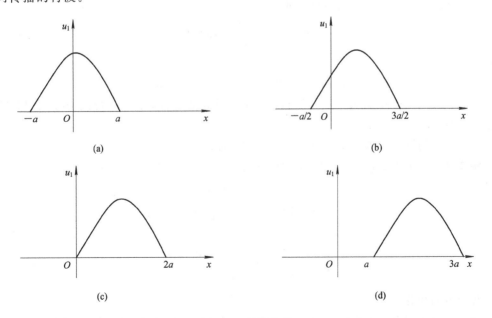

图 2.1 行波示意

同理，第二项 $u_2 = f_2(x+at)$ 表示一个以速度 a 沿 x 轴负向传播的行波。所以达朗贝尔公

式表明：弦上的任意扰动总是以行波形式分别向两个方向传播出去的，其传播的速度正好是弦振动方程中的常数 a。也正是基于此原因，上述求波动方程通解的方法称为行波法。

然后，研究满足初始条件(式(2.2))的达朗贝尔公式特解。从特解(式(2.18))的表达式可以看出，沿 x 轴正、负方向传播的行波包含两部分，一部分来源于初始位移，一部分来源于初始速度。

至于行波的具体波形，则取决于初始条件(式(2.2))。为了使这个概念具体化，下面分别对两种特殊情况进行讨论。

(1) $\psi(x)=0$(只有初始位移，初速度为零的弦振动)。

此时，由式(2.18)可得

$$u(x, t) = \frac{1}{2}[\varphi(x+at) + \varphi(x-at)] \tag{2.22}$$

先看式(2.22)中的第二项。设观察者以速度 a 沿 x 轴正向运动，则 t 时刻在 $x=c+at$ 处，他所看到的波形为

$$\varphi(x-at) = \varphi(c+at-at) = \varphi(c) \tag{2.23}$$

由于 t 为任意时刻，这说明观察者在运动过程中随时可看到相同的波形 $\varphi(c)$，可见，波形和观察者一样，以速度 a 沿 x 轴正向传播。所以，$\varphi(x-at)$ 代表以速度 a 沿 x 轴正向传播的波，称为正行波。而式(2.22)中第一项的 $\varphi(x+at)$ 代表以速度 a 沿 x 轴负向传播的波，称为反行波。正行波和反行波的叠加(相加)即为弦的位移。

(2) $\varphi(x)=0$(即只有初速度，初始位移为零的弦振动)。

此时，由式(2.18)可得

$$u(x, t) = \frac{1}{2a}\int_{x-at}^{x+at} \psi(\alpha)\,\mathrm{d}\alpha \tag{2.24}$$

设 $\Psi(x)$ 为 $\psi(x)/2a$ 的一个原函数，即

$$\Psi(x) = \frac{1}{2a}\int_{x_0}^{x} \psi(\alpha)\,\mathrm{d}\alpha \tag{2.25}$$

则此时有

$$u(x, t) = \Psi(x+at) - \Psi(x-at) \tag{2.26}$$

由此可见，式(2.26)中的第一项是反行波，第二项是正行波，正、反行波的叠加(相减)即为弦的位移。

所以，达朗贝尔解表示正行波和反行波的叠加。

例 2.2　求初速度 $\psi(x)$ 为零，初始位移为

$$\varphi(x) = \begin{cases} 0 & (x < -\alpha) \\ 2 + \dfrac{2x}{\alpha} & (-\alpha \leqslant x \leqslant 0) \\ 2 - \dfrac{2x}{\alpha} & (0 \leqslant x \leqslant \alpha) \\ 0 & (x > \alpha) \end{cases} \tag{2.27}$$

的无界弦的自由振动位移。

解　由达朗贝尔解(即式(2.18))给出弦的初始位移(见图 2.2 中当 $t=0$ 时的粗线)为

$$u(x) = \frac{1}{2}[\varphi(x+at) + \varphi(x-at)] \tag{2.28}$$

将它分为两半(该图细线),分别向左、右两方向以速度 a 移动(见图 2.2 中由下而上的细线),每经过 $\alpha/4a$ 的时间间隔,弦的位移便由此二行波的和给出(见图 2.2 中由下而上的粗线)。

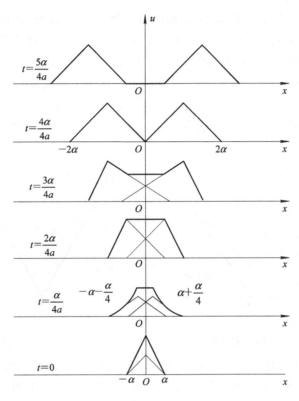

图 2.2　弦的波动示意

2.1.3　依赖区间和影响区域

1. 依赖区间

由达朗贝尔公式(式(2.18))可以看出,定解问题(式(2.1)、式(2.2))的解在一点 $(x, t) \in \Omega$ (Ω: $-\infty < x < \infty$, $t > 0$)处的值,仅依赖于 x 轴的区间 $[x-at, x+at]$ 上的初始条件,而与其他点上的初始条件无关。我们称区间 $[x-at, x+at]$ 为点 (x, t) 的依赖区间,它是过点 (x, t) 分别作斜率为 $\pm 1/a$ 的直线与 x 轴所截交而得到的区间,如图 2.3 所示。

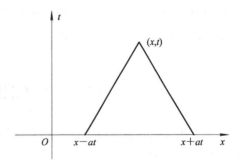

图 2.3　依赖区间

2. 影响区域

从一维齐次波动方程的通解

$$u(x, t) = f_1(x+at) + f_2(x-at)$$

可知,波动是以一定的速度 a 向两个方向传播的。因此,如果在初始时刻 $t=0$ 扰动仅在一

有限区间 $[x_1, x_2]$ 上存在，那么经过时间 t 后，它所传到的范围就由不等式

$$x_1 - at \leqslant x \leqslant x_2 + at \quad (t > 0) \tag{2.29}$$

所限定，而在此范围外仍处于静止状态。

在 (x, t) 平面上，上述不等式所表示的区域如图 2.4 所示，称为区间 $[x_1, x_2]$ 的影响区域。在这个区域中，初值问题的解 $u(x, t)$ 的数值受区间 $[x_1, x_2]$ 上初始条件的影响；而在此区域外，$u(x, t)$ 的数值则不受区间 $[x_1, x_2]$ 上初始条件的影响。

特别地，当区间 $[x_1, x_2]$ 缩成一点 x_0 时，点 x_0 的影响区域为

$$x_0 - at \leqslant x \leqslant x_0 + at \quad (t > 0) \tag{2.30}$$

这是过点 x_0 作两条斜率各为 $\pm 1/a$ 的直线 $x = x_0 - at$ 和 $x = x_0 + at$ 所夹的三角形区域，如图 2.5 所示。

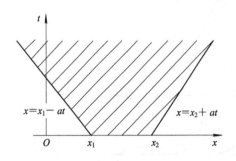

图 2.4 $[x_1, x_2]$ 的影响区域

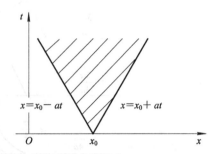

图 2.5 x_0 的影响区域

通过上面的讨论，可以看到，在 (x, t) 平面上，斜率为 $\pm 1/a$ 的直线 $x = x_0 \pm at$ 对波动方程的研究起着重要的作用，称它们为波动方程的特征线，且特征线族 $x \pm at = c$（任意常数）正是波动方程的特征方程 $(\mathrm{d}x)^2 - a^2(\mathrm{d}t)^2 = 0$ 的特征曲线。

可以看到，行波法是以波动现象的特点为基础的，并以变量变换为出发点。其操作步骤为：先求通解，再用定解条件求特解。因其与求解常微分方程的方法相近，故思路简洁，用其研究波动问题也很方便。但因为一般偏微分方程的通解不易求，用定解条件求特解有时也很困难，所以这种解法有相当大的局限性，一般只用于求解波动问题。

2.2 半无限长弦的自由振动

对于半无限长弦的自由振动的定解问题的研究，需要根据端点所处的物理状态（即边界条件）的不同分别加以讨论。

1. 端点固定（即第一类齐次边界条件）

一端固定的半无界弦的自由振动的定解问题如下：

泛定方程：

$$u_{tt} = a^2 u_{xx} \quad (0 < x < \infty, t > 0) \tag{2.31}$$

边界条件：

$$u(0, t) = 0 \tag{2.32}$$

初始条件：

$$\begin{cases} u(x, 0) = \varphi(x) \\ u_t(x, 0) = \psi(x) \end{cases} \qquad (2.33)$$

其中，边界条件表示 $x=0$ 端弦是固定的，求解区域是 (x, t) 平面上的第一象限。对半无限长弦问题处理的基本思想是设法把它化为无限长弦问题，借助已知的达朗贝尔公式加以解决。

从物理上我们可以设想：半无限长弦在端点的反射波可视为无限长弦在 $x<0$ 部分传播过来的"右"行传播波，且保持端点处为波节，从而半无限长弦问题可以作为特定的 $(u(x, t)|_{x=0}=0)$ 的无限长弦问题。

从数学上可以这样考虑：利用延拓法，把半无界区间延拓到整个无界区间。无界域上的波函数既要满足达朗贝尔公式，又要满足 $u(x, t)|_{x=0}=0$，即

$$u(x, t)\,|_{x=0} = \frac{1}{2}[\varphi(at) + \varphi(-at)] + \frac{1}{2a}\int_{-at}^{at}\psi(\alpha)\,\mathrm{d}\alpha = 0 \qquad (2.34)$$

由于函数 $\varphi(x)$、$\psi(x)$ 的任意性，因此必须把 $\varphi(x)$ 与 $\psi(x)$ 延拓成 $-\infty<x<\infty$ 区间上的奇函数。这样，可把上述初始条件改为

$$u(x, 0) = \Phi(x) = \begin{cases} \varphi(x) & (x \geqslant 0) \\ -\varphi(-x) & (x < 0) \end{cases} \qquad (2.35)$$

$$u_t(x, 0) = \Psi(x) = \begin{cases} \psi(x) & (x \geqslant 0) \\ -\psi(-x) & (x < 0) \end{cases} \qquad (2.36)$$

这样处理后，因为函数定义在 $-\infty<x<\infty$ 整个区间，所以可以直接应用达朗贝尔公式（式 (2.18)）求解，于是得

$$u(x, t) = \frac{1}{2}[\Phi(x + at) + \Phi(x - at)] + \frac{1}{2a}\int_{x-at}^{x+at}\Psi(\alpha)\,\mathrm{d}\alpha \qquad (2.37)$$

然后利用 $\Phi(x)$ 和 $\Psi(x)$ 的奇函数特性，使之最终用 $\varphi(x)$ 和 $\psi(x)$ 来表示。

为此，在 (x, t) 平面上的第一象限应分为 $x>at(t>0)$ 和 $0<x<at(t>0)$ 两个区域，如图 2.6 所示。

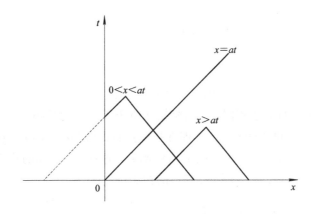

图 2.6 (x, t) 平面上的两个区域

由图 2.6 可见，由于在 $x>at$ 区域内的任何点的依赖区间全部位于 $t=0$、$x \geqslant 0$ 的区间

内，因此解只依赖于 $t=0$、$x \geqslant 0$ 的初值条件，所以在区域 $x > at$ 内的解，只需将 $\varphi(x)$ 与 $\psi(x)$ 的具体形式直接代入式(2.37)，即可得到

$$u(x, t) = u_{\mathrm{I}}(x, t)$$

$$= \frac{1}{2}[\varphi(x+at) + \varphi(x-at)] + \frac{1}{2a}\int_{x-at}^{x+at} \psi(\alpha)\,\mathrm{d}\alpha \quad (t > 0, x > at) \quad (2.38)$$

而区域 $0 < x < at$ 内的点的依赖区间已跨越到 $-x$ 轴上，因此利用 $\Phi(x)$ 与 $\Psi(x)$ 的奇函数特性可得

$$u(x, t) = u_{\mathrm{II}}(x, t)$$

$$= \frac{1}{2}[\varphi(x+at) - \varphi(at-x)] + \frac{1}{2a}\left[\int_0^{x+at} \psi(\alpha)\,\mathrm{d}\alpha - \int_{x-at}^0 \psi(-\alpha)\,\mathrm{d}\alpha\right]$$

$$= \frac{1}{2}[\varphi(x+at) - \varphi(at-x)] + \frac{1}{2a}\int_{at-x}^{x+at} \psi(\alpha)\,\mathrm{d}\alpha \quad (t > 0, 0 < x < at) \quad (2.39)$$

上述解的物理含义如下：

（1）若 $x > at$，其解就是达朗贝尔解，这说明端点的影响尚未传到。

（2）若 $0 < x < at$，此时的解与达朗贝尔解不一样，这说明端点的影响已经传到。为简单起见，设初速度为零，此时

$$u(x, t) = \frac{1}{2}[\varphi(x+at) - \varphi(at-x)] \quad (2.40)$$

由 2.1 节讨论得知式(2.40)中的第一项是沿 x 轴负向向端点传播的反行波，在此称为入射波。式(2.40)中的第二项是由端点传来的以速度 a 沿 x 轴正向传播的正行波，在此称为反射波。注意，在端点 $u(x, t)|_{x=0} = 0$，即弦始终不动，这说明在端点 $x=0$ 处入射波和反射波的相位始终相反，这种现象称为半波损失。

2. 端点自由（即第二类齐次边界条件）

定解问题可转变如下：

泛定方程：

$$u_{tt} = a^2 u_{xx} \quad (0 < x < \infty, t > 0) \quad (2.41)$$

边界条件：

$$u_x(0, t) = 0 \quad (2.42)$$

初始条件：

$$\begin{cases} u(x, 0) = \varphi(x) \\ u_t(x, 0) = \psi(x) \end{cases} \quad (2.43)$$

与"端点固定"的分析方法相同，采用延拓法将半无界问题延拓为无界问题。在此边界条件下，应设 $\varphi'(0) = 0$ 和 $\psi'(0) = 0$，才能保持端点自由（即 $u_x(0, t) = 0$），因此应将 $\varphi(x)$ 与 $\psi(x)$ 延拓成在 $-\infty < x < \infty$ 整个区间上的偶函数，这样 $x=0$ 端的边界条件自然会得到满足。即将定解问题(式(2.31)～式(2.33))的初始条件改为

$$u(x, 0) = \Phi(x) = \begin{cases} \varphi(x) & (x \geqslant 0) \\ \varphi(-x) & (x < 0) \end{cases} \quad (2.44)$$

$$u_t(x, 0) = \Psi(x) = \begin{cases} \psi(x) & (x \geqslant 0) \\ \psi(-x) & (x < 0) \end{cases} \quad (2.45)$$

这样处理之后，由于函数定义在$-\infty < x < \infty$整个区间上，因此可以直接应用达朗贝尔公式（式(2.18)），于是得到

$$u(x, t) = \frac{1}{2}[\Phi(x+at) + \Phi(x-at)] + \frac{1}{2a}\int_{x-at}^{x+at}\Psi(\alpha)\,d\alpha \qquad (2.46)$$

然后，利用$\Phi(x)$与$\Psi(x)$的偶函数特性，将(x, t)平面上的第一象限分成$x>at(t>0)$和$0<x<at(t>0)$两个区域。

（1）当$t>0$、$x>at$时，

$$u(x, t) = u_1(x, t) = \frac{1}{2}[\varphi(x+at) + \varphi(x-at)] + \frac{1}{2a}\int_{x-at}^{x+at}\psi(\alpha)\,d\alpha \qquad (2.47)$$

（2）当$t>0$、$0<x<at$时，

$$u(x, t) = u_{\mathrm{II}}(x, t)$$

$$= \frac{1}{2}[\varphi(x+at) + \varphi(at-x)] + \frac{1}{2a}\left[\int_0^{x+at}\psi(\alpha)\,d\alpha + \int_{x-at}^0\psi(-\alpha)\,d\alpha\right]$$

$$= \frac{1}{2}[\varphi(x+at) + \varphi(at-x)] + \frac{1}{2a}\left[\int_0^{x+at}\psi(\alpha)\,d\alpha + \int_0^{at-x}\psi(\alpha)\,d\alpha\right] \qquad (2.48)$$

通过以上分析可以看出，当$x>at(t>0)$时，端点的影响还未传到x点，所以它和无界域的达朗贝尔公式相同；当$0<x<at(t>0)$时，端点的影响已经传到x点，端点的运动状态由初值函数引起的波动和端点反射波共同决定，不过此时无半波损失。

例 2.3 半无限长的弦，其初始位移和初始速度都为零，端点作微小的横振动$u|_{x=0} = A\sin\omega t$，求解弦的振动规律。

解 可将此物理问题转化为下列定解问题：

$$\begin{cases} u_{tt} = a^2 u_{xx} & (0 < x < \infty, \ t > 0) \\ u(x, 0) = u_t(x, 0) = 0 \\ u(0, t) = A\sin\omega t \end{cases} \qquad (2.49)$$

由定解条件知，此弦的振动是单纯由端点的振动引起的，因此，在$x \geqslant 0$区域，弦振动应按右行波传播。故令其解为$u(x, t) = f(x-at)$，代入边界条件，得

$$A\sin\omega t = f(-at) \quad (t \geqslant 0) \qquad (2.50)$$

为确定函数f，令$z = -at$，得

$$f(z) = A\sin\omega\left(\frac{-z}{a}\right) = -A\sin\frac{\omega z}{a} \quad (z \leqslant 0) \qquad (2.51)$$

于是得

$$u(x, t) = -A\sin\frac{\omega(x-at)}{a} = A\sin\omega\left(t - \frac{x}{a}\right) \quad \left(t \geqslant \frac{x}{a}\right) \qquad (2.52)$$

2.3 三维波动方程的泊松公式

2.1节已经讨论了一维波动方程的初值问题，并获得了达朗贝尔解，但波在三维空间的传播情况更具有普遍意义（例如，在研究交变电磁场在空间中的传播时，就要讨论三维波动方程），因此本节讨论三维波动方程问题。

要求解在三维无限空间传播的波动问题，就是要求下列定解问题：

泛定方程：

$$u_{tt} = a^2 \Delta u \quad (-\infty < x, y, z < \infty; t > 0) \tag{2.53}$$

初值条件：

$$\begin{cases} u \mid_{t=0} = \varphi(M) \\ u_t \mid_{t=0} = \psi(M) \end{cases} \tag{2.54}$$

其中，M 代表空间中任意一点。由 2.1 节中用行波法求解一维波动问题的思路可知，若能通过某种方法将三维波动问题转化为一维波动问题，就可以借助 2.1 节的结果或仿照 2.1 节的方法来求得三维波动问题的解。事实上，在球坐标系中，$u = u(r, \theta, \varphi)$，如果波动在三维空间中传播时与 (θ, φ) 无关，即具有球对称性时，可将其化为 $u = u(r)$，显然这是一个一维问题。所以，通过某种转化，利用一维行波解的结果来得到三维波动问题的解是一种可能的途径。

为此，先介绍平均值法。

2.3.1　平均值法

定义一个函数：

$$\bar{u}(r, t) = \frac{1}{4\pi r^2} \iint_{S_r^{M_0}} u(M, t) \, dS = \frac{1}{4\pi} \iint_{S_r^{M_0}} u(M, t) \, d\Omega \tag{2.55}$$

其中，$d\Omega = \dfrac{dS}{r^2} = \sin\theta \, d\theta \, d\varphi$ 为立体角元。显然，$\bar{u}(r, t)$ 只是独立变量 r 和 t 的函数，称之为函数 $u(M, t)$ 在以 M_0 为中心、r 为半径的球面 $S_r^{M_0}$ 上的平均值。M_0 是一个参量，而且容易看出，$\bar{u}(r, t)$ 和所要求的 $u(M_0, t_0)$ 有着紧密的联系，即

$$u(M_0, t_0) = \lim_{r \to 0} \bar{u}(r, t_0) \tag{2.56}$$

因此，欲求波动方程 (2.53) 的解 $u(M, t)$ 在任意一点 M_0、任意时刻 t_0 的值 $u(M_0, t_0)$，只要先求出 $u(M, t)$ 在 t_0 时刻，以 M_0 为中心、r 为半径的球面 $S_r^{M_0}$ 上的平均值，再令 $r \to 0$ 即可。这种处理问题的方法称为平均值法。

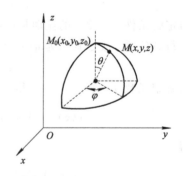

注意：如图 2.7 所示，这里各坐标变量之间的关系为

$$\begin{cases} x = x_0 + r \sin\theta \cos\varphi \\ y = y_0 + r \sin\theta \sin\varphi \\ z = z_0 + r \cos\theta \end{cases} \tag{2.57}$$

图 2.7　M_0 与 M 的坐标关系

其中：

$$r = \sqrt{(x - x_0)^2 + (y - y_0)^2 + (z - z_0)^2}$$

下面通过求三维齐次波动方程的通解来导出泊松公式。

2.3.2　泊松公式

为了用平均值法求解三维波动问题，对式 (2.53) 两边在球面 $S_r^{M_0}$ 上积分并乘以常数因

子 $\dfrac{1}{4\pi}$，得

$$\frac{1}{4\pi}\iint\limits_{S_r^{M_0}} u_{tt}\,\mathrm{d}\Omega = \frac{a^2}{4\pi}\iint\limits_{S_r^{M_0}}\Delta u\,\mathrm{d}\Omega \tag{2.58}$$

交换微分和积分号的顺序，得

$$\frac{\partial^2}{\partial t^2}\left(\frac{1}{4\pi}\iint\limits_{S_r^{M_0}} u\,\mathrm{d}\Omega\right) = a^2\Delta\left(\frac{1}{4\pi}\iint\limits_{S_r^{M_0}} u\,\mathrm{d}\Omega\right) \tag{2.59}$$

由式(2.55)得

$$\frac{\partial^2}{\partial t^2}\bar{u}(r,\,t) = a^2\Delta\bar{u}(r,\,t) \tag{2.60}$$

又因为在直角坐标系中，有

$$\Delta\bar{u} = \frac{\partial^2\bar{u}}{\partial x^2} + \frac{\partial^2\bar{u}}{\partial y^2} + \frac{\partial^2\bar{u}}{\partial z^2} \tag{2.61}$$

故由变量 x 和 r 的关系式(2.57)可得

$$\frac{\partial\bar{u}}{\partial x} = \frac{\partial\bar{u}}{\partial r}\frac{\partial r}{\partial x} = \frac{\partial\bar{u}}{\partial r}\cdot\frac{\partial}{\partial x}\sqrt{(x-x_0)^2 + (y-y_0)^2 + (z-z_0)^2}$$

$$= \frac{\partial\bar{u}}{\partial r}\cdot\frac{x-x_0}{r} \tag{2.62}$$

所以

$$\frac{\partial^2\bar{u}}{\partial x^2} = \frac{\partial}{\partial r}\left(\frac{\partial\bar{u}}{\partial r}\cdot\frac{x-x_0}{r}\right)\cdot\frac{\partial r}{\partial x} = \frac{\partial\bar{u}}{\partial r}\frac{r^2-(x-x_0)^2}{r^3} + \frac{\partial^2\bar{u}}{\partial r^2}\frac{(x-x_0)^2}{r^2} \tag{2.63}$$

类似地，可得

$$\begin{cases} \dfrac{\partial^2\bar{u}}{\partial y^2} = \dfrac{\partial\bar{u}}{\partial r}\dfrac{r^2-(y-y_0)^2}{r^3} + \dfrac{\partial^2\bar{u}}{\partial r^2}\dfrac{(y-y_0)^2}{r^2} \\[3mm] \dfrac{\partial^2\bar{u}}{\partial z^2} = \dfrac{\partial\bar{u}}{\partial r}\dfrac{r^2-(z-z_0)^2}{r^3} + \dfrac{\partial^2\bar{u}}{\partial r^2}\dfrac{(z-z_0)^2}{r^2} \end{cases} \tag{2.64}$$

故有

$$\Delta\bar{u} = \frac{\partial^2\bar{u}}{\partial x^2} + \frac{\partial^2\bar{u}}{\partial y^2} + \frac{\partial^2\bar{u}}{\partial z^2} = \frac{\partial\bar{u}}{\partial r}\frac{3r^2-r^2}{r^3} + \frac{\partial^2\bar{u}}{\partial r^2}\frac{r^2}{r^2}$$

$$= \frac{2}{r}\frac{\partial\bar{u}}{\partial r} + \frac{\partial^2\bar{u}}{\partial r^2} = \frac{1}{r}\frac{\partial^2}{\partial r^2}(r\bar{u}) \tag{2.65}$$

将其代入式(2.60)，得

$$\frac{\partial^2}{\partial t^2}\bar{u} = \frac{a^2}{r}\frac{\partial^2}{\partial r^2}(r\bar{u}) \tag{2.66}$$

即

$$\frac{\partial^2}{\partial t^2}(r\bar{u}) = a^2\frac{\partial^2}{\partial r^2}(r\bar{u}) \tag{2.67}$$

不妨令

$$v(r,\,t) = r\bar{u}(r,\,t) \tag{2.68}$$

则可得

$$v_{tt} = a^2 v_{rr} \tag{2.69}$$

这就是一个一维的波动方程，其通解可以表示为

$$v(r,\ t) = f_1(r+at) + f_2(r-at) \tag{2.70}$$

因此

$$\bar{u}(r,\ t) = \frac{v(r,\ t)}{r} = \frac{f_1(r+at) + f_2(r-at)}{r} \tag{2.71}$$

注意到 $v(r,\ t) = r\bar{u}(r,\ t)$，当 $r=0$ 时，有

$$v(0,\ t) = 0 \tag{2.72}$$

即

$$f_1(at) + f_2(-at) = 0 \tag{2.73}$$

所以

$$
\begin{aligned}
u(M_0,\ t_0) &= \lim_{r\to 0}\bar{u}(r,\ t_0) = \lim_{r\to 0}\frac{v(r,\ t_0)}{r} \\
&= \lim_{r\to 0}\frac{f_1(r+at_0) + f_2(r-at_0)}{r} \\
&= \lim_{r\to 0}\frac{f_1(r+at_0) - f_1(at_0) + f_2(r-at_0) - f_2(-at_0)}{r} \\
&= f_1'(at_0) + f_2'(-at_0)
\end{aligned} \tag{2.74}
$$

而由式(2.73)还可以得到

$$f_1'(at_0) = f_2'(-at_0) \tag{2.75}$$

故有

$$u(M_0,\ t_0) = 2f_1'(at_0) \tag{2.76}$$

此即波动方程(2.53)在任意时刻 t_0、任意一点 M_0 处的解，其中 $f_1'(at_0)$ 为任意函数。

为了得到波动方程(2.53)满足初始条件(式(2.54))的特解，需要用这两个初始条件来确定式(2.76)中的任意函数 $f_1'(at_0)$。为此，将式(2.71)两边乘以 r 后再分别对 r 和 t 求导，得

$$\frac{\partial}{\partial r}(r\bar{u}) = f_1'(r+at) + f_2'(r-at) \tag{2.77}$$

$$\frac{1}{a}\frac{\partial}{\partial t}(r\bar{u}) = f_1'(r+at) - f_2'(r-at) \tag{2.78}$$

将式(2.77)和式(2.78)相加，并取 $r=at_0$，$t=0$(注意：这里之所以令 $t=0$ 是为了代入初始条件得到 $f_1'(at_0)$ 的值)，则得

$$
\begin{aligned}
2f_1'(at_0) &= \left[\frac{\partial}{\partial r}(r\bar{u}) + \frac{1}{a}\frac{\partial}{\partial t}(r\bar{u})\right]_{\substack{r=at_0\\t=0}} \\
&= \left[\frac{\partial}{\partial r}\left(r\cdot\frac{1}{4\pi r^2}\iint_{S_r^{M_0}} u\ \mathrm{d}S\right) + \frac{1}{a}\frac{\partial}{\partial t}\left(r\cdot\frac{1}{4\pi r^2}\iint_{S_r^{M_0}} u\ \mathrm{d}S\right)\right]_{\substack{r=at_0\\t=0}} \\
&= \frac{1}{4\pi}\left[\frac{\partial}{\partial r}\iint_{S_r^{M_0}}\frac{u}{r}\ \mathrm{d}S + \frac{1}{a}\iint_{S_r^{M_0}}\frac{u_t}{r}\ \mathrm{d}S\right]_{\substack{r=at_0\\t=0}} \\
&= \frac{1}{4\pi a}\left[\frac{\partial}{\partial t_0}\iint_{S_{at_0}^{M_0}}\frac{\varphi(M)}{at_0}\ \mathrm{d}S + \iint_{S_{at_0}^{M_0}}\frac{\psi(M)}{at_0}\ \mathrm{d}S\right]
\end{aligned} \tag{2.79}
$$

将此结果代入式(2.76)，则得

$$u(M_0,\,t_0) = \frac{1}{4\pi a}\left[\frac{\partial}{\partial t_0}\iint\limits_{S_{at_0}^{M_0}}\frac{\varphi(M)}{at_0}\,\mathrm{d}S + \iint\limits_{S_{at_0}^{M_0}}\frac{\psi(M)}{at_0}\,\mathrm{d}S\right] \tag{2.80}$$

注意到 M_0、t_0 的任意性，故式(2.80)可写为

$$u(M,\,t) = \frac{1}{4\pi a}\left[\frac{\partial}{\partial t}\iint\limits_{S_{at}^{M}}\frac{\varphi(M')}{at}\,\mathrm{d}S + \iint\limits_{S_{at}^{M}}\frac{\psi(M')}{at}\,\mathrm{d}S\right] \tag{2.81}$$

其中，M' 表示以 M 为中心、at 为半径的球面 S_{at}^{M} 上的点。

至此，得到了三维无界空间波动方程的初值问题的解，即式(2.81)，称此式为泊松(Poisson)公式。

2.3.3　泊松公式的物理意义

式(2.81)是三维波动方程即式(2.53)和式(2.54)的解，它表示点 $M(x,y,z)$ 和时刻 t 的值，仅与以点 M 为球心、at 为半径的球面上的初始条件有关。换言之，只有与点 M 相距为 at 的点上的初始扰动能够影响到 $u(x,y,z;t)$ 的值。

为了形象起见，设扰动只限于区域 T_0（即初值函数 $\varphi(M')$、$\psi(M')$ 在空间某个有限区域 T_0 内，而在 T_0 外为零）内。在空间任取一点 M，考察点 M 处各个时刻所受到的初始扰动的情形。

我们知道，函数 u 在点 M 和时刻 t 的值 $u(M,t)$ 是由 $\varphi(M')$、$\psi(M')$ 在球面 S_{at}^{M} 上的值所决定的。也就是说，只有当球面 S_{at}^{M} 和区域 T_0 相交时，式(2.81)中的积分才不为零。用 $d=at_1$ 和 $D=at_2$ 分别表示点 M 到区域 T_0 的最近和最远距离，如图 2.8 所示。

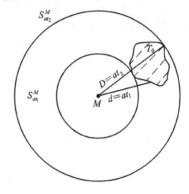

图 2.8　泊松公式的物理意义示意

显然，当 $at<at_1$，即 $t<t_1$ 时，球面 S_{at}^{M} 不与 T_0 相交，式(2.81)中的曲面积分为零，因而 $u(M,t)=0$，这时扰动的"前锋"还未到达点 M。从时刻 t_1 到 t_2（即 $d/a<t<D/2$），球面 S_{at}^{M} 和区域 T_0 一直相交，式(2.81)中的曲面积分不等于零，这时点 M 处于扰动状态。

当 $t>t_2$ 时，球面 S_{at}^{M} 不与区域 T_0 相交，$u(M,t)$ 取零值，此时，扰动已经越过了点 M，即表明扰动的"阵尾"已经过去。这表明初始扰动（包括初始位移和初始速度）都无残留的后效，即三维空间中局部扰动的传播无后效现象，就像人们讲话的每个音节产生的振动波经过听话者的耳朵所在的地点之后，空气都静止下来等待下一个扰动的到来一样。

如果考察区域 T_0 中任意点 M_0 处的扰动在某一时刻 t_0 在空间中传播的情况，则扰动传到以 M_0 为中心、at_0 为半径的球面 $S_{at_0}^{M_0}$ 上，所以式(2.81)也称为球面波。这样，在时刻 t_0 受到 T_0 中所有点初始扰动影响的区域，就是以点 $M_0\in T_0$ 为中心、at_0 为半径的球面族的全体。当 t_0 足够大时，这种球面族有内、外两个包络面。我们称外包络面为传播波的波前，内包络面为传播波的波后。

当区域 T_0 是半径为 R 的球形时，波的波前（Ⅰ）和波后（Ⅱ）都是球面，如图 2.9 所示。

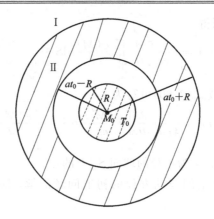

图 2.9　球形波振面示意

波前以外的部分表示扰动还未传到的区域，而波后以内的部分是扰动已传过，并恢复了原来状况的区域。因此，当初始扰动限制在某一局部范围内时，波的传播有清晰的波前和波后。这就是物理学中的惠更斯原理。

例 2.4　设大气中有一个半径为 1 的球形薄膜，薄膜内的压强超过大气压的数值为 p_0。假定该薄膜突然消失，将会在大气中激起三维波，求球外任意位置的附加压强 p。

解　其定解问题为

$$\begin{cases} p_{tt} - a^2 \Delta p = 0 \\ p \big|_{t=0} = \begin{cases} p_0 & (r < 1) \\ 0 & (r > 1) \end{cases} \\ p_t \big|_{t=0} = 0 \end{cases} \tag{2.82}$$

如图 2.10 所示，设薄膜球球心到球外任意一点 M 的距离为 r，则当 $r-1 < at < r+1$ 时，有

$$\iint_{S_{at}^M} \frac{\varphi(M')}{at} \, \mathrm{d}S = \int_0^{2\pi} \mathrm{d}\varphi \int_0^{\theta_0} \frac{p_0 \, (at)^2 \, \sin\theta \, \mathrm{d}\theta}{at} = 2\pi p_0 at \, (1 - \cos\theta_0)$$

$$= 2\pi p_0 at \left(1 - \frac{r^2 + a^2 t^2 - 1}{2art} \right)$$

$$= -\frac{\pi p_0}{r} \big[(r - at)^2 - 1 \big] \tag{2.83}$$

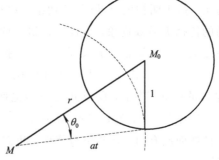

图 2.10　球形薄膜的波动示意

注意，$\psi(M') = p_t|_{t=0} = 0$，故由泊松公式可得

$$p(M, t) = \frac{1}{4\pi a} \frac{\partial}{\partial t} \iint_{S_{at}^M} \frac{\varphi(M')}{at} \, dS$$

$$= \frac{1}{4\pi a} \frac{\partial}{\partial t} \left(-\frac{\pi p_0}{r} \right) [(r-at)^2 - 1] = \frac{p_0}{2r}(r-at) \tag{2.84}$$

而当 $at < r-1$ 和 $at > r+1$ 时，由于 $\varphi(M')$ 与 $\psi(M')$ 均为零，故有 $p(M, t) = 0$。

类似地，可以求得球内任意位置处的附加压强。

例 2.5 利用三维泊松公式求解下列问题：

$$\begin{cases} u_{tt} = a^2 \Delta u & (-\infty < x, y, z < \infty; t > 0) \\ u|_{t=0} = x + 2y, \ u_t|_{t=0} = 0 \end{cases} \tag{2.85}$$

解 由泊松公式可得

$$u(x, y, z; t) = \frac{1}{4\pi a} \frac{\partial}{\partial t} \iint_{S_{r=at}^M} \frac{\varphi(\zeta, \eta, \rho)}{r} \, dS$$

$$= \frac{1}{4\pi a} \frac{\partial}{\partial t} \int_0^{2\pi} \int_0^{\pi} \frac{(x + at \ \sin\theta \ \cos\varphi) + 2(y + at \ \sin\theta \ \sin\varphi)}{at} (at)^2 \ \sin\theta \ d\theta \ d\varphi$$

$$= \frac{1}{4\pi a} \frac{\partial}{\partial t} \left[at(x+2y) \int_0^{2\pi} d\varphi \int_0^{\pi} \sin\theta \ d\theta + a^2 t^2 \cdot \int_0^{2\pi} (\cos\varphi + 2\sin\varphi) \ d\varphi \int_0^{\pi} \sin^2\theta \ d\theta \right]$$

$$= x + 2y$$

2.4 强 迫 振 动

前面所讨论的问题只限于自由振动，其泛定方程均为齐次的。本节主要讨论无界弦的纯强迫振动，它的定解问题如下：

泛定方程：

$$u_{tt} - a^2 u_{xx} = f(x, t) \quad (-\infty < x < \infty, t > 0) \tag{2.86}$$

初始条件：

$$\begin{cases} u|_{t=0} = 0 \\ u_t|_{t=0} = 0 \end{cases} \tag{2.87}$$

此时的泛定方程是非齐次的。由前面的讨论可知，如果能将方程中的非齐次项消除掉（即将方程变为齐次方程），就可以利用 2.1 节的达朗贝尔公式得到此定解问题的解。因此，先介绍冲量原理。

2.4.1 冲量原理

我们知道，式(2.86)中的 $f(x, t) = \dfrac{F(x, t)}{\rho}$（$F(x, t)$是在 x 处外力的线密度，即单位长度弦所受到的外力）是在时刻 t、x 处单位质量的弦上所受到的力，即力密度。这个力是持续作用的，即从时刻 0 一直延续到某一时刻 t（当然，时刻 t 以后的力不影响在时刻 t 的振动，故可不考虑时刻 t 以后的力）。根据物理学中的叠加定理，可以将持续力 $f(x, t)$ 所引起的振动（即定解问题 (2.86) 和 (2.87) 的解）看做是一系列前后相继的瞬时力

$f(x, \tau)(0 \leqslant \tau \leqslant t)$ 所引起的振动 $w(x, t; \tau)$ 的叠加，即

$$u(x, t) = \lim_{\Delta \tau \to 0} \sum_{\tau=0}^{t} w(x, t; \tau) \tag{2.88}$$

下面分析瞬时力 $f(x, \tau)$ 所引起的振动。从物理的角度考虑，力对系统的作用对于时间的积累是给系统一定的冲量。若考虑在短时间间隔 $\Delta \tau$ 内对系统的作用，则 $f(x, \tau) \Delta \tau$ 表示在 $\Delta \tau$ 内的冲量。这个冲量使得系统的动量即系统的速度有一些改变(因为 $f(x, t)$ 是单位质量弦所受的力，故动量在数值上等于速度)，即

$$f(x, \tau) \Delta \tau = \Delta P = \Delta v \tag{2.89}$$

其中：ΔP 为动量增量；Δv 为速度改变量。由于 $f(x, \tau)$ 是单位质量的弦的受力，因此式(2.89)成立。

由于 $\Delta \tau \to 0$，因此可以把 $\Delta \tau$ 时间内得到的速度改变量看成是在 $t = \tau$ 时刻的一瞬间得到的，而在 $\Delta \tau$ 之外的其余时间则认为没有冲量的作用，即没有外力的作用。在 $\Delta \tau$ 这段时间里，瞬时力 $f(x, \tau)$ 所引起的振动的定解问题就可以表示为

$$\begin{cases} w_{tt} - a^2 w_{xx} = 0 \quad (\tau < t < \tau + \Delta \tau) \\ w \mid_{t=\tau} = 0 \\ w_t \mid_{t=\tau} = f(x, \tau) \Delta \tau \end{cases} \tag{2.90}$$

为了便于求解，再令

$$w(x, t; \tau) = v(x, t; \tau) \Delta \tau \tag{2.91}$$

则有

$$\begin{cases} v_{tt} - a^2 v_{xx} = 0 \\ v \mid_{t=\tau} = 0 \\ v_t \mid_{t=\tau} = f(x, \tau) \end{cases} \tag{2.92}$$

由上面的分析可以看出，要求解纯强迫振动即式(2.86)和式(2.87)，只需求解定解式(2.92)即可，从而

$$u(x, t) = \lim_{\Delta \tau \to 0} \sum_{\tau=0}^{t} w(x, t; \tau) = \lim_{\Delta \tau \to 0} \sum_{\tau=0}^{t} v(x, t; \tau) \Delta \tau \tag{2.93}$$

即

$$u(x, t) = \int_0^t v(x, t; \tau) \, \mathrm{d}\tau \tag{2.94}$$

上面这种用瞬时冲量的叠加代替持续作用力来解决式(2.86)和式(2.87)的方法，称为冲量原理。

下面从数学上验证冲量原理的合理性。

首先，证明式(2.94)满足初始条件(式(2.87))。由式(2.94)可知

$$u(x, 0) = \int_0^{t=0} v(x, 0; \tau) \, \mathrm{d}\tau = 0 \tag{2.95}$$

固定积分上、下限相同，其值为零。这样式(2.94)满足初始条件(式(2.87))。

为了证明式(2.94)也满足初始条件 $u_t \mid_{t=0} = 0$，需要用到下式：

$$\frac{\mathrm{d}}{\mathrm{d}t} \int_{\varphi_1(t)}^{\varphi_2(t)} \varphi_3(t, \tau) \, \mathrm{d}\tau = \int_{\varphi_1(t)}^{\varphi_2(t)} \frac{\partial \varphi_3(t, \tau)}{\partial t} \, \mathrm{d}\tau + \varphi_3(t, \varphi_2) \varphi_2'(t) - \varphi_3(t, \varphi_1) \varphi_1'(t) \tag{2.96}$$

把式(2.96)应用于式(2.94)，得

$$u_t(x, t) = \int_0^t v_t(x, t; \tau) \, \mathrm{d}\tau + v(x, t; t) \tag{2.97}$$

由式(2.92)知 $v(x, t; t) = 0$，所以

$$u_t(x, t) = \int_0^t v_t(x, t; \tau) \, \mathrm{d}\tau \tag{2.98}$$

从而

$$u_t(x, 0) = \int_0^0 v_t(x, 0; \tau) \, \mathrm{d}\tau = 0 \tag{2.99}$$

可见初始条件(2.87)得到满足。

其次，证明式(2.94)满足非齐次泛定方程(2.86)。为此，对式(2.98)再应用式(2.96)，得

$$u_{tt}(x, t) = \int_0^t v_{tt}(x, t; \tau) \, \mathrm{d}\tau + v_t(x, t; t) \tag{2.100}$$

又由式(2.92)知 $v_t(x, t; t) = f(x, t)$，所以有

$$u_{tt}(x, t) = \int_0^t v_{tt}(x, t; \tau) \, \mathrm{d}\tau + f(x, t) \tag{2.101}$$

而

$$u_{xx}(x, t) = \int_0^t v_{xx}(x, t; \tau) \, \mathrm{d}\tau \tag{2.102}$$

将式(2.101)和式(2.102)代入式(2.86)，得

$$u_{tt} - a^2 u_{xx} = \int_0^t (v_{tt} - a^2 v_{xx}) \, \mathrm{d}\tau + f(x, t) \tag{2.103}$$

又由式(2.92)知 $v_{tt} - a^2 v_{xx} = 0$，即得

$$u_{tt} - a^2 u_{xx} = f(x, t) \tag{2.104}$$

故式(2.94)也满足非齐次方程(式(2.86))。这就验证了式(2.94)确实是式(2.86)和式(2.87)的定解问题的解。

还应指出的是：

(1) 冲量原理也可以用于输运方程。但需注意，冲量原理只适用于单一"源"(热源或强迫力)的问题，即要求其他条件均为齐次的。

(2) 冲量原理也可以用于波动方程或输运方程的混合问题。但需注意，边界条件必须是一、二、三类边界条件，其至 $x=0$ 端与 $x=l$ 端的边界条件可以是不同类型(只要 $v(x, t; \tau)$ 的边界条件的类型与原定解问题的边界条件相同即可)。

2.4.2 纯强迫振动

根据冲量原理，可以把求解式(2.86)和式(2.87)的问题转变为求式(2.92)的初值问题。令 $T = t - \tau$，则

$$\begin{cases} v_{TT} - a^2 v_{xx} = 0 \\ v \mid_{T=0} = 0 \\ v_T \mid_{T=0} = f(x, \tau) \end{cases} \tag{2.105}$$

故由达朗贝尔公式有

$$v(x, t; \tau) = \frac{1}{2a} \int_{x-aT}^{x+aT} f(\alpha, \tau) \, \mathrm{d}\alpha = \frac{1}{2a} \int_{x-a(t-\tau)}^{x+a(t-\tau)} f(\alpha, \tau) \, \mathrm{d}\alpha \tag{2.106}$$

将其代入式(2.94)，得

$$u(x, t) = \frac{1}{2a} \int_0^t \int_{x-a(t-\tau)}^{x+a(t-\tau)} f(\alpha, \tau) \, d\alpha \, d\tau \tag{2.107}$$

此即纯强迫振动的解。

例 2.6 求初始值问题：

$$\begin{cases} u_{tt} = u_{xx} + x & (-\infty < x < \infty) \\ u(x, 0) = 0 \\ u_t(x, 0) = 0 \end{cases} \tag{2.108}$$

解 由式 (2.107) 有

$$\begin{aligned} u(x, t) &= \frac{1}{2a} \int_0^t \int_{x-a(t-\tau)}^{x+a(t-\tau)} \alpha \, d\alpha \, d\tau \\ &= \frac{1}{4} \int_0^t \{ [x + (t-\tau)]^2 - [x - (t-\tau)^2] \} \, d\tau \\ &= \frac{1}{2} x t^2 \end{aligned} \tag{2.109}$$

2.4.3 一般强迫振动

一般强迫振动的定解问题如下：

$$u_{tt} - a^2 u_{xx} = f(x, t) \quad (-\infty < x < \infty, \, t > 0) \tag{2.110}$$

$$u \mid_{t=0} = \varphi(x) \tag{2.111}$$

$$u_t \mid_{t=0} = \psi(x) \tag{2.112}$$

对于这种定解问题，注意到泛定方程和定解条件都是线性的，故利用叠加定理，认为弦振动是由自由振动的初值问题和单纯由强迫力引起的振动的合成，即令

$$u(x, t) = u^{\mathrm{I}}(x, t) + u^{\mathrm{II}}(x, t) \tag{2.113}$$

$u^{\mathrm{I}}(x, t)$、$u^{\mathrm{II}}(x, t)$ 分别满足下列初值问题，即

$$u_{tt}^{\mathrm{I}} - a^2 u_{xx}^{\mathrm{I}} = 0 \tag{2.114}$$

$$u^{\mathrm{I}} \mid_{t=0} = \varphi(x) \tag{2.115}$$

$$u_t^{\mathrm{I}} \mid_{t=0} = \psi(x) \tag{2.116}$$

$$u_{tt}^{\mathrm{II}} - a^2 u_{xx}^{\mathrm{II}} = f(x, t) \tag{2.117}$$

$$u^{\mathrm{II}} \mid_{t=0} = 0 \tag{2.118}$$

$$u_t^{\mathrm{II}} \mid_{t=0} = 0 \tag{2.119}$$

则式 (2.114) 加上式 (2.117) 即为式 (2.110)，式 (2.115) 加上式 (2.118) 即为式 (2.111)，式 (2.116) 加上式 (2.119) 即为式 (2.112)。所以要求解定解问题 (2.110)~(2.112)，只需求解定解问题 (2.114)~(2.116) 和定解问题 (2.117)~(2.119) 即可。

定解问题 (2.114)~(2.116) 的解 $u^{\mathrm{I}}(x, t)$ 可由达朗贝尔公式得出，定解问题 (2.117)~(2.119) 的解 $u^{\mathrm{II}}(x, t)$ 可由式 (2.107) 给出，所以一般强迫振动的解为

$$\begin{aligned} u(x, t) &= u^{\mathrm{I}} + u^{\mathrm{II}} \\ &= \frac{1}{2} [\varphi(x+at) + \varphi(x-at)] + \frac{1}{2a} \int_{x-at}^{x+at} \psi(\alpha) \, d\alpha + \frac{1}{2a} \int_0^t \int_{x-a(t-\tau)}^{x+a(t-\tau)} f(\alpha, \tau) \, d\alpha d\tau \end{aligned}$$

$$\tag{2.120}$$

从物理概念上看，定解问题 (2.110)~(2.112) 表示由外力因素 $f(x, t)$ 和由 $\varphi(x)$、

$\psi(x)$ 所表示的初始振动状态对整个振动过程所产生的综合影响，它可以分解为单独只考虑外力因素(初始位移及速度为零)引起的振动(即强迫振动)和只考虑初始振动状态(外力为零)对振动过程所产生的影响，即自由振动的叠加。

例 2.7　求解下列定解问题：

$$\begin{cases} \dfrac{\partial^2 u}{\partial t^2} - \dfrac{\partial^2 u}{\partial x^2} = t\,\sin x & (-\infty < x < \infty,\ t>0) \\ u\,|_{t=0} = 0,\ \dfrac{\partial u}{\partial t}\bigg|_{t=0} = \sin x & (-\infty < x < \infty) \end{cases} \tag{2.121}$$

解　依线性方程解的结构，按叠加原理，令 $u(x,t) = u^{\mathrm{I}}(x,t) + u^{\mathrm{II}}(x,t)$，则原定解问题可以分为下列两个定解问题，即

$$\begin{cases} \dfrac{\partial^2 u^{\mathrm{I}}}{\partial t^2} - \dfrac{\partial^2 u^{\mathrm{I}}}{\partial x^2} = 0 \\ u^{\mathrm{I}}\,|_{t=0} = 0,\ \dfrac{\partial u^{\mathrm{I}}}{\partial t}\bigg|_{t=0} = \sin x \end{cases} \tag{2.122}$$

$$\begin{cases} \dfrac{\partial^2 u^{\mathrm{II}}}{\partial t^2} - \dfrac{\partial^2 u^{\mathrm{II}}}{\partial x^2} = t\,\sin x \\ u^{\mathrm{II}}\,|_{t=0} = 0,\ \dfrac{\partial u^{\mathrm{II}}}{\partial t}\bigg|_{t=0} = 0 \end{cases} \tag{2.123}$$

式(2.122)的解可由达朗贝尔公式求得，即

$$u^{\mathrm{I}}(x,t) = \frac{1}{2}\big[\varphi(x+at) + \varphi(x-at)\big] + \frac{1}{2a}\int_{x-at}^{x+at} \psi(\alpha)\,\mathrm{d}\alpha$$

$$= 0 + \frac{1}{2}\int_{x-t}^{x+t} \sin\alpha\,\mathrm{d}\alpha = \sin x\,\sin t \tag{2.124}$$

而定解问题(式(2.123))可以用冲量原理求得。先解

$$\begin{cases} \dfrac{\partial^2 v}{\partial t^2} - a^2 \dfrac{\partial^2 v}{\partial x^2} = 0 & (a=1) \\ v\,|_{t=\tau} = 0,\ \dfrac{\partial v}{\partial t}\bigg|_{t=\tau} = \tau\,\sin x \end{cases} \tag{2.125}$$

由达朗贝尔公式得

$$v(x,t;\tau) = \frac{1}{2}\big\{\varphi[x+a(t-\tau)] + \varphi[x-a(t-\tau)]\big\} + \frac{1}{2a}\int_{x-a(t-\tau)}^{x+a(t-\tau)} \tau\,\sin x\,\mathrm{d}x$$

$$= \frac{\tau}{2}\int_{x-(t-\tau)}^{x+(t-\tau)} \sin x\,\mathrm{d}x$$

$$= \tau\,\sin x\,\sin(t-\tau) \tag{2.126}$$

于是式(2.123)的解为

$$u^{\mathrm{II}}(x,t) = \int_0^t v(x,t;\tau)\,\mathrm{d}\tau = \int_0^t \tau\,\sin x\,\sin(t-\tau)\,\mathrm{d}\tau$$

$$= \sin x\int_0^t \tau\,\sin(t-\tau)\,\mathrm{d}\tau = (t-\sin t)\sin x \tag{2.127}$$

所以原定解问题的解为

$$u(x,t) = u^{\mathrm{I}} + u^{\mathrm{II}} = \sin x\,\sin t + (t-\sin t)\sin x = t\,\sin x \tag{2.128}$$

2.5 三维无界空间的一般波动问题

本节研究更为一般的情况——有外力作用的三维无界空间的波动问题，即以下定解问题：

$$u_{tt} - a^2 \Delta u = f(M, t) \quad (-\infty < x, y, z < \infty; t > 0) \tag{2.129}$$

$$u \mid_{t=0} = \varphi(M) \tag{2.130}$$

$$u_t \mid_{t=0} = \psi(M) \tag{2.131}$$

根据叠加原理，此问题可分解为下面两个问题来解决：第一个是求齐次方程满足非齐次初始条件的解；第二个是由强迫力引起的非齐次方程满足齐次初始条件的定解问题。

令

$$u = u^{\mathrm{I}} + u^{\mathrm{II}} \tag{2.132}$$

而 u^{I}、u^{II} 分别满足下列方程：

$$u_{tt}^{\mathrm{I}} - a^2 \Delta u^{\mathrm{I}} = 0 \tag{2.133}$$

$$u^{\mathrm{I}} \mid_{t=0} = \varphi(M) \tag{2.134}$$

$$u_t^{\mathrm{I}} \mid_{t=0} = \psi(M) \tag{2.135}$$

$$u_{tt}^{\mathrm{II}} - a^2 \Delta u^{\mathrm{II}} = f(M, t) \tag{2.136}$$

$$u^{\mathrm{II}} \mid_{t=0} = 0 \tag{2.137}$$

$$u_t^{\mathrm{II}} \mid_{t=0} = 0 \tag{2.138}$$

（1）讨论定解问题(2.133)～(2.135)的解。

定解问题(2.133)～(2.135)是三维无界空间的柯西问题，由泊松公式得其解为

$$u^{\mathrm{I}}(x, y, z) = \frac{1}{4\pi a^2} \frac{\partial}{\partial t} \iint\limits_{S_{at}^M} \frac{\varphi}{t} \, \mathrm{d}S + \frac{1}{4\pi a^2} \iint\limits_{S_{at}^M} \frac{\psi}{t} \, \mathrm{d}S \tag{2.139}$$

其中，函数 φ、ψ 中的变量应为 X、Y、Z，并且有

$$\begin{cases} X = x + at \, \sin\theta \, \cos\varphi \\ Y = y + at \, \sin\theta \, \sin\varphi \\ Z = z + at \, \cos\theta \end{cases} \tag{2.140}$$

（2）对三维的非齐次波动方程的零初值问题(2.136)～(2.138)采用冲量原理来解决。即先求出无源问题

$$\begin{cases} v_{tt} - a^2 \Delta v = 0 \\ v \mid_{t=\tau} = 0 \\ v_t \mid_{t=\tau} = f(M, \tau) \end{cases} \tag{2.141}$$

的解 $v(M, t; \tau)$，而定解问题(2.136)～(2.138)的解为

$$u^{\mathrm{II}}(M, t) = \int_0^t v(M, t; \tau) \, \mathrm{d}\tau \tag{2.142}$$

依据泊松公式，定解问题(2.141)的解为

$$v(M, t; \tau) = \frac{1}{4\pi a} \iint\limits_{S^M_{a(t-\tau)}} \frac{f(M', \tau)}{a(t-\tau)} \, dS \tag{2.143}$$

将其代入式(2.142)，得

$$u^{II}(M, t) = \frac{1}{4\pi a} \int_0^t \left[\iint\limits_{S^M_{a(t-\tau)}} \frac{f(M', \tau)}{a(t-\tau)} \, dS \right] d\tau \tag{2.144}$$

引入变量代换 $r = a(t-\tau)$，即 $\tau = t - \dfrac{r}{a}$，可得

$$u^{II}(M, t) = \frac{1}{4\pi a} \int_{at}^0 \left[\iint\limits_{S^M_r} \frac{f\left(M', t-\dfrac{r}{a}\right)}{r} \, dS \right] \left(-\frac{dr}{a}\right)$$

$$= \frac{1}{4\pi a^2} \int_0^{at} \left[\iint\limits_{S^M_r} \frac{f\left(M', t-\dfrac{r}{a}\right)}{r} \right] dS \, dr$$

$$= \frac{1}{4\pi a^2} \iiint\limits_{T^M_{at}} \frac{f\left(M', t-\dfrac{r}{a}\right)}{r} \, dV \tag{2.145}$$

其中，M' 表示在以 M 为中心、at 为半径的球体 T^M_{at} 中的变点，积分在球体 T^M_{at} 中进行。于是定解问题(2.136)~(2.138)的解为

$$u^{II}(M, t) = \frac{1}{4\pi a^2} \iiint\limits_{T^M_{at}} \frac{f\left(M', t-\dfrac{r}{a}\right)}{r} \, dV \tag{2.146}$$

称之为推迟势。

由式(2.146)可知，欲求点 M 处时刻 t 的波动问题(式(2.136)~式(2.138))的解 $u(M, t)$，就必须把以 M 为球心、at 为半径的球体 T^M_{at} 内的源的影响都叠加起来。而且，源对点 M 在时刻 t 的影响，必须在比 t 早的时刻 $\tau = t - r/a$ 发出，因为扰动以速度 a 传播必须历时 r/a 才能传到点 M。换言之，点 M 受到源的影响的时刻 t，比源发出的时刻 $t - r/a$ 迟了 r/a，故称之为推迟势。

由式(2.133)~式(2.138)即得到三维空间波动问题(2.129)~(2.131)的解为

$$u(M, t) = u^{I} + u^{II}$$

$$= \frac{1}{4\pi a^2} \left[\iint\limits_{S^M_{at}} \frac{\psi(M')}{t} \, dS + \frac{\partial}{\partial t} \iint\limits_{S^M_{at}} \frac{\varphi(M')}{t} \, dS + \iiint\limits_{T^M_{at}} \frac{f\left(M', t-\dfrac{r}{a}\right)}{r} \, dV \right] \tag{2.147}$$

此式通常称为克希霍夫公式。

例 2.8 求解波动问题：

$$\begin{cases} u_{tt} = a^2 \Delta u + 2(y-t) & (-\infty < x, y, z < \infty) \\ u\mid_{t=0} = 0 \\ u_t\mid_{t=0} = x^2 + yz \end{cases} \tag{2.148}$$

解 令 $u = u^{I} + u^{II}$，使

$$\begin{cases} u_{tt}^{\text{I}} = a^2 \Delta u^{\text{I}} \\ u^{\text{I}} \mid_{t=0} = 0 \\ u_t^{\text{I}} \mid_{t=0} = x^2 + yz \end{cases} \tag{2.149a}$$

$$\begin{cases} u_{tt}^{\text{II}} = a^2 \Delta u^{\text{II}} + 2(y - t) \\ u^{\text{II}} \mid_{t=0} = 0 \\ u_t^{\text{II}} \mid_{t=0} = 0 \end{cases} \tag{2.149b}$$

则由泊松公式可求得

$$u^{\text{I}}(M, t) = x^2 t + \frac{1}{3} a^2 t^3 + yzt \tag{2.150}$$

而由式(2.146)有

$$u^{\text{II}}(M, t) = \frac{1}{4\pi a^2} \int_0^{at} \int_0^{2\pi} \int_0^{\pi} \frac{2\left[y + r \sin\theta \sin\varphi - \left(t - \dfrac{r}{a} \right) \right]}{r} \cdot r^2 \sin\theta \, \mathrm{d}\theta \, \mathrm{d}\varphi \, \mathrm{d}r$$

$$= yt^2 - \frac{t^3}{3} \tag{2.151}$$

所以

$$u(M, t) = u^{\text{I}} + u^{\text{II}} = tx^2 + \frac{1}{3} a^2 t^3 + ytz + t^2 y - \frac{1}{3} t^3 \tag{2.152}$$

2.6 本 章 小 结

1. 行波法

行波法始于研究行进波，其解题要领如下：

(1) 引入变量代换，将方程化为变量可积的形式，从而求得其通解。

(2) 用定解条件确定通解中的任意函数（或常数），从而求得其特解。

由于大多偏微分方程的通解难以求得，用定解条件确定任意常数或函数也不容易，所以行波法有较大局限性，但对于研究波动问题而言，它具有特殊的优点。

2. 达朗贝尔公式

(1) 无界弦自由振动问题

$$\begin{cases} u_{tt} - a^2 u_{xx} = 0 \\ u(x, 0) = \varphi(x) \quad (-\infty < x < \infty) \\ u_t(x, 0) = \psi(x) \end{cases}$$

的解为

$$u(x, t) = \frac{1}{2} \left[\varphi(x + at) + \varphi(x - at) \right] + \frac{1}{2a} \int_{x-at}^{x+at} \psi(\alpha) \, \mathrm{d}\alpha$$

该式称为达朗贝尔公式。

(2) 达朗贝尔公式的物理意义：由任意初始扰动引起的自由振动弦总以行波的形式向正、反两个方向传播出去，传播的速度恰好等于泛定方程中的常数 a。

3. 泊松公式

定解问题

$$\begin{cases} u_{tt} = a^2 \Delta u \quad (-\infty < x,\, y,\, z < \infty;\, t > 0) \\ u\mid_{t=0} = \varphi(M) \\ u_t\mid_{t=0} = \psi(M) \end{cases}$$

的解为

$$u(M,\, t) = \frac{1}{4\pi a}\left[\frac{\partial}{\partial t}\iint\limits_{S_{at}^{M}} \frac{\varphi(M')}{at}\, \mathrm{d}S + \iint\limits_{S_{at}^{M}} \frac{\psi(M')}{at}\, \mathrm{d}S\right]$$

该式称为泊松公式。

4. 冲量原理

欲求解纯强迫力 $f(x,\, t)$ 所引起的振动

$$\begin{cases} u_{tt} - a^2 u_{xx} = f(x,\, t) \\ u\mid_{t=0} = 0 \\ u_t\mid_{t=0} = 0 \end{cases}$$

的解 $u(x,\, t)$，只需求一系列前后相继的瞬时冲量 $f(x,\, \tau)\Delta\tau(0 < \tau < t)$ 所引起的振动

$$\begin{cases} v_{tt} - a^2 v_{xx} = 0 \\ v\mid_{t=\tau} = 0 \\ v_t\mid_{t=\tau} = f(x,\, \tau) \end{cases}$$

的解 $v(x,\, t;\, \tau)$，而

$$u(x,\, t) = \int_0^t v(x,\, t;\, \tau)\, \mathrm{d}\tau$$

这种用瞬时冲量的叠加代替持续作用力来解决定解问题的方法称为冲量原理。

5. 推迟势

定解问题

$$\begin{cases} u_{tt} - a^2 \Delta u = f(M,\, t) \\ u\mid_{t=0} = 0 \\ u_t\mid_{t=0} = 0 \end{cases}$$

的解为

$$u(M,\, t) = \frac{1}{4\pi a^2}\iiint\limits_{T_{at}^{M}} \frac{f\left(M',\, t - \dfrac{r}{a}\right)}{r}\, \mathrm{d}V$$

该式称为推迟势。

习　　题

2.1　求解初值问题：

$$\begin{cases} u_{tt} - a^2 u_{xx} = 0 \quad (-\infty < x < \infty) \\ u(x,\, 0) = \cos x \\ u_t(x,\, 0) = \mathrm{e}^{-1} \end{cases}$$

答案：$u(x,\, t) = \cos at \cos x + \dfrac{t}{\mathrm{e}}$。

2.2　求解弦振动方程的古沙问题（如图所示）：

$$\begin{cases} u_{tt} - u_{xx} = 0 \quad (-\infty < x < \infty) \\ u(x, -x) = \varphi(x) \\ u(x, x) = \psi(x) \end{cases}$$

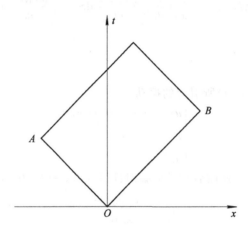

习题 2.2 图

答案：$u = \varphi\left(\dfrac{x-t}{2}\right) + \psi\left(\dfrac{x+t}{2}\right) - \varphi(0)$。

2.3　求解下列初值问题：

$$\begin{cases} u_{xx} + 2u_{xy} - 3u_{yy} = 0 \\ u(x, 0) = \sin x \\ u_y(x, 0) = x \end{cases}$$

答案：$u = \dfrac{1}{4}\sin(y+x) + \dfrac{3}{4}\sin\left(-\dfrac{y}{3}+x\right) + \dfrac{y^2}{3} + xy$。

2.4　用行波法证明：

$$\begin{cases} u_{tt} - a^2 u_{xx} = 0 \\ u(ct, t) = \varphi(t) \\ u_x(ct, t) = \psi(t) \end{cases}$$

的解是

$$u = \frac{a+c}{2a}\varphi\left(\frac{at+x}{a+c}\right) + \frac{a-c}{2a}\varphi\left(\frac{at-x}{a-c}\right) + \frac{a^2-c^2}{2a}\int_{(at-x)/(a-c)}^{(at+x)/(a+c)} \psi(\xi)\,\mathrm{d}\xi \quad (c \neq \pm a)$$

2.5　一根无限长的弦与 x 轴的正半轴重合，并处于平衡状态。弦的左端位于原点，当 $t > 0$ 时，左端点作微小横振动 $A\sin\omega t$，求弦的振动规律。

答案：

$$u(x, t) = \begin{cases} 0 & \left(t \leqslant \dfrac{x}{a}\right) \\ A\sin\omega\left(t - \dfrac{x}{a}\right) & \left(t > \dfrac{x}{a}\right) \end{cases}$$

2.6　半无限长的杆，其端点受到纵向力 $F(t) = A\sin\omega t$ 的作用，求解杆的纵向振动。

答案：

$$u(x,\ t) = \begin{cases} \dfrac{1}{2}\big[\varphi(x+at)+\varphi(x-at)\big]+\dfrac{1}{2a}\displaystyle\int_{x-at}^{x+at}\psi(\alpha)\,\mathrm{d}\alpha \qquad \left(t\leqslant\dfrac{x}{a}\right) \\[3mm] \dfrac{1}{2}\big[\varphi(x+at)+\varphi(x-at)\big]+\dfrac{1}{2a}\displaystyle\int_{0}^{x+at}\psi(\alpha)\,\mathrm{d}\alpha \\[3mm] \quad +\dfrac{1}{2a}\displaystyle\int_{0}^{at-x}\psi(\alpha)\,\mathrm{d}\alpha+\dfrac{Aa}{\omega ES}\Big[\cos\omega\Big(t-\dfrac{x}{a}\Big)-1\Big] \quad \left(t>\dfrac{x}{a}\right) \end{cases}$$

2.7　在无限长传输线上传播的电压和电流满足下列定解问题：

$$\begin{cases} u_x+Li_t+Ri=0 \quad (-\infty<x<\infty,\ t>0) \\ i_x+Cu_t+Gu=0 \\ u(x,\ 0)=\varphi(x) \\ i(x,\ 0)=\sqrt{\dfrac{C}{L}}\,F(x) \end{cases}$$

且有 $CR=GL$，试求该传输线上的电流和电压。

答案：$u(x,\ t)=\dfrac{1}{2\mathrm{e}^{\frac{R}{L}t}}\big[\varphi(x-at)+\varphi(x+at)+F(x-at)-F(x+at)\big]$。

2.8　求解下列定解问题：

(1) $\begin{cases} u_{tt}-u_{xx}=t\sin x \\ u(x,0)=0 \\ u_t(x,0)=\sin x \end{cases}$ ；　　(2) $\begin{cases} u_{xx}-u_{yy}=1 \\ u(x,0)=\sin x; \\ u_y(x,0)=x \end{cases}$

(3) $\begin{cases} u_{tt}-a^2u_{xx}=x \\ u(x,0)=0 \\ u_t(x,0)=3 \end{cases}$ ；　　(4) $\begin{cases} u_{tt}-a^2u_{xx}=x\mathrm{e}^t \\ u(x,0)=\sin x \\ u_t(x,0)=0 \end{cases}$ 。

答案：(1) $t\sin x$；(2) $\sin x\cos y+xy-\dfrac{y^2}{2}$；

　　　(3) $3t+\dfrac{1}{2}xt^2$；(4) $\sin x\cos at+(\mathrm{e}^t-1)(xt+x)-xt\mathrm{e}^t$。

2.9　求解定解问题：

$$\begin{cases} u_{tt}-a^2u_{xx}=0 \quad (0<x<\infty,\ t>0) \\ u(x,\ 0)=\varphi(x) \\ u_t(x,\ 0)=\psi(x) \end{cases} \ \ (0<x<\infty) \\ u(0,\ t)=g(t) \end{cases}$$

答案：

$$u(x,\ t)=\begin{cases} \dfrac{1}{2}\big[\varphi(x+at)+\varphi(x-at)\big]+\dfrac{1}{2a}\displaystyle\int_{x-at}^{x+at}\psi(\alpha)\,\mathrm{d}\alpha \quad (x-at\geqslant 0) \\[3mm] \dfrac{1}{2}\big[\varphi(x+at)-\varphi(x-at)\big]+\dfrac{1}{2a}\displaystyle\int_{at-x}^{x+at}\psi(\alpha)\,\mathrm{d}\alpha+g\Big(t-\dfrac{x}{a}\Big) \quad (x-at<0) \end{cases}$$

2.10　平面偏振的平面光波沿 x 轴行进而垂直地投射于两种介质的分界面上，入射光波的电场强度为 $E=E_0\sin\omega\Big(t-\dfrac{n_1}{a}x\Big)$，其中 n_1 是第一种介质的折射率，求反射光波和透射光波。

答案：反射光波

$$g\left(t+\frac{n_1 x}{a}\right)=\begin{cases}0 & \left(t+\frac{n_1 x}{a}<0,\ x<0\right)\\[2mm]\frac{n_1-n_2}{n_1+n_2}E_0\ \sin\omega\left(t+\frac{n_1 x}{a}\right) & \left(t+\frac{n_1 x}{a}>0,\ x>0\right)\end{cases}$$

透射光波

$$h\left(t-\frac{n_2 x}{a}\right)=\begin{cases}0 & \left(t<\frac{n_2 x}{a},\ x>0\right)\\[2mm]\frac{2n_1 E_0}{n_1+n_2}\ \sin\omega\left(t-\frac{n_2 x}{a}\right) & \left(t>\frac{n_2 x}{a},\ x>0\right)\end{cases}$$

2.11 求解初值问题：

$$\begin{cases}u_{tt}-a^2\Delta u=0\\ u(M,\ 0)=yz\\ u_t(M,\ 0)=xz\end{cases}$$

答案：$u(M,\ t)=\dfrac{1}{4\pi a}\left[\dfrac{\partial}{\partial t}\iint\limits_{S_{at}^M}\dfrac{\varphi(M')}{at}\ \mathrm{d}S+\iint\limits_{S_{at}^M}\dfrac{\psi(M')}{at}\ \mathrm{d}S\right]=(tx+y)z$。

2.12 求解三维无界空间的纯强迫振动：

$$\begin{cases}u_{tt}-a^2\Delta u=f_0\ \cos\omega t & （f_0\ 是常数）\\ u(x,\ 0)=0\\ u_t(x,\ 0)=0\end{cases}$$

答案：$u(M,\ t)=\dfrac{f_0}{\omega^2}(1-\cos\omega t)$。

2.13 试用泊松公式导出弦振动的达朗贝尔公式。

第 3 章　分离变量法

事实上，利用通解法求解偏微分方程的方法十分有限，大量的定解问题需要根据定解条件确定特解。分离变量法就是这样一种直接求解特解的基本方法。其基本思路是把偏微分方程通过分离变量的技巧分解为几个常微分方程，其中有的常微分方程因带有附加条件而构成本征值问题。通过分别求解各个常微分方程进而利用定解条件和广义傅里叶展开确定定解问题的解。本章结合三类常见的数理方程讨论有关分离变量法的基本思想和应用方法。

3.1　双齐次问题

当定解问题中的泛定方程和边界条件都是齐次时，称该定解问题为双齐次问题。双齐次问题的分离变量法是对三类典型数理方程的定解问题普遍适用的解法，也是利用分离变量法处理其他非齐次泛定方程或边界条件问题的基础。以下通过三类数理方程的定解问题来说明这种方法。

3.1.1　有界弦的自由振动

考虑一根长为 l，两端 $(x=0，x=l)$ 固定的弦 $(0 \leqslant x \leqslant l)$，给定初始位移 $\varphi(x)$ 和初始速度 $\psi(x)$，求在无外力作用下的微小横振动的位移函数。

显然，所求的定解问题如下：

泛定方程：

$$u_{tt} = a^2 u_{xx} \quad (0 \leqslant x \leqslant l) \tag{3.1}$$

边界条件：

$$\begin{cases} u \mid_{x=0} = 0 \\ u \mid_{x=l} = 0 \end{cases} \tag{3.2}$$

初始条件：

$$\begin{cases} u \mid_{t=0} = \varphi(x) \\ u_t \mid_{t=0} = \psi(x) \end{cases} \tag{3.3}$$

这个定解问题属于双齐次问题。如果没有边界条件，则可以考虑使用第 2 章中的行波解。但是，由于边界条件的存在，必须考虑新的求解途径。又由于对于两端都固定的波动问题，波动在两端点之间反射会形成驻波，所以，不妨设正行波为

$$u_1 = A \cos 2\pi \left(\nu t - \frac{x}{\lambda} \right) \tag{3.4}$$

其中：A 为波动振幅；ν 为频率；λ 为波长。于是在端点处反射波的表达式为

$$u_2 = A \cos 2\pi \left(\nu t + \frac{x}{\lambda} \right) \tag{3.5}$$

根据驻波的定义，形成的驻波方程为

$$u = u_1 + u_2 = 2A \cos 2\pi \nu t \cos \frac{2\pi x}{\lambda} = X(x)T(t) \tag{3.6}$$

显然，待求的定解问题会具有驻波解的形式，而由式(3.6)可以看到，驻波解为关于空间坐标的函数和时间的函数的乘积，即 $u = X(x)T(t)$，也就是说，如果可以将泛定方程和定解条件分离成关于空间和时间的常微分方程，然后分别进行处理，那么就可以得到定解问题的解。因此，不妨设

$$u(x, t) = X(x)T(t) \tag{3.7}$$

将式(3.7)代入泛定方程(3.1)，可得

$$X(x)T''(t) = a^2 X''(x)T(t) \tag{3.8}$$

将其除以 XT，并移项，得

$$\frac{X''(x)}{X(x)} = \frac{T''(t)}{a^2 T(t)} \tag{3.9}$$

注意到等式两端分别为不同自变量的函数，若相等只能等于共同的常数，将其设为 $-\lambda$（这里用 $-\lambda$ 是为了以后处理的方便），故

$$\frac{X''(x)}{X(x)} = \frac{T''(t)}{a^2 T(t)} = -\lambda \tag{3.10}$$

由式(3.10)可以得到以下两个常微分方程：

$$X''(x) + \lambda X(x) = 0 \tag{3.11}$$

$$T''(t) + \lambda a^2 T(t) = 0 \tag{3.12}$$

显然，这种定解的假设使泛定方程从原来的偏微分方程转化为两个常微分方程，这在某种程度上有效地降低了问题的求解难度。

由于 $u(x, t)$ 还必须满足边界条件，因此，将 $u(x, t) = X(x)T(t)$ 代入式(3.2)，得

$$\begin{cases} X(0)T(t) = 0 \\ X(l)T(t) = 0 \end{cases} \tag{3.13}$$

因为要求解方程的非零解 $u(x, t)$，所以 $T(t) \neq 0$（若 $T(t) = 0$，则 $u(x, t) = X(x)T(t) = 0$，即为零解），故有

$$\begin{cases} X(0) = 0 \\ X(l) = 0 \end{cases} \tag{3.14}$$

式(3.14)是对方程(3.11)所附加的边界条件。

这样一来，问题首先归结为求解一个含有参量 λ 的常微分方程(3.11)满足边界条件(式(3.14))的非零解问题，即

$$\begin{cases} X''(x) + \lambda X(x) = 0 \\ X(0) = 0, \ X(l) = 0 \end{cases} \tag{3.15}$$

该问题称为斯特姆-刘维(Sturm-Liouville)型本征值问题。只有当 λ 取某些特定的值时，方程(3.15)才有非零解。其中，λ 所取的特定值称为本征值，相应的方程的解 $X(x)$ 称为本征函数。本征值和本征函数的特性将在 3.2 节中详细讨论，这里只针对方程(3.15)求解本征

值问题。

（1）当 $\lambda = 0$ 时，方程为 $X''(x) = 0$，其通解为

$$X(x) = Ax + B \tag{3.16}$$

由边界条件 $X(0) = 0$，$X(l) = 0$ 得 $A = B = 0$，即 $X(x) \equiv 0$，非所求。

（2）当 $\lambda < 0$ 时，方程的通解为

$$X(x) = Ae^{\sqrt{-\lambda}x} + Be^{-\sqrt{-\lambda}x} \tag{3.17}$$

由边界条件 $X(0) = 0$，$X(l) = 0$ 得

$$\begin{cases} A + B = 0 \\ Ae^{\sqrt{-\lambda}l} + Be^{-\sqrt{-\lambda}l} = 0 \end{cases} \tag{3.18}$$

这里，系数行列式 $= \begin{vmatrix} 1 & 1 \\ e^{\sqrt{-\lambda}l} & e^{-\sqrt{-\lambda}l} \end{vmatrix} = e^{-\sqrt{-\lambda}l} - e^{\sqrt{-\lambda}l} \neq 0$，所以 $A = B = 0$，仍然有 $X(x) \equiv 0$，

非所求。

（3）当 $\lambda > 0$ 时，记 $\lambda = k^2$（k 为实数），则方程的通解为

$$X(x) = A\cos\sqrt{\lambda}x + B\sin\sqrt{\lambda}x = A\cos kx + B\sin kx \tag{3.19}$$

由边界条件 $X(0) = 0$，$X(l) = 0$ 得

$$\begin{cases} A = 0 \\ A\cos\sqrt{\lambda}l + B\sin\sqrt{\lambda}l = 0 \end{cases} \tag{3.20}$$

即

$$\begin{cases} A = 0 \\ B\sin\sqrt{\lambda}l = 0 \end{cases} \tag{3.21}$$

由式（3.21）可知，要找到非零解，不能令 $B \neq 0$，所以只能让 $\sin\sqrt{\lambda}l = 0$。也就是说，要找到方程（3.15）的非零解，必须让

$$kl = \sqrt{\lambda}l = n\pi \quad (n = 1, 2, 3, \cdots) \tag{3.22}$$

所以

$$k = \frac{n\pi}{l} \quad 即 \quad \lambda = \frac{n^2\pi^2}{l^2} \tag{3.23}$$

也就是说，只有当 $\lambda = n^2\pi^2/l^2$（$n = 1, 2, 3, \cdots$）时，方程（3.15）才有非零解，即

$$X_n(x) = \sin\frac{n\pi}{l}x \tag{3.24}$$

我们把 $\lambda = n^2\pi^2/l^2$ 称为本征值，把 $X_n(x) = \sin\frac{n\pi}{l}x$ 称为本征函数。至此，得到了本征值问题的解。

现在来解方程（3.12）。将本征值 $\lambda = \frac{n^2\pi^2}{l^2}$ 代入方程（3.12），得

$$T_n''(t) + \frac{n^2\pi^2 a^2}{l^2}T_n(t) = 0 \tag{3.25}$$

它的通解为

$$T_n(t) = A_n\cos\frac{n\pi a}{l}t + B_n\sin\frac{n\pi a}{l}t \tag{3.26}$$

其中，A_n、B_n 为任意常数。把式(3.24)和式(3.26)代入式(3.7)，得到满足边界条件(式(3.2))的特解为

$$u_n(x, t) = X_n(x)T_n(t)$$

$$= \left(A_n \cos \frac{n\pi a}{l}t + B_n \sin \frac{n\pi a}{l}t \right) \sin \frac{n\pi x}{l} \quad (n = 1, 2, 3, \cdots) \quad (3.27)$$

这样一来，我们就求出了既满足方程(3.1)又满足边界条件(式(3.2))的无穷多个特解，这些特解是不会直接满足初始条件(式(3.3))的。但是可以发现：满足齐次泛定方程及齐次边界条件的多个特解线性叠加后仍满足方程及边界条件。由叠加原理可写出满足齐次边界条件的"通解"为

$$u(x, t) = \sum_{n=1}^{\infty} \left(A_n \cos \frac{n\pi a}{l}t + B_n \sin \frac{n\pi a}{l}t \right) \sin \frac{n\pi x}{l} \quad (3.28)$$

此时，可以通过选择适当的系数 A_n、B_n 来保证解满足初始条件，即把式(3.28)代入式(3.3)。为此，必须有

$$u(x, t) \mid_{t=0} = \sum_{n=1}^{\infty} A_n \sin \frac{n\pi x}{l} = \varphi(x) \quad (3.29)$$

$$u_t(x, t) \mid_{t=0} = \sum_{n=1}^{\infty} B_n \frac{n\pi a}{l} \sin \frac{n\pi x}{l} = \psi(x) \quad (3.30)$$

这正是 $\varphi(x)$ 和 $\psi(x)$ 的 Fourier 级数展开式。根据傅里叶级数理论，A_n、B_n 恰好应该是 $\varphi(x)$ 和 $\psi(x)$ 的傅里叶系数，即

$$A_n = \frac{2}{l} \int_0^l \varphi(x) \sin \frac{n\pi}{l}x \, \mathrm{d}x \quad (3.31)$$

$$B_n = \frac{2}{n\pi a} \int_0^l \psi(x) \sin \frac{n\pi}{l}x \, \mathrm{d}x \quad (3.32)$$

至此，定解问题(式(3.1)～式(3.3))已经解出，其解为式(3.28)，A_n、B_n 取值分别满足式(3.31)和式(3.32)。

由以上结果可以看出，有界弦的振动可以看成是一系列基本振动的叠加，下面讨论解的物理意义。

由式(3.28)可知，这些基本振动可表示为

$$u_n(x, t) = N_n \cos(\omega_n t - \delta_n) \sin \frac{n\pi}{l}x \quad (3.33)$$

其中：$N_n^2 = A_n^2 + B_n^2$；$\omega_n = \frac{n\pi a}{l}$；$\delta_n = \arctan \frac{B_n}{A_n}$。可见，$u_n(x, t)$ 代表驻波，$N_n \sin \frac{n\pi x}{l}$ 代表弦上各点的振幅分布，$\cos(\omega_n t - \delta_n)$ 是位相因子，ω_n 是弦振动的固有频率(或本征频率)，δ_n 是初位相。对于每一个 n，弦上各点都以相同的频率 ω_n、初位相 δ_n 振动。当 $x_m = \frac{ml}{n}$($m = 0$, 1, 2, $\cdots$, n)时，$\sin \frac{n\pi x_m}{l} = \sin m\pi = 0$，即这些点振幅为零，保持不动，称之为节点(连同两端点在内，节点共有 $n+1$ 个)；当 $x_k = \frac{2k-1}{2n}l$($k = 1$, 2, $\cdots$, n)时，$\sin \frac{n\pi}{l}x_k = \sin \frac{2k-1}{2}\pi = \pm 1$，即这些点振幅为 $\pm N_n$，它们达到最大值，并称之为腹点(有 n 个)。弦的振动 $u(x, t) = \sum_{n=1}^{\infty} u_n$，表示一系列振幅不同、频率不同、位相不同的驻波的叠加。其中，$n=1$ 的驻波称为

基波；而 $n>1$ 的项 u_n 称为 n 次谐波（如 $n=2$ 的驻波为二次谐波）。图 3.1 画出了 $n=1$，2，3 时的驻波振幅的形状。

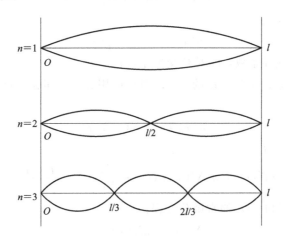

图 3.1　驻波振幅的形状示意

通过以上分析，我们还应注意到：

（1）双齐次问题中的"双齐次"保证了构成"通解"的可能——满足齐次泛定方程及齐次边界条件的若干解的叠加后仍满足齐次泛定方程及齐次边界条件。

（2）"通解"的另一保证是满足齐次泛定方程及齐次边界条件的任意解均可表示成 $u(x，t)=\sum_{n=1}^{\infty}\left(A_n\cos\dfrac{n\pi a}{l}t+B_n\sin\dfrac{n\pi a}{l}t\right)\sin\dfrac{n\pi}{l}x$，这一点是由 $\left\{\sin\dfrac{n\pi x}{l}\right\}$ 作为本征值问题 $\begin{cases}X''(x)+\lambda X(x)=0\\X(0)=X(l)=0\end{cases}$ 的"完备"解所保证的。

（3）本征值问题是分离变量法的核心问题，有关本征值问题的特性将在 3.2 节中讨论。

（4）分离变量法是一种适用范围很广的解法，尽管这种方法是从波动方程引入的，但实际上也适用于输运（扩散和热传导）问题和稳定场问题。事实上，通过分离变量的思路，只要针对定解问题分别找到各自变量的定解方程，都是可以利用分离变量法得到问题的最终解的。这种方法还可以用于多个自变量（不仅是两个）的定解问题。

3.1.2　均匀细杆的热传导问题

长为 l 的均匀细杆，侧面绝热，杆的 $x=0$ 端保持零度，另一端 $x=l$ 处按冷却定律与外界交换热量，设外界温度恒为零度。已知杆的初始温度分布是 $\varphi(x)$，求杆上温度的变化规律。

显然，该定解问题如下：

泛定方程：

$$\frac{\partial u}{\partial t}=a^2\frac{\partial^2 u}{\partial x^2} \tag{3.34}$$

边界条件：

$$\begin{cases} u(x,\, t)\,|_{x=0} = 0 \\ [u_x(x,\, t) + hu(x,\, t)]\,|_{x=l} = 0 \end{cases} \tag{3.35}$$

初始条件:

$$u(x,\, t)\,|_{t=0} = \varphi(x) \tag{3.36}$$

其中: $h=k/H$, k 是热导系数, H 是热交换系数; $0<x<l$, $t>0$ 。

泛定方程和边界条件都是齐次的,可以考虑应用分离变量法。首先,将分离变量形式的试探解

$$u(x,\, t) = X(x)T(t) \tag{3.37}$$

代入泛定方程并化简,得

$$X(x)T'(t) = a^2 X''(x)T(t) \rightarrow \frac{X''(x)}{X(x)} = \frac{T'(t)}{a^2 T(t)} = -\lambda \tag{3.38}$$

即分别得到关于 $X(x)$ 和 $T(t)$ 的常微分方程:

$$X''(x) + \lambda X(x) = 0 \tag{3.39}$$

$$T'(t) + \lambda a^2 T(t) = 0 \tag{3.40}$$

同样,将式(3.37)代入边界条件(式(3.35)),得

$$\begin{cases} u(0,\, t) = X(0)T(t) = 0 \\ \dfrac{\partial u(l,\, t)}{\partial x} + hu(l,\, t) = [X'(l) + hX(l)]T(t) = 0 \end{cases} \tag{3.41}$$

化简,得

$$\begin{cases} X(0) = 0 \\ X'(l) + hX(l) = 0 \end{cases} \tag{3.42}$$

联立式(3.39)和式(3.42),构成关于 $X(x)$ 的本征值问题,即

$$\begin{cases} X''(x) + \lambda X(x) = 0 \\ X(0) = 0,\ X'(l) + hX(l) = 0 \end{cases} \tag{3.43}$$

下面求解本征值问题:

(1) 当 $\lambda=0$ 时,方程变为 $X''(x)=0$,方程的通解为

$$X(x) = Ax + B \tag{3.44}$$

由边界条件 $X(0)=B=0$ 得 $X'(l)+hX(l)=A+hAl=0$,从而 $A=B=0$,即 $X(x)\equiv 0$,非所求。

(2) 当 $\lambda<0$ 时,方程的通解为

$$X(x) = Ae^{\sqrt{-\lambda}x} + Be^{-\sqrt{-\lambda}x} \tag{3.45}$$

由边界条件 $X(0)=0$, $X'(l)+hX(l)=0$ 得

$$\begin{cases} A + B = 0 \\ A(\sqrt{-\lambda} + h)e^{\sqrt{-\lambda}l} - B(\sqrt{-\lambda} - h)e^{-\sqrt{-\lambda}l} = 0 \end{cases} \tag{3.46}$$

这里,系数行列式 $= \begin{vmatrix} 1 & 1 \\ (\sqrt{-\lambda}+h)e^{\sqrt{-\lambda}l} & (-\sqrt{-\lambda}+h)e^{-\sqrt{-\lambda}l} \end{vmatrix} \neq 0$,所以 $A=B=0$,仍然有 $X(x)=0$,非所求。

(3) 当 $\lambda>0$ 时,记 $\lambda=k^2$ (k 为实数),则方程的通解为

$$X(x) = A\cos\sqrt{\lambda}x + B\sin\sqrt{\lambda}x = A\cos kx + B\sin kx \tag{3.47}$$

由边界条件 $X(0)=0$，$X'(l)+hX(l)=0$ 得

$$\begin{cases} A = 0 \\ B\sqrt{\lambda}\ \cos\sqrt{\lambda}l + hB\ \sin\sqrt{\lambda}l = 0 \end{cases} \tag{3.48}$$

即

$$\begin{cases} A = 0 \\ B(\sqrt{\lambda}\ \cos\sqrt{\lambda}l + h\ \sin\sqrt{\lambda}l) = 0 \end{cases} \tag{3.49}$$

要找到非零解，不能令 $B\neq0$，所以只能让 $\sqrt{\lambda}\ \cos\sqrt{\lambda}l + h\ \sin\sqrt{\lambda}l=0$。也就是说，要找到方程(3.43)的非零解，必须让

$$\tan\sqrt{\lambda}l = -\frac{\sqrt{\lambda}}{h} = -\frac{k}{h} \tag{3.50}$$

即

$$\tan\gamma = -\alpha\gamma \tag{3.51}$$

其中：$\gamma=\sqrt{\lambda}l$；$\alpha=\dfrac{1}{hl}$。式(3.51)是一个超越方程，利用作图法，可以求得它的解 γ_1，γ_2，$\cdots$，其中 $(2n-1)\dfrac{\pi}{2}<\gamma_n<n\pi$，$\gamma_n\xrightarrow{n\to\infty}\dfrac{(2n-1)\pi}{2}$，如图 3.2 所示。

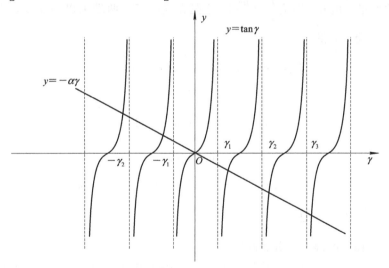

图 3.2　超越方程 $\tan\gamma=-\alpha\gamma$ 的图解法

由 $\gamma=\sqrt{\lambda}l$ 可得本征值为

$$\lambda_n = k_n^2 = \frac{\gamma_n^2}{l^2} \quad (n = 1,\ 2,\ \cdots) \tag{3.52}$$

而相应的本征函数为

$$X_n(x) = \sin k_n x = \sin\frac{\gamma_n}{l}x \tag{3.53}$$

现在再来解方程(3.40)。将本征值 $\lambda_n=k_n^2=\dfrac{\gamma_n^2}{l^2}$ 代入方程(3.40)，得

$$T'(t) + k_n^2 a^2 T(t) = 0$$

它的通解为

$$T_n(t) = C_n \mathrm{e}^{-k_n^2 a^2 t} \tag{3.54}$$

其中，C_n 为任意常数。至此，得到方程满足边界条件的特解为

$$u_n(x, t) = X_n(x) T_n(t) = C_n \mathrm{e}^{-k_n^2 a^2 t} \sin k_n x \quad (n = 1, 2, 3, \cdots) \tag{3.55}$$

由叠加原理可知合成"通解"$u(x, t)$ 为

$$u(x, t) = \sum_{n=1}^{\infty} X_n(x) T_n(t) = \sum_{n=1}^{\infty} C_n \mathrm{e}^{-k_n^2 a^2 t} \sin k_n x \tag{3.56}$$

将式(3.56)代入初始条件，得

$$u(x, t) \mid_{t=0} = \sum_{n=1}^{\infty} C_n \sin k_n x = \varphi(x) \tag{3.57}$$

即可确定系数 C_n。

不难证明，本征函数族 $\{\sin k_n x\}$ $(n=1, 2, \cdots)$ 在 $0 \leqslant x \leqslant l$ 具有正交性(详见 3.2 节)，即

$$\int_0^l \sin k_m x \, \sin k_n x \, \mathrm{d}x = 0 \quad (m \neq n) \tag{3.58}$$

因此，C_n 就是 $\varphi(x)$ 在 $0 \leqslant x \leqslant l$ 上用本征函数族 $\{\sin k_n x\}$ 展开的广义傅里叶级数的系数 $\left(不是普通的傅里叶展开，因为 \dfrac{\gamma_n}{l} \neq \dfrac{n\pi}{l}\right)$，于是在式(3.57)两端乘以 $\sin k_m x$，然后在 $[0, l]$ 积分，并注意正交性，得

$$C_n \int_0^l \sin^2 k_n x \, \mathrm{d}x = \int_0^l \varphi(x) \, \sin k_n x \, \mathrm{d}x \tag{3.59}$$

即

$$C_n = \frac{\displaystyle\int_0^l \varphi(x) \, \sin k_n x \, \mathrm{d}x}{\displaystyle\int_0^l \sin^2 k_n x \, \mathrm{d}x} \tag{3.60}$$

至此，得到了原问题的解为式(3.56)，其中 C_n 由式(3.60)确定。

3.1.3 稳定场分布问题

首先，分析稳定的温度场分布问题。

如图 3.3 所示，矩形薄散热片的一边 $y=0$ 处保持温度为 $f(x)$，$y=b$ 处为零度，而另一对边 $x=0$ 和 $x=a$ 处绝热，求散热片内稳定的温度分布 $u(x, y)$。

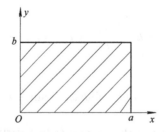

图 3.3　定解问题示意

　　这是一个二维的稳定场问题，该定解问题可表示为

$$
\begin{cases}
\Delta u = u_{xx} + u_{yy} = 0 & (0 < x < a, \; 0 < y < b) \\
u_x \big|_{x=0} = u_x \big|_{x=a} = 0 \\
u \big|_{y=0} = f(x), \; u \big|_{y=b} = 0
\end{cases}
\tag{3.61}
$$

　　因定解问题仍然是一个双齐次问题，不妨设

$$
u(x, y) = X(x)Y(y)
\tag{3.62}
$$

将其代入泛定方程并整理，得

$$
X''(x)Y(y) + X(x)Y''(y) = 0
$$

即

$$
\frac{X''(x)}{X(x)} = -\frac{Y''(y)}{Y(y)} = -\lambda
\tag{3.63}
$$

相应的常微分方程为

$$
X''(x) + \lambda X(x) = 0
\tag{3.64}
$$

$$
Y''(y) - \lambda Y(y) = 0
\tag{3.65}
$$

将 u 代入关于 x 的齐次边界条件并化简，得

$$
X'(0) = X'(a) = 0
\tag{3.66}
$$

联立式(3.64)和式(3.66)，组成本征值问题，则

$$
\begin{cases}
X''(x) + \lambda X(x) = 0 \\
X'(0) = X'(a) = 0
\end{cases}
\tag{3.67}
$$

当且仅当 $\lambda = k^2 \geqslant 0$ 时，存在非零解(详见 3.2 节本征值的性质)，所以

　　(1) 当 $\lambda = 0$ 时，方程的解为 $X(x) = Bx + A$。由边界条件 $X'(0) = X'(a) = 0$ 得 $B = 0$，A 可以是任意数。这里本征函数为

$$
X(x) = A
\tag{3.68}
$$

　　(2) 当 $\lambda = k^2 > 0$ 时，方程的解为 $X(x) = B \sin kx + A \cos kx$。由边界条件 $X'(0) = kB \cos 0 = 0$ 得 $B = 0$，由 $X'(a) = -kA \sin ka = 0$ 得 $\sin ka = 0$，即 $ka = n\pi$，因此本征值为

$$
\lambda = k^2 = \left(\frac{n\pi}{a}\right)^2 \quad (n = 1, 2, \cdots)
\tag{3.69}
$$

本征函数为

$$
X_n(x) = A_n \cos \frac{n\pi x}{a}
\tag{3.70}
$$

　　以上两种情况可以联合表示为

$$
\begin{cases}
\lambda_n = \left(\dfrac{n\pi}{a}\right)^2 \\
X_n(x) = A_n \cos \dfrac{n\pi x}{a} \quad (n = 0, 1, 2, \cdots)
\end{cases}
\tag{3.71}
$$

把 λ 代入 $Y(y)$ 所满足的微分方程(3.65)，得

$$
Y''(y) - \frac{n^2 \pi^2}{a^2} Y(y) = 0
\tag{3.72}
$$

其通解为

$$Y_0 = C_0 y + D_0 \quad (n = 0) \tag{3.73}$$

$$Y_n(y) = C_n \operatorname{sh} \frac{n\pi}{a} y + D_n \operatorname{ch} \frac{n\pi}{a} y = E_n \operatorname{sh} \frac{n\pi}{a}(y + F_n) \quad (n = 1, 2, \cdots) \tag{3.74}$$

其中：$\operatorname{sh} x = \dfrac{e^x - e^{-x}}{2}$；$\operatorname{ch} x = \dfrac{e^x + e^{-x}}{2}$；$E_n^2 = C_n^2 + D_n^2$；$F_n = \dfrac{a}{n\pi} \operatorname{arcth} \dfrac{C_n}{D_n}$。

由边界条件 $u|_{y=b} = 0$ 得 $Y(b) = 0$，进而由式(3.73)得

$$C_0 b + D_0 = 0 \quad 即 \quad C_0 = -\frac{D_0}{b} \tag{3.75}$$

由式(3.74)得

$$E_n \operatorname{sh} \frac{n\pi}{a}(b + F_n) = 0 \quad 即 \quad F_n = -b \quad (E_n \neq 0) \tag{3.76}$$

至此，得到满足齐次泛定方程及齐次边界条件的特解为

$$u_n(x, y) = X_n(x) Y_n(y) = \begin{cases} \widetilde{A}_0 \dfrac{b-y}{b} & (n = 0) \\[2mm] \widetilde{A}_n \cos \dfrac{n\pi}{a} x \operatorname{sh} \dfrac{n\pi}{a}(y - b) & (n = 1, 2, \cdots) \end{cases} \tag{3.77}$$

其中：$\widetilde{A}_0 = A_0 D_0$；$\widetilde{A}_n = A_n E_n$。

叠加得到相应的通解为

$$u(x, y) = \widetilde{A}_0 \frac{b-y}{b} + \sum_{n=1}^{\infty} \widetilde{A}_n \cos \frac{n\pi}{a} x \operatorname{sh} \frac{n\pi}{a}(y - b) \tag{3.78}$$

将定解问题(式(3.61))中的非齐次边界条件 $u|_{y=0} = f(x)$ 代入式(3.78)，得

$$\widetilde{A}_0 + \sum_{n=1}^{\infty} \widetilde{A}_n \cos \frac{n\pi}{a} x \operatorname{sh}\left(-\frac{n\pi}{a} b\right) = f(x) \tag{3.79}$$

显然，式(3.79)的左端是 $f(x)$ 关于本征函数族 $\left\{ \cos \dfrac{n\pi}{a} \right\}$ 的级数展开，由傅里叶级数展开定理得

$$\widetilde{A}_0 = \frac{1}{a} \int_0^a f(x) \, \mathrm{d}x \tag{3.80}$$

$$\widetilde{A}_n = \frac{2}{a \operatorname{sh}\left(-\dfrac{n\pi}{a} b\right)} \int_0^a f(x) \cos \frac{n\pi}{a} x \, \mathrm{d}x \tag{3.81}$$

至此，定解问题的解可表示为式(3.78)，其中，$\widetilde{A}_0$、$\widetilde{A}_n$ 由式(3.80)和式(3.81)确定。

总之，分离变量法是把未知函数按自变量（包括多个自变量的情况）的单元函数分开，如令 $u(x, t) = X(x) T(t)$，从而将偏微分方程的问题化为解常微分方程的问题的解法，其基本步骤如下：

(1) 对齐次方程和边界条件分离变量。

(2) 解关于其中一个变量（如空间因子）的常微分方程的本征值问题。

(3) 求其他各常微分方程的通解，与(2)中求解的本征函数相乘，得到满足泛定方程和本征值问题对应的定解条件的特解。

(4) 做叠加，得到原定解问题的通解形式，由初始条件或其他非齐次边界条件（后者在

求解狄氏问题时将涉及)利用广义傅里叶级数展开确定叠加系数,进而得到所求定解问题的解。

分离变量法的基本思想和步骤可以用图 3.4 表示。

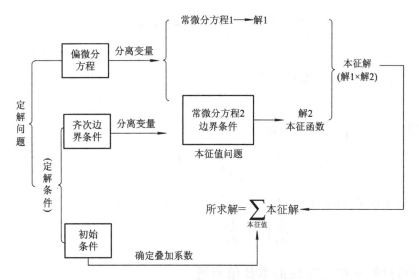

图 3.4　分离变量法的基本思想和步骤示意

3.2　本征值问题

通过 3.1 节的讨论可以看到,方程满足的边界条件的非零解(或称为平凡解)往往是不存在的,除非方程的参数取某些特定的值。这些特定的值称为本征值,相应的非零解称为本征函数。求方程的本征值和本征函数的问题称为本征值问题。也就是说,在一定的边界条件下,求含参数的齐次常微分方程的非零解的问题即为本征值问题。显然,本征值问题是分离变量法的核心问题,直接影响定解的结果。所以,本节主要讨论本征值问题的一些基本概念和性质。

3.2.1　斯特姆-刘维型方程

斯特姆-刘维(Sturm – Liouville)型方程(简称 S - L 方程)的形式为

$$\frac{\mathrm{d}}{\mathrm{d}x}\Big[k(x)\,\frac{\mathrm{d}y}{\mathrm{d}x}\Big] + [\lambda\rho(x) - q(x)]y = 0 \qquad (3.82)$$

其中:$a \leqslant x \leqslant b$;$k(x) \geqslant 0$;$q(x) \geqslant 0$;$\rho(x) \geqslant 0$ 为权函数;λ 为参数。

我们常见的贝塞尔方程

$$x^2 y'' + xy' + (k^2 x^2 - n^2)y = 0 \qquad (3.83)$$

可写为

$$\frac{\mathrm{d}}{\mathrm{d}x}\Big[x\,\frac{\mathrm{d}y}{\mathrm{d}x}\Big] + \Big[k^2 x - \frac{n^2}{x}\Big]y = 0 \qquad (3.84)$$

其中:$k(x) = x$;$q(x) = \dfrac{n^2}{x}$;$\lambda = k^2$;$\rho(x) = x$。这是一个 S - L 方程。

同样，勒让德方程

$$(1-x^2)y'' - 2xy' + l(l+1)y = 0 \tag{3.85}$$

可写为

$$\frac{\mathrm{d}}{\mathrm{d}x}\left[(1-x^2)\frac{\mathrm{d}y}{\mathrm{d}x}\right] + l(l+1)y = 0 \tag{3.86}$$

其中：$k(x) = 1-x^2$；$q(x) = 0$；$\lambda = l(l+1)$；$\rho(x) = 1$。这也是一个 S-L 方程。

事实上，任意的二阶常微分方程

$$A(x)y'' + B(x)y' + [\lambda - C(x)]y = 0$$

两边同乘以 $\rho(x) = \dfrac{1}{A}\mathrm{e}^{\int \frac{B}{A}\mathrm{d}x}$，均可化为斯特姆-刘维型方程：

$$\frac{\mathrm{d}}{\mathrm{d}x}\left(\mathrm{e}^{\int \frac{B}{A}\mathrm{d}x}\frac{\mathrm{d}y}{\mathrm{d}x}\right) + \left[\frac{\lambda}{A}\mathrm{e}^{\int \frac{B}{A}\mathrm{d}x} - \frac{C(x)}{A}\mathrm{e}^{\int \frac{B}{A}\mathrm{d}x}\right]y = 0 \tag{3.87}$$

例如，对于厄米(Hemit)方程 $y'' - 2xy' + 2ny = 0$，令 $k(x) = \mathrm{e}^{-x^2}$，可化为

$$\frac{\mathrm{d}}{\mathrm{d}x}\left(\mathrm{e}^{-x^2}\frac{\mathrm{d}y}{\mathrm{d}x}\right) + 2n\mathrm{e}^{-x^2}y = 0 \tag{3.88}$$

3.2.2 斯特姆-刘维型方程的本征值问题

当把需要求解的斯特姆-刘维型方程(3.82)附加给定的第一类、第二类、第三类边界，或者自然边界条件时，就构成了斯特姆-刘维型方程的本征值问题。

1. 三类齐次边界条件

对于常见的三类给定的边界条件，可以统一表示为 $y(x)$ 和 $y'(x)$ 的边值(即在端点 a、b 两处的值)的线性齐次关系，即

$$\begin{cases} \alpha_1 y'(a) - \alpha_2 y(a) = 0 \\ \beta_1 y'(b) + \beta_2 y(b) = 0 \end{cases} \tag{3.89}$$

其中，α_1、α_2、β_1、β_2 是正实数，α_1 和 α_2 不同时为零，β_1 和 β_2 不同时为零。

除了以上给定的边界条件以外，对于斯特姆-刘维型方程问题，还存在以下自然边界条件：斯特姆-刘维型方程(式(3.82))可改写为

$$y'' + \frac{k'(x)}{k(x)}y' + \frac{\lambda\rho(x) - q(x)}{k(x)}y = 0 \tag{3.90}$$

2. 有界性边界条件

如果 $k(x)$ 在区间的端点 $x = a$ 或 $x = b$ 取零值，且 a 或 b 是 $k(x)$ 的一级零点，即 $k(a) = 0$ 或 $k(b) = 0$。不妨设 $y_1(x)$ 是方程(3.90)的一个有界解，由常微分方程的解的公式得另一解为

$$y_2(x) = y_1(x)\left[\int_{x_0}^{x}\frac{\mathrm{d}\xi}{k(\xi)y_1^2(\xi)} + c\right] \tag{3.91}$$

可见，方程的解里有无界解(因为解与 $1/k(x)$ 有关)，这种无界解通常不反映实际物理现象，理应淘汰。所以，在零点处应增加相应的有界性条件，即

$$|y(a)| < M \quad \text{或} \quad |y(b)| < M \tag{3.92}$$

其中，M 表示一个充分大的正数。式(3.92)称为有界性自然边界条件。

如果端点变为 $a \to -\infty$(或 $b \to +\infty$)，则要求未知解在该端点处当 $|x| \to 0$ 时也有界或者趋向于 x 的有限次幂的同阶无穷大，这也称为有界性边界条件。

例如，对勒让德方程 $k(x) = 1 - x^2$，在 $x = \pm 1$ 处的 $k(\pm 1) = 1 - (\pm 1)^2 = 0$，且为一级零点，在端点 $x = \pm 1$ 存在有界性自然边界条件。

又如，贝塞尔方程的 $k(x) = x$，在 $x = 0$ 处的值 $k(0) = 0$，且为一级零点，所以在端点 $x = 0$ 也存在着有界性自然边界条件。

3. 周期性边界条件

当 $k(x)$ 在区间端点 $x = a$ 和 $x = b$ 的取值相等，即 $k(a) = k(b)$ 时，通常还可以给出一种周期性边界条件，即

$$\begin{cases} y(b) = y(a) \\ y'(b) = y'(a) \end{cases} \tag{3.93}$$

例如，对于方程 $\Phi''(\varphi) + n^2 \Phi(\varphi) = 0 (n = 1, 2, \cdots; 0 \leqslant \varphi \leqslant 2\pi)$，这里，$k(x) = 1$，即 $k(0) = k(2\pi) = 1$，所以存在周期性边界条件 $\Phi(0) = \Phi(2\pi)$。

我们可以由斯特姆-刘维型方程附加以相应的线性齐次边界条件或自然边界条件构成不同的 S－L 本征值问题。例如：

(1) 令 $a = 0, b = l, k(x) = 1, q(x) = 0, \rho(x) = 1$，即

$$\begin{cases} y'' + \lambda y = 0 \\ y(0) = 0, \ y(l) = 0 \end{cases} \quad \text{(谐振动方程)} \tag{3.94}$$

(2) 令 $a = 0, b = \rho_0, k(x) = x, q(x) = \dfrac{n^2}{x}, \rho(x) = x$，即

$$\begin{cases} x^2 y'' + xy' + (k^2 x^2 - n^2) y = 0 \\ |y(0)| < M, \ y(\rho_0) = 0 \end{cases} \quad \text{(贝塞尔方程)} \tag{3.95}$$

(3) 令 $a = -1, b = 1, k(x) = 1 - x^2, q(x) = 0, \rho(x) = 1$，即

$$\begin{cases} (1 - x^2) y'' - 2xy' + l(l + 1) y = 0 \\ |y(-1)| < M, \ |y(1)| < M \end{cases} \quad \text{(勒让德方程)} \tag{3.96}$$

(4) 令 $a = -1, b = 1, k(x) = 1 - x^2, q(x) = \dfrac{m^2}{1 - x^2}, \rho(x) = 1$，即

$$\begin{cases} (1 - x^2) y'' - 2xy' + \left[l(l + 1) - \dfrac{m^2}{1 - x^2} \right] y = 0 \\ |y(-1)| < M, \ |y(1)| < M \end{cases} \quad \text{(连带勒让德方程)} \tag{3.97}$$

(5) 令 $a = 0, b = 2\pi, k(x) = 1, q(x) = 0, \rho(x) = 1$，即

$$\begin{cases} \Phi'' + m^2 \Phi = 0 \\ \Phi(0) = \Phi(2\pi) \\ \Phi'(0) = \Phi'(2\pi) \end{cases} \tag{3.98}$$

求解斯特姆-刘维型方程的本征值问题，也就是求斯特姆-刘维型方程有非零解的本征值 λ 及与之相应的非零解(本征函数)。换言之，我们把在相应边界条件下，使常微分方程有非平凡解(非零解)的 λ 值称为本征值，与此 λ 值相应的解称为本征函数。

例 3.1 求本征值问题：

$$\begin{cases} u'' + \lambda u = 0 & (0 \leqslant x \leqslant \pi) \\ u(0) = 0 \\ u'(\pi) = 0 \end{cases} \tag{3.99}$$

解 由题意知，$k(x) = 1$，$q(x) = 0$，$\rho(x) = 1$，分别做如下讨论：

(1) 当 $\lambda = 0$ 时，方程的通解为 $u(x) = Ax + B$。由边界条件 $u(0) = 0$ 得 $B = 0$，由边界条件 $u'(\pi) = 0$ 得 $A = 0$，即 $u(x) = 0$，非所求。

(2) 当 $\lambda < 0$ 时，其解为 $u(x) = A\mathrm{e}^{\sqrt{-\lambda}x} + B\mathrm{e}^{-\sqrt{-\lambda}x}$。由边界条件得

$$\begin{cases} A + B = 0 \\ \sqrt{-\lambda}\,\mathrm{e}^{\sqrt{-\lambda}\pi}A - \sqrt{-\lambda}\,\mathrm{e}^{-\sqrt{-\lambda}\pi}B = 0 \end{cases}$$

此方程组只有零解，$A = B = 0$，即 $u(x) = 0$，非所求。

(3) 当 $\lambda > 0$ 时，方程的解为 $u(x) = A\cos\sqrt{\lambda}x + B\sin\sqrt{\lambda}x$。由边界条件 $u(0) = 0$ 得 $A = 0$，即 $u(x) = B\sin\sqrt{\lambda}x$，再由边界条件 $u'(\pi) = 0$ 得

$$B\sqrt{\lambda}\,\cos\sqrt{\lambda}\pi = 0 \tag{3.100}$$

显然，要使 $B \neq 0$，则 $\cos\sqrt{\lambda}\pi = 0$，即

$$\sqrt{\lambda}\pi = \left(n + \frac{1}{2}\right)\pi \quad (n = 0, 1, 2, \cdots) \tag{3.101}$$

因此，本征值为

$$\lambda_n = \frac{(2n+1)^2}{2^2} \quad (n = 0, 1, 2, \cdots) \tag{3.102}$$

相应的本征函数为

$$u(x) = \sin\frac{2n+1}{2}x \tag{3.103}$$

例 3.2 给定柯西方程：

$$\begin{cases} x^2 u'' + x u' + \lambda u = 0 \\ u(1) = 0, \ u(\mathrm{e}) = 0 \end{cases} \quad (1 < x < \mathrm{e}) \tag{3.104}$$

求其本征值和本征函数。

解 对给定方程的各项乘以 $1/x$，即可得斯特姆-刘维型方程为

$$\frac{\mathrm{d}}{\mathrm{d}x}\left(x\frac{\mathrm{d}u}{\mathrm{d}x}\right) + \frac{1}{x}\lambda u = 0 \tag{3.105}$$

其中，$k(x) = x$，$q(x) = 0$，$\rho(x) = 1/x$。柯西方程的解为 x^m 的形式，其指标方程为

$$m^2 + \lambda = 0 \quad 即 \ m = \pm\mathrm{i}\sqrt{\lambda} \tag{3.106}$$

因此，方程的解为

$$u(x) = c_1 x^{\mathrm{i}\sqrt{\lambda}} + c_2 x^{-\mathrm{i}\sqrt{\lambda}} \tag{3.107}$$

利用公式 $x^{\mathrm{i}a} = \mathrm{e}^{\mathrm{i}a\ln x} = \cos(a\ln x) + \mathrm{i}\sin(a\ln x)$，得

$$u(x) = A\cos(\sqrt{\lambda}\,\ln x) + B\sin(\sqrt{\lambda}\,\ln x) \tag{3.108}$$

其中，A、B 是与 c_1、c_2 有关的常数。

由边界条件 $u(1)=0$ 得 $A=0$，即 $u(x)=B\sin(\sqrt{\lambda}\ln x)$。

再由边界条件 $u(e)=0$ 得

$$B\sin\sqrt{\lambda}=0 \tag{3.109}$$

要使 $B\neq0$，则 $\sin\sqrt{\lambda}=0$，即 $\sqrt{\lambda}=n\pi(n=1,2,\cdots)$，所以本征值为

$$\lambda=(n\pi)^2 \quad (n=1,2,\cdots) \tag{3.110}$$

本征函数为

$$u(x)=\sin(n\pi\ln x) \tag{3.111}$$

例 3.3 求解周期斯特姆-刘维型方程的本征值问题：

$$\begin{cases} u''+\lambda u=0 & (-\pi<x<\pi) \\ u(-\pi)=u(\pi),\ u'(-\pi)=u'(\pi) \end{cases} \tag{3.112}$$

解 因为 $k(x)=1$，有 $k(-\pi)=k(\pi)$，所以存在周期性边界条件。

事实上，对于本征值问题，总有本征值 $\lambda\geqslant0$（这点可参考 3.2.3 节的内容）。

(1) 当 $\lambda=0$ 时，方程的通解为 $u(x)=Ax+B$。由边界条件 $u(-\pi)=u(\pi)$ 得 $2\pi A=0$，即 $A=0$，$u(x)=B$。再由 $u'(-\pi)=u'(\pi)$ 得 $u(x)=B$ 满足此边界条件，且是所求的本征函数。

(2) 当 $\lambda>0$ 时，方程的解为 $u(x)=A\cos\sqrt{\lambda}x+B\sin\sqrt{\lambda}x$。由边界条件可得如下两个方程：

$$2B\sin\sqrt{\lambda}\pi=0 \tag{3.113}$$

$$2A\sqrt{\lambda}\ \sin\sqrt{\lambda}\pi=0 \tag{3.114}$$

对任意的 A、B（不为零），必须有

$$\sin\sqrt{\lambda}\pi=0 \tag{3.115}$$

由此得到本征值为

$$\lambda_n=n^2 \quad (n=1,2,3,\cdots) \tag{3.116}$$

因为对任意的 A、B，都有 $\sin\sqrt{\lambda}\pi=0$，所以可得到与同一个本征值 $\lambda_n=n^2$ 相应的两个线性无关的本征函数 $u(x)=\cos nx$ 和 $u(x)=\sin nx$。

因此，这个斯特姆-刘维型方程的本征值问题的本征值是 $\{n^2\}$，相应的本征函数是 $\{\cos nx\}$ 和 $\{\sin nx\}(n=0,1,2,\cdots)$。

3.2.3 斯特姆-刘维型方程本征值问题的性质

斯特姆-刘维型方程 $\dfrac{d}{dx}\Big[k(x)\dfrac{dy}{dx}\Big]+[\lambda\rho(x)-q(x)]y=0$ 和齐次边界条件（包括周期条件）或自然条件一起构成斯特姆-刘维型方程的本征值问题。这类本征值问题具有如下共同性质（即本征值和本征函数的性质）。

性质 1（存在性定理） 如果 $k(x)$ 及其导数连续，$q(x)$ 连续或者最多在边界上有一阶极点，则存在无限多个本征值：

$$\lambda_1\leqslant\lambda_2\leqslant\lambda_3\leqslant\cdots\leqslant\lambda_n\leqslant\lambda_{n+1}\leqslant\cdots \tag{3.117}$$

相应地，有无穷多个本征函数：

$$y_1(x), \ y_2(x), \ y_3(x), \ \cdots, \ y_n(x), \ y_{n+1}(x), \ \cdots \tag{3.118}$$

称为本征函数族。本征函数族中的每一个本征函数 $y_n(x)$ 在区间 $[a, b]$ 上恰有 n 个零点。

性质 2 所有本征值均不为负，即

$$\lambda_n \geqslant 0 \quad (n = 1, 2, 3, \cdots) \tag{3.119}$$

证明 设本征值 λ_n 及相应的本征函数 $y_n(x)$ 满足斯特姆-刘维型方程，即

$$-\frac{\mathrm{d}}{\mathrm{d}x}\left[k(x)\frac{\mathrm{d}y_n}{\mathrm{d}x}\right] + q(x)y_n = \lambda_n \rho(x) y_n \tag{3.120}$$

用 y_n 乘此方程两边，并逐项从 a 到 b 积分，得

$$\lambda_n \int_a^b \rho y_n^2 \, \mathrm{d}x = -\int_a^b y_n \frac{\mathrm{d}}{\mathrm{d}x}\left[k\frac{\mathrm{d}y_n}{\mathrm{d}x}\right] \mathrm{d}x + \int_a^b q y_n^2 \, \mathrm{d}x$$

$$= -\left[ky_n\frac{\mathrm{d}y_n}{\mathrm{d}x}\right]_a^b + \int_a^b k\left(\frac{\mathrm{d}y_n}{\mathrm{d}x}\right)^2 \mathrm{d}x + \int_a^b q y_n^2 \, \mathrm{d}x$$

$$= ky_n y_n'|_{x=a} - ky_n y_n'|_{x=b} + \int_a^b k y_n'^2 \, \mathrm{d}x + \int_a^b q y_n^2 \, \mathrm{d}x \tag{3.121}$$

讨论式(3.121)右边各项。首先有 $\int_a^b k y_n'^2 \, \mathrm{d}x \geqslant 0$，$\int_a^b q y_n^2 \, \mathrm{d}x \geqslant 0$（因为 k、q 均大于零）。

再看第一项 $ky_n y_n'|_{x=a}$，如果端点 a 的边界条件是由边界条件(3.89)的第一式给出的线性齐次边界条件，则

$$\alpha_1 y_n'(a) - \alpha_2 y_n(a) = 0 \tag{3.122}$$

即 $y_n'(a) = \dfrac{\alpha_2}{\alpha_1} y_n(a)$，将其代入式(3.121)右边第一项，可得

$$ky_n y_n'|_{x=a} = \left[k\frac{\alpha_2}{\alpha_1}y_n^2\right]_{x=a} \geqslant 0 \tag{3.123}$$

如果端点 a 是自然边界条件，则 $k(a) = 0$，此时，$ky_n y_n'|_{x=a} = 0$。

同理，讨论式(3.121)右边第二项对于给定的齐次边界条件或者自然边界条件均有

$$ky_n y_n'|_{x=b} = \left[k\frac{\beta_2}{\beta_1}y_n^2\right]_{x=b} \geqslant 0 \tag{3.124}$$

另外，若端点 a、b 满足周期边界条件，即

$$\begin{cases} y_n(a) = y_n(b) \\ y_n'(a) = y_n'(b) \end{cases} \tag{3.125}$$

此时应有 $k(a) = k(b)$，则式(3.121)右边第一、二项之和为零，即

$$ky_n y_n'|_{x=a} - ky_n y_n'|_{x=b} = 0 \tag{3.126}$$

总之，无论在哪种边界条件下，式(3.121)右边各项之和均大于等于 0，从而

$$\lambda_n \int_a^b \rho y_n^2 \, \mathrm{d}x \geqslant 0 \tag{3.127}$$

注意到 $\int_a^b \rho y_n^2 \, \mathrm{d}x > 0$，故

$$\lambda_n \geqslant 0 \tag{3.128}$$

性质 3 对应于不同本征值 λ_m 和 λ_n 的本征函数 $y_m(x)$ 和 $y_n(x)$，在区间 $[a,b]$ 上具有带权重 $\rho(x)$ 正交性，即

$$\int_a^b \rho(x)y_m(x)y_n^*(x)\,\mathrm{d}x = 0 \quad (m \neq n) \tag{3.129}$$

证明 本征函数 $y_m(x)$ 和 $y_n(x)$ 分别满足：

$$\frac{\mathrm{d}}{\mathrm{d}x}[ky_m'] - qy_m + \lambda_m \rho y_m = 0 \tag{3.130}$$

$$\frac{\mathrm{d}}{\mathrm{d}x}[ky_n'^*] - qy_n^* + \lambda_n \rho y_n^* = 0 \tag{3.131}$$

其中，y_n^* 为 y_n 的复数共轭。将式(3.130)乘以 y_n^*，式(3.131)乘以 y_m，两式相减，得

$$y_n^* \frac{\mathrm{d}}{\mathrm{d}x}[ky_m'] - y_m \frac{\mathrm{d}}{\mathrm{d}x}[ky_n'^*] + (\lambda_m - \lambda_n)\rho y_m y_n^* = 0 \tag{3.132}$$

将式(3.132)逐项从 a 到 b 积分，得

$$(\lambda_m - \lambda_n)\int_a^b \rho y_m y_n^*\,\mathrm{d}x = \int_a^b \left[y_m \frac{\mathrm{d}}{\mathrm{d}x}(ky_n'^*) - y_n^* \frac{\mathrm{d}}{\mathrm{d}x}(ky_m') \right]\mathrm{d}x$$

$$= \int_a^b y_m\,\mathrm{d}(ky_n'^*) - \int_a^b y_n^*\,\mathrm{d}(ky_m')$$

$$= ky_m y_n'^* \Big|_a^b - \int_a^b ky_n'^* y_m'\,\mathrm{d}x - ky_m' y_n^* \Big|_a^b + \int_a^b ky_m' y_n'^*\,\mathrm{d}x$$

$$= [ky_m y_n'^* - ky_m' y_n^*]\big|_b - [ky_m y_n'^* - ky_m' y_n^*]\big|_a \tag{3.133}$$

先讨论式(3.133)右边第一项 $[ky_m y_n'^* - ky_m' y_n^*]\big|_b$。如果 $y_m(x)$ 和 $y_n^*(x)$ 在 $x=b$ 处满足齐次边界条件，即

$$\begin{cases} \beta_1 y_m'(b) - \beta_2 y_m(b) = 0 \\ \beta_1 y_n'(b) - \beta_2 y_n(b) = 0 \end{cases} \tag{3.134}$$

将边界条件(3.134)中第一个式子乘以 $y_n^*(x)$，第二个式子乘以 $y_m(x)$，两式相减，得

$$\beta_1 [y_n^* y_m' - y_m y_n'^*]_{x=b} = 0 \tag{3.135}$$

因为 β_1 和 β_2 不能同时为零，所以：若 $\beta_1 \neq 0$，则必有 $[ky_m y_n'^* - ky_m' y_n^*]\big|_b = 0$；若 $\beta_1 = 0$，而 $\beta_2 \neq 0$，则为第一类齐次边界条件，即 $y_m(b) = y_n(b) = 0$，此时，也有 $[ky_m y_n'^* - ky_m' y_n^*]\big|_b = 0$，如果 y_m 和 y_n 满足自然边界条件，此时 $k(b) = 0$，故仍有 $[ky_m y_n'^* - ky_m' y_n^*]\big|_b = 0$。

同理，可证式(3.133)右边的第二项 $[ky_m y_n'^* - ky_m' y_n^*]\big|_a = 0$，即对于齐次边界条件和自然边界条件，均有式(3.133)的右端为零。

另外，若 $y_m(x)$ 和 $y_n(x)$ 满足周期边界条件：

$$\begin{cases} y(b) = y(a) \\ y'(b) = y'(a) \end{cases} \tag{3.136}$$

则应有 $k(b) = k(a)$，所以式(3.133)等号右端的两项和为

$$[ky_n y_m' - ky_m y_n'^*]_{x=b} - [ky_n^* y_m' - ky_m y_n'^*]_{x=a} = 0 \tag{3.137}$$

总之，无论在哪一种边界条件下，总有

$$(\lambda_m - \lambda_n)\int_a^b \rho y_m y_n^*\,\mathrm{d}x = 0 \tag{3.138}$$

注意到当 $\lambda_m \neq \lambda_n$ 时，只有

$$\int_a^b \rho y_m y_n^* \, \mathrm{d}x = 0 \tag{3.139}$$

即正交性得证。

性质 4(广义傅里叶展开定理) 本征函数族 $\{y_n(x)\}$ 在定义区间 $a \leqslant x \leqslant b$ 上构成一个完备系。也就是说，任一个具有一阶连续导数和至少分段连续二阶导数的函数 $f(x)$，只要它满足本征函数 $y_n(x)(n=1,2,3,\cdots)$ 所满足的边界条件，则一定可以按本征函数系 $\{y_n(x)\}$ 展开为绝对且一致收敛的级数，即

$$f(x) = \sum_{n=1}^{\infty} f_n y_n(x) \tag{3.140}$$

其中，系数 f_n 满足：

$$f_n(x) = \frac{\displaystyle\int_a^b \rho(x) f(x) y_n^*(x) \, \mathrm{d}x}{\displaystyle\int_a^b \rho(x) y_n^2(x) \, \mathrm{d}x} \tag{3.141}$$

关于完备性的证明超出了本书的范围，相关论题可参见钱敏、郭敦仁翻译的《数学物理方法：第一卷》(科学出版社，1981)。这里仅从形式上推导式(3.141)。

为此，以 $\rho(x) y_n^*(x)$ 乘以式(3.140)，并在 $a \leqslant x \leqslant b$ 上积分，得

$$\int_a^b \rho(x) f(x) y_m^*(x) \, \mathrm{d}x = \sum_{n=1}^{\infty} f_n \int_a^b \rho(x) y_n(x) y_m^*(x) \, \mathrm{d}x \tag{3.142}$$

再利用正交性(式(3.129))，可得

$$\int_a^b \rho(x) f(x) y_n^*(x) \, \mathrm{d}x = f_n \int_a^b \rho(x) y_n^2(x) \, \mathrm{d}x \tag{3.143}$$

所以

$$f_n(x) = \frac{\displaystyle\int_a^b \rho(x) f(x) y_n^*(x) \, \mathrm{d}x}{\displaystyle\int_a^b \rho(x) y_n^2(x) \, \mathrm{d}x}$$

这也是式(3.141)。

注意，我们把式(3.140)的级数称为广义傅里叶级数，f_n 称为广义傅里叶系数。式(3.141)中的分母称为 $y_n(x)$ 的模，记作 N_n，即

$$N_n^2 = \int_a^b \rho(x) y_n^2(x) \, \mathrm{d}x \tag{3.144}$$

所以式(3.141)也可改写为

$$f_n(x) = \frac{1}{N_n^2} \int_a^b \rho(x) f(x) y_n^*(x) \, \mathrm{d}x \tag{3.145}$$

如果本征函数的模 $N_n = 1(n=1,2,\cdots)$，就称为归一化的本征函数。

对于归一化的本征函数族 $\{y_n(x)\}$，它的正交归一性可表示为

$$\int_a^b \rho(x) y_m(x) y_n^*(x) \, \mathrm{d}x = \delta_{mn} = \begin{cases} 0 & (m \neq n) \\ 1 & (m = n) \end{cases} \tag{3.146}$$

其中

$$\delta_{mn} = \begin{cases} 0 & (m \neq n) \\ 1 & (m = n) \end{cases}$$

称为"δ 符号"。

若本征函数 $y_n(x)$ 不是归一化的(即 $N_n \neq 1$),则只要除以模(这是个常数),就可成为归一化的本征函数。因此,它的正交归一性可表示为

$$\int_a^b \rho(x) y_m(x) y_n^*(x) \, \mathrm{d}x = N_m^2 \delta_{mn} = \begin{cases} 0 & (m \neq n) \\ N_m^2 & (m = n) \end{cases} \tag{3.147}$$

有关本征函数的正交关系和模的确定是对函数作广义傅里叶展开研究的一个基础。

例 3.4 求函数 $y_n(x) = \sin \dfrac{n\pi}{l} x \ (0 \leqslant x \leqslant l; \ n = 1, 2, 3, \cdots)$,$\rho(x) = 1$ 的归一化系数;

并将 $f(x) = x (0 \leqslant x \leqslant l)$ 按本征函数族 $\left\{ \sin \dfrac{n\pi}{l} x \right\}$ 展开成傅里叶级数。

解 先求函数的模方,即

$$N_n^2 = \int_0^l \rho(x) \sin^2 \frac{n\pi x}{l} \, \mathrm{d}x = \int_0^l \sin^2 \frac{n\pi x}{l} \, \mathrm{d}x = \frac{l}{2} \tag{3.148}$$

所以,归一化系数为

$$N_n = \sqrt{\frac{l}{2}} \tag{3.149}$$

即为了使函数 $\sin(n\pi x/l)$ 在区间 $[0, l]$ 上归一化,可将它除以模 $\sqrt{l/2}$。

因为 $\displaystyle\int_0^l \sin \frac{m\pi x}{l} \sin \frac{n\pi x}{l} \, \mathrm{d}x = 0 (m \neq n)$,于是函数族 $y_n(x) = \sqrt{\dfrac{2}{l}} \sin \dfrac{n\pi x}{l} (n = 1, 2, \cdots)$ 是在区间 $0 \leqslant x \leqslant l$ 上的正交归一化函数。

根据广义傅里叶展开定理得

$$f(x) = x = \sum_{n=1}^{\infty} C_n \sin \frac{n\pi}{l} x \tag{3.150}$$

其中,系数

$$\begin{aligned} C_n &= \frac{1}{N_n^2} \int_0^l \rho(x) f(x) y_n^*(x) \, \mathrm{d}x \\ &= \frac{2}{l} \int_0^l x \sin \frac{n\pi}{l} x \, \mathrm{d}x = (-1)^{n+1} \frac{2l}{n\pi} \end{aligned} \tag{3.151}$$

因此,$f(x) = x$ 的展开式为

$$f(x) = x = \frac{2l}{\pi} \sum_{n=1}^{\infty} \frac{(-1)^{n+1}}{n} \sin \frac{n\pi}{l} x \tag{3.152}$$

例 3.5 证明函数族 $\left\{ \dfrac{\mathrm{e}^{inx}}{\sqrt{2\pi}} \right\} (0 \leqslant x \leqslant 2\pi; \ n = 0, \pm 1, \pm 2, \cdots)$ 是一组正交归一的函数族。

证明 利用正弦和余弦函数的正交性,可得

$$\int_a^b y_n^*(x) y_m(x) \, \mathrm{d}x = \frac{1}{2\pi} \int_0^{2\pi} \mathrm{e}^{-inx} \mathrm{e}^{imx} \, \mathrm{d}x = \delta_{mn} \tag{3.153}$$

所以函数族 $\left\{ \dfrac{\mathrm{e}^{inx}}{\sqrt{2\pi}} \right\} (0 \leqslant x \leqslant 2\pi; \ n = 0, \pm 1, \pm 2, \cdots)$ 是一组正交归一的函数族。

最后需要指出,对于常微分方程的本征值问题,除了周期性边界条件以外,都是非简并的(即对应于一个本征值,只有一个本征函数)。

3.3 非齐次方程的处理

3.2节定解问题中的"双齐次"保证了方程和边界条件的变量分离,从而才可以利用分离变量法求解。那么对于非齐次方程,齐次边界条件的情况,应该如何使用分离变量法呢?本节对此作一讨论。

3.3.1 本征函数展开法

例3.6 求解一个两端固定的弦(或杆)的纯强迫振动问题的定解问题,即

$$\begin{cases} u_{tt} = a^2 u_{xx} + f(x, t) \\ u\mid_{x=0} = u\mid_{x=l} = 0 \quad (0 \leqslant x \leqslant l, t \geqslant 0) \\ u\mid_{t=0} = u_t\mid_{t=0} = 0 \end{cases} \tag{3.154}$$

解 因为这个泛定方程中存在非齐次项 $f(x, t)$,不能实现变量分离,所以采用非齐次线性常微分方程的常数变易法的思路来处理这个问题。

(1)求对应的齐次问题的本征函数。式(3.154)对应的齐次问题为

$$\begin{cases} u_{tt} = a^2 u_{xx} \\ u\mid_{x=0} = u\mid_{x=l} = 0 \end{cases} \tag{3.155}$$

令 $u(x, t) = X(x)T(t)$ 分离变量,得本征值问题为

$$\begin{cases} X''(x) + \lambda X(x) = 0 \\ X(0) = 0, \ X(l) = 0 \end{cases} \tag{3.156}$$

它的本征值和本征函数分别为(见3.1节):

$$\begin{cases} \lambda = \dfrac{n^2\pi^2}{l^2} \\ X_n(x) = \sin\dfrac{n\pi}{l}x \end{cases} \tag{3.157}$$

(2)本征函数展开法(常数变易法)。仿照常数变易法的思路,直接令满足式(3.154)中的解为

$$u(x, t) = \sum_{n=1}^{\infty} T_n(t) \sin\frac{n\pi}{l}x \quad (n = 1, 2, \cdots) \tag{3.158}$$

将它代入到方程(3.154)中,得到

$$\sum_{n=1}^{\infty} \left[T_n''(t) + \frac{n^2\pi^2 a^2}{l^2} T_n(t) \right] \sin\frac{n\pi}{l}x = f(x, t) \tag{3.159}$$

此等式的左边可以看成是函数 $f(x, t)$ 对于变量 x 关于本征函数 $\left\{ \sin\dfrac{n\pi}{l}x \right\}$ 的傅里叶级数的展开,所以,由傅里叶级数展开的系数公式,有

$$T_n''(t) + \frac{n^2\pi^2 a^2}{l^2} T_n(t) = f_n(t) \tag{3.160}$$

其中

$$f_n(t) = \frac{2}{l} \int_0^l f(x, t) \sin \frac{n\pi}{l} x \, \mathrm{d}x \tag{3.161}$$

再将式(3.158)代入定解问题(式(3.154))的初始条件,得

$$\begin{cases} \sum_{n=1}^{\infty} T_n(0) \sin \frac{n\pi}{l} x = 0 \\ \sum_{n=1}^{\infty} T_n'(0) \sin \frac{n\pi}{l} x = 0 \end{cases} \tag{3.162}$$

即 $T_n(0)=0$, $T_n'(0)=0$。至此,得到关于 $T_n(t)$ 的二阶线性非齐次常微分方程的求解问题为

$$\begin{cases} T_n''(t) + \frac{n^2\pi^2 a^2}{l^2} T_n(t) = f_n(t) \\ T_n(0) = 0, \ T_n'(0) = 0 \end{cases} \tag{3.163}$$

由常微分方程的常数变易法(或者本书中的积分变换法),可得其解为

$$T_n(t) = \frac{l}{n\pi a} \int_0^t f_n(\tau) \sin \frac{n\pi a}{l}(t-\tau) \, \mathrm{d}\tau \tag{3.164}$$

所以,定解问题(式(3.154))的解为

$$u(x, t) = \sum_{n=1}^{\infty} \left[\frac{l}{n\pi a} \int_0^t f_n(\tau) \sin \frac{n\pi a}{l}(t-\tau) \, \mathrm{d}\tau \right] \sin \frac{n\pi}{l} x \tag{3.165}$$

其中,$f_n(t)$ 由式(3.161)确定。

通过以上求解过程可以看到,之所以称为本征函数展开法(又称为固有函数法或者常数变易法),主要有两层含义:一是直接将定解问题的待求解采用常数变易的思想展开成本征函数的级数形式 $u(x, t) = \sum_{n=1}^{\infty} T_n(t) \sin \frac{n\pi}{l} x$;二是将泛定方程中的非齐次项 $f(x, t)$ 利用本征函数 $\left\{ \sin \frac{n\pi}{l} x \right\}$ 作傅里叶级数的展开。

显然,用本征函数法解定解问题的步骤如下:

(1) 利用分离变量法确定定解问题对应的齐次问题(即齐次方程和齐次边界条件)的本征函数。

(2) 把定解问题中的未知函数按该定解问题的本征函数作(广义)傅里叶级数展开,展开系数为另一变量的函数(常数变易法)。代入非齐次泛定方程和初始条件,比较展开系数,即可得到关于另一变量(如时间变量)的非齐次常微分方程的定解问题,利用常数变易法或积分变化法求其解。

(3) 把所求的解代入未知函数的展开式中,即可得到原定解问题的解。

例 3.7　求解外力作用下两端自由的弦振动的定解问题:

$$\begin{cases} u_{tt} = a^2 u_{xx} + f(x, t) \\ u_x |_{x=0} = u_x |_{x=l} = 0 \qquad (0 \leqslant x \leqslant l, \ t \geqslant 0) \\ u |_{t=0} = \varphi(x), \ u_t |_{t=0} = \psi(x) \end{cases} \tag{3.166}$$

解　(1) 相应的齐次定解问题为

$$\begin{cases} u_{tt} = a^2 u_{xx} \\ u_x \mid_{x=0} = u_x \mid_{x=l} = 0 \end{cases} \tag{3.167}$$

令 $u(x, t) = X(x)T(t)$，则相应的本征值问题为

$$\begin{cases} X''(x) + \lambda X(x) = 0 \\ X'(0) = X'(l) = 0 \end{cases} \tag{3.168}$$

由式（3.71）可知，这个本征值问题的本征值为 $\lambda_n = \left(\dfrac{n\pi}{l}\right)^2$，本征函数为 $X_n(x) = A_n \cos \dfrac{n\pi x}{l}(n = 0, 1, 2, \cdots)$。

（2）本征函数展开：将原问题的解设为

$$u(x, t) = \sum_n V_n(t) X_n(x) = \sum_{n=0}^{\infty} V_n(t) \cos \frac{n\pi x}{l} \tag{3.169}$$

将其代入泛定方程，并将 $f(x, t)$ 按本征函数 $X_n(x)$ 展开，得

$$\sum_{n=0}^{\infty} V_n''(t) \cos \frac{n\pi x}{l} = a^2 \sum_{n=0}^{\infty} V_n(t) \left[-\left(\frac{n\pi}{l}\right)^2 \cos \frac{n\pi x}{l}\right] + \sum_{n=0}^{\infty} f_n(t) \cos \frac{n\pi x}{l} \tag{3.170}$$

其中，$f_0(t) = \dfrac{1}{l}\displaystyle\int_0^l f(x, t)\,\mathrm{d}x$，$f_n(t) = \dfrac{2}{l}\displaystyle\int_0^l f(x, t) \cos \dfrac{n\pi x}{l}\,\mathrm{d}x$，是 $f(x, t)$ 的本征函数展开系数。由于 $\left\{\cos \dfrac{n\pi x}{l}\right\}$ 的正交性，因此有

$$V_n''(t) + \left(\frac{n\pi a}{l}\right)^2 V_n(t) = f_n(t) \tag{3.171}$$

（3）将 $u(x, t)$ 代入初始条件，并将 $\varphi(x)$ 和 $\psi(x)$ 采用本征函数展开，可得

$$u(x, 0) = \sum_{n=0}^{\infty} V_n(0) \cos \frac{n\pi x}{l} = \varphi(x) = \sum_{n=0}^{\infty} \varphi_n \cos \frac{n\pi x}{l} \rightarrow V_n(0) = \varphi_n$$

$$\frac{\partial u}{\partial t}(x, 0) = \sum_{n=0}^{\infty} V_n'(0) \cos \frac{n\pi x}{l} = \psi(x) = \sum_{n=0}^{\infty} \psi_n \cos \frac{n\pi x}{l} \rightarrow V_n'(0) = \psi_n$$

其中，$\varphi(x) = \varphi_0 + \displaystyle\sum_{n=1}^{\infty} \varphi_n \cos \dfrac{n\pi x}{l}$，$\psi(x) = \psi_0 + \displaystyle\sum_{n=1}^{\infty} \psi_n \cos \dfrac{n\pi x}{l}$。由傅里叶展开系数得到 $\varphi_0 = \dfrac{1}{l}\displaystyle\int_0^l \varphi(x)\,\mathrm{d}x$，$\varphi_n = \dfrac{2}{l}\displaystyle\int_0^l \varphi(x) \cos \dfrac{n\pi x}{l}\,\mathrm{d}x$。同理，$\psi_0 = \dfrac{1}{l}\displaystyle\int_0^l \psi(x)\,\mathrm{d}x$，$\psi_n = \dfrac{2}{l}\displaystyle\int_0^l \psi(x) \cos \dfrac{n\pi x}{l}\,\mathrm{d}x$。

至此，得到 $V_n(t)$ 满足的方程和定解条件为

$$\begin{cases} V_n''(t) + \left(\dfrac{n\pi a}{l}\right)^2 V_n(t) = f_n(t) \\ V_n(0) = \varphi_n \\ V_n'(0) = \psi_n \end{cases} \quad (n = 0, 1, 2, \cdots) \tag{3.172}$$

该方程可采用二阶线性常系数常微分方程的解法进行求解，其解为

$$V_0(t) = \varphi_0 + \psi_0 t + \int_0^t f_0(\tau)(t - \tau)\,\mathrm{d}\tau \quad (n = 0) \tag{3.173}$$

$$V_n(t) = \varphi_n \cos \frac{n\pi at}{l} + \frac{l}{n\pi a}\psi_n \sin \frac{n\pi at}{l} + \frac{l}{n\pi a}\int_0^t f_n(\tau) \sin \frac{n\pi a(t - \tau)}{l}\,\mathrm{d}\tau \tag{3.174}$$

所以，原问题的解为

$$u(x,\,t) = \varphi_0 + \psi_0 t + \sum_{n=1}^{\infty} \left(\varphi_n \cos \frac{n\pi at}{l} + \frac{l}{n\pi a} \psi_n \sin \frac{n\pi at}{l} \right) \cos \frac{n\pi x}{l}$$

$$+ \int_0^t f_0(\tau)(t-\tau)\,\mathrm{d}\tau + \sum_{n=1}^{\infty} \left[\frac{l}{n\pi a} \int_0^t f_n(\tau) \sin \frac{n\pi a(t-\tau)}{l}\,\mathrm{d}\tau \right] \cos \frac{n\pi x}{l}$$

$$(3.175)$$

对于以上求解需要说明的是：这个定解问题中的弦振动实际可以理解为是由两部分引起的：一部分是外加强迫力，由非齐次项 $f(x,\,t)$ 确定；另一部分是初始状态，由初始条件 $u|_{t=0} = \varphi(x)$，$u_t|_{t=0} = \psi(x)$ 确定。因此，本题的解还可以设定为

$$u(x,\,t) = u^{\mathrm{I}}(x,\,t) + u^{\mathrm{II}}(x,\,t) \tag{3.176}$$

其中，$u^{\mathrm{I}}(x,\,t)$ 表示仅由强迫力引起的弦振动，满足定解问题

$$\begin{cases} u_{tt}^{\mathrm{I}} = a^2 u_{xx}^{\mathrm{I}} + f(x,\,t) \\ u_x^{\mathrm{I}}|_{x=0} = u_x^{\mathrm{I}}|_{x=l} = 0 & (0 \leqslant x \leqslant l,\, t \geqslant 0) \\ u^{\mathrm{I}}|_{t=0} = 0,\ u_t^{\mathrm{I}}|_{t=0} = 0 \end{cases} \tag{3.177}$$

而 $u^{\mathrm{II}}(x,\,t)$ 表示由初始状态引起的弦振动，满足定解条件

$$\begin{cases} u_{tt}^{\mathrm{II}} = a^2 u_{xx}^{\mathrm{II}} \\ u_x^{\mathrm{II}}|_{x=0} = u_x^{\mathrm{II}}|_{x=l} = 0 & (0 \leqslant x \leqslant l,\, t \geqslant 0) \\ u^{\mathrm{II}}|_{t=0} = \varphi(x),\ u_t^{\mathrm{II}}|_{t=0} = \psi(x) \end{cases} \tag{3.178}$$

不难验证，定解问题(式(3.177)和式(3.178))的解的和就是原问题的解。这种线性叠加原理的思想简化方程的求解也是求解数学物理方程的一个基本技能。

本征函数法不仅对波动方程适用，对其他数理方程同样适用。

例 3.8 求解定解问题：

$$\begin{cases} u_t - a^2 u_{xx} = A \sin\omega t \\ u_x|_{x=0} = 0,\ u_x|_{x=l} = 0 & (0 \leqslant x \leqslant l,\, t \geqslant 0) \\ u|_{t=0} = 0 \end{cases} \tag{3.179}$$

解 对应的齐次方程的本征值问题为

$$\begin{cases} X''(x) + \lambda X(x) = 0 \\ X'(0) = 0 \\ X'(l) = 0 \end{cases}$$

由例 3.7 知，求解的本征值为 $\lambda_n = \left(\dfrac{n\pi}{l} \right)^2$，本征函数为

$$X_n(x) = A_n \cos \frac{n\pi x}{l} \qquad (n = 0,\, 1,\, 2,\, \cdots)$$

故令

$$u = \sum_{n=0}^{\infty} T_n(t) \cos \frac{n\pi}{l} x \tag{3.180}$$

将其代入式(3.179)的泛定方程和初始条件，得

$$\begin{cases} \sum_{n=0}^{\infty} \left[T_n'(t) + \left(\frac{n\pi a}{l}\right)^2 T_n(t) \right] \cos\frac{n\pi x}{l} = A\sin\omega t \\ \sum_{n=0}^{\infty} T_n(0) \cos\frac{n\pi x}{l} = 0 \end{cases} \tag{3.181}$$

比较等式两边按本征函数族 $\left\{ \cos\dfrac{n\pi x}{l} \right\}$ 所作的傅里叶余弦展开的系数，得

$$\begin{cases} T_0'(t) = A\sin\omega t \\ T_0(0) = 0 \end{cases} \quad (n=0) \tag{3.182}$$

$$\begin{cases} T_n'(t) + \left(\frac{n\pi a}{l}\right)^2 T_n(t) = 0 \\ T_n(0) = 0 \end{cases} \quad (n=1,2,\cdots) \tag{3.183}$$

解之，得

$$\begin{cases} T_0(t) = \frac{A}{\omega}(1-\cos\omega t) \\ T_n(t) = 0 \quad (n=1,2,\cdots) \end{cases} \tag{3.184}$$

由式(3.180)和式(3.184)合成原定解问题的解为

$$u(x,t) = \frac{A}{\omega}(1-\cos\omega t) \tag{3.185}$$

3.3.2 冲量原理法

求解非齐次泛定方程对应的定解问题还可以采用第 2 章中的冲量原理法。在这里，仍然考虑边界条件和初始条件是齐次的。由上述分析可知，这其实无损于一般性。

例 3.9 利用冲量原理法求解两端固定的弦(或杆)的纯强迫振动问题的定解问题(同例 3.1)：

$$\begin{cases} u_{tt} = a^2 u_{xx} + f(x,t) \\ u\mid_{x=0} = u\mid_{x=l} = 0 \quad (0 \leqslant x \leqslant l,\, t \geqslant 0) \\ u\mid_{t=0} = u_t\mid_{t=0} = 0 \end{cases}$$

解 事实上，如果没有边界条件，定解问题 $\begin{cases} u_{tt} = a^2 u_{xx} + f(x,t) \\ u\mid_{t=0} = u_t\mid_{t=0} = 0 \end{cases}$ 可以根据冲量原理化

为一系列瞬时力引起的波动 $\begin{cases} v_{tt} = a^2 v_{xx} \\ v\mid_{t=\tau} = 0,\, v_t\mid_{t=\tau} = f(x,\tau) \end{cases}$ 的叠加，即

$$u(x,t) = \int_0^t v(x,t;\tau)\,\mathrm{d}\tau \tag{3.186}$$

仿照这种做法，根据冲量原理，先求解

$$\begin{cases} v_{tt} = a^2 v_{xx} \\ v\mid_{x=0} = v\mid_{x=l} = 0 \\ v\mid_{t=\tau} = 0,\, v_t\mid_{t=\tau} = f(x,\tau) \end{cases} \tag{3.187}$$

根据 3.1.1 节的求解，令 $T=t-\tau$，可以求得

$$v(x,t;\tau) = \sum_{n=1}^{\infty} B_n \sin\frac{n\pi a}{l}(t-\tau) \sin\frac{n\pi x}{l} \tag{3.188}$$

其中

$$B_n = \frac{2}{n\pi a} \int_0^l f(x, \tau) \sin \frac{n\pi}{l} x \, dx$$

进而求得 $u(x, t) = \int_0^t v(x, t; \tau) \, d\tau$。因这种方法利用了冲量原理,所以称为冲量原理法。

显然,容易验证冲量原理法得到的解分别满足泛定方程和定解条件,所以,冲量原理法在数学上是成立的。

3.4 非齐次边界条件的处理

以上几节讨论的问题都是基于齐次边界条件的,但我们所遇到的实际问题并非都是这样,往往是非齐次边界条件的比较多,那么对非齐次边界条件怎么处理呢?

总的原则就是:设法将非齐次边界条件化为齐次的,即通过一适量代换使新未知函数满足齐次边界条件。由于定解问题是线性的,利用叠加原理便可实现边界条件的齐次化。

3.4.1 边界条件的齐次化原理

以下面定解问题来说明边界条件齐次化的一般方法。

例 3.10 求解自由振动问题:

$$\begin{cases} u_{tt} - a^2 u_{xx} = 0 \\ u\,|_{x=0} = g(t), \ u\,|_{x=l} = h(t) \\ u\,|_{t=0} = \varphi(x), \ u_t\,|_{t=0} = \psi(x) \end{cases} \tag{3.189}$$

解 它的边界条件 $u|_{x=0} = g(t)$,$u|_{x=l} = h(t)$ 是非齐次的。此时,若将分离变数形式的解 $u(x, t) = X(x)T(t)$ 代入这个边界条件,就会得到 $X(0) = \dfrac{g(t)}{T(t)}$,$X(l) = \dfrac{h(t)}{T(t)}$ 两个不能确定的值,因无法对边界条件分离变量,所以首先必须把边界条件齐次化。

为此,引入新的未知函数 $v(x, t)$ 和辅助函数 $w(x, t)$,令

$$u(x, t) = v(x, t) + w(x, t) \tag{3.190}$$

如果能够找到一个恰当的已知辅助函数 $w(x, t)$,使它具备性质

$$\begin{cases} w\,|_{x=0} = g(t) \\ w\,|_{x=l} = h(t) \end{cases} \tag{3.191}$$

则新的未知函数 $v(x, t) = u(x, t) - w(x, t)$ 便满足齐次边界条件,即

$$\begin{cases} v\,|_{x=0} = 0 \\ v\,|_{x=l} = 0 \end{cases} \tag{3.192}$$

这样,由叠加原理,把式(3.190)代入式(3.189),即可得到关于 $v(x, t)$ 的定解问题:

$$\begin{cases} v_{tt} - a^2 v_{xx} = -(w_{tt} - a^2 w_{xx}) \\ v\,|_{x=0} = 0, \ v\,|_{x=l} = 0 \\ v\,|_{t=0} = \varphi(x) - w(x, 0), \ v_t\,|_{t=0} = \psi(x) - w_t(x, 0) \end{cases} \tag{3.193}$$

这正是 3.3 节讨论的带有齐次边界条件的非齐次泛定方程的定解问题,可用本征函数法来求解得到 $v(x, t)$,从而得到原问题的解 $u(x, t)$。

由此看来，问题的关键是寻找一个具有性质，即式(3.191)的辅助函数 $w(x, t)$。

实际上，对于任意给定的 t，满足式(3.191)的 $w(x, t)$ 应该是：过 $x-w$ 平面上 $[0, g(t)]$ 和 $[l, h(t)]$ 两点的任一曲线。这种曲线有无数条，最简单的是一条直线，所以令

$$w(x, t) = A(t)x + B(t) \tag{3.194}$$

代入两点坐标 $[0, g(t)]$ 和 $[l, h(t)]$，得到

$$\begin{cases} B(t) = g(t) \\ A(t) \cdot l + B(t) = h(t) \end{cases} \tag{3.195}$$

从而求得

$$\begin{cases} B(t) = g(t) \\ A(t) = \dfrac{h(t) - g(t)}{l} \end{cases} \tag{3.196}$$

故有

$$w(x, t) = \frac{h(t) - g(t)}{l}x + g(t) \tag{3.197}$$

显然，由于 $g(t)$ 和 $h(t)$ 为已知函数，$w(x, t)$ 就是一个确定的已知函数。至此，将定解问题 (3.189) 化为定解问题(3.193)，即可求解原问题。

例 3.11 弦的一端 $x=0$ 固定，迫使另一端 $x=l$ 作谐振动 $A \sin\omega t$，弦的初始位移和初始速度都为零，求弦的振动。

解 这个定解问题为

$$\begin{cases} u_{tt} - a^2 u_{xx} = 0 \\ u\mid_{x=0} = 0, \ u\mid_{x=l} = A \sin\omega t \quad (0 \leqslant x \leqslant l, \ t \geqslant 0) \\ u\mid_{t=0} = 0, \ u_t\mid_{t=0} = 0 \end{cases} \tag{3.198}$$

设 $u(x, t) = v(x, t) + w(x, t)$，按照式(3.197)令辅助函数为

$$w(x, t) = \frac{A \sin\omega t}{l}x + 0 = \frac{Ax}{l} \sin\omega t \tag{3.199}$$

于是方程变为

$$\begin{cases} v_{tt} - a^2 v_{xx} = \dfrac{A\omega^2 x \sin\omega t}{l} \\ v\mid_{x=0} = 0, \ v\mid_{x=l} = 0 \\ v\mid_{t=0} = 0, \ v_t\mid_{t=0} = -\dfrac{A\omega x}{l} \end{cases} \tag{3.200}$$

又令 $v(x, t) = v^{\mathrm{I}}(x, t) + v^{\mathrm{II}}(x, t)$，其中 $v^{\mathrm{I}}(x, t)$ 和 $v^{\mathrm{II}}(x, t)$ 分别满足方程：

$$\begin{cases} v_{tt}^{\mathrm{I}} - a^2 v_{xx}^{\mathrm{I}} = 0 \\ v^{\mathrm{I}}\mid_{x=0} = 0, \ v^{\mathrm{I}}\mid_{x=l} = 0 \\ v^{\mathrm{I}}\mid_{t=0} = 0, \ v_t^{\mathrm{I}}\mid_{t=0} = -\dfrac{A\omega x}{l} \end{cases} \tag{3.201}$$

$$\begin{cases} v_{tt}^{\mathrm{II}} - a^2 v_{xx}^{\mathrm{II}} = \dfrac{A\omega^2 x \sin\omega t}{l} \\ v^{\mathrm{II}}\mid_{x=0} = 0, \ v^{\mathrm{II}}\mid_{x=l} = 0 \\ v^{\mathrm{II}}\mid_{t=0} = 0, \ v_t^{\mathrm{II}}\mid_{t=0} = 0 \end{cases} \tag{3.202}$$

分别采用双齐次问题的分离变量法和非齐次泛定方程的本征函数展开法解得

$$v^{\text{I}}(x, t) = \sum_{n=1}^{\infty} (-1)^n \frac{2A\omega l}{(n\pi)^2 a} \sin \frac{n\pi a}{l} t \sin \frac{n\pi x}{l}$$

$$v^{\text{II}}(x, t) = 2A \sum_{n=1}^{\infty} (-1)^{n+1} \frac{\omega^2 l}{a(n\pi)^2} \left(\frac{\sin\omega t + \sin\omega_n t}{\omega + \omega_n} - \frac{\sin\omega_n t - \sin\omega t}{\omega_n - \omega} \right) \cdot \sin \frac{n\pi}{l} x$$

其中，$\omega_n = \dfrac{n\pi a}{l}$。

至此，得到原问题的解为 $u(x, t) = v^{\text{I}}(x, t) + v^{\text{II}}(x, t) + w(x, t)$。

3.4.2 其他非齐次边界条件的处理

1. 第二类非齐次边界问题

以上处理非齐次边界条件的齐次化原理，主要适用于第一类非齐次边界条件。如果出现第二类非齐次边界条件，则需要适当选择辅助函数 $w(x, t)$ 为 x 的二次项来处理，否则系数 $A(t)$ 和 $B(t)$ 将无法确定。

例如，给定的边界条件是 $u_x|_{x=0} = g(t)$，$u_x|_{x=l} = h(t)$。为了使边界条件齐次化，需要函数 $w(x, t)$ 满足 $w_x|_{x=0} = g(t)$，$w_x|_{x=l} = h(t)$，此时若选 $w = A(t)x + B(t)$，则无法将边界条件代入来确定 $A(t)$ 和 $B(t)$。但若选择

$$w = A(t)x^2 + B(t)x \tag{3.203}$$

则

$$\begin{cases} w_x|_{x=0} = 2A(t) \cdot 0 + B(t) = g(t) \\ w_x|_{x=l} = 2A(t) \cdot l + B(t) = h(t) \end{cases} \tag{3.204}$$

由此得

$$\begin{cases} A(t) = \dfrac{h(t) - g(t)}{2l} \\ B(t) = g(t) \end{cases} \tag{3.205}$$

这样，就确定了辅助函数 $w(x, t)$。

2. 非齐次边界的特殊处理

按照上述一般处理方法，边界条件齐次化的同时会导致泛定方程和初始条件的非齐次化，求解比较麻烦，是否有比较简便的方法呢？事实上，如果在选取辅助函数 $w(x, t)$ 时稍微改进一下，找到一个既满足非齐次边界条件，又满足齐次泛定方程的辅助函数，那么定解问题就会化为关于新的未知函数 $v(x, t)$ 的双齐次问题，从而大大简化了计算。

例 3.12 利用新辅助函数方法求定解问题：

$$\begin{cases} u_{tt} - a^2 u_{xx} = 0 \\ u|_{x=0} = 0, \ u|_{x=l} = A \sin\omega t \quad (0 \leqslant x \leqslant l, \ t \geqslant 0) \\ u|_{t=0} = 0, \ u_t|_{t=0} = 0 \end{cases}$$

解 例 3.11 中在选择辅助函数时只考虑了边界条件的齐次化，这里，为了得到关于新的未知函数 $v(x, t)$ 的双齐次问题，即试图找到一个既满足非齐次边界条件，又满足齐次泛定方程的辅助函数，设 $u(x, t) = v(x, t) + w(x, t)$，让 $w(x, t)$ 满足：

$$\begin{cases} w_{tt} - a^2 w_{xx} = 0 \\ w\mid_{x=0} = 0, \ w\mid_{x=l} = A\,\sin\omega t \end{cases} \tag{3.206}$$

参考式(3.199),采用常数变易法的思想,不妨令

$$w(x, t) = Af(x)\,\sin\omega t \tag{3.207}$$

只要能够确定恰当的 $f(x)$,使得式(3.206)成立即可。因此,把式(3.207)代入式(3.206),得

$$\begin{cases} A\omega^2 f(x)\,\sin\omega t + a^2 Af''(x)\,\sin\omega t = 0 \\ Af(0)\,\sin\omega t\mid_{x=0} = 0, \ Af(l)\,\sin\omega t\mid_{x=l} = A\,\sin\omega t \end{cases} \tag{3.208}$$

即

$$\begin{cases} f''(x) + \dfrac{\omega^2}{a^2}f(x) = 0 \\ f(0)\mid_{x=0} = 0, \ f(l)\mid_{x=l} = l \end{cases} \tag{3.209}$$

解这个二阶齐次常微分方程,可得

$$f(x) = \frac{\sin\dfrac{\omega x}{a}}{\sin\dfrac{\omega l}{a}} \tag{3.210}$$

即

$$w(x, t) = A\,\frac{\sin\dfrac{\omega x}{a}}{\sin\dfrac{\omega l}{a}}\,\sin\omega t \tag{3.211}$$

代入 $u(x, t) = v(x, t) + w(x, t)$,可得 $v(x, t)$ 满足的方程为

$$\begin{cases} v_{tt} - a^2 v_{xx} = 0 \\ v\mid_{x=0} = 0, \ v\mid_{x=l} = 0 \\ v\mid_{t=0} = 0, \ v_t\mid_{t=0} = -A\omega\,\dfrac{\sin\dfrac{\omega x}{a}}{\sin\dfrac{\omega l}{a}} \end{cases} \tag{3.212}$$

显然,这是一个双齐次问题,可以利用 3.1.1 节的解得到 $v(x, t)$ 的解为

$$v(x, t) = \frac{2A\omega}{al}\sum_{n=1}^{\infty}\frac{1}{\dfrac{\omega^2}{a^2} - \dfrac{n^2\pi^2}{l^2}}\sin\frac{n\pi a}{l}t\,\sin\frac{n\pi}{l}x \tag{3.213}$$

至此,原问题的解为

$$u(x, t) = A\,\frac{\sin\left(\dfrac{\omega x}{a}\right)}{\sin\left(\dfrac{\omega l}{a}\right)}\,\sin\omega t + \frac{2A\omega}{al}\sum_{n=1}^{\infty}\frac{1}{\dfrac{\omega^2}{a^2} - \dfrac{n^2\pi^2}{l^2}}\sin\frac{n\pi a}{l}t\,\sin\frac{n\pi}{l}x \tag{3.214}$$

例 3.13 求如图 3.5 所示的半带形区域内的电势 $u(x, t)$。已知边界 $x=0$ 和 $y=0$ 上的电势都是零,而边界 $x=a$ 上的电势为 u_0(常数)。

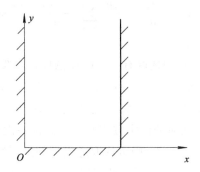

图 3.5　半带形区域的电势分布示意

解　其定解问题为

$$\begin{cases} u_{xx} + u_{yy} = 0 \\ u\mid_{x=0} = 0, \ u\mid_{x=a} = u_0 \quad (0 \leqslant x \leqslant a, 0 \leqslant y < \infty) \\ u\mid_{y=0} = 0 \end{cases} \tag{3.215}$$

为了使关于变量 x 的边界条件齐次化，令

$$u(x, \ y) = v(x, \ y) + w(x, \ y) \tag{3.216}$$

由式(3.197)得

$$w(x, \ y) = \frac{u_0}{a} x \tag{3.217}$$

于是 $v(x, \ y)$ 的定解问题为

$$\begin{cases} v_{xx} + v_{yy} = 0 \\ v\mid_{x=0} = 0, \ v\mid_{x=a} = 0 \quad (0 \leqslant x \leqslant a, 0 \leqslant y < \infty) \\ v\mid_{y=0} = -\dfrac{u_0}{a} x \end{cases} \tag{3.218}$$

这是双齐次问题，利用分离变量法求得其解为

$$v(x, \ y) = \sum_{n=1}^{\infty} \left(A_n \mathrm{e}^{\frac{n\pi y}{a}} + B_n \mathrm{e}^{-\frac{n\pi y}{a}} \right) \sin \frac{n\pi x}{a}$$

其中，A_n 和 B_n 为待定常数。

注意到当 $y \to \infty$ 时，$u(x, \ y)$ 应是有限的(自然边界条件)，即

$$v\mid_{y \to \infty} = \text{有限值} \tag{3.219}$$

所以 $A_n = 0$。

再由边界条件 $v\mid_{y=0} = -\dfrac{u_0}{a} x$，得

$$v(x, \ 0) = \sum_{n=1}^{\infty} B_n \sin \frac{n\pi x}{a} = -\frac{u_0}{a} x \tag{3.220}$$

由傅里叶级数展开式得

$$B_n = (-1)^n \frac{2u_0}{n\pi} \quad (n = 1, \ 2, \ 3, \ \cdots) \tag{3.221}$$

于是，原定解问题的解为

$$u(x, y) = \frac{u_0}{a}x + \frac{2u_0}{\pi} \sum_{n=1}^{\infty} \frac{(-1)^n}{n} e^{-\frac{n\pi y}{a}} \sin \frac{n\pi x}{a} \tag{3.222}$$

通过以上两个例题可以看出：

(1) 由于辅助函数 $w(x, t)$ 的选取有一定的任意性，故选取不同的 w 所得到的解 u 在形式上可能很不相同，但根据解的唯一性可知这些解实质上是一样的。

(2) 通过边界条件齐次化后，一般会使泛定方程非齐次化，但是，如果辅助函数 $w(x, t)$ 的选取巧妙，则可以同时使泛定方程和边界条件齐次化。

(3) 若 $f(x)$、g、h 均与 t 无关，则可选取适当的辅助函数 $w(x)$ 与 t 无关，使 $v(x, t)$ 的方程与边界条件均化为齐次的，这样省掉了对 $v(x, t)$ 进行解非齐次方程的繁重工作。

总之，在用分离变量法解偏微分方程时，为了使边界条件实现分离变量，应使非齐次的边界条件齐次化。

3.5 正交曲线坐标系下的分离变量法

通过前面的学习可以看到，在使用分离变量法求解数理方程时，不但对于方程本身，而且对于边界条件，都要进行变量的分离。一般而言，能否采用分离变量法，除了与方程和边界条件本身的形式有关之外，还与采用什么样的坐标系有关。坐标系选择不当，变量就可能分离不开。本节从圆域内的二维拉普拉斯方程的定解问题出发，讨论正交曲线坐标系下(主要是柱坐标系和球坐标系)的分离变量法。

3.5.1 圆域内的二维拉普拉斯方程的定解问题

例 3.14 一个半径为 a 的薄圆盘，上、下两面绝热。若已知圆盘边缘的温度，求圆盘上稳定的温度分布。

解 由于圆盘的上、下两面绝热，没有热量流动，且圆盘很薄，故由第 1 章知其温度分布 $u(x, y)$ 应满足定解问题：

$$\begin{cases} \Delta u = 0 \\ u \mid_{\rho=a} = f(\varphi) \end{cases} \quad (\rho \leqslant a) \tag{3.223}$$

其中，$f(\varphi)$ 为已知函数。

注意到边界条件为 $u\mid_{\rho=a}=f(\varphi)$，其中 a 为圆盘的半径，现对这一边界条件进行变量分离。若选择直角坐标系，即 $u=u(x, y)$，令 $u(x, y)=X(x)Y(y)$，则由 $u\mid_{\rho=a}=0$ 有 $XY\mid_{\sqrt{x^2+y^2}=a}=0$，可知边界条件根本分离不出来；但若选择极坐标系，即 $u=u(\rho, \varphi)$，令 $u(\rho, \varphi)=R(\rho)\Phi(\varphi)$，由边界条件有 $R(a)\Phi(\varphi)=f(\varphi)$，尽管分离不出 $R(a)$(因为 $f(\varphi)\neq 0$)，但是却可以很容易得到周期性边界条件 $\Phi(\varphi)=\Phi(2\pi+\varphi)$ 和有界性自然边界条件 $|R(0)|<+\infty$，从而求解问题。

因此，首先写出极坐标系中的 Δu 的表达式(推导见 3.5.3 节)：

$$\frac{1}{\rho} \frac{\partial}{\partial \rho}\left(\rho \frac{\partial u}{\partial \rho}\right) + \frac{1}{\rho^2} \frac{\partial^2 u}{\partial \varphi^2} = 0 \tag{3.224}$$

令

$$u(\rho, \varphi) = R(\rho)\Phi(\varphi) \tag{3.225}$$

将其代入式(3.224)，得

$$R''\Phi + \frac{1}{\rho}R'\Phi + \frac{1}{\rho^2}R\Phi'' = 0 \tag{3.226}$$

两边同乘以 $\dfrac{1}{R\Phi}$ 并移项，得

$$\frac{\rho^2 R'' + \rho R'}{R} = -\frac{\Phi''}{\Phi} \tag{3.227}$$

式(3.227)中左、右两边是关于不同变量的函数表达式，要使等式成立，只能是同一个常数，故令比值为 n^2，即得

$$\Phi'' + n^2 \Phi = 0 \tag{3.228}$$

$$\rho^2 R'' + \rho R' - n^2 R = 0 \tag{3.229}$$

对于边界条件 $u|_{\rho=a} = f(\varphi)$，由于它是非齐次的，变数不能分离，但经过讨论即可确定 n 的取值及相应的本征函数。

在一般的物理问题中，函数 $u(\rho, \varphi)$ 是单值的，因此应有周期性边界条件：

$$u(\rho, \varphi) = u(\rho, 2\pi + \varphi) \tag{3.230}$$

从而

$$\Phi(\varphi) = \Phi(2\pi + \varphi) \tag{3.231}$$

于是得到常微分方程的本征值问题：

$$\begin{cases} \Phi'' + n^2 \Phi = 0 \\ \Phi(\varphi) = \Phi(2\pi + \varphi) \end{cases} \tag{3.232}$$

讨论：

(1) 若 $n=0$，则方程(3.232)的解为 $\Phi(\varphi) = B_0\varphi + A_0$，其中 A_0、B_0 为常数。由边界条件 $B_0(\varphi+2\pi)+A_0 = B_0\varphi+A_0$ 得 $B_0=0$，所以 $\Phi(\varphi)=A_0$ 为所求解。

(2) 若 $n^2>0$，则方程(3.232)的解为

$$\Phi(\varphi) = A_n \cos n\varphi + B_n \sin n\varphi \tag{3.233}$$

代入边界条件，得

$$A_n \cos n(\varphi+2\pi) + B_n \sin n(\varphi+2\pi) = A_n \cos n\varphi + B_n \sin n\varphi \tag{3.234}$$

显然，必须取 $n=\pm1, \pm2, \cdots$，式(3.234)才能成立。同时，注意到 n 取正整数和 n 取负整数时解都是线性相关的，故只需取 $n=1, 2, \cdots$。

综上所述，所求的本征值为 $n^2 (n=0, 1, 2, \cdots)$，相应的本征函数为

$$\Phi_n(\varphi) = A_n \cos n\varphi + B_n \sin n\varphi \tag{3.235}$$

确定本征值以后，再求解关于 $R(\rho)$ 的方程，即

$$\rho^2 R'' + \rho R' - n^2 R = 0 \quad (n = 0, 1, 2, \cdots) \tag{3.236}$$

即

$$\frac{1}{\rho}\frac{\mathrm{d}}{\mathrm{d}\rho}\left(\rho\frac{\mathrm{d}R}{\mathrm{d}\rho}\right) - \frac{n^2}{\rho^2}R = 0 \quad (n = 0, 1, 2, \cdots) \tag{3.237}$$

这是欧拉(Euler)型方程，可以通过变量代换 $t=\ln\rho$，即 $\mathrm{d}t=\dfrac{1}{\rho}\mathrm{d}\rho$，将方程(3.237)化为

$$\frac{\mathrm{d}^2 R}{\mathrm{d}t^2} - n^2 R = 0 \tag{3.238}$$

解之，得

$$R_n(\rho) = \begin{cases} C_0 + D_0 t = C_0 + D_0 \ln\rho & (n = 0) \\ C_n \mathrm{e}^{nt} + D_n \mathrm{e}^{-nt} = C_n \rho^n + D_n \rho^{-n} & (n \geqslant 1) \end{cases} \tag{3.239}$$

由于存在自然边界条件 $|u(0, \varphi)| < \infty$，即 $|R(0)| < \infty$，而在 $\rho = 0$ 处，$\ln\rho$ 和 $\rho^{-n}(n \geqslant 1)$ 都是无穷大，故应取

$$D_0 = 0, \quad D_n = 0 \tag{3.240}$$

于是

$$R_n(\rho) = C_n \rho^n \quad (n = 0, 1, 2, \cdots) \tag{3.241}$$

从而

$$u_n(\rho, \varphi) = R_n(\rho) \Phi_n(\varphi) = \rho^n (A_n \cos n\varphi + B_n \sin n\varphi) \tag{3.242}$$

将式(3.241)中的系数 C_n 并入到 A_n 和 B_n 中后，原方程的解为

$$u(\rho, \varphi) = \sum_{n=0}^{\infty} \rho^n (A_n \cos n\varphi + B_n \sin n\varphi) \quad (n = 0, 1, 2, \cdots) \tag{3.243}$$

将边界条件 $u|_{\rho=a} = f(\varphi)$ 代入式(3.243)，即有

$$f(\varphi) = \sum_{n=0}^{\infty} a^n (A_n \cos n\varphi + B_n \sin n\varphi) \tag{3.244}$$

故由傅里叶级数系数公式得

$$a^0 A_0 = \frac{1}{2\pi} \int_0^{2\pi} f(\varphi) \, \mathrm{d}\varphi, \quad 即 A_0 = \frac{1}{2\pi} \int_0^{2\pi} f(\varphi) \, \mathrm{d}\varphi \tag{3.245}$$

$$a^n A_n = \frac{1}{\pi} \int_0^{2\pi} f(\varphi) \cos n\varphi \, \mathrm{d}\varphi, \quad 即 A_n = \frac{1}{a^n \pi} \int_0^{2\pi} f(\varphi) \cos n\varphi \, \mathrm{d}\varphi \tag{3.246}$$

$$a^n B_n = \frac{1}{\pi} \int_0^{2\pi} f(\varphi) \sin n\varphi \, \mathrm{d}\varphi, \quad 即 B_n = \frac{1}{a^n \pi} \int_0^{2\pi} f(\varphi) \sin n\varphi \, \mathrm{d}\varphi \tag{3.247}$$

从而原定解问题的解为式(3.243)，其中系数 A_n 和 B_n 由式(3.245)～式(3.247)确定。

由例 3.14 可见，选取适当的坐标系，对于分离变量法而言是相当重要的。为此，下面进一步讨论更一般的正交曲线坐标系(主要是柱坐标系和球坐标系)下的分离变量法。

3.5.2 正交曲线坐标系下分离变量法的基本概念

在场论中我们已经学习了正交曲线坐标系的定义，这里主要讨论其中的柱坐标系和球坐标系下分离变量法的一些基本概念。

1. 柱坐标系的定义

如图 3.6 所示，柱坐标系中的基本坐标为 (ρ, φ, z)，其与直角坐标的关系为

$$\begin{cases} x = \rho \cos\varphi \\ y = \rho \sin\varphi, \\ z = z \end{cases} \quad \begin{cases} \rho = \sqrt{x^2 + y^2} \\ \varphi = \arctan \dfrac{y}{x} \\ z = z \end{cases} \tag{3.248}$$

其中：$0 \leqslant \rho < \infty$，$0 \leqslant \varphi \leqslant 2\pi$，$-\infty < z < \infty$。

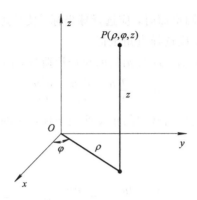

图 3.6 柱坐标系

2. 球坐标系的定义

如图 3.7 所示，球坐标系中的基本坐标为 (r, θ, φ)，其与直角坐标的关系为

$$\begin{cases} x = r\sin\theta\cos\varphi \\ y = r\sin\theta\sin\varphi, \\ z = r\cos\theta \end{cases} \quad \begin{cases} r = \sqrt{x^2+y^2+z^2} \\ \theta = \arctan\dfrac{\sqrt{x^2+y^2}}{z} \\ \varphi = \arctan\dfrac{y}{x} \end{cases} \quad (3.249)$$

其中：$0 \leqslant r < \infty$，$0 \leqslant \theta \leqslant \pi$，$0 \leqslant \varphi \leqslant 2\pi$。

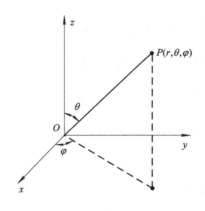

图 3.7 球坐标系

3. 分离变量法中坐标系的选择

通过前面几节中的例题可以看到，在使用分离变量法解题时，为了使变量分离和问题易于解决，必须正确选择坐标系。一般选择坐标系的思路是：使所讨论的边界与一个或几个坐标重合。

例如，当边界面是半径为 a、高为 h 的圆柱面时，应选择柱坐标 (ρ, φ, z)，使其边界面与坐标面 $\rho = a$，$z = 0$，$z = h$ 的部分重合。

又如，当边界面是半径为 a 的球面时，应选择球坐标 (r, θ, φ)，使其边界面与坐标面 $r = a$ 重合。

当边界面为生成角 θ_1 的圆锥面时，应选择球坐标，使其边界面与坐标面 $\theta = \theta_1$ 重合。当边界面为方形区域时，应选择直角坐标。

另外，在许多数理方程中都会涉及函数的拉普拉斯量，即

$$\Delta u = \frac{\partial^2 u}{\partial x^2} + \frac{\partial^2 u}{\partial y^2} + \frac{\partial^2 u}{\partial z^2} \tag{3.250}$$

为了以后应用的方便，这里先导出常用的正交曲线坐标系中的 Δu 的表达式。

4. 柱坐标系下的 Δu

由式(3.248)可得

$$\frac{\partial u}{\partial \rho} = \frac{\partial u}{\partial x} \frac{\partial x}{\partial \rho} + \frac{\partial u}{\partial y} \frac{\partial y}{\partial \rho} = \frac{\partial u}{\partial x} \cos\varphi + \frac{\partial u}{\partial y} \sin\varphi \tag{3.251}$$

所以

$$\frac{\partial^2 u}{\partial \rho^2} = \left(\frac{\partial^2 u}{\partial x^2} \frac{\partial x}{\partial \rho} + \frac{\partial^2 u}{\partial x \partial y} \frac{\partial y}{\partial \rho} \right) \cos\varphi + \left(\frac{\partial^2 u}{\partial y \partial x} \frac{\partial x}{\partial \rho} + \frac{\partial^2 u}{\partial y^2} \frac{\partial y}{\partial \rho} \right) \sin\varphi$$

$$= \frac{\partial^2 u}{\partial x^2} \cos^2\varphi + 2 \frac{\partial^2 u}{\partial x \partial y} \sin\varphi \cos\varphi + \frac{\partial^2 u}{\partial y^2} \sin^2\varphi \tag{3.252}$$

类似地

$$\frac{\partial u}{\partial \varphi} = -\rho \frac{\partial u}{\partial x} \sin\varphi + \rho \frac{\partial u}{\partial y} \cos\varphi \tag{3.253}$$

$$\frac{\partial^2 u}{\partial \varphi^2} = \rho^2 \frac{\partial^2 u}{\partial x^2} \sin^2\varphi - 2\rho^2 \frac{\partial^2 u}{\partial x \partial y} \sin\varphi \cos\varphi + \rho^2 \frac{\partial^2 u}{\partial y^2} \cos^2\varphi$$

$$- \rho \left(\frac{\partial u}{\partial x} \cos\varphi + \frac{\partial u}{\partial y} \sin\varphi \right) \tag{3.254}$$

将式(3.254)两边乘以 $\frac{1}{\rho^2}$，再与式(3.252)相加，得

$$\frac{\partial^2 u}{\partial \rho^2} + \frac{1}{\rho^2} \frac{\partial^2 u}{\partial \varphi^2} = \frac{\partial^2 u}{\partial x^2} + \frac{\partial^2 u}{\partial y^2} - \frac{1}{\rho} \left(\frac{\partial u}{\partial x} \cos\varphi + \frac{\partial u}{\partial y} \sin\varphi \right) \tag{3.255}$$

将式(3.255)两边分别加上 $\partial^2 u / \partial z^2$，并将式(3.251)代入式(3.255)右边，得

$$\frac{\partial^2 u}{\partial \rho^2} + \frac{1}{\rho^2} \frac{\partial^2 u}{\partial \varphi^2} + \frac{\partial^2 u}{\partial z^2} + \frac{1}{\rho} \frac{\partial u}{\partial \rho} = \frac{\partial^2 u}{\partial x^2} + \frac{\partial^2 u}{\partial y^2} + \frac{\partial^2 u}{\partial z^2} \tag{3.256}$$

至此，可得柱坐标系下的 Δu 为

$$\Delta u = \frac{\partial^2 u}{\partial \rho^2} + \frac{1}{\rho} \frac{\partial u}{\partial \rho} + \frac{1}{\rho^2} \frac{\partial^2 u}{\partial \varphi^2} + \frac{\partial^2 u}{\partial z^2} \tag{3.257}$$

或者

$$\Delta u = \frac{1}{\rho} \frac{\partial}{\partial \rho} \left(\rho \frac{\partial u}{\partial \rho} \right) + \frac{1}{\rho^2} \frac{\partial^2 u}{\partial \varphi^2} + \frac{\partial^2 u}{\partial z^2} \tag{3.258}$$

由于极坐标 (ρ, φ) 可看成是柱坐标 (ρ, φ, z) 在 $z = 0$ 的特殊情况，故可立即得到极坐标中 Δu 的表达式为

$$\Delta u = \frac{1}{\rho} \frac{\partial}{\partial \rho} \left(\rho \frac{\partial u}{\partial \rho} \right) + \frac{1}{\rho^2} \frac{\partial^2 u}{\partial \varphi^2} \tag{3.259}$$

5. 球坐标系中的 Δu

用上面类似的方法，容易得到球坐标中的 Δu 的表达式为

$$\Delta u = \frac{1}{r^2} \frac{\partial}{\partial r}\left(r^2 \frac{\partial u}{\partial r}\right) + \frac{1}{r^2 \sin\theta} \frac{\partial}{\partial \theta}\left(\sin\theta \frac{\partial u}{\partial \theta}\right) + \frac{1}{r^2 \sin^2\theta} \frac{\partial^2 u}{\partial \varphi^2} \tag{3.260}$$

3.5.3 正交曲线坐标系中的分离变量法

利用分离变量法求解数理方程时，如果首先把泛定方程（波动方程和输运方程）中的时间变数 t 分离出来，即通过令

$$u(x, y, z; t) = T(t)v(x, y, z) \tag{3.261}$$

则波动方程 $u_{tt} - a^2 \Delta u = 0$ 可化为

$$T''(t)v(x, y, z) - a^2 T(t)\Delta v = 0 \tag{3.262}$$

即

$$\frac{T''}{a^2 T} = \frac{\Delta v}{v} = -\lambda \tag{3.263}$$

其中，$-\lambda$ 为常数，从而得到关于 $T(t)$ 的一个常微分方程和关于 $v(x, y, z)$ 的一个偏微分方程：

$$T'' + a^2 \lambda T = 0 \tag{3.264}$$

$$\Delta v + \lambda v = 0 \tag{3.265}$$

显然，关于 $T(t)$ 的方程（3.264）一般比较容易求解，关键是要求解方程（3.265）。我们把方程（3.265）称为亥姆霍兹（Helmhot'z）方程。

同样，将式（3.261）代入热传导方程 $u_t - D\Delta u = 0$，可得

$$T' + D\lambda T = 0 \tag{3.266}$$

$$\Delta v + \lambda v = 0 \tag{3.267}$$

同理也可得到一个关于 $v(x, y, z)$ 的亥姆霍兹方程。

另外，对于稳定场方程 $\Delta u = -h$，也常需要求解 $h = 0$ 的情况，即所谓的拉普拉斯方程

$$\Delta u = 0 \tag{3.268}$$

因此，若欲用分离变量法来求解三类数理方程，必须对亥姆霍兹方程或拉普拉斯方程进行分离变量。以下对此作一讨论。

1. 柱坐标系中亥姆霍兹方程的分离变量

已知亥姆霍兹方程为

$$\Delta u + \lambda u = 0 \tag{3.269}$$

将柱坐标中 Δu 的表达式（式（3.258））代入式（3.269），得

$$\frac{1}{\rho} \frac{\partial}{\partial \rho}\left(\rho \frac{\partial u}{\partial \rho}\right) + \frac{1}{\rho^2} \frac{\partial^2 u}{\partial \varphi^2} + \frac{\partial^2 u}{\partial z^2} + \lambda u = 0 \tag{3.270}$$

令

$$u(\rho, \varphi, z) = R(\rho)\Phi(\varphi)Z(z) \tag{3.271}$$

将其代入式（3.270），得

$$\frac{\Phi Z}{\rho} \frac{\mathrm{d}}{\mathrm{d}\rho}\left(\rho \frac{\mathrm{d}R}{\mathrm{d}\rho}\right) + \frac{RZ}{\rho^2} \frac{\mathrm{d}^2\Phi}{\mathrm{d}\varphi^2} + R\Phi \frac{\mathrm{d}^2 Z}{\mathrm{d}z^2} + \lambda R\Phi Z = 0 \tag{3.272}$$

两边同乘以 $\dfrac{1}{R\Phi Z}$ 并移项，得

$$\frac{1}{\rho R}\frac{\mathrm{d}}{\mathrm{d}\rho}\Big(\rho\frac{\mathrm{d}R}{\mathrm{d}\rho}\Big)+\frac{1}{\rho^2\Phi}\frac{\mathrm{d}^2\Phi}{\mathrm{d}\varphi^2}+\lambda=-\frac{1}{Z}\frac{\mathrm{d}^2Z}{\mathrm{d}z^2} \tag{3.273}$$

注意，式(3.273)的左边是关于 ρ 和 φ 的函数，与 z 无关；右边是 z 的函数，与 ρ 和 φ 均无关。故要使式(3.273)成立，除非两边是同一个常数。设此常数为 μ，则

$$Z''+\mu Z=0 \tag{3.274}$$

$$\frac{1}{\rho R}\frac{\mathrm{d}}{\mathrm{d}\rho}\Big(\rho\frac{\mathrm{d}R}{\mathrm{d}\rho}\Big)+\frac{1}{\rho^2\Phi}\frac{\mathrm{d}^2\Phi}{\mathrm{d}\varphi^2}+\lambda-\mu=0 \tag{3.275}$$

继续分离变量，方程(3.275)两边同乘以 ρ^2 并移项，得

$$\frac{\rho}{R}\frac{\mathrm{d}}{\mathrm{d}\rho}\Big(\rho\frac{\mathrm{d}R}{\mathrm{d}\rho}\Big)+\rho^2(\lambda-\mu)=-\frac{1}{\Phi}\frac{\mathrm{d}^2\Phi}{\mathrm{d}\varphi^2} \tag{3.276}$$

同理，要使此式成立，除非两边等于同一个常数，令它为 n^2（这样设定是因为后边求关于 φ 的方程的本征值问题时，本征值只能是 $n^2(n=0,1,2,\cdots)$。同时，设 $\lambda-\mu\geqslant0$，记为 k^2，即 $k^2=\lambda-\mu(k$ 为实数；若 $\lambda-\mu<0$，就记为 $-k^2$，这种情况对应的是虚宗量的贝塞尔方程，以后再作讨论)，则得

$$\Phi''+n^2\Phi=0 \tag{3.277}$$

$$\frac{\rho}{R}\frac{\mathrm{d}}{\mathrm{d}\rho}\Big(\rho\frac{\mathrm{d}R}{\mathrm{d}\rho}\Big)+k^2\rho^2-n^2=0 \tag{3.278}$$

方程(3.278)可表示为

$$\rho^2R''+\rho R'+(k^2\rho^2-n^2)R=0 \tag{3.279}$$

若作变量代换，令 $x=k\rho$，$y(x)=R(\rho)$，则式(3.279)可化为

$$x^2y''+xy'+(x^2-n^2)y=0 \tag{3.280}$$

即 n 阶贝塞尔(Bessel)方程。

综上所述，通过在柱坐标中分离变量，解亥姆霍兹方程(3.269)的问题，就化为解三个常微分方程(分别是式(3.274)、式(3.277)和式(3.279))

$$\begin{cases} Z''+\mu Z=0 \\ \Phi''+n^2\Phi=0 \\ \rho^2R''+\rho R'+(k^2\rho^2-n^2)R=0 \end{cases} \tag{3.281}$$

的问题，其中 μ、n^2、k^2 都是在分离变量过程中所引入的常数，它们不能任意取值，而要根据边界条件取某些特定的值，分别称为方程(3.274)、方程(3.277)和方程(3.279)的本征值。

方程(3.274)、方程(3.277)是常系数常微分方程，其解易于得到。方程(3.279)是变系数常微分方程，其解为特殊函数，即贝塞尔函数，在第4章中将详细讨论它的解。

2. 柱坐标系中拉普拉斯方程的分离变量

注意到拉普拉斯方程(简称拉氏方程)

$$\Delta u=0 \tag{3.282}$$

是亥姆霍兹方程 $\Delta u+\lambda u=0$ 取 $\lambda=0$ 的特例。于是，由前面的讨论可得 $\Delta u=0$ 在柱坐标系中分离变量后，也将化为如下三个方程：

$$\begin{cases} Z''+\mu Z=0 \\ \Phi''+n^2\Phi=0 \\ \rho^2R''+\rho R'+(k^2\rho^2-n^2)R=0 \end{cases} \tag{3.283}$$

其中，$k^2 = 0 - \mu = -\mu$（设 $-\mu \geqslant 0$）。

3. 球坐标系中亥姆霍兹方程的分离变量

对于亥姆霍兹方程 $\Delta u + \lambda u = 0$，将球坐标中的 Δu 的表达式（3.260）代入，得

$$\frac{1}{r^2} \frac{\partial}{\partial r}\left(r^2 \frac{\partial u}{\partial r}\right) + \frac{1}{r^2 \sin\theta} \frac{\partial}{\partial \theta}\left(\sin\theta \frac{\partial u}{\partial \theta}\right) + \frac{1}{r^2 \sin\theta} \frac{\partial^2 u}{\partial \varphi^2} + \lambda u = 0 \tag{3.284}$$

令

$$u(r, \theta, \varphi) = R(r) v(\theta, \varphi) \tag{3.285}$$

将其代入方程（3.284），两边同乘以 $\dfrac{r^2}{Rv}$，整理后，得

$$\frac{1}{R} \frac{\mathrm{d}}{\mathrm{d}r}\left(r^2 \frac{\mathrm{d}R}{\mathrm{d}r}\right) + k^2 r^2 = -\frac{1}{v}\left[\frac{1}{\sin\theta} \frac{\partial}{\partial \theta}\left(\sin\theta \frac{\partial v}{\partial \theta}\right) + \frac{1}{\sin^2\theta} \frac{\partial^2 v}{\partial \varphi^2}\right] \tag{3.286}$$

其中，$k^2 = \lambda$。同理，由于 r、θ、φ 均为独立变量，故要使式（3.286）成立，除非等式左边和右边等于同一常数，令之为 $l(l+1)$（这样设定是因为后边求关于 θ 的方程的本征值问题时，本征值只能是 $l(l+1)$），即得

$$r^2 \frac{\mathrm{d}^2 R}{\mathrm{d}r^2} + 2r \frac{\mathrm{d}R}{\mathrm{d}r} + [k^2 r^2 - l(l+1)]R = 0 \tag{3.287}$$

$$\frac{1}{\sin\theta} \frac{\partial}{\partial \theta}\left(\sin\theta \frac{\partial v}{\partial \theta}\right) + \frac{1}{\sin^2\theta} \frac{\partial^2 v}{\partial \varphi^2} + l(l+1)v = 0 \tag{3.288}$$

再令

$$v(\theta, \varphi) = \Theta(\theta)\Phi(\varphi) \tag{3.289}$$

代入式（3.288），两边同乘以 $\dfrac{1}{\Theta\Phi}$ 并移项，得

$$\frac{\sin\theta}{\Theta} \frac{\partial}{\partial \theta}\left(\sin\theta \frac{\partial \Theta}{\partial \theta}\right) + l(l+1)\sin^2\theta = -\frac{1}{\Phi} \frac{\partial^2 \Phi}{\partial \varphi^2} \tag{3.290}$$

同理，要使此式成立，除非两边等于同一个常数，令它为 m^2，即得

$$\Phi'' + m^2 \Phi = 0 \tag{3.291}$$

$$\frac{1}{\sin\theta} \frac{\mathrm{d}}{\mathrm{d}\theta}\left(\sin\theta \frac{\mathrm{d}\Theta}{\mathrm{d}\theta}\right) + \left[l(l+1) - \frac{m^2}{\sin^2\theta}\right]\Theta = 0 \tag{3.292}$$

至此，在球坐标系中求解亥姆霍兹方程的问题就化成了解三个常微分方程（即式（3.287）、式（3.291）和式（3.292））

$$\begin{cases} r^2 \dfrac{\mathrm{d}^2 R}{\mathrm{d}r^2} + 2r \dfrac{\mathrm{d}R}{\mathrm{d}r} + [k^2 r^2 - l(l+1)]R = 0 \\[2mm] \Phi'' + m^2 \Phi = 0 \\[2mm] \dfrac{1}{\sin\theta} \dfrac{\mathrm{d}}{\mathrm{d}\theta}\left(\sin\theta \dfrac{\mathrm{d}\Theta}{\mathrm{d}\theta}\right) + \left[l(l+1) - \dfrac{m^2}{\sin^2\theta}\right]\Theta = 0 \end{cases} \tag{3.293}$$

的问题。同样，这些方程中的常数 k^2（$k^2 = \lambda$）、m^2 和 $l(l+1)$ 是在分离变量过程中引入的，不能任意取值，只能根据边界条件取某些特定的值，即本征值。

注意，对于方程（3.287），作 $x = kr$，$\dfrac{1}{\sqrt{x}}y(x) = R(r)$ 变换，则方程（3.287）可化为

$$x^2 y'' + xy' + \left[x^2 - \left(l + \frac{1}{2}\right)^2\right]y = 0 \tag{3.294}$$

该式与贝塞尔方程(3.280)的形式相似，称为球贝塞尔方程。

对于方程(3.292)，作 $x=\cos\theta$，$y(x)=\Theta(\theta)$ 变换，则方程(3.292)可化为

$$(1-x^2)y'' - 2xy' + \left[l(l+1) - \frac{m^2}{1-x^2}\right]y = 0 \qquad (3.295)$$

称之为连带勒让德(Legendre)方程，当 $m=0$ 时，该方程即为勒让德方程。

同样，球坐标系下的分离变量法，关键是求解式(3.295)，它的解为特殊函数，即(连带)勒让德函数，将在第 4 章中作详细讨论。

4. 球坐标系中拉普拉斯方程的分离变量

与柱坐标系中的讨论类似，由于 $\Delta u=0$ 是 $\Delta u+\lambda u=0$ 在 $\lambda=0$ 的特例，故只要将方程(3.293)中的 $k^2=\lambda$ 用零代替，即可得在球坐标系中对 $\Delta u=0$ 分离后的三个微分方程：

$$\begin{cases} r^2 \dfrac{d^2R}{dr^2} + 2r \dfrac{dR}{dr} - l(l+1)R = 0 \\ \Phi'' + m^2\Phi = 0 \\ \dfrac{1}{\sin\theta}\dfrac{d}{d\theta}\left(\sin\theta \dfrac{d\Theta}{d\theta}\right) + \left[l(l+1) - \dfrac{m^2}{\sin^2\theta}\right]\Theta = 0 \end{cases} \qquad (3.296)$$

其中，第一个方程是欧拉方程，第二个和第三个方程与方程组(3.293)中的一样。

综上所述，在正交曲线坐标系中分离变量的基本步骤如下：

(1) 将泛定方程中的时间变量分离出来，得到关于空间变量的亥姆霍兹方程或拉普拉斯方程。

(2) 选择恰当的坐标系(柱坐标系或者球坐标系)，将亥姆霍兹方程或拉普拉斯方程分离成方程(3.281)或方程(3.293)，分别求解各个常微分方程的本征值问题，确定函数 R、Φ、Z(对柱坐标系)或 R、Φ、Θ(对球坐标系)，构成原问题的本征解。

(3) 利用叠加原理构成原定解问题的通解，再利用边界条件确定系数，从而得到原问题的定解。

一般说来，正交曲线坐标系下的分离变量法会得到一些特殊的变系数的常微分方程——贝塞尔方程和(连带)勒让德方程等。只有讨论了这些方程的解和本征值问题后，才能在正交曲线坐标系中将分离变量法进行到底。因此，只有继续学习第 4 章的特殊函数，才能最终掌握正交曲线坐标系下的分离变量法。

3.6 本章小结

1. 分离变量法

分离变量法是把未知函数按自变量(包括多个自变量的情况)的单元函数分开，从而将偏微分方程的问题化为解常微分方程的问题的解法。

分离变量法的基本思想和步骤如图 3.4 所示。

分离变量法求解数学物理方程的要领如下：

(1) 适当选取坐标系。

(2) 定解问题要明确，从齐次化方程入手分离变量。

(3) 边界条件要齐次化，从齐次化边界条件分离变量。

（4）组成本征值问题，求解本征解并叠加是关键。

（5）根据初始条件等利用广义傅里叶级数展开确定系数，求得问题的解。

2. 直角坐标系下分离变量法

1）双齐次问题

本征值问题是核心，三类问题（波动、输运、稳定场问题）均适用。

2）非齐次泛定方程齐次边界条件的问题

方法一：本征函数展开法。

（1）利用分离变量法确定定解问题对应的齐次问题的本征函数。

（2）把定解问题中的未知函数按该定解问题的本征函数作（广义）傅里叶级数展开，代入非齐次泛定方程和初始条件，比较展开系数即得到关于另一变量的非齐次常微分方程的定解问题，利用常数变易法或积分变化法求得其解。

（3）把所求的解代入未知函数的展式中，求得原定解问题的解。

方法二：冲量原理法。

3）齐次泛定方程非齐次边界条件的问题

边界条件的齐次化原理：如果边界条件 $u|_{x=0}=g(t)$，$u|_{x=l}=h(t)$ 是非齐次的，可以引入新的未知函数 $v(x,t)$ 和辅助函数 $w(x,t)$，令 $u(x,t)=v(x,t)+w(x,t)$，让 $v(x,t)$ 满足齐次边界条件，采用本征函数法求得 $v(x,t)$，从而求得原问题的解 $u(x,t)$。其中取 $w(x,t)=\dfrac{h(t)-g(t)}{l}x+g(t)$ 即可。注意，针对不同的边界条件，$w(x,t)$ 的取法不同。

3. 正交曲线坐标系下的分离变量法

（1）因为柱坐标系下

$$\Delta u = \frac{1}{\rho}\frac{\partial}{\partial\rho}\left(\rho\frac{\partial u}{\partial\rho}\right)+\frac{1}{\rho^2}\frac{\partial^2 u}{\partial\varphi^2}+\frac{\partial^2 u}{\partial z^2}$$

所以在柱坐标系下对亥姆霍兹方程 $\Delta u+\lambda u=0$ 分离变量，得

$$\begin{cases} Z''+\mu Z=0 \\ \Phi''+n^2\Phi=0 \\ \rho^2 R''+\rho R'+(k^2\rho^2-n^2)R=0 \end{cases}$$

其中第三个方程是贝塞尔方程，其解为第4章中的贝塞尔函数（柱函数）。

（2）因为球坐标系下

$$\Delta u=\frac{1}{r^2}\frac{\partial}{\partial r}\left(r^2\frac{\partial u}{\partial r}\right)+\frac{1}{r^2\sin\theta}\frac{\partial}{\partial\theta}\left(\sin\theta\frac{\partial u}{\partial\theta}\right)+\frac{1}{r^2\sin^2\theta}\frac{\partial^2 u}{\partial\varphi^2}$$

所以在球坐标系下对亥姆霍兹方程 $\Delta u+\lambda u=0$ 分离变量，得

$$\begin{cases} r^2\dfrac{\mathrm{d}^2 R}{\mathrm{d}r^2}+2r\dfrac{\mathrm{d}R}{\mathrm{d}r}+\left[k^2 r^2-l(l+1)\right]R=0 \\ \Phi''+m^2\Phi=0 \\ \dfrac{1}{\sin\theta}\dfrac{\mathrm{d}}{\mathrm{d}\theta}\left(\sin\theta\dfrac{\mathrm{d}\Theta}{\mathrm{d}\theta}\right)+\left[l(l+1)-\dfrac{m^2}{\sin^2\theta}\right]\Theta=0 \end{cases}$$

其中第三个方程是（连带）勒让德方程，其解是第4章中的（连带）勒让德函数（球函数）。

习　题

3.1　求定解问题：

(1) $\begin{cases} u_{tt} = a^2 u_{xx} & (0 < x < \pi, \ t > 0) \\ u(0, \ t) = u(\pi, \ t) = 0 \\ u(x, \ 0) = 3 \sin x, \ u_t(x, \ 0) = 0 \end{cases}$;

(2) $\begin{cases} u_t = 4 u_{xx} & (0 < x < 1, \ t > 0) \\ u(0, \ t) = u(1, \ t) = N_0 \\ u(x, \ 0) = 0 \end{cases}$ 。

答案：(1) $3 \cos at \sin x$；(2) $N_0 - \dfrac{4 N_0}{\pi} \sum\limits_{k=0}^{\infty} \dfrac{e^{-4(2k+1)^2 \pi^2 t}}{2k+1} \sin(2k+1)\pi x$。

3.2　设弦的两端固定于 $x=0$ 和 $x=l$，弦的初始位移为

$$u \mid_{t=0} = \begin{cases} \dfrac{h}{c} x & (0 \leqslant x \leqslant c) \\ -\dfrac{h}{l-c}(x-l) & (c \leqslant x \leqslant l) \end{cases}$$

初始速度为零，又没有外力作用，求弦作横振动时的位移函数 $u(x, \ t)$。

答案：$\sum\limits_{n=1}^{\infty} C_n \cos \dfrac{n\pi a}{l} t \sin \dfrac{n\pi}{l} x$，$C_n = \dfrac{2hl^2}{c(l-c)n^2\pi^2} \sin \dfrac{n\pi c}{l}$。

3.3　求解热传导问题：

$$\begin{cases} u_t = a^2 u_{xx} & (0 < x < l, \ t > 0) \\ u(0, \ t) = u(l, \ t) = 0 \\ u(x, \ 0) = x(l - x) \end{cases}$$

答案：$\dfrac{4l^2}{\pi^3} \sum\limits_{n=1}^{\infty} \dfrac{1 - (-1)^n}{n^3} e^{-\left(\frac{n\pi a}{l}\right)^2 t} \sin \dfrac{n\pi}{l} x$。

3.4　求稳恒状态下，由直线 $x=0$，$x=a$，$y=0$，$y=b$ 所围矩形板内各点的温度分布，假设在 $x=0$，$x=a$ 和 $y=0$ 三边的温度保持零度，在 $y=b$ 边各点温度为 $\varphi(x)$，其中 $\varphi(0) = \varphi(a) = 0$。

答案：$\sum\limits_{n=1}^{\infty} \left[\dfrac{2}{a \ \text{sh}\left(\frac{n\pi b}{a}\right)} \int_0^a \varphi(x) \sin \dfrac{n\pi}{a} x \ dx \right] \text{sh}\left(\dfrac{n\pi}{a} y\right) \sin \dfrac{n\pi}{a} x$。

3.5　均匀的薄板为一带状区域 $0 \leqslant x \leqslant a$，$0 \leqslant y < \infty$，边界上的温度分布分别为 $u \mid_{x=0} = u \mid_{x=a} = 0$，$u \mid_{y=0} = u_0$，$\lim\limits_{y \to \infty} u = 0$，求板的稳定温度分布。

答案：$\dfrac{4u_0}{\pi} \sum\limits_{n=0}^{\infty} \dfrac{1}{n} e^{-\frac{n\pi y}{a}} \sin \dfrac{n\pi}{a} x \ (n = 2k+1; \ k = 0, \ 1, \ 2, \ \cdots)$。

3.6　求处于一维无限深势井中的粒子状态：

$$\begin{cases} i\hbar \dfrac{\partial}{\partial t}\psi(x,\,t) = -\dfrac{\hbar^2}{2\mu}\dfrac{\partial^2}{\partial x^2}\psi(x,\,t) \\ \psi(-a,\,t) = \psi(a,\,t) = 0 \\ \psi(x,\,0) = \dfrac{1}{\sqrt{a}}\sin\dfrac{\pi}{a}(x+a) \end{cases}$$

答案：$\psi(x,\,t) = \dfrac{1}{\sqrt{a}}\mathrm{e}^{-\frac{\mathrm{i}E_2 t}{\hbar}}\sin\dfrac{\pi}{a}(x+a)$，$E_2$ 是 $n=2$ 的定态能量。

3.7 一长为 l，两端固定的均匀弦在一介质中振动，此介质的阻力与弦的运动速度成正比，阻力密度为 $-2\alpha u_t(x,\,t)$（$\alpha > 0$ 是小量）。已知弦的初始状态为 $u|_{t=0} = \varphi(x)$，$u_t|_{t=0} = \psi(x)$，求解弦的振动情况。

答案：定解问题为

$$\begin{cases} u_{tt} = a^2 u_{xx} - 2h u_t \quad \left(0 < x < l,\ h = \dfrac{\alpha}{\rho}\right) \\ u|_{x=0} = u|_{x=l} = 0 \\ u|_{t=0} = \varphi(x),\ u_t|_{t=0} = \psi(x) \end{cases}$$

其解为

$$u(x,\,t) = \sum_{n=1}^{\infty}\left[A_n\cos\sqrt{\left(\dfrac{n\pi a}{l}\right)^2 - h^2}\,t + B_n\sin\sqrt{\left(\dfrac{n\pi a}{l}\right)^2 - h^2}\,t\right]\mathrm{e}^{-ht}\sin\dfrac{n\pi}{l}x$$

其中

$$A_n = \dfrac{2}{l}\int_0^l \varphi(x)\sin\dfrac{n\pi}{l}x\,\mathrm{d}x$$

$$B_n = \dfrac{2}{l\sqrt{\left(\dfrac{n\pi a}{l}\right)^2 - h^2}}\int_0^l [h\varphi(x) + \psi(x)]\sin\dfrac{n\pi}{l}x\,\mathrm{d}x$$

3.8 求定解问题：

(1) $$\begin{cases} u_{tt} = a^2 u_{xx} - A \quad (0 < x < l,\ t > 0) \\ u|_{x=0} = u|_{x=l} = 0 \\ u|_{t=0} = u_t|_{t=0} = 0 \end{cases};$$

(2) $$\begin{cases} u_t = a^2 u_{xx} + A\mathrm{e}^{-\alpha x} \quad (0 < x < l,\ t > 0) \\ u|_{x=0} = u|_{x=l} = 0 \\ u|_{t=0} = 0 \end{cases};$$

(3) $$\begin{cases} \Delta u = u_{xx} + u_{yy} = -2 \quad \left(0 < x < a,\ -\dfrac{b}{2} < y < \dfrac{b}{2}\right) \\ u|_{x=0} = u|_{x=a} = 0 \\ u|_{y=-\frac{b}{2}} = u|_{y=\frac{b}{2}} = 0 \end{cases}。$$

答案：(1) $\dfrac{-2Al^2}{\pi^3 a^2}\displaystyle\sum_{n=1}^{\infty}\dfrac{1-(-1)^n}{n^3}\left(1 - \cos\dfrac{n\pi at}{l}\right)\sin\dfrac{n\pi}{l}x$；

(2) $\displaystyle\sum_{n=1}^{\infty} -\dfrac{2A}{n\pi a^2}\dfrac{1-(-1)^n\mathrm{e}^{-\alpha l}}{\alpha^2 + \left(\dfrac{n\pi}{l}\right)^2}(\mathrm{e}^{-\frac{n^2\pi^2 a^2}{l^2}t} - 1)\sin\dfrac{n\pi}{l}x$；

（3）$x(a-x)-\dfrac{8a^2}{\pi^3}\displaystyle\sum_{n=0}^{\infty}\dfrac{1}{(2n+1)^3}\dfrac{\mathrm{ch}\left[\dfrac{(2n+1)\pi y}{a}\right]}{\mathrm{ch}\left[\dfrac{(2n+1)\pi b}{2a}\right]}\sin\dfrac{(2n+1)\pi}{a}x$。

3.9 有一长为 l 的均匀细杆，其侧面绝热，而初始温度为零度，它的一端 $x=l$ 处温度永远保持零度，而另一端 $x=0$ 处温度随时间直线上升，即 $u|_{x=0}=ct(c$ 为常数)，求杆的温度分布。

答案：$\dfrac{ct}{l}(l-x)-\dfrac{2cl^2}{\pi^3 a^2}\displaystyle\sum_{n=1}^{\infty}\dfrac{1}{n^3}(1-\mathrm{e}^{-\frac{n^2\pi^2 a^2}{l^2}t})\sin\dfrac{n\pi}{l}x$。

3.10 求半带形区域$(0\leqslant x\leqslant a,\ y\geqslant 0)$内的静电势，已知边界 $x=0$ 和 $y=0$ 上的电势均为零，而边界 $x=a$ 上的电势为 u_0(常数)。

答案：定解问题为

$$\begin{cases}\Delta u=u_{xx}+u_{yy}=0 & (0<x<a,\ y>0)\\ u\,|_{x=0}=0,\ u\,|_{x=a}=u_0\\ u\,|_{y=0}=0,\ u\,|_{y\to\infty}=\text{有限}\end{cases}$$

其解为

$$u(x,\ y)=\dfrac{u_0}{a}x+\dfrac{2u_0}{\pi}\sum_{n=1}^{\infty}\dfrac{(-1)^n}{n}\mathrm{e}^{-\frac{n\pi y}{a}}\sin\dfrac{n\pi x}{a}$$

3.11 求解圆的狄氏问题：

$$\begin{cases}\Delta u=0 & (\rho<a)\\ u\,|_{\rho=a}=A\cos\varphi\end{cases}$$

答案：$\dfrac{A}{a}\rho\cos\varphi$。

3.12 在环形域 $a\leqslant\rho\leqslant b$ 内求解定解问题：

$$\begin{cases}\Delta u=12\rho^2\cos 2\theta & (a<\rho<b,\ 0\leqslant\theta\leqslant 2\pi)\\ u\,|_{\rho=a}=0,\ u_{\rho}\,|_{\rho=b}=0\end{cases}$$

答案：$-\dfrac{1}{a^4+b^4}\left[(a^6+2b^6)\rho^2+a^4 b^4(a^2-2b^2)\rho^{-2}-(a^4+b^4)\rho^4\right]\cos 2\theta$。

第 4 章　特　殊　函　数

通过第 3 章的学习可以发现，在正交曲线坐标系下利用分离变量法会得到一些特殊的变系数的常微分方程，如贝塞尔方程和（连带）勒让德方程等。只有讨论了这些方程的解和本征值问题，才能在正交曲线坐标系中将分离变量法进行到底。因此，本章继续介绍这些方程对应的特殊函数，以便读者掌握正交曲线坐标系下的分离变量法及特殊函数的应用。

4.1　二阶线性常微分方程的级数解

随着问题的复杂化，由偏微分方程分离变量后得到的常微分方程将不再是常系数的，也难以化为常系数的。此时的常微分方程不同于高等数学里面学习的简单常微分方程，因此需要引入新的求解方法。本节主要讨论这类常微分方程的级数解法，为研究特殊函数奠定基础。

4.1.1　二阶线性常微分方程的常点与奇点

二阶线性齐次常微分方程的一般形式可写为

$$y''(x) + p(x)y'(x) + q(x)y(x) = 0 \tag{4.1}$$

将 x 延拓到复数域，变为 z，则方程可写为

$$w''(z) + p(z)w'(z) + q(z)w(z) = 0 \tag{4.2}$$

其中：$w = w(z)$ 为未知函数；$p(z)$、$q(z)$ 为已知的复变函数。

在此引入以下定义：

（1）方程的常点：若 $p(z)$、$q(z)$ 均在 $z = z_0$ 点及其邻域内解析，则称 $z = z_0$ 为方程 (4.2) 的常点。

（2）方程的奇点：若 $p(z)$、$q(z)$ 中至少有一个函数在 $z = z_0$ 不解析，则称 $z = z_0$ 点为方程 (4.2) 的奇点。

（3）对于方程的奇点 $z = z_0$，若有 $(z - z_0)p(z)$ 和 $(z - z_0)^2 q(z)$ 在 $z = z_0$ 端点解析，则奇点 $z = z_0$ 称为正则奇点，且称为 $p(z)$ 的一阶奇点，$q(z)$ 的二阶奇点；否则称为非正则奇点。

4.1.2　方程常点邻域内的级数解

若 $z = z_0$ 是方程 (4.2) 的一个常点，由微分方程的解析理论可得如下定理。

定理 1（解的存在与唯一性定理）　如果 $p(z)$、$q(z)$ 在圆 $|z - z_0| < R$（R 是与 z_0 最近的方程奇点到 z_0 的距离）内是单值解析的（即 $z = z_0$ 是方程的一个常点），则方程

$$w'' + p(z)w' + q(z)w = 0 \qquad (4.3)$$

在该圆内有唯一的一个解析的解 $w(z)$ 满足初值条件

$$\begin{cases} w(z_0) = C_1 \\ w'(z_0) = C_2 \end{cases} \qquad (4.4)$$

其中，C_1 和 C_2 是任意给定的复常数，并且解 $w(z)$ 在该圆内是单值解析的。

注意：

(1) 因为解 $w(z)$ 在 $|z-z_0| < R$ 内是解析的，故 $w(z)$ 可用 $(z-z_0)$ 的幂级数表示，这就是幂级数解法的基础。这个解析解可表示成

$$w(z) = \sum_{k=0}^{\infty} a_k (z - z_0)^k \qquad (4.5)$$

其中，a_0，a_1，$\cdots$，a_k，$\cdots$ 为待定系数。

(2) 幂级数解法的一般步骤如下：

首先，设解为式(4.5)，并把 $p(z)$、$q(z)$ 在 $(z-z_0)$ 展成幂级数形式，即

$$\begin{cases} p(z) = \sum_{k=0}^{\infty} p_k (z - z_0)^k \\ q(z) = \sum_{k=0}^{\infty} q_k (z - z_0)^k \end{cases} \qquad (4.6)$$

然后，将式(4.5)和式(4.6)代入常微分方程(4.3)中，采用待定系数法求出 a_k、p_k、q_k 即可。

例 4.1 在 $z_0 = 0$ 的邻域内求解常微分方程：

$$w'' - m^2 w = 0 \qquad (4.7)$$

解 由于此方程的 $p(z) = 0$，$q(z) = -m^2$ 在任意点均解析，故解在整个复平面内解析，$z_0 = 0$ 是方程的常点，因此可设方程的级数解为

$$w(z) = \sum_{k=0}^{\infty} a_k z^k \qquad (4.8)$$

其中，a_k 为待定系数。

对 $w(z)$ 逐项微分，得

$$w'(z) = \sum_{k=1}^{\infty} k a_k z^{k-1} \qquad (4.9)$$

$$w''(z) = \sum_{k=2}^{\infty} k(k-1) a_k z^{k-2} \qquad (4.10)$$

而 $p(z)$、$q(z)$ 为常数，无需做展开，将式(4.8)和式(4.10)代入方程(4.7)得

$$\sum_{k=2}^{\infty} k(k-1) a_k z^{k-2} - m^2 \sum_{k=2}^{\infty} a_k z^k = 0 \qquad (4.11)$$

此式为关于 z 的恒等式，故对应的各次幂的系数均应分别为 0。比较等式两边的 z^k 次幂项对应的系数，得

$$(k+2)(k+1) a_{k+2} - m^2 a_k = 0 \qquad (4.12)$$

即

$$a_{k+2} = \frac{m^2}{(k+2)(k+1)} a_k \qquad (4.13)$$

由此可得

$$
\begin{cases}
a_2 = \dfrac{1}{2!}m^2 a_0 \\[2mm]
a_3 = \dfrac{1}{3 \times 2}m^2 a_1 = \dfrac{1}{3!}m^2 a_1 \\[2mm]
a_4 = \dfrac{1}{4 \times 3}m^2 a_2 = \dfrac{1}{4!}m^4 a_0 \\[2mm]
a_5 = \dfrac{1}{5 \times 4}m^2 a_3 = \dfrac{1}{5!}m^4 a_1 \\[2mm]
a_6 = \dfrac{1}{6 \times 5}m^2 a_4 = \dfrac{1}{6!}m^6 a_0 \\[2mm]
a_7 = \dfrac{1}{7 \times 6}m^2 a_5 = \dfrac{1}{7!}m^6 a_1 \\[2mm]
\vdots \\[2mm]
a_{2k} = \dfrac{1}{(2k)!}m^{2k} a_0 \\[2mm]
a_{2k+1} = \dfrac{1}{(2k+1)!}m^{2k} a_1
\end{cases}
\tag{4.14}
$$

于是，方程(4.7)的级数解为

$$
w(z) = a_0 \left(1 + \frac{1}{2!}m^2 z^2 + \frac{1}{4!}m^4 z^4 + \cdots + \frac{1}{(2k)!}m^{2k} z^{2k} + \cdots\right)
$$

$$
+ \frac{a_1}{m}\left(mz + \frac{1}{3!}m^3 z^3 + \frac{1}{5!}m^5 z^5 + \cdots + \frac{1}{(2k+1)!}m^{2k+1} z^{2k+1} + \cdots\right)
\tag{4.15}
$$

即

$$
w(z) = \frac{a_0}{2}(\mathrm{e}^{mz} + \mathrm{e}^{-mz}) + \frac{a_1}{2m}(\mathrm{e}^{mz} - \mathrm{e}^{-mz})
$$

$$
= \frac{1}{2}\left(a_0 + \frac{a_1}{m}\right)\mathrm{e}^{mz} + \frac{1}{2}\left(a_0 - \frac{a_1}{m}\right)\mathrm{e}^{-mz}
$$

$$
= a_0\,\mathrm{ch}\,mz + \frac{a_1}{m}\,\mathrm{sh}\,mz
\tag{4.16}
$$

该结果与我们熟知方程的解 $w = A\,\mathrm{ch}\,mz + B\,\mathrm{sh}\,mz$ 或 $w = C\mathrm{e}^{mz} + D\mathrm{e}^{-mz}$ 一致，这里用级数解法是为了帮助读者学习级数解法的步骤。

另外，由幂级数收敛半径的公式 $R = \lim\limits_{k \to \infty}\left|\dfrac{a_k}{a_{k+2}}\right| = \infty$ 可确定收敛域为 $(-\infty, +\infty)$。

例 4.2 求 l 阶勒让德方程

$$
(1 - x^2)y'' - 2xy' + l(l+1)y = 0
\tag{4.17}
$$

在 $x_0 = 0$ 点邻域内的级数解。

解 方程(4.17)可标准化为

$$
y'' - \frac{2x}{1 - x^2}y' + \frac{l(l+1)}{1 - x^2}y = 0
\tag{4.18}
$$

其系数 $p(x) = -\dfrac{2x}{1 - x^2}$，$q(x) = \dfrac{l(l+1)}{1 - x^2}$ 在 $x_0 = 0$ 处解析，即 $x_0 = 0$ 是方程的常点。

根据常点邻域上解的定理，设解为

$$y(x) = \sum_{k=0}^{\infty} c_k x^k \tag{4.19}$$

其中，c_k 是待定系数。对式(4.19)逐项微分，得

$$y'(x) = \sum_{k=1}^{\infty} k c_k x^{k-1}, \quad y''(x) = \sum_{k=2}^{\infty} k(k-1) c_k x^{k-2} \tag{4.20}$$

注意到式(4.17)中的系数 $1-x^2$、$-2x$ 和 $l(l+1)$ 已经是 x 的二次项、一次项和常数项，因此无需展开。

把式(4.20)代入方程(4.17)，得

$$(1-x^2) \sum_{k=2}^{\infty} k(k-1) c_k x^{k-2} - 2x \sum_{k=1}^{\infty} k c_k x^{k-1} + l(l+1) \sum_{k=0}^{\infty} c_k x^k = 0 \tag{4.21}$$

此式是对 x 的一个恒等式，故对应 x 的各次幂的系数均应为零。比较等式两边的 x^k 次幂项对应的系数，得

$$(k+2)(k+1) c_{k+2} - k(k+1) c_k + l(l+1) c_k = 0 \tag{4.22}$$

即

$$c_{k+2} = -\frac{l(l+1) - k(k+1)}{(k+2)(k+1)} c_k \quad (k = 0, 1, 2, \cdots) \tag{4.23}$$

由此可得

$$\begin{cases} c_2 = \dfrac{-l(l+1)}{2!} c_0 \\[2mm] c_3 = -\dfrac{l(l+1) - 2}{3 \times 2} c_1 = \dfrac{(1-l)(l+2)}{3!} c_1 \\[2mm] c_4 = \dfrac{(2-l)(l+3)}{4 \times 3} c_2 = \dfrac{(2-l)(-l)(l+1)(l+3)}{4!} c_0 \\[2mm] c_5 = \dfrac{(3-l)(l+4)}{5 \times 4} c_3 = \dfrac{(3-l)(1-l)(l+2)(l+4)}{5!} c_1 \\[2mm] \vdots \end{cases} \tag{4.24}$$

把所有下标为偶数的系数 c_{2k} 用 c_0 表示出来，而把所有下标为奇数的系数 c_{2k+1} 用 c_1 表示出来，即得

$$c_{2k} = \frac{(2k-2-l)(2k-4-l)\cdots(2-l)(-l)(l+1)(l+3)\cdots(l+2k-1)}{(2k)!} c_0 \tag{4.25}$$

$$c_{2k+1} = \frac{(2k-1-l)(2k-3-l)\cdots(1-l)(l+2)(l+4)\cdots(l+2k)}{(2k+1)!} c_1 \tag{4.26}$$

至此，可得 l 阶勒让德方程的级数解(通解)为

$$y(x) = y_0(x) + y_1(x) \tag{4.27}$$

其中，$y_0(x)$ 只含有 x 的偶次幂，即

$$y_0(x) = c_0 \left[1 + \sum_{k=1}^{\infty} \frac{(2k-2-l)(2k-4-l)\cdots(2-l)(-l)(l+1)(l+3)\cdots(l+2k-1)}{(2k)!} x^{2k} \right]$$

$$\tag{4.28}$$

$y_1(x)$ 只含有 x 的奇次幂，即

$$y_1(x) = c_1 \left[x + \sum_{k=1}^{\infty} \frac{(2k-1-l)(2k-3-l)\cdots(1-l)(l+2)(l+4)\cdots(l+2k)}{(2k+1)!} x^{2k+1} \right]$$

$$\tag{4.29}$$

当然，由于方程(4.17)中含有参数 l，解式中的 $y_0(x)$、$y_1(x)$ 也必依赖于这个参数。

最后，利用递推公式(式(4.23))求得级数解的收敛半径为

$$R = \lim_{k \to \infty} \left| \frac{(k+2)(k+1)}{(k-l)(k+l+1)} \right| = \lim_{k \to \infty} \left| \frac{\left(1 + \frac{2}{k}\right)\left(1 + \frac{1}{k}\right)}{\left(1 - \frac{l}{k}\right)\left(1 + \frac{l+1}{k}\right)} \right| = 1 \tag{4.30}$$

这样，级数解收敛于 $|x| < 1$，发散于 $|x| > 1$。但是，物理问题经常要求在 $x = \pm 1$ 时解是有界的(不发散)，因此，还需要讨论 $x = \pm 1$ 时解的敛散性。

首先讨论 $y_0(x)$ 在 $x = \pm 1$ 时的情况。由式(4.28)得

$$y_0(x) = 1 + \sum_{k=1}^{\infty} u_k \tag{4.31}$$

其中，

$$u_k = \frac{(2k-2-l)(2k-4-l)\cdots(2-l)(-l)(l+1)(l+3)\cdots(l+2k-1)}{(2k)!} \tag{4.32}$$

当 $k \to \infty$ 时，

$$\left| \frac{u_k}{u_{k+1}} \right| = \frac{(2k+1)(2k+2)}{(2k-l)(l+2k+1)} = \frac{\left(1 + \frac{1}{2k}\right)\left(1 + \frac{1}{k}\right)}{\left(1 - \frac{l}{2k}\right)\left(1 + \frac{l+1}{2k}\right)}$$

$$\approx \left(1 + \frac{1}{2k}\right)\left(1 + \frac{1}{k}\right)\left(1 + \frac{l}{2k}\right)\left(1 - \frac{l+1}{2k}\right) = 1 + \frac{1}{k} + o\left(\frac{1}{k^2}\right) \tag{4.33}$$

由级数收敛性的高斯判据(此时达朗贝尔判据失效)可知，级数发散。同理，$y_1(x)$ 在 $x = \pm 1$ 时也发散。所以，l 阶勒让德方程的级数解在 $|x| < 1$ 时收敛，在 $|x| \geqslant 1$ 时发散。

4.1.3　方程正则奇点邻域内的级数解

由解的存在与唯一性定理可知，方程 $w'' + p(z)w' + q(z)w = 0$ 的常点必是解的解析点，因此可以用泰勒级数展开。但是，如果在方程的奇点处，仍然试图得到幂级数形式的解，则由方程的奇点一般就是解的奇点可知，应当考虑罗朗级数，此时由常微分方程的解析理论可得如下定理。

定理 2　如果 $z = z_0$ 是方程 $w'' + p(z)w' + q(z)w = 0$ 的奇点，则在 z_0 的邻域 $0 < |z - z_0| < R$ 内(域内无其他奇点)，方程存在两个线性无关的解，其形式为

$$w_1(z) = (z - z_0)^{\rho_1} \sum_{k=-\infty}^{\infty} c_k(z - z_0)^k \tag{4.34}$$

$$w_2(z) = (z - z_0)^{\rho_2} \sum_{k=-\infty}^{\infty} d_k(z - z_0)^k \quad (\rho_1 - \rho_2 \neq 整数) \tag{4.35}$$

或

$$w_2(z) = g w_1(z) \ln(z - z_0) + (z - z_0)^{\rho_2} \sum_{k=-\infty}^{\infty} d_k(z - z_0)^k \quad (\rho_1 - \rho_2 \neq 整数) \tag{4.36}$$

其中，ρ_1、ρ_2、g、c_k、$d_k(k = 0, \pm 1, \pm 2, \cdots)$ 均为待定系数。定理 2 只给出了一般性论断，事实上，这些待定系数在一般情况下很难确定，但是，如果 z_0 是方程的正则奇点，则这种情况比较常见且相对容易求解。

定理 3 如果 $z=z_0$ 是方程 $w''+p(z)w'+q(z)w=0$ 的正则奇点，则在 z_0 的邻域 $0<|z-z_0|<R$ 内，方程存在两个线性无关的正则解(即无穷级数中不含负幂项)，其形式为

$$w_1(z) = (z-z_0)^{\rho_1} \sum_{k=0}^{\infty} c_k (z-z_0)^k \tag{4.37}$$

$$w_2(z) = (z-z_0)^{\rho_2} \sum_{k=0}^{\infty} d_k (z-z_0)^k \quad (\rho_1-\rho_2 \neq 整数) \tag{4.38}$$

或

$$w_2(z) = g w_1(z) \ln(z-z_0) + (z-z_0)^{\rho_2} \sum_{k=0}^{\infty} d_k (z-z_0)^k \quad (\rho_1-\rho_2 \neq 整数) \tag{4.39}$$

其中，$c_0 \neq 0$，$d_0 \neq 0$。

注意：

(1) ρ_1、ρ_2 一般不为整数。

(2) 对于级数部分，非正则奇点对应于罗朗级数，由于 k 为 $-\infty \to +\infty$，因此难以应用级数求解，而正则奇点对应于泰勒级数，可用级数法求解。

(3) 正则解中 $c_0 \neq 0$，$d_0 \neq 0$，限制原因在于可以改变 ρ_1 和 ρ_2 使级数部分从零次幂开始，而对于常点的情况，ρ_1 和 ρ_2 不能调整，故常点情况一般不能要求 $c_0 \neq 0$。

例 4.3 求欧拉型方程

$$x \frac{\mathrm{d}}{\mathrm{d}x}\left(x \frac{\mathrm{d}y}{\mathrm{d}x}\right) - m^2 y = 0 \quad (m \neq 0) \tag{4.40}$$

在 $x=0$ 邻域处的解。

解 将原方程化为标准方程，得

$$y'' + \frac{1}{x}y' - \frac{m^2}{x^2}y = 0 \tag{4.41}$$

其中，$p(x)=\dfrac{1}{x}$，$q(x)=-\dfrac{m^2}{x^2}$。

显然，$x=0$ 为方程的奇点，但 $xp(x)$ 和 $x^2 q(x)$ 在 $x=0$ 点解析，所以 $x=0$ 为方程的正则奇点。

根据定理 3，设形式解为

$$y(x) = x^{\rho} \sum_{k=0}^{\infty} c_k x^k \quad (c_0 \neq 0) \tag{4.42}$$

对式(4.42)求导，得

$$y'(x) = \sum_{k=0}^{\infty} (\rho+k) c_k x^{\rho+k-1} \tag{4.43}$$

$$y''(x) = \sum_{k=0}^{\infty} (\rho+k)(\rho+k-1) c_k x^{\rho+k-2} \tag{4.44}$$

注意到方程(4.41)中的 x^2、x、$-m^2$ 均无需用泰勒级数展开，将式(4.42)~式(4.44)代入式(4.41)，得

$$\sum_{k=0}^{\infty} (\rho+k)(\rho+k-1) c_k x^{\rho+k} + \sum_{k=0}^{\infty} (\rho+k) c_k x^{\rho+k} - m^2 \sum_{k=0}^{\infty} c_k x^{\rho+k} = 0 \tag{4.45}$$

整理，得

$$\sum_{k=0}^{\infty}\left[(\rho+k)^2-m^2\right]c_k x^{\rho+k}=0 \tag{4.46}$$

显然，式(4.46)对应 x 的各次幂的系数应为零，即

$$\left[(\rho+k)^2-m^2\right]c_k=0 \quad (k=0,1,2,\cdots) \tag{4.47}$$

(1) 当 $k=0$ 时，有

$$(\rho^2-m^2)c_0=0 \tag{4.48}$$

注意到 $c_0\neq 0$，可得指标方程

$$\rho^2=m^2 \tag{4.49}$$

即

$$\begin{cases}\rho_1=m\\\rho_2=-m\end{cases} \tag{4.50}$$

这里之所以称式(4.49)为指标方程，是因为通过 $x^{\rho+k}$ 的最低次幂 x^ρ（即 $k=0$）可以确定系数 ρ 的值(设定 $c_0\neq 0$ 的原因)。一旦 ρ 值确定，对应的其他各系数均可确定。

(2) 当 $k=1$ 时，有

$$\left[(\rho+1)^2-m^2\right]c_1=0 \tag{4.51}$$

显然，无论 $\rho=\pm m$，均有 $(\rho+1)^2-m^2\neq 0$，所以 $c_1=0$。同理可得 $c_k=0(k=1,2,\cdots)$。

所以，方程的级数解为

$$y_1(x)=x^{\rho_1}\sum_{k=0}^{\infty}c_k x^k=c_0 x^m \tag{4.52}$$

$$y_2(x)=x^{\rho_2}\sum_{k=0}^{\infty}d_k x^k=d_0 x^{-m} \tag{4.53}$$

则原方程的通解为

$$y(x)=c_0 x^m+d_0 x^{-m} \tag{4.54}$$

例 4.4　在 $x_0=0$ 的邻域内求 v 阶贝塞尔方程

$$x^2 y''(x)+x y'(x)+(x^2-v^2)y(x)=0 \tag{4.55}$$

的解，其中 v 为任意常数。

解　把方程化为标准形式：

$$y''(x)+\frac{1}{x}y'(x)+\frac{x^2-v^2}{x^2}y(x)=0 \tag{4.56}$$

其中，$p(x)=\dfrac{1}{x}$，$q(x)=1-\dfrac{v^2}{x^2}$。

显然，$x=0$ 为方程的奇点，但 $xp(x)$ 和 $x^2 q(x)$ 在 $x=0$ 点解析，所以 $x=0$ 为方程的正则奇点。

令

$$y(x)=x^\rho\sum_{k=0}^{\infty}a_k x^k \quad (a_0\neq 0) \tag{4.57}$$

则有

$$y'(x)=\sum_{k=0}^{\infty}(\rho+k)a_k x^{\rho+k-1} \tag{4.58}$$

$$y''(x) = \sum_{k=0}^{\infty} (\rho+k)(\rho+k-1)a_k x^{\rho+k-2} \tag{4.59}$$

而方程(4.55)中系数 x^2、x、x^2-v^2 均已是 x 的幂级数形式，无需展开。将式(4.57)～式(4.59)代入式(4.55)，得

$$\sum_{k=0}^{\infty} (\rho+k)(\rho+k-1)a_k x^{\rho+k} + \sum_{k=0}^{\infty} (\rho+k)a_k x^{\rho+k} + \sum_{k=0}^{\infty} a_k x^{\rho+k+2} - \sum_{k=0}^{\infty} v^2 a_k x^{\rho+k} = 0 \tag{4.60}$$

整理，得

$$\sum_{k=0}^{\infty} [(\rho+k)^2 - v^2]a_k x^{\rho+k} + \sum_{k=0}^{\infty} a_k x^{\rho+k+2} = 0 \tag{4.61}$$

此式是关于 x 的一个恒等式，故 x 的各次幂的系数均必须为 0。

由 x 的最低次幂 $x^{\rho}(k=0)$ 的系数为零，同时注意到 $a_0 \neq 0$，得指标方程为

$$\rho^2 - v^2 = 0 \tag{4.62}$$

由此求得

$$\begin{cases} \rho_1 = v \\ \rho_2 = -v \end{cases} \tag{4.63}$$

(1) 讨论 $\rho = \rho_1 = v$ 的情形。不妨设 $v > 0$，$y_1(x) = \sum_{k=0}^{\infty} a_k x^{k+v}$。由式(4.61)知，当 $k=1$ 时，即 x^{v+1} 的系数为

$$[(v+1)^2 - v^2]a_1 = 0 \tag{4.64}$$

显然 $(v+1)^2 - v^2 \neq 0$，所以，必有 $a_1 = 0$。

再由 x^{v+k} 的系数为零，可得

$$[(v+k)^2 - v^2]a_k + a_{k-2} = 0 \tag{4.65}$$

即递推关系为

$$a_k = -\frac{a_{k-2}}{(v+k)^2 - v^2} = -\frac{a_{k-2}}{k(k+2v)} \tag{4.66}$$

又因为 $a_1 = 0$，故由式(4.66)可知

$$a_{2k+1} = 0 \quad (k = 0, 1, 2, \cdots) \tag{4.67}$$

而

$$\begin{cases} a_2 = -\dfrac{1}{2(2+2v)}a_0 \\[2mm] a_4 = -\dfrac{1}{4(4+2v)}a_2 = (-1)^2 \dfrac{1}{2^4 \cdot 2(2+v)(1+v)}a_0 \\[2mm] \quad \vdots \\[2mm] a_{2k} = -\dfrac{1}{2^2 k(k+v)}a_{2k-2} = (-1)^k \dfrac{1}{2^{2k} \cdot k!(k+v)(k+v-1)\cdots(1+v)}a_0 \\[2mm] \quad = (-1)^k \dfrac{\Gamma(v+1)}{2^{2k}k!\Gamma(k+v+1)}a_0 \quad (k = 0, 1, 2, \cdots) \end{cases} \tag{4.68}$$

式(4.68)用到了 $\Gamma(z+1) = z\Gamma(z)$，将 a_k 代入式(4.57)，得贝塞尔方程的一个特解：

$$y_1(x) = x^v \sum_{k=0}^{\infty} (-1)^k \frac{\Gamma(v+1)a_0}{k! \, \Gamma(v+k+1)} \left(\frac{x}{2}\right)^{2k} \qquad (4.69)$$

进而可以确定这个级数解的收敛半径为

$$R = \lim_{x \to \infty} \left| \frac{c_{v+k-2}}{c_{v+k}} \right| = \lim_{x \to \infty} k(k+2v) = \infty \qquad (4.70)$$

所以,解的收敛域为 $0 < |x| < \infty$。

(2) 讨论 $\rho = \rho_2 = -v$ 的情形。类似地,若令

$$y_2(x) = \sum_{k=0}^{\infty} b_k x^{k-v} \qquad (4.71)$$

同理,可得

$$y_2(x) = x^{-v} \sum_{k=0}^{\infty} (-1)^k \frac{\Gamma(-v+1)b_0}{k! \, \Gamma(-v+k+1)} \left(\frac{x}{2}\right)^{2k} \qquad (4.72)$$

收敛范围仍然是 $0 < |x| < \infty$。

讨论:

(1) 因 a_0、b_0 是任意常数,通常取 $a_0 = \dfrac{1}{\Gamma(1+v)} 2^{-v}$, $b_0 = \dfrac{1}{\Gamma(1-v)} 2^v$,并把这两个线性无关的解称为 $\pm v$ 阶贝塞尔函数,记为

$$\mathrm{J}_v(x) = \sum_{k=0}^{\infty} (-1)^k \frac{1}{k! \, \Gamma(v+k+1)} \left(\frac{x}{2}\right)^{2k+v} \qquad (4.73)$$

$$\mathrm{J}_{-v}(x) = \sum_{k=0}^{\infty} (-1)^k \frac{1}{k! \, \Gamma(-v+k+1)} \left(\frac{x}{2}\right)^{2k-v} \qquad (4.74)$$

显然,贝塞尔方程(式(4.55))的通解就是这两个特解的线性叠加,即

$$y(x) = c_1 \mathrm{J}_v(x) + c_2 \mathrm{J}_{-v}(x) \qquad (4.75)$$

(2) 如果 v 为整数(包括零),则两根之差 $\rho_1 - \rho_2 = 2v$,这时,第一个解 $y_1(x)$ 仍为式(4.69),第二个解则一般应用

$$y_2(x) = g y_1(x) \ln x + x^{-v} \sum_{k=0}^{\infty} b_k x^k \qquad (4.76)$$

求解,其中 g、b_n 待定。

(3) 关于 v 为半奇数的形式,可以参考 4.9 节的讨论。

总之,利用方程的级数解法可以获得球坐标系和柱坐标系下相关常微分方程的通解形式,为进一步利用正交曲线坐标系下的分离变量法求解方程提供途径。

4.2　勒让德多项式

勒让德方程已经在 4.1 节中解出,它有两个线性独立的解,即式(4.28)和式(4.29),通解为这两个解的线性组合,这个解在开区间 $|x| < 1$ 上收敛。但是,在实际的物理问题中,我们常常需要求解该方程在闭区间 $|x| \leqslant 1$ 中存在有限解的情况,这就会导出勒让德方程的本征解——勒让德多项式和一些重要的性质及其应用。

4.2.1　勒让德多项式

1. 勒让德方程的本征值问题

事实上，勒让德方程

$$(1-x^2)y'' - 2xy' + l(l+1)y = 0 \tag{4.77}$$

可以化为斯特姆-刘维型方程

$$[(1-x^2)y']' + l(l+1)y = 0 \tag{4.78}$$

其中，$k(x) = 1-x^2$，在 $x = \pm 1$ 处的 $k(\pm 1) = 1 - (\pm 1)^2 = 0$，且为一级零点，在端点 $x = \pm 1$ 存在有界性自然边界条件。

因此，所要求解的勒让德方程在 $|x| \leqslant 1$ 中存在有限解的问题，就是本征值问题：

$$\begin{cases} (1-x^2)y'' - 2xy' + l(l+1)y = 0 \\ y\mid_{x=\pm 1} \to \text{有限} \end{cases} \tag{4.79}$$

这个方程在例 4.2 中已经利用级数解法求得其通解为

$$y(x) = y_0(x) + y_1(x)$$

其中：

$$\begin{cases} y_0(x) = c_0\left[1 + \sum_{k=1}^{\infty} \dfrac{(2k-2-l)(2k-4-l)\cdots(2-l)(-l)(l+1)(l+3)\cdots(l+2k-1)}{(2k)!}x^{2k}\right] \\ y_1(x) = c_1\left[x + \sum_{k=1}^{\infty} \dfrac{(2k-1-l)(2k-3-l)\cdots(1-l)(l+2)(l+4)\cdots(l+2k)}{(2k+1)!}x^{2k+1}\right] \end{cases} \tag{4.80}$$

这个解在 $|x| < 1$ 上收敛，但在 $x = \pm 1$ 处，两个级数解 $y_0(x)$ 和 $y_1(x)$ 都是发散的，应如何确定方程的本征解呢？

显然，对于本征值问题(式(4.79))，可以尝试通过选取恰当的本征值 $l(l+1)$，如果能把级数解退化成有限的多项式，那么就可以获得满足收敛条件的本征解。

事实上，在获得级数解 $y_0(x)$ 和 $y_1(x)$ 时，曾用到了递推关系：

$$c_{k+2} = -\frac{l(l+1) - k(k+1)}{(k+2)(k+1)}c_k \quad (k = 0, 1, 2, \cdots) \tag{4.81}$$

可以看出，如果取 l 为正整数，则当 $k = l$ 时，有 $c_{l+2} = 0$，依次可得 $c_{l+4} = c_{l+6} = \cdots = 0$。此时，无穷级数解 $y_0(x)$ 或者 $y_1(x)$ 就会退化为一个有限的多项式，从而得到在 $|x| \leqslant 1$ 内的本征解。因此，下面分两种情况进行讨论：

(1) 当 $k = l = 2n(n = 0, 1, 2, \cdots)$(即 l 为偶数)时，

$$c_{l+2} = c_{2n+2} = 0, \ c_{2n+4} = 0, \ c_{2n+6} = 0, \cdots \tag{4.82}$$

于是

$$y_0(x) = c_0 + c_2 x^2 + c_4 x^4 + \cdots + c_l x^l \tag{4.83}$$

这是一个只包含偶数次幂的 l 次多项式(其中各次幂的系数取决于 c_0)，该多项式一定是有界的，因此满足本征值问题(式(4.79))中的自然边界条件。这样，就找到了一个本征解。

(2) 当 $k = l = 2n+1(n = 0, 1, 2, \cdots)$(即 l 为奇数)时，

$$c_{l+2} = c_{2n+3} = 0, \ c_{2n+5} = 0, \ c_{2n+7} = 0, \cdots \tag{4.84}$$

于是

$$y_1(x) = c_1 + c_3 x^3 + c_5 x^5 + \cdots + c_l x^l \tag{4.85}$$

这是一个只包含奇数次幂的 l 次多项式(其中各次幂的系数取决于 c_1),该多项式也一定是有界的,同样满足本征值问题(式(4.79))中的自然边界条件。这样,就找到了另一个本征解。

需要注意的是,当 $k=l=2n$ 时,$y_0(x)$ 是一个有限的多项式,此时 $y_1(x)$ 中各次幂的系数不会出现截至项 $c_{l+2}=c_{2n+2}=0$,因此,$y_1(x)$ 仍为无穷级数,也就是说,勒让德方程的通解 $y(x)=y_0(x)+y_1(x)$ 仍应在 $x=\pm1$ 处是发散的。当 $k=l=2n+1$ 时,情况也一样。但是,这里我们关心的是方程的本征解,即方程的满足自然边界条件的特解,所以,只要得到 $y_0(x)$ 或者 $y_1(x)$ 的多项式表达即可。

综上所述,勒让德方程只有当参数 l 取正整数时,才有在闭区间 $|x|\leqslant1$ 上的有界解,因此,把 $l(l+1)$ 称为方程(4.79)的本征值,而相应的 l 次多项式(式(4.83)或式(4.85)),即 $y_0(x)$ 或 $y_1(x)$ 称为本征函数。

2. 勒让德多项式的定义

可以看到,勒让德方程的本征值问题的本征函数是 x 的 l 次多项式,其系数取决于 c_0 或者 c_1,可以有不同的取法,比较繁琐。为了使本征函数具有比较简洁的便于实际应用的形式,同时使它在 $x=1$ 处的值恒为 1,选取最高次幂的系数为

$$c_l = \frac{(2l)!}{2^l (l!)^2} \tag{4.86}$$

此时得到的多项式称为勒让德多项式,用 $P_l(x)$ 表示。下面给出它的具体表达式。

把递推关系式(4.81)改写为

$$c_k = -\frac{(k+2)(k+1)}{l(l+1)-k(k+1)} c_{k+2} = -\frac{(k+2)(k+1)}{(l-k)(l+k+1)} c_{k+2} \tag{4.87}$$

于是

$$
\begin{aligned}
c_{l-2} &= -\frac{l(l-1)}{2(2l-1)} c_l = (-1)\frac{l(l-1)}{2(2l-1)}\frac{(2l)!}{2^l(l!)^2} \\
&= (-1)\frac{l(l-1)2l(2l-1)(2l-2)!}{2 \cdot 2^l(2l-1)l(l-1)!l(l-1)(l-2)!} \\
&= (-1)\frac{(2l-2)!}{2^l(l-1)!(l-2)!}
\end{aligned}
\tag{4.88}
$$

$$
\begin{aligned}
c_{l-4} &= -\frac{(l-2)(l-3)}{4(2l-3)} c_{l-2} = (-1)^2\frac{(l-2)(l-3)}{4(2l-3)}\frac{(2l-2)!}{2^l(l-1)!(l-2)!} \\
&= (-1)^2\frac{(2l-4)!}{2^l \cdot 2!(l-2)!(l-4)!}
\end{aligned}
\tag{4.89}
$$

$$
\begin{aligned}
c_{l-6} &= -\frac{(l-4)(l-5)}{6(2l-5)} c_{l-4} = (-1)^3\frac{(l-4)(l-5)}{6(2l-5)}\frac{(2l-4)!}{2^l \cdot 2!(l-2)!(l-4)!} \\
&= (-1)^3\frac{(2l-6)!}{2^l \cdot 3!(l-3)!(l-6)!}
\end{aligned}
\tag{4.90}
$$

因此,当 $l-2n\geqslant0$ 时,有

$$c_{l-2k} = (-1)^k \frac{(2l-2k)!}{2^l \cdot k!(l-k)!(l-2k)!} \tag{4.91}$$

其中,$k=0, 1, 2, \cdots, \left[\dfrac{l}{2}\right]$。这里简化记号的含义如下:

$$\left[\frac{l}{2}\right] = \begin{cases} \dfrac{l}{2} & （当\,l\,为偶数时） \\ \dfrac{l-1}{2} & （当\,l\,为奇数时） \end{cases}$$

由此得到 l 阶勒让德多项式的具体表达式为

$$P_l(x) = \sum_{k=0}^{\left[l/2\right]} (-1)^k \frac{(2l-2k)!}{2^l \cdot k!(l-k)!(l-2k)!} x^{l-2k} \tag{4.92}$$

它是 l 阶勒让德方程在 $|x|\leqslant 1$ 上的一个有界解。因此,方程(4.79)的本征值问题的本征值和本征函数分别为

$$\begin{cases} \lambda_l = l(l+1) \\ y = P_l(x) \quad (l = 0, 1, 2, \cdots) \end{cases} \tag{4.93}$$

l 阶勒让德多项式也称为 l 阶勒让德函数或第一类勒让德函数。由其表达式(4.92)可得前几个勒让德多项式分别为

$$\begin{cases} P_0(x) = 1 \\ P_1(x) = x = \cos\theta \\ P_2(x) = \dfrac{1}{2}(3x^2 - 1) = \dfrac{1}{4}(3\cos2\theta + 1) \\ P_3(x) = \dfrac{1}{2}(5x^3 - 3x) = \dfrac{1}{8}(5\cos3\theta + 3\cos\theta) \\ P_4(x) = \dfrac{1}{8}(35x^4 - 30x^2 + 3) = \dfrac{1}{64}(35\cos4\theta + 20\cos2\theta + 9) \\ P_5(x) = \dfrac{1}{8}(63x^5 - 70x^3 + 15x) = \dfrac{1}{128}(63\cos5\theta + 35\cos3\theta + 30\cos\theta) \\ P_6(x) = \dfrac{1}{16}(231x^6 - 315x^4 + 105x^2 - 5) \\ \qquad = \dfrac{1}{512}(231\cos6\theta + 126\cos4\theta + 105\cos2\theta + 50) \end{cases} \tag{4.94}$$

$P_0(x) \sim P_5(x)$ 的图形见图 4.1。

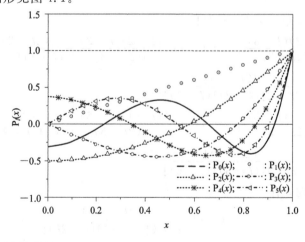

图 4.1　勒让德多项式 $P_l(x)$

由图 4.1 可见,存在下列关系式:

$$P_l(-x) = (-1)^l P_l(x) \tag{4.95}$$

$$P_l(1) = 1 \tag{4.96}$$

4.2.2 勒让德多项式的微分和积分表示

为了以后应用的方便,本节讨论勒让德多项式的其他表示法。

1. 勒让德多项式的微分表示

勒让德多项式的微分表示

$$P_l(x) = \frac{1}{2^l l!} \frac{\mathrm{d}^l}{\mathrm{d}x^l}(x^2 - 1)^l \tag{4.97}$$

称为罗巨格(Rodrigues)公式。

证明 用二项式定理把 $(x^2 - 1)^l$ 展开:

$$(x^2 - 1)^l = \sum_{k=0}^{l} \frac{(-1)^k l!}{k!(l-k)!} x^{2l-2k} \tag{4.98}$$

把式(4.98)求导 l 次,x 的幂次 $2l-2k$ 低于 l 的项在 l 次求导过程中称为零,所以只需要保留 $2l-2k \geqslant l$ 的各项,即 $k \leqslant l/2$ 的各项。因此有

$$\begin{aligned}
\frac{1}{2^l l!} \frac{\mathrm{d}^l}{\mathrm{d}x^l}(x^2-1)^l &= \frac{1}{2^l l!} \sum_{k=0}^{l} \frac{(-1)^k l!}{k!(l-k)!} \frac{\mathrm{d}^l}{\mathrm{d}x^l} x^{2l-2k} \\
&= \sum_{k=0}^{[l/2]} (-1)^k \frac{(2l-2k)(2l-2k-1)\cdots(l-2k+1)}{2^l k!(l-k)!} x^{l-2k} \\
&= \sum_{k=0}^{[l/2]} (-1)^k \frac{(2l-2k)!}{2^l \cdot k!(l-k)!(l-2k)!} x^{l-2k} \\
&= P_l(x)
\end{aligned} \tag{4.99}$$

2. 勒让德多项式的积分表示

利用解析函数的高阶导数的柯西积分公式,得到勒让德多项式的积分表示

$$P_l(x) = \frac{1}{2\pi \mathrm{i}} \oint_C \frac{(\xi^2 - 1)^l}{2^l (\xi - x)^{l+1}} \, \mathrm{d}\xi \tag{4.100}$$

其中,C 为包围 $\xi = x$ 点的任意正向(逆时针)闭合回路。式(4.100)称为施列夫利(Schlafli)公式。

证明 利用解析函数的高阶导数的柯西积分公式,有

$$\frac{\mathrm{d}^l}{\mathrm{d}x^l}(x^2 - 1)^l = \frac{l!}{2\pi \mathrm{i}} \oint_C \frac{(\xi^2 - 1)^l}{(\xi - x)^{l+1}} \, \mathrm{d}\xi \tag{4.101}$$

两边同乘以 $\dfrac{1}{2^l l!}$,并比较式(4.97),可得

$$P_l(x) = \frac{1}{2\pi \mathrm{i}} \oint_C \frac{(\xi^2 - 1)^l}{2^l (\xi - x)^{l+1}} \, \mathrm{d}\xi$$

还可以把勒让德多项式的积分形式表示为定积分的形式。为此,取 C 为圆周,圆心在 $\xi = x$ 点,半径为 $\sqrt{|x^2-1|}$,在 C 上,$\xi - x = \sqrt{x^2-1}\, \mathrm{e}^{\mathrm{i}\psi}$,$\mathrm{d}\xi = \mathrm{i}\sqrt{x^2-1}\, \mathrm{e}^{\mathrm{i}\psi}\, \mathrm{d}\psi$,于是式(4.100)可写成

$$P_l(x) = \frac{1}{2\pi i} \frac{1}{2^l} \int_{-\pi}^{\pi} \frac{\left[(x+\sqrt{x^2-1}\,e^{i\psi})^2-1\right]^l}{(\sqrt{x^2-1}\,e^{i\psi})^{l+1}} \cdot i\sqrt{x^2-1}\,e^{i\psi}\,d\psi$$

$$= \frac{1}{2\pi} \int_{-\pi}^{\pi} \left[\frac{x^2+2x\sqrt{x^2-1}\,e^{i\psi}+(x^2-1)e^{i2\psi}-1}{2\sqrt{x^2-1}\,e^{i\psi}}\right]^l\,d\psi$$

$$= \frac{1}{2\pi} \int_{-\pi}^{\pi} \left[x+\sqrt{x^2-1}\,\frac{1}{2}(e^{i\psi}+e^{-i\psi})\right]^l\,d\psi$$

$$= \frac{1}{\pi} \int_0^{\pi} \left[x+i\sqrt{1-x^2}\,\cos\psi\right]^l\,d\psi \tag{4.102}$$

称此式为拉普拉斯积分。注意到 $x=\cos\theta$,将其代入式(4.102),得

$$P_l(\cos\theta) = \frac{1}{\pi} \int_0^{\pi} \left[\cos\theta+i\,\sin\theta\,\cos\psi\right]^l\,d\psi \tag{4.103}$$

即为 $P_l(x)$ 的定积分表示。

4.3 勒让德多项式的性质

本节引入勒让德多项式的母函数的定义,并在此基础上导出勒让德多项式的重要性质,为在球坐标系中求解数学物理方程提供基础。

4.3.1 勒让德函数的母函数

如果函数 $w(x,r)$ 满足关系:

$$w(x,r) = \sum_k F_k(x)r^k \tag{4.104}$$

则称 $w(x,r)$ 为 $F_k(x)$ 的母函数,也称生成函数(其中 r 可以是复数)。

现在的问题是,能否找到勒让德函数 $P_l(x)$ 的母函数?首先考虑一个简单的静电场问题:

在以原点为球心的单位球面与 z 轴的交点 N 处放置一个电量为 $4\pi\varepsilon_0$ 的点电荷,如图 4.2 所示,求球内任意一点 $M(r,\theta)$ 的电势 $u(r,\theta)$。

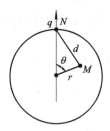

图 4.2 单位球面上的点电荷在球内的电势

由静电势的定义知,M 点处的电势为

$$u(r,\theta) = \frac{1}{d} = \frac{1}{\sqrt{1-2r\,\cos\theta+r^2}} \tag{4.105}$$

令 $x=\cos\theta$,则

$$u(r, x) = \frac{1}{d} = (1 - 2rx + r^2)^{-\frac{1}{2}} \tag{4.106}$$

显然，函数 u 的奇点(即分母为零的点)在 $1 - 2rx + r^2 = 0$ 的点，即

$$r = \frac{2x \pm \sqrt{4x^2 - 4}}{2} = x \pm \sqrt{x^2 - 1} \tag{4.107}$$

因此，只要 $r < \min|x \pm \sqrt{x^2 - 1}|$，即可把式(4.106)在 $r = 0$ 点展开成泰勒级数：

$$(1 - 2rx + r^2)^{-\frac{1}{2}} = \sum_{l=0}^{\infty} C_l(x) r^l \tag{4.108}$$

如果展开系数 $C_l(x)$ 恰好是 $P_l(x)$，则由母函数的定义知，$(1 - 2rx + r^2)^{-\frac{1}{2}}$ 就是 $P_l(x)$ 的母函数。下面证明此结论。

由泰勒级数展开系数的积分公式可得

$$C_l = \frac{1}{2\pi i} \oint_C \frac{f(r)}{(r-0)^{l+1}} \, dr = \frac{1}{2\pi i} \oint_C \frac{(1 - 2rx + r^2)^{-\frac{1}{2}}}{r^{l+1}} \, dr \tag{4.109}$$

其中，C 是沿逆时针方向绕 $r = 0$ 的闭合曲线。

作变量代换，令

$$(1 - 2rx + r^2)^{\frac{1}{2}} = 1 - tr \tag{4.110}$$

可得

$$\begin{cases} r = \dfrac{2(t - x)}{t^2 - 1} \\ dr = -2 \dfrac{1 - 2xt + t^2}{(t^2 - 1)^2} \, dt \end{cases} \tag{4.111}$$

将其代入式(4.109)，得

$$\begin{aligned} C_l(x) &= \frac{1}{2\pi i} \oint_C \frac{(1 - tr)^{-1}}{\left[\dfrac{2(t - x)}{t^2 - 1} \right]^{l+1}} \cdot \frac{-2(1 - 2xt + t^2)}{(t^2 - 1)^2} \, dt \\ &= \frac{1}{2\pi i} \oint_C \frac{\left[1 - \dfrac{t \cdot 2(t - x)}{t^2 - 1} \right]^{-1}}{\left[\dfrac{2(t - x)}{t^2 - 1} \right]^{l+1}} \cdot \frac{-2(1 - 2xt + t^2)}{(t^2 - 1)^2} \, dt \\ &= \frac{1}{2\pi i} \oint_C \frac{(t^2 - 1)^l}{2^l (t - x)^{l+1}} \, dt \\ &= P_l(x) \end{aligned} \tag{4.112}$$

于是有

$$(1 - 2rx + r^2)^{-\frac{1}{2}} = \sum_{l=0}^{\infty} P_l(x) r^l \tag{4.113}$$

称 $(1 - 2rx + r^2)^{-\frac{1}{2}}$ 为勒让德多项式 $P_l(x)$ 的母函数。

利用母函数可以方便地导出一系列特殊函数的性质。这种利用母函数研究问题的方法称为母函数法。

例如，利用式(4.113)立即可得 $P_l(x)$ 在 $x = \pm 1$ 的值。因为当 $x = \pm 1$ 时，有

$$(1 \pm 2r + r^2)^{-\frac{1}{2}} = (1 \pm r)^{-1} = \sum_{l=0}^{\infty} P_l(\pm 1) r^l \tag{4.114}$$

即把$(1\pm r)^{-1}$展开成泰勒级数,比较两边的系数,可得

$$\begin{cases} P_l(1) = 1 \\ P_l(-1) = (-1)^l \end{cases} \tag{4.115}$$

同样,由式(4.113)比较系数也容易得到$P_l(x)$的表达式:

$$P_0(x) = \left[(1 \pm 2r + r^2)^{-\frac{1}{2}} \right]_{r=0} = 1 \tag{4.116}$$

$$P_1(x) = \left[\frac{\partial}{\partial r} (1 \pm 2r + r^2)^{-\frac{1}{2}} \right]_{r=0} = x \tag{4.117}$$

注意:

4.2 节中把勒让德方程的本征解的最高次幂的系数取为$c_l = \dfrac{(2l)!}{2^l (l!)^2}$的目的是使勒让德多项式与式(4.114)中的展开系数一致。

利用母函数法,还可以得到勒让德多项式的许多性质。

4.3.2　勒让德多项式的递推公式

勒让德多项式具有递推公式:

$$(2l+1)x P_l(x) - l P_{l-1}(x) = (l+1) P_{l+1}(x) \tag{4.118}$$

$$P'_{l-1}(x) = x P'_l(x) - l P_l(x) \tag{4.119}$$

$$l P_{l-1}(x) + x P'_{l-1}(x) = P'_l(x) \tag{4.120}$$

$$(2l+1) P_l(x) = P'_{l+1}(x) - P'_{l-1}(x) \tag{4.121}$$

其中,$l=1, 2, \cdots$。

证明　将式(4.113)两边对r求导,得

$$(x-r)(1-2rx+r^2)^{-\frac{3}{2}} = \sum_{l=1}^{\infty} l P_l(x) r^{l-1} \tag{4.122}$$

用$(1-2rx+r^2)$乘以式(4.122),得

$$(x-r)(1-2rx+r^2)^{-\frac{1}{2}} = (1-2rx+r^2) \sum_{l=1}^{\infty} l P_l(x) r^{l-1} \tag{4.123}$$

把式(4.113)代入式(4.123)的左边,得

$$(x-r) \sum_{l=0}^{\infty} P_l(x) r^l = (1-2rx+r^2) \sum_{l=1}^{\infty} l P_l(x) r^{l-1} \tag{4.124}$$

比较两边r^l次幂的系数,可得

$$x P_l(x) - P_{l-1}(x) = (l+1) P_{l+1}(x) - 2xl P_l(x) + (l-1) P_{l-1}(x) \tag{4.125}$$

整理,得

$$(2l+1)x P_l(x) - l P_{l-1}(x) = (l+1) P_{l+1}(x)$$

即式(4.118)得证。

同样,将式(4.113)两边对x求导,得

$$r(1-2rx+r^2)^{-\frac{3}{2}} = \sum_{l=1}^{\infty} P'_l(x) r^l \tag{4.126}$$

式(4.122)乘以r,再减去式(4.126)乘以$(x-r)$,得

$$r \sum_{l=1}^{\infty} l P_l(x) r^{l-1} = (x-r) \sum_{l=1}^{\infty} P'_l(x) r^l \tag{4.127}$$

比较两边 r^l 次幂的系数，可得

$$l\mathrm{P}_l(x) = x\mathrm{P}'_l(x) - \mathrm{P}'_{l-1}(x)$$

即式(4.119)得证。

将式(4.118)两边对 x 求导，得

$$(l+1)\mathrm{P}'_{l+1}(x) - (2l+1)\mathrm{P}_l(x) - (2l+1)x\mathrm{P}'_l(x) + l\mathrm{P}'_{l-1}(x) = 0 \qquad (4.128)$$

式(4.119)乘以 l，再加上式(4.128)，约去公因子 $(l+1)$，得

$$\mathrm{P}'_{l+1}(x) - (l+1)\mathrm{P}_l(x) - x\mathrm{P}'_l(x) = 0 \qquad (4.129)$$

即式(4.120)得证。

式(4.129)减去式(4.119)，可得式(4.121)。

这些递推公式在含有勒让德多项式的运算中经常会用到。

4.3.3　勒让德多项式的正交归一性

勒让德多项式是勒让德方程的本征值问题的本征函数，具有本征函数的共性，即正交归一性，在 $[-1,1]$ 上满足如下关系：

$$\int_{-1}^{1} \mathrm{P}_l(x)\mathrm{P}_k(x)\,\mathrm{d}x = \frac{2}{2l+1}\delta_{kl} \qquad (4.130)$$

证明　先证正交性：

$$\int_{-1}^{1} \mathrm{P}_l(x)\mathrm{P}_k(x)\,\mathrm{d}x = 0 \quad (k \neq l) \qquad (4.131)$$

由于 $\mathrm{P}_l(x)$ 和 $\mathrm{P}_k(x)$ 分别为 l 阶和 k 阶勒让德方程的特解，所以满足方程：

$$\frac{\mathrm{d}}{\mathrm{d}x}\left[(1-x^2)\frac{\mathrm{d}\mathrm{P}_l(x)}{\mathrm{d}x}\right] + l(l+1)\mathrm{P}_l(x) = 0 \qquad (4.132)$$

$$\frac{\mathrm{d}}{\mathrm{d}x}\left[(1-x^2)\frac{\mathrm{d}\mathrm{P}_k(x)}{\mathrm{d}x}\right] + k(k+1)\mathrm{P}_k(x) = 0 \qquad (4.133)$$

式(4.132)乘以 $\mathrm{P}_k(x)$，减去式(4.133)乘以 $\mathrm{P}_l(x)$，然后积分，得

$$-\left[l(l+1) - k(k+1)\right]\int_{-1}^{1} \mathrm{P}_l(x)\mathrm{P}_k(x)\,\mathrm{d}x$$

$$= \int_{-1}^{1} \mathrm{P}_k(x)\frac{\mathrm{d}}{\mathrm{d}x}\left[(1-x^2)\frac{\mathrm{d}\mathrm{P}_l(x)}{\mathrm{d}x}\right]\mathrm{d}x - \int_{-1}^{1} \mathrm{P}_l(x)\frac{\mathrm{d}}{\mathrm{d}x}\left[(1-x^2)\frac{\mathrm{d}\mathrm{P}_k(x)}{\mathrm{d}x}\right]\mathrm{d}x$$

$$= (1-x^2)\mathrm{P}_k(x)\mathrm{P}'_l(x)\,\big|_{-1}^{1} - \int_{-1}^{1}(1-x^2)\mathrm{P}'_l(x)\mathrm{P}'_k(x)\,\mathrm{d}x$$

$$\quad - (1-x^2)\mathrm{P}_l(x)\mathrm{P}'_k(x)\,\big|_{-1}^{1} + \int_{-1}^{1}(1-x^2)\mathrm{P}'_k(x)\mathrm{P}'_l(x)\,\mathrm{d}x$$

$$= 0 \qquad (4.134)$$

因为 $k \neq l$，$l(l+1) - k(k+1) \neq 0$，故必有

$$\int_{-1}^{1} \mathrm{P}_l(x)\mathrm{P}_k(x)\,\mathrm{d}x = 0 \quad (k \neq l) \qquad (4.135)$$

正交性得证。

由母函数关系式(4.113)可得

$$(1-2rx+r^2)^{-1} = \sum_{l=0}^{\infty}\mathrm{P}_l(x)r^l \cdot \sum_{k=0}^{\infty}\mathrm{P}_k(x)r^k = \sum_{l=0}^{\infty}\sum_{k=0}^{\infty}\mathrm{P}_l(x)\mathrm{P}_k(x)r^{l+k} \qquad (4.136)$$

两边对 x 积分，并利用正交性(式(4.135))可得

$$\int_{-1}^{1} \frac{\mathrm{d}x}{1-2rx+r^2} = \sum_{l=0}^{\infty}\sum_{k=0}^{\infty}\int_{-1}^{1}\mathrm{P}_l(x)\mathrm{P}_k(x)r^{l+k}\,\mathrm{d}x = \sum_{l=0}^{\infty}\int_{-1}^{1}\mathrm{P}_l^2(x)r^{2l}\,\mathrm{d}x \quad (4.137)$$

又因为

$$\int_{-1}^{1} \frac{\mathrm{d}x}{1-2rx+r^2} = -\frac{1}{2r}\int_{-1}^{1}\frac{\mathrm{d}(1-2rx+r^2)}{1-2rx+r^2} = \frac{1}{2r}\ln\frac{(1+r)^2}{(1-r)^2} \quad (4.138)$$

并注意到

$$\ln\frac{1+r}{1-r} = 2\sum_{l=0}^{\infty}\frac{r^{2l+1}}{2l+1} \quad (4.139)$$

所以

$$\int_{-1}^{1}\frac{\mathrm{d}x}{1-2rx+r^2} = \sum_{l=0}^{\infty}\frac{2}{2l+1}r^{2l} = \sum_{l=0}^{\infty}\int_{-1}^{1}\mathrm{P}_l^2(x)\,\mathrm{d}x\cdot r^{2l} \quad (4.140)$$

由此可得

$$\int_{-1}^{1}\mathrm{P}_l^2(x)\,\mathrm{d}x = \frac{2}{2l+1} \quad (4.141)$$

记 $N_l^2 = 2/(2l+1)$，称为 $\mathrm{P}_l(x)$ 的模方。至此，有

$$\int_{-1}^{1}\mathrm{P}_l(x)\mathrm{P}_k(x)\,\mathrm{d}x = \frac{2}{2l+1}\delta_{kl}$$

利用勒让德多项式的递推关系和正交归一性，可以求解含有勒让德函数的积分问题。

例 4.5 求积分：

(1) $\displaystyle\int_{-1}^{1}x\mathrm{P}_l(x)\mathrm{P}_k(x)\,\mathrm{d}x$；

(2) $\displaystyle\int_{-1}^{1}\mathrm{P}_5(x)\,\mathrm{d}x$。

解 (1) 由递推公式(式(4.118))得

$$x\mathrm{P}_l(x) = \frac{1}{2l+1}[(l+1)\mathrm{P}_{l+1}(x) + l\mathrm{P}_{l-1}(x)] \quad (4.142)$$

将其代入积分式，有

$$\int_{-1}^{1}x\mathrm{P}_l(x)\mathrm{P}_k(x)\,\mathrm{d}x = \frac{l+1}{2l+1}\int_{-1}^{1}\mathrm{P}_{l+1}(x)\mathrm{P}_k(x)\,\mathrm{d}x + \frac{l}{2l+1}\int_{-1}^{1}\mathrm{P}_{l-1}(x)\mathrm{P}_k(x)\,\mathrm{d}x$$

$$(4.143)$$

利用式(4.130)可得

$$\int_{-1}^{1}x\mathrm{P}_l(x)\mathrm{P}_k(x)\,\mathrm{d}x = \begin{cases} \dfrac{2k}{4k^2-1} & (l=k-1) \\[3mm] \dfrac{2(k+1)}{(2k+3)(2k+1)} & (l=k+1) \\[3mm] 0 & (l\neq k\pm1) \end{cases} \quad (4.144)$$

(2) $$\int_{-1}^{1}\mathrm{P}_5(x)\,\mathrm{d}x = \int_{-1}^{1}\mathrm{P}_0(x)\mathrm{P}_5(x)\,\mathrm{d}x = 0$$

例 4 6 求方程 $[(1-x^2)y']' + 6y = 0$ 的一个特解。

解 方程可化为 $[(1-x^2)y']' + 2(2+1)y = 0$，可见是 $l=2$ 的勒让德方程，所以其特

解可写为

$$y = P_2(x)$$

如同三角函数的正交归一性的用途一样，勒让德函数的正交归一性也十分有用，可以结合递推公式来计算含勒让德多项式的积分等运算，微分方程的求解以及函数的广义傅里叶级数展开。

4.3.4 广义傅里叶级数展开

根据 3.2 节本征函数的特性，不难得到勒让德多项式 $P_l(x)$ 在区间 $[-1,1]$ 上构成一正交完备函数系。因此，可以利用勒让德函数作为本征函数族，对满足条件的 $f(x)$ 作广义傅里叶展开。

定理　若函数 $f(x)$ 在区间 $[-1,1]$ 上有连续的一阶导数及分段连续的二阶导数，则 $f(x)$ 在区间 $[-1,1]$ 上可展开为绝对且一致收敛的级数：

$$f(x) = \sum_{l=0}^{\infty} C_l P_l(x) \tag{4.145}$$

其中，

$$C_l = \frac{2l+1}{2} \int_{-1}^{1} f(x) P_l(x) \, dx \quad (l=0,1,2,\cdots) \tag{4.146}$$

例 4.7　将函数 $f(x) = \begin{cases} 1 & (0 \leqslant x \leqslant 1) \\ -1 & (-1 \leqslant x < 0) \end{cases}$ 按勒让德多项式展开为广义傅里叶级数。

解　由展开定理 $f(x) = \sum_{l=0}^{\infty} C_l P_l(x)$ 计算，其中，

$$
\begin{aligned}
C_l &= \frac{2l+1}{2} \int_{-1}^{1} f(x) P_l(x) \, dx \\
&= \frac{2l+1}{2} \int_{-1}^{0} (-1) P_l(x) \, dx + \frac{2l+1}{2} \int_{0}^{1} 1 \cdot P_l(x) \, dx \\
&= \frac{2l+1}{2} \left[-\int_{0}^{1} P_l(-x) \, dx + \int_{0}^{1} P_l(x) \, dx \right]
\end{aligned} \tag{4.147}
$$

(1) 当 l 为偶数时，$P_l(x)$ 是偶函数，所以 $C_l = 0$。

(2) 当 l 为奇数时，$P_l(x)$ 是奇函数，所以 $C_l = (2l+1) \int_{0}^{1} P_l(x) \, dx$。不妨令 $l = 2k+1$ $(k = 0,1,2,\cdots)$，则

$$C_1 = 3 \int_{0}^{1} P_l(x) \, dx = 3 \int_{0}^{1} x \, dx = \frac{3}{2}$$

$$C_3 = 7 \int_{0}^{1} P_3(x) \, dx = 7 \int_{0}^{1} \frac{1}{2} (5x^3 - 3x) \, dx = -\frac{7}{8}$$

$$C_5 = 11 \int_{0}^{1} P_5(x) \, dx = \frac{11}{8} \int_{0}^{1} (63x^5 - 70x^3 + 15x) \, dx = \frac{11}{16}$$

$$\vdots$$

所以

$$f(x) = \frac{3}{2} P_1(x) - \frac{7}{8} P_3(x) + \frac{11}{16} P_5(x) + \cdots \tag{4.148}$$

这就是 $f(x)$ 在 $[-1, 1]$ 上的广义傅里叶级数展开式。

例 4.8 在区间 $[-1, 1]$ 上把函数 $f(x) = 2x^3 + 3x + 4$ 展开为广义傅里叶级数。

解 本题可以按照广义傅里叶级数展开公式,根据例 4.7 的方法,逐步求得展开系数,但是这样比较麻烦。注意到,$f(x)$ 是一个 x 的低次幂的多项式,而勒让德函数本身也是关于 x 的多项式,事实上可以采用"凑"多项式的方法,把 $f(x)$ 用 $P_0(x)$、$P_1(x)$、$P_2(x)$ 和 $P_3(x)$ 的线性组合来表示。这样,即可得到 $f(x)$ 的级数展开式中的各项的系数。由

$$2x^3 + 3x + 4 = c_0 P_0(x) + c_1 P_1(x) + c_2 P_2(x) + c_3 P_3(x)$$

$$= c_0 \cdot 1 + c_1 \cdot x + c_2 \cdot \frac{1}{2}(3x^2 - 1) + c_3 \cdot \frac{1}{2}(5x^3 - 3x)$$

$$= \frac{5}{2}c_3 x^3 + \frac{3}{2}c_2 x^2 + \left(c_1 - \frac{3}{2}c_3\right)x + \left(c_0 - \frac{1}{2}c_2\right) \tag{4.149}$$

比较等式两边系数可得

$$c_3 = \frac{4}{5}, \quad c_2 = 0, \quad c_1 = \frac{21}{5}, \quad c_0 = 4$$

因此

$$f(x) = 2x^3 + 3x + 4 = 4P_0(x) + \frac{21}{5}P_1(x) + \frac{4}{5}P_3(x) \tag{4.150}$$

4.4 勒让德多项式在解数学物理方程中的应用

3.5.3 节中,在球坐标系下,令 $u(r, \theta, \varphi) = R(r)\Theta(\theta)\Phi(\varphi)$,拉普拉斯方程分离变量以后,得到的方程是

$$\begin{cases} r^2 \dfrac{d^2 R}{dr^2} + 2r \dfrac{dR}{dr} - l(l+1)R = 0 \\ \Phi'' + m^2 \Phi = 0 \\ \dfrac{1}{\sin\theta} \dfrac{d}{d\theta}\left(\sin\theta \dfrac{d\Theta}{d\theta}\right) + \left[l(l+1) - \dfrac{m^2}{\sin^2\theta}\right]\Theta = 0 \end{cases} \tag{4.151}$$

其中,第一个方程是欧拉型方程,它的通解为

$$R_l(r) = C_l r^l + D_l r^{-(l+1)} \tag{4.152}$$

第二个方程是常见的二阶常微分方程,它的通解为

$$\Phi_m(\varphi) = A_m \cos m\varphi + B_m \sin m\varphi \tag{4.153}$$

而第三个方程是连带勒让德方程,当 $m = 0$ 时,就是勒让德方程,即

$$(1 - x^2)y'' - 2xy' + l(l+1)y = 0 \tag{4.154}$$

它的通解就是前面讨论的勒让德函数。因此,可以利用勒让德函数的定义和性质,根据分离变量法的步骤,得到所求数学物理方程的解。

例 4.9 已知半径为 a 的球面上的电势分布为 $f(\theta)$,求此球内外的无电荷空间中的电势分布。

解 在无电荷分布的空间中,电势 u 分布满足拉普拉斯方程的定解问题:

$$\begin{cases} \Delta u = 0 \\ u \big|_{r=a} = f(\theta) \end{cases} \tag{4.155}$$

注意到球面上的电势分布与 φ 无关，故电势分布具有旋转对称性，仅为 r、θ 的函数。即 $m=0$，令 $u(r,\theta)=R(r)\Theta(\theta)$，方程(4.155)可分离为

$$r^2\frac{\mathrm{d}^2R}{\mathrm{d}r^2}+2r\frac{\mathrm{d}R}{\mathrm{d}r}-l(l+1)R=0 \qquad (4.156)$$

$$\frac{1}{\sin\theta}\frac{\mathrm{d}}{\mathrm{d}\theta}\Big(\sin\theta\frac{\mathrm{d}\Theta}{\mathrm{d}\theta}\Big)+l(l+1)\Theta=0 \qquad (4.157)$$

式(4.157)就是勒让德方程。在物理上，显然要求所有方向上电势值应该是有限的，即式(4.157)的本征解为

$$\Theta(\theta)=\mathrm{P}_l(\cos\theta) \qquad (4.158)$$

而欧拉型方程(4.156)的通解为式(4.152)，对于球内电势分布问题，要求当 $r\rightarrow 0$ 时 $u|_{r=0}\rightarrow$ 有界，故必有 $D_l=0$，所以

$$R_l(r)=C_l r^l \qquad (4.159)$$

根据叠加原理，球内问题的一般解为

$$u(r,\theta)=\sum_{l=0}^{\infty}C_l\mathrm{P}_l(\cos\theta)r^l \quad (0<r<a) \qquad (4.160)$$

代入边界条件 $u|_{r=a}=f(\theta)$，得到

$$u(a,\theta)=\sum_{l=0}^{\infty}C_l\mathrm{P}_l(\cos\theta)a^l=f(\theta) \qquad (4.161)$$

由广义傅里叶展开定理(式(4.146))可以得到

$$C_l=\frac{2l+1}{2a^l}\int_0^{\pi}f(\theta)\mathrm{P}_l(\cos\theta)\sin\theta\,\mathrm{d}\theta \qquad (4.162)$$

球内电势分布为式(4.160)，其中系数满足式(4.162)。

与此类似，对于球外电势分布问题，要求当 $r\rightarrow\infty$ 时 $u|_{r=\infty}\rightarrow$ 有界，故必有 $C_l=0$，所以

$$R_l(r)=D_l r^{-(l+1)} \qquad (4.163)$$

此时，根据叠加原理，原问题的一般解为

$$u(r,\theta)=\sum_{l=0}^{\infty}D_l r^{-(l+1)}\mathrm{P}_l(\cos\theta) \qquad (4.164)$$

利用边界条件 $u|_{r=a}=f(\theta)$，可得

$$u(a,\theta)=\sum_{l=0}^{\infty}D_l a^{-(l+1)}\mathrm{P}_l(\cos\theta)=f(\theta) \qquad (4.165)$$

从而，可确定系数

$$D_l=\frac{2l+1}{2}a^{l+1}\int_0^{\pi}f(\theta)\mathrm{P}_l(\cos\theta)\sin\theta\,\mathrm{d}\theta \qquad (4.166)$$

球外电势分布为式(4.164)，其中系数满足式(4.166)。

这里需要注意两点：

(1) 表面电势分布的旋转对称性决定了解与 φ 无关，此时球坐标系下分离变量时，方程中的 $m=0$，仅有关于 r、θ 的方程。

(2) 例 4.9 中在球内和球外得到两个电势分布的表达式，即式(4.160)和式(4.164)，它们在边界 $r=a$ 处(球面上)应该满足"衔接"条件：$u_{内}|_{r=a}=u_{外}|_{r=a}$。

例 4.10 设有一单位球,其边界球面上温度分布为 $u|_{r=1}=\cos^2\theta$,求球内的稳定温度分布。

解 温度 u 分布满足的定解问题为

$$\begin{cases} \Delta u = 0 \\ u|_{r=1} = \cos^2\theta \end{cases} \tag{4.167}$$

同样,边界条件与 φ 无关,只需用 $m=0$ 的球坐标系分离变量。令 $u(r,\theta)=R(r)\Theta(\theta)$,得方程

$$r^2\frac{d^2R}{dr^2}+2r\frac{dR}{dr}-l(l+1)R=0 \tag{4.168}$$

$$\frac{1}{\sin\theta}\frac{d}{d\theta}\left(\sin\theta\frac{d\Theta}{d\theta}\right)+l(l+1)\Theta=0 \tag{4.169}$$

参考例 4.9,对球内温度分布问题,方程(4.168)和方程(4.169)的本征解为

$$\begin{cases} R_l(r) = C_l r^l \\ \Theta(\theta) = P_l(\cos\theta) \end{cases} \tag{4.170}$$

合成原问题的一般解为

$$u(r,\theta) = \sum_{l=0}^{\infty} C_l P_l(\cos\theta) r^l \quad (0 < r < a) \tag{4.171}$$

代入边界条件 $u|_{r=1}=\cos^2\theta$,得

$$u(1,\theta) = \sum_{l=0}^{\infty} C_l P_l(\cos\theta) = \cos^2\theta = x^2 \tag{4.172}$$

也可以直接利用广义傅里叶级数展开定理得到系数 C_l,但是这样做比较麻烦。注意到 $P_2(x)=\frac{1}{2}(3x^2-1)$,$P_0(x)=1$,所以

$$x^2 = \frac{1}{3}P_0(x) + \frac{2}{3}P_2(x) \tag{4.173}$$

比较式(4.172)和式(4.173)两边的系数,可得

$$\begin{cases} C_0 = \frac{1}{3} \\ C_2 = \frac{2}{3} \\ C_l = 0 \quad (l \neq 0, 2) \end{cases} \tag{4.174}$$

于是

$$u(r,\theta) = \frac{1}{3} + \frac{2}{3}r^2 P_2(\cos\theta) \tag{4.175}$$

4.5 连带勒让德函数

接着 4.4 节的讨论,如果所求的解不具有绕极轴旋转的对称性,在球坐标系下分离变量得到的关于 θ 的方程为

$$\frac{1}{\sin\theta}\frac{d}{d\theta}\left(\sin\theta\frac{d\Theta}{d\theta}\right)+\left[l(l+1)-\frac{m^2}{\sin^2\theta}\right]\Theta=0 \tag{4.176}$$

即连带勒让德方程(也称为缔合勒让德方程):

$$(1-x^2)y'' - 2xy' + \left[l(l+1) - \frac{m^2}{1-x^2}\right]y = 0 \tag{4.177}$$

其中,$m=0$,±1,±2,…,是由关于 Φ 的本征值问题所确定的本征值。

4.5.1 连带勒让德函数本征值问题

对于连带勒让德方程(4.177),要求在 $[-1,1]$ 区间上有有界解,就构成了该方程的本征值问题:

$$\begin{cases} (1-x^2)y'' - 2xy' + \left[l(l+1) - \frac{m^2}{1-x^2}\right]y = 0 \\ y\big|_{x=\pm1} \to 有界 \end{cases} \tag{4.178}$$

为了求解这个本征值问题,有以下两种方法。一是仿照勒让德函数的本征值问题求解过程,$x=0$ 是方程的常点,直接利用级数解法确定系数递推关系,进而确定方程的解。但这个过程很繁杂,不便于求解。因此,下面介绍一种新的处理方法,这也是处理数学物理方程时值得学习的一种解决问题的有效途径。

勒让德方程可以看成是 $m=0$ 的连带勒让德方程,如果连带勒让德方程的解通过某种途径变形,能够与勒让德方程的解即勒让德函数联系起来,就可以通过勒让德函数定义连带勒让德方程的解,从而利用前面所有勒让德函数的性质得到连带勒让德方程的解即连带勒让德函数(也称为关联勒让德函数)的性质。这样,所有的问题都将很容易解决。

因此,首先作变换:

$$y(x) = (1-x^2)^{\frac{m}{2}} v(x) \tag{4.179}$$

则

$$y'(x) = (1-x^2)^{\frac{m}{2}}\left[v'(x) - \frac{mx}{1-x^2}v(x)\right]$$

$$y''(x) = (1-x^2)^{\frac{m}{2}}\left[v''(x) - \frac{2mx}{1-x^2}v'(x) + \frac{m^2x^2 - m - mx^2}{(1-x^2)^2}v(x)\right]$$

将其代入方程(4.177),两边同乘以 $(1-x^2)^{-\frac{m}{2}}$,得

$$(1-x^2)v''(x) - 2(m+1)xv'(x) + [l(l+1) - m(m+1)]v = 0 \tag{4.180}$$

同时,对于勒让德方程,$P_l(x)$ 是它的本征解,即

$$(1-x^2)P_l''(x) - 2xP_l'(x) + l(l+1)P_l(x) = 0 \tag{4.181}$$

两边微分一次,得

$$(1-x^2)[P_l'(x)]'' - 2x(1+1)[P_l'(x)]' + [l(l+1) - 1(1+1)]P_l'(x) = 0$$

再次微分,得

$$(1-x^2)[P_l''(x)]'' - 2x(2+1)[P_l''(x)]' + [l(l+1) - 2(2+1)]P_l''(x) = 0$$

于是,连续微分 m 次,可得

$$(1-x^2)[P_l^{(m)}(x)]'' - 2x(m+1)[P_l^{(m)}(x)]' + [l(l+1) - m(m+1)]P_l^{(m)}(x) = 0 \tag{4.182}$$

可以看到,方程(4.180)正好是勒让德方程逐项微分 m 次的结果。这说明 $P_l^{(m)}(x)$ 就是方程(4.180)的一个特解,即

$$v(x) = P_l^{(m)}(x) \quad (0 \leqslant m \leqslant l) \tag{4.183}$$

将式(4.183)代入式(4.179),得到连带勒让德方程的一个特解:

$$y(x) = (1-x^2)^{\frac{m}{2}} P_l^{(m)}(x) \tag{4.184}$$

并采用记号

$$P_l^m(x) = (1-x^2)^{\frac{m}{2}} P_l^{(m)}(x) \quad (0 \leqslant m \leqslant l) \tag{4.185}$$

称之为 l 阶 m 次连带勒让德函数。于是,连带勒让德方程(4.177)的一个特解为

$$y = P_l^{(m)}(x) \tag{4.186}$$

我们已经知道,勒让德方程和自然边界条件,即解在 $[-1, 1]$ 上是有界的,构成的本征值问题中,本征值是 $l(l+1)(l=0, 1, 2, \cdots)$,本征函数则是勒让德多项式 $P_l(x)$。那么,对于连带勒让德方程的本征值问题,本征值也就是 $l(l+1)$,本征函数就是连带勒让德函数 $P_l^m(x)$。

由连带勒让德函数的定义式(4.185),容易写出前几个 $P_l^m(x)$ 的表达式,如:

$$\begin{cases} P_1^1(x) = (1-x^2)^{\frac{1}{2}} = \sin\theta \\[2mm] P_2^1(x) = 3x(1-x^2)^{\frac{1}{2}} = \dfrac{3}{2}\sin2\theta \\[2mm] P_2^2(x) = 3(1-x^2) = \dfrac{3}{2}(1-\cos2\theta) \\[2mm] P_3^1(x) = \dfrac{3}{2}(1-x^2)^{\frac{1}{2}}(5x^2-1) = \dfrac{3}{8}(\sin\theta + 5\sin3\theta) \\[2mm] P_3^2(x) = 15(1-x^2)x = \dfrac{15}{4}(\cos\theta - \cos3\theta) \\[2mm] P_3^3(x) = 15(1-x^2)^{\frac{3}{2}} = \dfrac{15}{4}(3\sin\theta - \sin3\theta) \\[2mm] P_l^0(x) = P_l(x) \\[2mm] \vdots \end{cases} \tag{4.187}$$

由勒让德多项式的微分表达式可写出连带勒让德函数的微分表达式:

$$P_l^m(x) = \frac{(1-x^2)^{\frac{m}{2}}}{2^l l!} \frac{d^{l+m}}{dx^{l+m}}(x^2-1)^l \tag{4.188}$$

该式也称为罗巨格公式。

同样,由解析函数的高阶导数的积分公式可写出连带勒让德函数的积分表达式:

$$P_l^m(x) = \frac{(1-x^2)^{\frac{m}{2}}}{2^l} \frac{1}{2\pi i} \frac{(l+m)!}{l!} \oint_C \frac{(\xi^2-1)^l}{(\xi-x)^{l+m+1}} d\xi \tag{4.189}$$

其中,C 为平面中包围 $\xi = x$ 的闭合回路。式(4.189)也称为施列夫利积分公式。

有以下两点需要说明:

(1) 由于 $P_l(x)$ 是 l 次多项式,最多只能求导 l 次,因此 $l \geqslant m$。对 l 的一个确定值,$m = 0, 1, 2, \cdots$。

(2) 前面获得连带勒让德函数时是从勒让德函数延续下来的,即在条件 $0 \leqslant m \leqslant l$ 下得到的。但是连带勒让德方程中只出现 m^2,且 m 是整数,即把 m 换成 $-m$,连带勒让德方程保持不变,因此若把式(4.188)中的 m 换成 $-m$,所得到的函数

$$P_l^{-m}(x) = \frac{(1-x^2)^{-\frac{m}{2}}}{2^l l!} \frac{d^{l-m}}{dx^{l-m}} (x^2-1)^l \tag{4.190}$$

也就是方程的解。事实证明，$P_l^{-m}(x)$ 和 $P_l^m(x)$ 只差一常数因子，即

$$P_l^{-m}(x) = (-1)^m \frac{(l-m)!}{(l+m)!} P_l^m(x) \quad (0 \leqslant m \leqslant l) \tag{4.191}$$

4.5.2 连带勒让德函数的性质

在勒让德多项式的基础上，易于导出连带勒让德函数的一系列性质。

1. 连带勒让德函数的母函数

由勒让德多项式的母函数公式

$$(1 - 2xr + r^2)^{-\frac{1}{2}} = \sum_{l=0}^{\infty} P_l(x) r^l \tag{4.192}$$

两边对 x 微分 m 次，得到

$$\frac{1 \cdot 3 \cdot 5 \cdots (2m-1) r^m}{(1-2xr+r^2)^{m+\frac{1}{2}}} = \sum_{l=m}^{\infty} \frac{d^m P_l(x)}{dx^m} r^l \tag{4.193}$$

即

$$\frac{1 \cdot 3 \cdot 5 \cdots (2m-1)}{(1-2xr+r^2)^{m+\frac{1}{2}}} = \sum_{l=m}^{\infty} \frac{d^m P_l(x)}{dx^m} r^{l-m} \tag{4.194}$$

两边同乘以 $(1-x^2)^{m/2}$，得到

$$\frac{1 \cdot 3 \cdot 5 \cdots (2m-1)}{(1-2xr+r^2)^{m+\frac{1}{2}}} (1-x^2)^{\frac{m}{2}} = \sum_{l=m}^{\infty} P_l^m(x) r^{l-m} \tag{4.195}$$

因此，根据母函数的定义，连带勒让德函数 $P_l^m(x)$ 的母函数为

$$\frac{1 \cdot 3 \cdot 5 \cdots (2m-1)}{(1-2xr+r^2)^{m+\frac{1}{2}}} (1-x^2)^{\frac{m}{2}} \tag{4.196}$$

2. 连带勒让德函数的递推公式

连带勒让德函数的递推公式为

$$(l+1-m) P_{l+1}^m(x) - (2l+1)x P_l^m(x) + (l+m) P_{l-1}^m(x) = 0 \tag{4.197}$$

证明 由勒让德多项式的递推关系

$$(l+1) P_{l+1}(x) - (2l+1)x P_l(x) + l P_{l-1}(x) = 0 \tag{4.198}$$

两边对 x 求 m 次导数，得

$$(l+1) P_{l+1}^{(m)}(x) - (2l+1)x P_l^{(m)}(x) - m(2l+1) P_l^{(m-1)}(x) + l P_{l-1}^{(m)}(x) = 0 \tag{4.199}$$

又由递推关系

$$(2l+1) P_l(x) = P_{l+1}'(x) - P_{l-1}'(x) \tag{4.200}$$

两边对 x 求 $m-1$ 次导数，得

$$m(2l+1) P_l^{(m-1)}(x) = m P_{l+1}^{(m)}(x) - m P_{l-1}^{(m)}(x) \tag{4.201}$$

把式(4.201)代入式(4.199)，并乘以 $(1-x^2)^{\frac{m}{2}}$，即得到式(4.197)。

用同样的方法，还可以得到其他的递推公式：

$$\begin{cases} (2l+1)(1-x^2)^{\frac{1}{2}} P_l^m(x) = P_{l+1}^{m+1}(x) - P_{l-1}^{m+1}(x) \\ \qquad\qquad = (l+m)(l+m-1)P_{l-1}^{m-1}(x) - (l-m+2)(l-m+1)P_{l+1}^{m-1}(x) \\ (2l+1)(1-x^2)\dfrac{\mathrm{d}P_l^m(x)}{\mathrm{d}x} = (l+1)(l+m)P_{l-1}^m(x) - l(l-m+1)P_{l+1}^m(x) \end{cases}$$

$$(4.202)$$

3. 连带勒让德函数的正交归一性

连带勒让德函数的正交归一性表现为

$$\int_{-1}^{1} P_l^m(x)P_k^m(x)\,\mathrm{d}x = \frac{(l+m)!}{(l-m)!}\frac{2}{2l+1}\delta_{kl} = (N_l^m)^2\delta_{kl} \tag{4.203}$$

其中,$N_l^m = \sqrt{\dfrac{(l+m)!}{(l-m)!}\dfrac{2}{2l+1}}$,称为 $P_l^m(x)$ 的模。

证明 令

$$I_{l,k}^m = \int_{-1}^{1} P_l^m(x)P_k^m(x)\,\mathrm{d}x \tag{4.204}$$

将其代入式(4.185),得

$$\begin{aligned} I_{l,k}^m &= \int_{-1}^{1}(1-x^2)^m P_l^{(m)}(x)\,\mathrm{d}P_k^{(m-1)}(x) \\ &= (1-x^2)^m P_l^{(m)}(x)P_k^{(m-1)}(x)\,\Big|_{-1}^{1} - \int_{-1}^{1} P_k^{(m-1)}(x)\,\mathrm{d}\left[(1-x^2)^m P_l^{(m)}(x)\right] \\ &= -\int_{-1}^{1} P_k^{(m-1)}(x)\,\mathrm{d}\left[(1-x^2)^m P_l^{(m)}(x)\right] \end{aligned} \tag{4.205}$$

对式(4.182)两边乘以 $(1-x^2)^m$,得

$$(1-x^2)^{m+1}P_l^{(m+2)}(x) - 2x(m+1)(1-x^2)^m P_l^{(m+1)}(x)$$
$$+ \left[l(l+1)-m(m+1)\right](1-x^2)^m P_l^{(m)}(x) = 0 \tag{4.206}$$

即

$$\frac{\mathrm{d}}{\mathrm{d}x}\left[(1-x^2)^{m+1}P_l^{(m+1)}(x)\right] = -\left[l(l+1)-m(m+1)\right](1-x^2)^m P_l^{(m)}(x) \tag{4.207}$$

因此,把式(4.207)代入式(4.205),得

$$\begin{aligned} I_{l,k}^m &= \left[l(l+1)-m(m-1)\right]\int_{-1}^{1}(1-x^2)^{m-1}P_k^{(m-1)}(x)\,P_l^{(m-1)}(x)\,\mathrm{d}x \\ &= (l+m)(l-m+1)I_{l,k}^{m-1} \\ &= (l+m)(l-m+1)(l+m-1)(l-m+2)I_{l,k}^{m-2} \\ &= \cdots \\ &= (l+m)(l-m+1)(l+m-1)(l-m+2)\cdots(l+m-m+1)(l-m+m)I_{l,k}^{m-m} \\ &= \frac{(l+m)!}{l!}\frac{l!}{(l-m)!}\int_{-1}^{1}P_l(x)P_k(x)\,\mathrm{d}x \\ &= \begin{cases} 0 & (l\neq k) \\ \dfrac{(l+m)!}{(l-m)!}\dfrac{2}{2l+1} & (l=k) \end{cases} \end{aligned} \tag{4.208}$$

正交归一性得证。

4. 广义傅里叶级数展开

类似地，在区间$[-1,1]$上具有连续的一阶导数、分段连续的二阶导数的函数$f(x)$，同样也可按连带勒让德函数进行广义傅里叶级数展开：

$$f(x) = \sum_{l=0}^{\infty} C_l^m P_l^m(x) \tag{4.209}$$

其中

$$C_l^m = \frac{(2l+1)}{2} \frac{(l-m)!}{(l+m)!} \int_{-1}^{1} f(x) P_l^m(x) \, dx \tag{4.210}$$

注意，若用$-m$代替m，式(4.209)仍然有效。

4.5.3 连带勒让德函数在解数学物理方程中的应用

类似于勒让德函数，连带勒让德函数可以用于球坐标系中的分离变量法，求解不具有旋转对称性的一般定解问题。

例4.11 在半径为a的球面上的电势分布为$u|_{r=a} = u_0 \sin^2\theta \cos2\varphi$，求此球内的电势分布。

解 定解问题为

$$\begin{cases} \Delta u = 0 \\ u|_{r=a} = u_0 \sin^2\theta \cos2\varphi \end{cases} \tag{4.211}$$

此时，边界与φ有关，令$u(r, \theta) = R(r)\Theta(\theta)\Phi(\varphi)$，分离变量，得方程

$$r^2 \frac{d^2 R}{dr^2} + 2r \frac{dR}{dr} - l(l+1)R = 0 \tag{4.212}$$

$$\Phi'' + m^2 \Phi = 0 \tag{4.213}$$

$$\frac{1}{\sin\theta} \frac{d}{d\theta}\left(\sin\theta \frac{\partial\Theta}{\partial\theta}\right) + \left[l(l+1) - \frac{m^2}{\sin^2\theta}\right]\Theta = 0 \tag{4.214}$$

以上三个方程的本征解分别为

$$R_l(r) = C_l r^l \tag{4.215}$$

$$\Phi_m(\varphi) = A_m \cos m\varphi + B_m \sin m\varphi \tag{4.216}$$

$$\Theta(\theta) = P_l^m(x) \tag{4.217}$$

则合成原问题的一般解为

$$u(r, \theta, \varphi) = \sum_{l=0}^{\infty} \sum_{m=0}^{l} (A_m \cos m\varphi + B_m \sin m\varphi) r^l P_l^m(x) \tag{4.218}$$

代入边界条件$u|_{r=a} = u_0 \sin^2\theta \cos2\varphi$，得

$$\sum_{l=0}^{\infty} \sum_{m=0}^{l} (A_m \cos m\varphi + B_m \sin m\varphi) a^l P_l^m(x) = u_0 \sin^2\theta \cos2\varphi \tag{4.219}$$

对比等式两边，注意到$m=2$，$l \geqslant m$，而$P_2^2(\cos\theta) = 3\sin^2\theta$，所以

$$\sum_{l=0}^{\infty} \sum_{m=0}^{l} (A_l^m \cos m\varphi + B_l^m \sin m\varphi) a^l P_l^m(\cos\theta) = \frac{u_0}{3} \cos2\varphi P_2^2(\cos\theta) \tag{4.220}$$

对比系数，可得

$$A_2^2 = \frac{u_0}{3a^2}, \quad A_l^m = 0 \ (l, m \neq 2), \quad B_l^m = 0 \tag{4.221}$$

所以,原问题的解为

$$u(r, \theta, \varphi) = \frac{u_0}{3a^2} r^2 \mathrm{P}_2^2(\cos\theta) \cos 2\varphi \tag{4.222}$$

4.6 球 函 数

至此,我们已经掌握了在球坐标系中变量分离解数学物理方程的方法,得到了用勒让德函数或者连带勒让德函数表示的解。在此基础上,本节进一步介绍球函数。

4.6.1 一般的球函数定义

在刚开始介绍球坐标系中对亥姆霍兹方程或拉普拉斯方程分离变量时,已经得到了关于角度量 θ 和 φ 的方程:

$$\frac{1}{\sin\theta} \frac{\partial}{\partial\theta}\left(\sin\theta \frac{\partial Y}{\partial\theta}\right) + \frac{1}{\sin^2\theta} \frac{\partial^2 Y}{\partial\varphi^2} + l(l+1)Y = 0 \tag{4.223}$$

称此方程为球函数方程。进一步使用分离变量,令 $Y(\theta, \varphi) = \Phi(\varphi)\Theta(\theta)$,得到的就是前面已经讨论过的方程:

$$\frac{1}{\sin\theta} \frac{\mathrm{d}}{\mathrm{d}\theta}\left(\sin\theta \frac{\mathrm{d}\Theta}{\mathrm{d}\theta}\right) + \left[l(l+1) - \frac{m^2}{\sin^2\theta}\right]\Theta = 0 \tag{4.224}$$

$$\Phi'' + m^2\Phi = 0 \tag{4.225}$$

显然,这两个方程满足自然边界条件和周期条件的解为

$$\begin{cases} \Theta(\theta) = \mathrm{P}_l^m(x) \\ \Phi_m(\varphi) = \begin{Bmatrix} \sin m\varphi \\ \cos m\varphi \end{Bmatrix} \end{cases} \tag{4.226}$$

其中: $l=0, 1, 2, \cdots$; $m=0, 1, 2, \cdots, l$; {}表示其中列举的函数可以任取其一。

所以球函数方程(4.223)的解为

$$Y_l^m(\theta, \varphi) = \mathrm{P}_l^m(x) \begin{Bmatrix} \sin m\varphi \\ \cos m\varphi \end{Bmatrix} \tag{4.227}$$

其中: $l=0, 1, 2, \cdots$; $m=0, 1, 2, \cdots, l$。称此解为球函数,l 为球函数的阶数。

显然,线性独立的 l 阶球函数共有 $2l+1$ 个。这是因为对应于 $m=0$,有一个球函数 $\mathrm{P}_l(\cos\theta)$;对应于 $m=1, 2, \cdots, l$,则各有两个球函数 $\mathrm{P}_l^m(x) \sin m\varphi$ 和 $\mathrm{P}_l^m(x) \cos m\varphi$。另外,根据欧拉公式,$\cos m\varphi$ 和 $\sin m\varphi$ 均可由 $\mathrm{e}^{\mathrm{i}m\varphi}$ 表示,所以,球函数还可以重新表示为指数形式:

$$Y_l^m(\theta, \varphi) = \mathrm{P}_l^m(x) \mathrm{e}^{\mathrm{i}m\varphi} \tag{4.228}$$

其中: $l=0, 1, 2, \cdots$; $m=0, \pm 1, \pm 2, \cdots, \pm l$。事实上,$\mathrm{e}^{\mathrm{i}m\varphi}$ 就是式(4.225)满足周期条件的解。可以看到,勒让德函数、连带勒让德函数都属于球函数。简单地说,球函数就是我们在球坐标系中分离变量时得到的关于角度量 θ 和 φ 的方程(球函数方程)的解。

4.6.2 球函数的正交归一性

为了应用的方便,常将式(4.228)所表示的球函数乘以 $\mathrm{P}_l^m(\cos\theta)$ 和 $\mathrm{e}^{\mathrm{i}m\varphi}$ 的归一化常数后

记为 $Y_{l,m}(\theta, \varphi)$，即

$$Y_{l,m}(\theta, \varphi) = \sqrt{\frac{2l+1}{4\pi} \frac{(l-m)!}{(l+m)!}} P_l^m(\cos\theta) e^{im\varphi} \tag{4.229}$$

其中：$l=0, 1, 2, \cdots$；$m=0, \pm1, \pm2, \cdots, \pm l$。称此为 l 阶球面调和函数（亦称为球谐函数，本书简称为球函数）。

显然，l 阶球函数在单位球面上是正交归一的，满足：

$$\int_0^\pi \int_0^{2\pi} Y_{l,m}(\theta, \varphi) \overline{Y}_{k,n}(\theta, \varphi) \sin\theta \, d\varphi d\theta = \delta_{lk}\delta_{mn} = \begin{cases} 0 & (l \neq k \text{ 或 } m \neq n) \\ 1 & (l = k \text{ 且 } m = n) \end{cases} \tag{4.230}$$

其中，$\overline{Y}_{k,n}$ 是 $Y_{k,n}$ 的共轭复数，且

$$\overline{Y}_{k,n} = (-1)^m Y_{k,-n} \tag{4.231}$$

独立的 l 阶球函数共有 $2l+1$ 个，这里给出常见的几个球函数，即

$$\begin{cases} Y_{0,0} = \dfrac{1}{\sqrt{4\pi}} \\[2mm] Y_{1,0} = \sqrt{\dfrac{3}{4\pi}} \cos\theta \\[2mm] Y_{1,\pm1} = \pm\sqrt{\dfrac{3}{8\pi}} \sin\theta e^{\pm i\varphi} \\[2mm] Y_{2,0} = \sqrt{\dfrac{5}{16\pi}} (3\cos^2\theta - 1) \\[2mm] Y_{2,\pm1} = \pm\sqrt{\dfrac{15}{8\pi}} \sin\theta \cos\theta e^{\pm i\varphi} \\[2mm] Y_{2,\pm2} = \sqrt{\dfrac{15}{32\pi}} \sin^2\theta e^{\pm i2\varphi} \end{cases} \tag{4.232}$$

4.6.3 球函数的应用

定义在 $0 \leqslant \theta \leqslant \pi$，$0 \leqslant \varphi \leqslant 2\pi$ 上的连续函数 $f(\theta, \varphi)$，可以按球函数 $Y_{l,m}$ 进行广义傅里叶级数展开：

$$f(\theta, \varphi) = \sum_{m=-l}^l \sum_{l=0}^\infty C_{l,m} Y_{l,m}(\theta, \varphi) \tag{4.233}$$

其中

$$C_{l,m} = \int_0^\pi \int_0^{2\pi} f(\theta, \varphi) \overline{Y}_{l,m}(\theta, \varphi) \sin\theta \, d\varphi d\theta \tag{4.234}$$

例 4.12 将 $f(\theta, \varphi) = \cos\varphi \sin3\theta$ 按球函数展开。

解 因为

$$\cos\varphi \sin3\theta = \sin3\theta \frac{e^{i\varphi} + e^{-i\varphi}}{2} \tag{4.235}$$

由式（4.187）知

$$\sin3\theta = \frac{8}{15} P_3^1(\cos\theta) - \frac{1}{5} P_1^1(\cos\theta) \tag{4.236}$$

故

$$\cos\varphi\,\sin3\theta = \left[\frac{8}{15}P_3^1(\cos\theta) - \frac{1}{5}P_1^1(\cos\theta)\right]\frac{e^{i\varphi} + e^{-i\varphi}}{2}$$

$$= \frac{4}{15}P_3^1(\cos\theta)e^{i\varphi} + \frac{4}{15}P_3^1(\cos\theta)e^{-i\varphi} - \frac{1}{10}P_1^1(\cos\theta)e^{i\varphi} - \frac{1}{10}P_1^1(\cos\theta)e^{-i\varphi}$$

$$= \frac{4}{15}\sqrt{\frac{4\pi}{6+1}\frac{4!}{2!}}Y_{3,1}(\theta,\varphi) - \frac{4}{15}\sqrt{\frac{4\pi}{7}\frac{4!}{2!}}Y_{3,-1}(\theta,\varphi)$$

$$- \frac{1}{10}\sqrt{\frac{4\pi}{3}\frac{2!}{0!}}Y_{1,1}(\theta,\varphi) + \frac{1}{10}\sqrt{\frac{4\pi}{3}\frac{2!}{0!}}Y_{1,-1}(\theta,\varphi)$$

$$= \frac{16}{15}\sqrt{\frac{3\pi}{7}}Y_{3,1}(\theta,\varphi) - \frac{16}{15}\sqrt{\frac{3\pi}{7}}Y_{3,-1}(\theta,\varphi)$$

$$- \frac{1}{5}\sqrt{\frac{2\pi}{3}}Y_{1,1}(\theta,\varphi) + \frac{1}{5}\sqrt{\frac{2\pi}{3}}Y_{1,-1}(\theta,\varphi) \tag{4.237}$$

计算中用到了式(4.229)和式(4.231)，当然也可用展开系数公式求上述函数的球函数展开。

例 4.13 在半径为 a 的球面上的电势分布为 $u|_{r=a}=u_0\sin^2\theta\cos2\varphi$，求此球内的电势分布，要求用球函数 $Y_{l,m}$ 表示。

解 例 4.11 中求解过此题，其定解问题为

$$\begin{cases}\Delta u = 0 \\ u|_{r=a} = u_0\sin^2\theta\cos2\varphi\end{cases}$$

这里只是要求把解的形式用球函数 $Y_{l,m}$ 表示而已，因此，例 4.11 中的分离变量的求解过程均有效，把原问题的一般解表示为

$$u(r,\theta,\varphi) = \sum_{l=0}^{\infty}\sum_{m=-l}^{l}C_{l,m}r^lY_{l,m}(\theta,\varphi) \tag{4.238}$$

又由边界条件

$$u|_{r=a} = u_0\sin^2\theta\cos2\varphi = \frac{u_0}{2}\sin^2\theta(e^{i2\varphi} + e^{-i2\varphi})$$

$$= \frac{u_0}{2}\sqrt{\frac{32\pi}{15}}\left[\sqrt{\frac{15}{32\pi}}\sin^2\theta e^{i2\varphi} + \sqrt{\frac{15}{32\pi}}\sin^2\theta e^{-i2\varphi}\right]$$

$$= \sqrt{\frac{8\pi}{15}}u_0[Y_{2,2}(\theta,\varphi) + Y_{2,-2}(\theta,\varphi)] \tag{4.239}$$

得

$$\sum_{l=0}^{\infty}\sum_{m=-l}^{l}C_{l,m}a^lY_{l,m}(\theta,\varphi) = \sqrt{\frac{8\pi}{15}}u_0[Y_{2,2}(\theta,\varphi) + Y_{2,-2}(\theta,\varphi)] \tag{4.240}$$

比较两边对应项系数，得

$$C_{2,2}a^2 = C_{2,-2}a^2 = \sqrt{\frac{8\pi}{15}}u_0 \tag{4.241}$$

即

$$C_{2,\pm2} = \sqrt{\frac{8\pi}{15}}\frac{u_0}{a^2},\ C_{l,m} = 0 \quad (l\neq 2 \text{ 且 } m\neq\pm2) \tag{4.242}$$

所以方程的解为

$$u(r, \theta, \varphi) = \sqrt{\frac{8\pi}{15}} \frac{u_0}{a^2} r^2 [Y_{2,2}(\theta, \varphi) + Y_{2,-2}(\theta, \varphi)] \tag{4.243}$$

4.7　贝 塞 尔 函 数

在 3.5 节中，我们已经看到，在柱坐标系中对亥姆霍兹方程或拉普拉斯方程分离变量时会得到一个 v 阶贝塞尔方程：

$$x^2 y''(x) + x y'(x) + (x^2 - v^2) y(x) = 0 \tag{4.244}$$

4.1.3 节中已经对此方程求解，得到了在 $0 < |x| < \infty$ 上收敛的解，即 v 阶贝塞尔函数：

$$J_v(x) = \sum_{k=0}^{\infty} (-1)^k \frac{1}{k! \Gamma(v+k+1)} \left(\frac{x}{2}\right)^{2k+v} \tag{4.245}$$

$$J_{-v}(x) = \sum_{k=0}^{\infty} (-1)^k \frac{1}{k! \Gamma(-v+k+1)} \left(\frac{x}{2}\right)^{2k-v} \tag{4.246}$$

从本节开始，将重点讨论这个特解，即贝塞尔函数的性质和应用，以便读者掌握有关柱函数的知识。

4.7.1　三类贝塞尔函数（贝塞尔方程的解）

在 3.5 节中，亥姆霍兹方程或拉普拉斯方程在柱坐标系中分离变量时得到的关于变量 ρ 的方程为

$$\rho^2 R'' + \rho R' + (k^2 \rho^2 - n^2) R = 0 \tag{4.247}$$

其中，$k^2 = \lambda - \mu$，$n = 0, 1, 2, \cdots$。若令 $x = k\rho$，$y = R(\rho)$，则可以得到式(4.244)，即贝塞尔方程。

（1）当 v 为非整数时，由式(4.245)和式(4.246)给出了贝塞尔方程的两个线性独立的解，称为第一类 $\pm v$ 阶柱贝塞尔函数（本书简称为贝塞尔函数，或（柱）贝塞尔函数）。在 4.1.3 节中已经讨论过，这两个级数解的收敛域为 $0 < |x| < \infty$，并且这两个解是线性无关的，因此，方程(4.247)的通解为

$$y(x) = c_1 J_v(x) + c_2 J_{-v}(x) \tag{4.248}$$

（2）当 v 为正整数或零时，$J_v(x)$ 和 $J_{-v}(x)$ 线性相关，此时，可以得到十分重要的整数阶的贝塞尔函数，即

$$J_n(x) = \sum_{k=0}^{\infty} (-1)^k \frac{1}{k!(n+k)!} \left(\frac{x}{2}\right)^{2k+n} \tag{4.249}$$

在实际中，我们经常用到零阶和一阶贝塞尔函数：

$$J_0(x) = 1 - \left(\frac{x}{2}\right)^2 + \frac{1}{(2!)^2} \left(\frac{x}{2}\right)^4 - \frac{1}{(3!)^2} \left(\frac{x}{2}\right)^6 + \cdots + \frac{(-1)^k}{(k!)^2} \left(\frac{x}{2}\right)^{2k} + \cdots \tag{4.250}$$

$$J_1(x) = \frac{x}{2} - \frac{1}{2!} \left(\frac{x}{2}\right)^3 + \frac{1}{2!3!} \left(\frac{x}{2}\right)^5 - \frac{1}{3!4!} \left(\frac{x}{2}\right)^7 + \cdots + \frac{(-1)^k}{k!(k+1)!} \left(\frac{x}{2}\right)^{2k+1} + \cdots \tag{4.251}$$

它们分别是关于 x 的偶函数和奇函数。图 4.3 中给出了 $J_0(x)$、$J_1(x)$、$J_2(x)$ 和 $J_3(x)$ 当 $x > 0$ 时的图形；$x < 0$ 时的图形可以分别根据各函数的奇偶性得到。由图 4.3 可以看出，

$J_n(x)$是一个衰减振荡函数，$J_n(x)$的图线与x轴有无穷多个交点，即$J_n(x)=0$有无穷多个实数根，称之为$J_n(x)$的零点，并记为x_m^n，表示n阶贝塞尔函数的m个零点。由图4.3可以看出$J_0(x)$和$J_1(x)$的零点值。

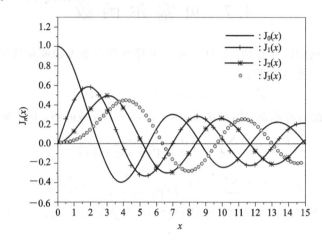

图4.3 几个常用的整数阶贝塞尔函数

注意到

$$J_{-n}(x) = \sum_{k=0}^{\infty} (-1)^k \frac{1}{k!\Gamma(-n+k+1)} \left(\frac{x}{2}\right)^{2k-n} \tag{4.252}$$

当$k<n$时，$\Gamma(-n+k+1)=\infty$，所以$J_{-n}(x)$中前n项都为零，于是有

$$J_{-n}(x) = \sum_{k=n}^{\infty} (-1)^k \frac{1}{k!\Gamma(-n+k+1)} \left(\frac{x}{2}\right)^{2k-n} \tag{4.253}$$

令$-n+k=l$，得

$$\begin{aligned}
J_{-n}(x) &= \sum_{l=0}^{\infty} (-1)^{n+l} \frac{1}{(n+l)!\,l!} \left(\frac{x}{2}\right)^{2l+n} \\
&= (-1)^n \sum_{l=0}^{\infty} (-1)^l \frac{1}{(n+l)!\,l!} \left(\frac{x}{2}\right)^{2l+n} \\
&= (-1)^n J_n(x)
\end{aligned} \tag{4.254}$$

所以，$J_v(x)$和$J_{-v}(x)$线性相关。此时需要引入另外一个线性独立的解，在4.1.3节中，根据幂级数求解的一般理论，另一独立解具有式(4.39)的解，但是这样做相当麻烦，因此采用以下处理方法：

取J_v和J_{-v}的适当的线性组合，使当非整数v趋于整数n时，该线性组合成为$\frac{0}{0}$型的不定式，然后通过决定这个不定式的值来得到v为整数n时的第二个特解。符合这一要求的J_v和J_{-v}的线性组合可以写成

$$N_v(x) = \frac{J_v(x)\cos v\pi - J_{-v}(x)}{\sin v\pi} \tag{4.255}$$

称此为第二类(柱)贝塞尔函数(或(柱)诺依曼函数、第二类柱函数)。

显然，当v不为整数时，$N_v(x)$是贝塞尔方程的与$J_v(x)$线性无关的解。因为$N_v(x)$是两个线性无关的解J_v和J_{-v}的线性组合。

当 $v=n$ 时，式(4.255)右边是一不定式，将之表示为

$$N_n(x) = \lim_{v \to n} N_v(x) = \lim_{v \to n} \frac{J_v(x) \cos v\pi - J_{-v}(x)}{\sin v\pi} \tag{4.256}$$

由洛必达法则可得

$$N_n(x) = \frac{1}{\pi} \left[\frac{\partial J_v(x)}{\partial v} - (-1)^n \frac{\partial J_{-v}(x)}{\partial v} \right]_{v=n} \tag{4.257}$$

将 $J_{\pm v}(x)$ 的级数表达式代入式(4.257)，可得 $N_n(x)$ 的级数表达式：

$$N_n(x) = \frac{2}{\pi} J_n(x) \ln \frac{x}{2} - \frac{1}{\pi} \sum_{k=0}^{n-1} \frac{(n-k-1)!}{k!} \left(\frac{x}{2} \right)^{2k-n}$$

$$- \frac{1}{\pi} \sum_{k=0}^{\infty} \frac{(-1)^k}{k!(n+k)!} [\phi(k+1) + \phi(n+k+1)] \left(\frac{x}{2} \right)^{2k+n} \tag{4.258}$$

其中，$\phi(1) = -\gamma = -0.577\,216$，$\gamma$ 是欧拉常数，$\phi(k+1) = -\gamma + 1 + \frac{1}{2} + \cdots + \frac{1}{k}$。

当 $n=0$ 时，有

$$N_0(x) = \frac{2}{\pi} J_0(x) \ln \frac{x}{2} - \frac{2}{\pi} \sum_{k=0}^{\infty} \frac{(-1)^k}{(k!)^2} \phi(k+1) \left(\frac{x}{2} \right)^{2k} \tag{4.259}$$

可以证明，$N_n(x)$ 是贝塞尔方程的解。因为由

$$x^2 J_v''(x) + x J_v'(x) + (x^2 - v^2) J_v(x) = 0 \tag{4.260}$$

将此式对 v 求导，得

$$x^2 \frac{d^2}{dx^2} \frac{\partial J_v(x)}{\partial v} + x \frac{d}{dx} \frac{\partial J_v(x)}{\partial v} + (x^2 - v^2) \frac{\partial J_v(x)}{\partial v} - 2v J_v(x) = 0 \tag{4.261}$$

同理，

$$x^2 \frac{d^2}{dx^2} \frac{\partial J_{-v}(x)}{\partial v} + x \frac{d}{dx} \frac{\partial J_{-v}(x)}{\partial v} + (x^2 - v^2) \frac{\partial J_{-v}(x)}{\partial v} - 2v J_{-v}(x) = 0 \tag{4.262}$$

式(4.261)减去式(4.262)，再乘以 $(-1)^n$，得

$$x^2 \frac{d^2}{dx^2} \left[\frac{\partial J_v(x)}{\partial v} - (-1)^n \frac{\partial J_{-v}(x)}{\partial v} \right] + x \frac{d}{dx} \left[\frac{\partial J_v(x)}{\partial v} - (-1)^n \frac{\partial J_{-v}(x)}{\partial v} \right]$$

$$+ (x^2 - v^2) \left[\frac{\partial J_v(x)}{\partial v} - (-1)^n \frac{\partial J_{-v}(x)}{\partial v} \right] - 2v [J_v(x) - (-1)^n J_{-v}(x)] = 0 \tag{4.263}$$

当 $v=n$ 时，则有

$$x^2 N_n''(x) + x N_n'(x) + (x^2 - n^2) N_n(x) = 0 \tag{4.264}$$

所以，$N_n(x)$ 是贝塞尔方程的解。

另外，$N_n(x)$ 也是与 $J_n(x)$ 线性无关的，因为 $N_n(x)$ 与 $J_n(x)$ 在 $x=0$ 时性质不同。当 $x=0$ 时，由式(4.249)得

$$J_0(0) = 1, \quad J_n(0) = 0 \quad (n \geqslant 1) \tag{4.265}$$

而 $N_n(x)$ 在 $x=0$ 点是发散的，有

$$N_0(x) \sim \frac{2}{\pi} \ln \frac{x}{2} \to -\infty$$

$$N_n(x) \sim -\frac{(n-1)!}{\pi} \left(\frac{x}{2} \right)^{-n} \to -\infty \quad (n \geqslant 1) \tag{4.266}$$

可见，当 x 为小变量时，$J_n(x)$ 和 $N_n(x)$ 有明显的不同行为，所以两者线性无关。

综上所述，无论 v 是否为整数，$N_n(x)$ 都是与 $J_n(x)$ 线性无关的贝塞尔方程的解，故贝塞尔方程的通解可表示为

$$y(x) = A_v J_v(x) + B_v N_v(x) \tag{4.267}$$

需要注意的是，在 $x=0$ 点，当 $v=n$ 时，$N_n(x) \to -\infty$；当 $v \neq n$ 时，由于 $J_{-v}(x) \to \infty$，同样有 $N_n(x) \to -\infty$。所以，在研究圆柱内部的亥姆霍兹方程或拉普拉斯方程时，为了满足解在圆柱轴(即 $\rho=0$ 或 $x=0$)上有限，应当舍去 $N_v(x)$。

(3) 在实际问题中(如在讨论波的散射问题时)，人们又定义

$$\begin{cases} H_v^{(1)}(x) = J_v(x) + iN_v(x) \\ H_v^{(2)}(x) = J_v(x) - iN_v(x) \end{cases} \tag{4.268}$$

为第三类(柱)函数(或(柱)汉克尔(Hankel)函数、第三类柱函数)。显然，这两个汉克尔函数是贝塞尔方程的两个线性无关的解，由式(4.268)可以看出，三类柱函数 $H_v^{(1)}(x)$、$H_v^{(2)}(x)$、$J_v(x)$、$N_v(x)$ 之间的关系十分类似于 e^{ix}、e^{-ix}、$\cos x$、$\sin x$ 之间的关系。

总之，通常把以上三类函数 $J_v(x)$、$N_v(x)$ 和 $H_v(x)$ 统称为柱函数，以 $Z_v(x)$ 统一来表示。

4.7.2 贝塞尔方程的本征值问题

现在来讨论在柱坐标系中对亥姆霍兹方程或拉普拉斯方程分离变量所得到的贝塞尔方程的本征值问题。显然，它是由方程(4.247)和有界性自然边界条件 $R(\rho)|_{\rho=0} \to$ 有限或三类齐次边界条件 $\left[\alpha \dfrac{dR}{d\rho} + \beta R\right]\Big|_{\rho=a} = 0$ 构成的，即

$$\begin{cases} \rho^2 R'' + \rho R' + (k^2 \rho^2 - n^2)R = 0 \\ R(\rho)|_{\rho=0} \to 有限 \\ \left[\alpha \dfrac{dR}{d\rho} + \beta R\right]\Big|_{\rho=a} = 0 \end{cases} \tag{4.269}$$

其中，$k^2 = \lambda - \mu$，$n = 0, 1, 2, \cdots$。

根据前面的讨论可得方程(4.269)的解为

$$R(\rho) = J_n(k\rho) \tag{4.270}$$

下面仅对在 $\rho=a$ 端有第一类边界条件

$$R(a) = 0 \tag{4.271}$$

的情况进行讨论。

由式(4.271)可得

$$J_n(ka) = 0 \tag{4.272}$$

根据 4.7.1 节中 $J_n(x)$ 的零点的定义，立即可得

$$ka = x_m^n \tag{4.273}$$

其中，x_m^n 表示 n 阶贝塞尔函数的第 m 个零点。

故本征值问题(式(4.269))在第一类齐次边界条件下的本征值为

$$k_m^n = \frac{x_m^n}{a} \tag{4.274}$$

而相应的本征函数为

$$R(\rho) = \mathrm{J}_n(k_m^n \rho) = \mathrm{J}_n\left(\frac{x_m^n}{a}\rho\right) \tag{4.275}$$

对于其他两类边值问题，也可以完全按照上述方法求得其本征值和本征函数。

4.8 贝塞尔函数的性质

类似于勒让德函数的讨论，以下重点讨论贝塞尔函数的性质。

4.8.1 贝塞尔函数的母函数和积分表示

对于整数阶的贝塞尔函数 $\mathrm{J}_n(x)$，有如下的母函数关系式：

$$\mathrm{e}^{\frac{x}{2}\left(t - \frac{1}{t}\right)} = \sum_{n=-\infty}^{\infty} \mathrm{J}_n(x) t^n \tag{4.276}$$

因此，函数 $\mathrm{e}^{\frac{x}{2}\left(t - \frac{1}{t}\right)}$ 就是整数阶的贝塞尔函数 $\mathrm{J}_n(x)$ 的母函数。

证明 对于固定的 x，指数函数的展开式

$$\mathrm{e}^{\frac{x}{2}t} = \sum_{l=0}^{\infty} \frac{1}{l!}\left(\frac{xt}{2}\right)^l \quad (\mid t \mid < \infty) \tag{4.277}$$

$$\mathrm{e}^{-\frac{x}{2t}} = \sum_{m=0}^{\infty} \frac{1}{m!}\left(-\frac{x}{2t}\right)^m \quad (\mid t \mid > \infty) \tag{4.278}$$

在 $0 < \mid t \mid < \infty$ 都是绝对收敛的，故可逐次相乘，即

$$\mathrm{e}^{\frac{x}{2}\left(t - \frac{1}{t}\right)} = \sum_{l=0}^{\infty} \frac{1}{l!}\left(\frac{xt}{2}\right)^l \cdot \sum_{m=0}^{\infty} \frac{1}{m!}\left(-\frac{x}{2t}\right)^m \tag{4.279}$$

注意，相乘后 t 的幂次数可能大于、等于或者小于零。为了得到乘积中 t 的正次幂项 t^n （$n \geqslant 0$），应取式（4.278）中的所有各项分别与式（4.277）中的 $l = m + n$ 项相乘；反过来，为了得到乘积中 t 的负次幂项 t^{-k}（$k > 0$），应取式（4.277）中的所有各项分别与式（4.278）中的 $m = k + l$ 项相乘。于是

$$\begin{aligned}
\mathrm{e}^{\frac{x}{2}\left(t - \frac{1}{t}\right)} = &\sum_{n=0}^{\infty}\left[\sum_{m=0}^{\infty} \frac{(-1)^m}{(m+n)!m!}\left(\frac{x}{2}\right)^{2m+n}\right]t^n \\
&+ \sum_{k=1}^{\infty}\left[\sum_{l=0}^{\infty} \frac{(-1)^{k+l}}{(k+l)!l!}\left(\frac{x}{2}\right)^{2l+k}\right]t^{-k}
\end{aligned} \tag{4.280}$$

将式（4.280）右边第二项中的 $-k$ 改为 n，l 改为 m，则有

$$\begin{aligned}
\mathrm{e}^{\frac{x}{2}\left(t - \frac{1}{t}\right)} = &\sum_{n=0}^{\infty}\left[\sum_{m=0}^{\infty} \frac{(-1)^m}{(m+n)!m!}\left(\frac{x}{2}\right)^{2m+n}\right]t^n \\
&+ \sum_{n=-1}^{-\infty}(-1)^n\left[\sum_{m=0}^{\infty} \frac{(-1)^m}{(m-n)!m!}\left(\frac{x}{2}\right)^{2m-n}\right]t^n \\
= &\sum_{n=-\infty}^{\infty} \mathrm{J}_n(t) t^n
\end{aligned} \tag{4.281}$$

其中

$$\mathrm{J}_n(x) = \sum_{k=0}^{\infty}(-1)^k \frac{1}{k!(n+k)!}\left(\frac{x}{2}\right)^{2k+n}, \quad \mathrm{J}_{-n}(x) = (-1)^n \mathrm{J}_n(x)$$

由于式(4.281)是母函数 $e^{\frac{x}{2}\left(t-\frac{1}{t}\right)}$ 作为 t 的函数的罗朗级数展开式,因此,由此关系和罗朗级数的系数公式可得 $J_n(x)$ 的一种积分表达式:

$$J_n(x) = \frac{1}{2\pi i} \oint_C \frac{e^{\frac{x}{2}\left(t-\frac{1}{t}\right)}}{t^{n+1}} \, dt \tag{4.282}$$

其中,C 为逆时针方向绕 $t=0$ 的一圈的闭曲线。若取 C 为单位圆 $|t|=1$,则在 $|t|=1$ 上有 $t=e^{i\theta}$,$dt=ie^{i\theta}\,d\theta$,于是又有

$$J_n(x) = \frac{1}{2\pi} \int_{-\pi}^{\pi} \frac{e^{\frac{x}{2}(e^{i\theta}-e^{-i\theta})}}{e^{i(n+1)\theta}} \, e^{i\theta} \, d\theta$$

$$= \frac{1}{2\pi} \int_{-\pi}^{\pi} e^{i(x\sin\theta-n\theta)} \, d\theta$$

$$= \frac{1}{2\pi} \int_{-\pi}^{\pi} \cos(x\sin\theta-n\theta) \, d\theta \tag{4.283}$$

即由此可以得到贝塞尔函数的另外两个积分表达式:

$$J_n(x) = \frac{1}{2\pi} \int_{-\pi}^{\pi} e^{i(x\sin\theta-n\theta)} \, d\theta \tag{4.284}$$

$$J_n(x) = \frac{1}{\pi} \int_0^{\pi} \cos(x\sin\theta-n\theta) \, d\theta \tag{4.285}$$

利用贝塞尔函数的积分表达式,可研究有关贝塞尔函数的积分运算,但要注意的是,这里只讨论了整数阶贝塞尔函数的母函数和积分表示。

4.8.2 贝塞尔函数的递推关系

利用 4.8.1 节母函数关系式(式(4.276))只能推得整数阶贝塞尔函数的递推公式,本节将从贝塞尔函数的级数表达式(式(4.245))出发,推导一般贝塞尔函数的递推关系。

1. 公式一

$$\frac{d}{dx}[x^v J_v(x)] = x^v J_{v-1}(x) \tag{4.286}$$

$$\frac{d}{dx}[x^{-v} J_v(x)] = -x^{-v} J_{v+1}(x) \tag{4.287}$$

证明 由公式

$$J_v(x) = \sum_{k=0}^{\infty} (-1)^k \frac{1}{k!\Gamma(v+k+1)} \left(\frac{x}{2}\right)^{2k+v}$$

两边乘以 x^v 后,对 x 求导,得

$$\frac{d}{dx}[x^v J_v(x)] = \frac{d}{dx}\left[2^v \sum_{k=0}^{\infty} \frac{(-1)^k}{k!\Gamma(v+k+1)} \left(\frac{x}{2}\right)^{2(k+v)}\right]$$

$$= 2^v \sum_{k=0}^{\infty} \frac{(-1)^k(k+v)}{k!\Gamma(v+k+1)} \left(\frac{x}{2}\right)^{2(k+v)-1}$$

$$= x^v \sum_{k=0}^{\infty} \frac{(-1)^k}{k!\Gamma(v+k)} \left(\frac{x}{2}\right)^{2k+v-1} \tag{4.288}$$

即

$$\frac{\mathrm{d}}{\mathrm{d}x}[x^v \mathrm{J}_v(x)] = x^v \mathrm{J}_{v-1}(x)$$

类似可证

$$\frac{\mathrm{d}}{\mathrm{d}x}[x^{-v} \mathrm{J}_v(x)] = x^{-v} \mathrm{J}_{v+1}(x)$$

2. 公式二

$$v\mathrm{J}_v(x) + x\mathrm{J}_v'(x) = x\mathrm{J}_{v-1}(x) \tag{4.289}$$

$$- v\mathrm{J}_v(x) + x\mathrm{J}_v'(x) = - x\mathrm{J}_{v+1}(x) \tag{4.290}$$

$$2\mathrm{J}_v'(x) = \mathrm{J}_{v-1}(x) - \mathrm{J}_{v+1}(x) \tag{4.291}$$

$$\frac{2v}{x}\mathrm{J}_v(x) = \mathrm{J}_{v-1}(x) + \mathrm{J}_{v+1}(x) \tag{4.292}$$

将公式一中左边的导数具体写出，并分别消去等式两边的公因子 x^{v-1} 和 x^{-v-1}，便可得式(4.289)和式(4.290)，进而由这两个公式分别消去 $\mathrm{J}_v(x)$ 和 $\mathrm{J}_v'(x)$，便可得式(4.291)和式(4.292)。

从公式二可以看到，只要知道 $\mathrm{J}_v(x)$ 和 $\mathrm{J}_{v-1}(x)$ 之值，便可求得 $\mathrm{J}_v'(x)$ 之值，进而由 $\mathrm{J}_v(x)$ 和 $\mathrm{J}_v'(x)$ 的值，便可求得 $\mathrm{J}_{v+1}(x)$ 的值。这样，只要利用 $\mathrm{J}_0(x)$ 和 $\mathrm{J}_1(x)$ 的函数值的表，从原则上便可求得各整数阶贝塞尔函数及其导数之值。

另外，由公式一，若 $v=0$，则有

$$\mathrm{J}_0'(x) = - \mathrm{J}_1(x) \tag{4.293}$$

若 $v=1$，则有

$$[x\mathrm{J}_1(x)]' = x\mathrm{J}_0(x) \tag{4.294}$$

由上述递推公式，并根据(柱)诺依曼函数和(柱)汉克尔函数的定义，可以导出如下递推公式：

$$\frac{\mathrm{d}}{\mathrm{d}x}[x^v Z_v(x)] = x^v Z_{v-1}(x) \tag{4.295}$$

$$\frac{\mathrm{d}}{\mathrm{d}x}[x^{-v} Z_v(x)] = - x^{-v} Z_{v+1}(x) \tag{4.296}$$

$$2Z_v'(x) = Z_{v-1}(x) - Z_{v+1}(x) \tag{4.297}$$

$$\frac{2v}{x}Z_v(x) = Z_{v-1}(x) + Z_{v+1}(x) \tag{4.298}$$

其中，$Z_v(x)$ 表示(柱)诺依曼函数 $\mathrm{N}_v(x)$ 或(柱)汉克尔函数 $\mathrm{H}_v^{(1)}(x)$ 和 $\mathrm{H}_v^{(2)}(x)$。

例 4.14 计算积分：

(1) $\displaystyle\int \mathrm{J}_1(x)\,\mathrm{d}x$;

(2) $\displaystyle\int_0^a x^3 \mathrm{J}_0(x)\,\mathrm{d}x$。

解 （1）

$$\int \mathrm{J}_1(x)\,\mathrm{d}x = \int x^0 \mathrm{J}_1(x)\,\mathrm{d}x$$

$$= -\int \frac{\mathrm{d}[x^0 \mathrm{J}_0(x)]}{\mathrm{d}x}\,\mathrm{d}x$$

$$= -\mathrm{J}_0(x) + c \quad (c \text{ 为常数}) \tag{4.299}$$

(2)

$$\int_0^a x^3 J_0(x)\ \mathrm{d}x = \int_0^a x^2 [x J_0(x)]\ \mathrm{d}x$$

$$= \int_0^a x^2 [x J_1(x)]'\ \mathrm{d}x$$

$$= [x^3 J_1(x)]\ |_0^a - \int_0^a x J_1(x)\ \mathrm{d}x^2$$

$$= a^3 J_1(a) - 2\int_0^a x^2 J_1(x)\ \mathrm{d}x$$

$$= a^3 J_1(a) - 2\int_0^a [x^2 J_2(x)]'\ \mathrm{d}x$$

$$= a^3 J_1(a) - 2[x^2 J_2(x)]\ |_0^a$$

$$= a^3 J_1(a) - 2a^2 J_2(a) \tag{4.300}$$

4.8.3　贝塞尔函数的正交归一性

贝塞尔函数作为贝塞尔方程的本征值问题的本征函数族，应具有带权重的正交归一性：

n 阶贝塞尔函数系 $\{J_n(k_m^n \rho)\}$：$J_n(k_1^n \rho)$，$J_n(k_2^n \rho)$，…，在区间 $[0,a]$ 内满足如下带权重 ρ 的正交归一关系，即

$$\int_0^a \rho J_n(k_m^n \rho) J_n(k_l^n \rho)\ \mathrm{d}\rho = \frac{a^2}{2}[J_{n+1}(k_l^n a)]^2 \delta_{ml} \tag{4.301}$$

证明　$J_n(k_m^n \rho)$、$J_n(k_l^n \rho)$ 均为贝塞尔方程 $\dfrac{\mathrm{d}}{\mathrm{d}\rho}\left(\rho \dfrac{\mathrm{d}R}{\mathrm{d}\rho}\right) + \left(k^2 \rho - \dfrac{n^2}{\rho}\right)R = 0$ 的解，故有

$$\frac{\mathrm{d}}{\mathrm{d}\rho}\left[\rho \frac{\mathrm{d}J_n(k_m^n \rho)}{\mathrm{d}\rho}\right] + \left[(k_m^n)^2 \rho - \frac{n^2}{\rho}\right]J_n(k_m^n \rho) = 0 \tag{4.302}$$

$$\frac{\mathrm{d}}{\mathrm{d}\rho}\left[\rho \frac{\mathrm{d}J_n(k_l^n \rho)}{\mathrm{d}\rho}\right] + \left[(k_l^n)^2 \rho - \frac{n^2}{\rho}\right]J_n(k_l^n \rho) = 0 \tag{4.303}$$

式(4.302)乘以 $J_n(k_l^n \rho)$，减去式(4.303)乘以 $J_n(k_m^n \rho)$，两边再对 ρ 积分，得

$$[(k_l^n)^2 - (k_m^n)^2]\int_0^a \rho J_n(k_m^n \rho) J_n(k_l^n \rho)\ \mathrm{d}\rho$$

$$= \int_0^a J_n(k_l^n \rho)\ \frac{\mathrm{d}}{\mathrm{d}\rho}\left[\rho \frac{\mathrm{d}J_n(k_m^n \rho)}{\mathrm{d}\rho}\right]\mathrm{d}\rho - \int_0^a J_n(k_m^n \rho)\ \frac{\mathrm{d}}{\mathrm{d}\rho}\left[\rho \frac{\mathrm{d}J_n(k_l^n \rho)}{\mathrm{d}\rho}\right]\mathrm{d}\rho \tag{4.304}$$

对等式右端采用分部积分，可得

$$[(k_l^n)^2 - (k_m^n)^2]\int_0^a \rho J_n(k_m^n \rho) J_n(k_l^n \rho)\ \mathrm{d}\rho$$

$$= \left[\rho J_n(k_l^n \rho)\ \frac{\mathrm{d}J_n(k_m^n \rho)}{\mathrm{d}\rho} - \rho J_n(k_m^n \rho)\ \frac{\mathrm{d}J_n(k_l^n \rho)}{\mathrm{d}\rho}\right]\Bigg|_0^a = 0 \tag{4.305}$$

当 $\rho = a$ 时，式(4.305)等于零，因为 $J_n(k_m^n a) = J_n(x_m^n) = 0\ (m = 1, 2, \cdots, l, \cdots)$。

(1) 若 $m \neq l$，则 $k_m^n \neq k_l^n$，故有

$$\int_0^a \rho J_n(k_m^n \rho) J_n(k_l^n \rho)\ \mathrm{d}\rho = 0 \tag{4.306}$$

正交性得证。

（2）若 $m=l$，此时不妨令 $m \to l$，即 $k_m^n \to k_l^n$，对应有 $J_n(k_l^n a)=0$，而 $J_n(k_m^n a) \neq 0$。于是，由式（4.305）得

$$
\begin{aligned}
\int_0^a \rho J_n(k_m^n \rho) J_n(k_l^n \rho)\, \mathrm{d}\rho &= \lim_{k_m^n \to k_l^n} \frac{-a J_n(k_m^n a) \cdot J_n'(k_l^n a) \cdot k_l^n}{(k_l^n)^2 - (k_m^n)^2} \\
&= \lim_{k_m^n \to k_l^n} \frac{-a^2 J_n'(k_m^n a) \cdot J_n'(k_l^n a) \cdot k_l^n}{-2 k_m^n} \\
&= \frac{a^2}{2} [J_n'(k_l^n a)]^2 \qquad\qquad (4.307)
\end{aligned}
$$

在上面的证明过程中，由于当 $k_m^n \to k_l^n$ 时，出现了 "$\dfrac{0}{0}$" 型不定式，故运用了洛必达法则。

由递推公式（式（4.290））可得

$$
-n J_n(k_l^n a) + k_l^n a J_n'(k_l^n a) = -k_l^n a J_{n+1}(k_l^n a)
$$

其中 $J_n(k_l^n a)=0$（即 $k_l^n a$ 是 $J_n(x)$ 的零点，而 $k_l^n a$ 不是 $J_{n+1}(x)$ 的零点），所以

$$
J_n'(k_l^n a) = -J_{n+1}(k_l^n a) \tag{4.308}
$$

因此

$$
\int_0^a \rho J_n(k_m^n \rho) J_n(k_l^n \rho)\, \mathrm{d}\rho = \frac{a^2}{2} [J_{n+1}(k_l^n a)]^2 \qquad (m=l) \tag{4.309}
$$

至此，贝塞尔函数带权重的归一性得证。

4.8.4　广义傅里叶-贝塞尔级数展开

由于贝塞尔函数是具有加权的正交归一性的本征函数族 $\{J_n(k_m^n \rho)\}$，因此利用斯特姆-刘维型方程的本征值问题的性质，容易证明：

如果函数 $f(\rho)$ 在区间 $(0, a)$ 上有连续的一阶导数和分段连续的二阶导数，且 $f(\rho)$ 在 $\rho=0$ 处有界，在 $\rho=a$ 处为零，则 $f(\rho)$ 在 $(0, a)$ 上可以展开为绝对且一致收敛的级数：

$$
f(\rho) = \sum_{m=1}^{\infty} C_m J_n(k_m^n \rho) \tag{4.310}
$$

其中

$$
C_m = \frac{1}{\frac{a^2}{2} J_{n+1}^2(k_m^n a)} \int_0^a \rho f(\rho) J_n(k_m^n \rho)\, \mathrm{d}\rho \tag{4.311}
$$

即贝塞尔函数族 $\{J_n(k_m^n \rho)\}$ 可以作为基函数把符合定义的函数 $f(\rho)$ 展开成广义傅里叶-贝塞尔级数的形式。

例 4.15　在区间 $[0, \rho_0]$ 上，以 $J_0(k_m^0 \rho)$（$k_m^0 \rho_0$ 是 $J_0(x)$ 的零点）为基函数，把函数 $f(\rho)=u_0$（u_0 为常数）展开为傅里叶-贝塞尔级数。

解　由展开定理公式（式（4.310）和式（4.311））得

$$
f(\rho) = u_0 = \sum_{m=1}^{\infty} C_m J_0(k_m^0 \rho) \tag{4.312}
$$

其中，系数

$$C_m = \frac{1}{\frac{\rho_0^2}{2} J_1^2(k_m^0 \rho_0)} \int_0^{\rho_0} \rho u_0 J_0(k_m^0 \rho) \, d\rho \tag{4.313}$$

令 $k_m^0 \rho = x$, $d\rho = dx/k_m^0$, $\rho = 0$, $x = 0$; $\rho = \rho_0$, $x = k_m^0 \rho_0$。将其代入式(4.313)，得

$$\begin{aligned}
C_m &= \frac{1}{\frac{\rho_0^2}{2} J_1^2(k_m^0 \rho_0)} \int_0^{k_m^0 \rho_0} \frac{x}{k_m^0} u_0 J_0(x) \frac{dx}{k_m^0} \\
&= \frac{2u_0}{(k_m^0 \rho_0)^2 J_1^2(k_m^0 \rho_0)} \int_0^{k_m^0 \rho_0} x J_0(x) \, dx \\
&= \frac{2u_0}{(k_m^0 \rho_0)^2 J_1^2(k_m^0 \rho_0)} \left[x J_1(x) \right] \Big|_0^{k_m^0 \rho_0} \\
&= \frac{2u_0}{k_m^0 \rho_0 J_1(k_m^0 \rho_0)} \tag{4.314}
\end{aligned}$$

从而

$$f(\rho) = u_0 = \sum_{m=1}^{\infty} \frac{2u_0}{k_m^0 \rho_0 J_1(k_m^0 \rho_0)} J_0(k_m^0 \rho) \tag{4.315}$$

例 4.16 半径为 a、高为 h 的圆柱体，下底和侧面保持温度为零度，上底温度分布为 $u = u_0$，求解柱内的稳定温度分布。

解 选择柱坐标系，其定解问题为

$$\begin{cases}
\Delta u = 0 \\
u \mid_{\rho=a} = 0, \ u \mid_{\rho=0} = 有限 \\
u \mid_{z=0} = 0, \ u \mid_{z=h} = u_0
\end{cases} \tag{4.316}$$

由于问题关于 z 轴对称(与 φ 无关，即 $n=0$)，在柱坐标系下分离变量时可令

$$u(\rho, z) = R(\rho) Z(z) \tag{4.317}$$

分离变量得方程：

$$Z'' + \mu Z = 0 \tag{4.318}$$

$$\rho^2 R'' + \rho R' + k^2 \rho^2 R = 0 \tag{4.319}$$

其中，$k^2 = -\mu \geqslant 0$。

将式(4.317)代入边界条件 $u \mid_{\rho=a} = 0$ 得 $R(a)Z(z) = 0$，即

$$R(a) = 0 \tag{4.320}$$

因此，构成本征值问题：

$$\begin{cases}
\rho^2 R'' + \rho R' + k^2 \rho^2 R = 0 \\
R(a) = 0, \ R(0) \to 有限
\end{cases} \tag{4.321}$$

注意到这里的贝塞尔方程对应的 $n=0$，即为零阶贝塞尔方程。于是它的解为

$$R_m(\rho) = J_0(k_m^0 \rho) \tag{4.322}$$

其中，$k_m^0 = \dfrac{x_m^0}{a}$，x_m^0 是零阶贝塞尔函数的第 m 个零点位置坐标。

将 $k = k_m^0$ 代入关于 z 的方程而得其通解为

$$Z_m = A_m \mathrm{e}^{k_m^0 z} + B_m \mathrm{e}^{-k_m^0 z} \tag{4.323}$$

这样得到原问题的一个本征解：

$$u_m = R_m Z_m = (A_m \mathrm{e}^{k_m^0 z} + B_m \mathrm{e}^{-k_m^0 z}) \mathrm{J}_0(k_m^0 \rho) \tag{4.324}$$

而由边界条件 $u|_{z=0}=0$ 得

$$A_m = - B_m \tag{4.325}$$

所以

$$u_m = C_m \, \mathrm{sh}(k_m^0 z) \mathrm{J}_0(k_m^0 \rho) \tag{4.326}$$

合成原问题的一般解为

$$u = \sum_{m=1}^{\infty} u_m = \sum_{m=1}^{\infty} C_m \, \mathrm{sh}(k_m^0 z) \mathrm{J}_0(k_m^0 \rho) \tag{4.327}$$

代入边界条件 $u|_{z=h}=u_0$，得

$$\sum_{m=1}^{\infty} C_m \, \mathrm{sh}(k_m^0 h) \mathrm{J}_0(k_m^0 \rho) = u_0 \tag{4.328}$$

由广义傅里叶展开系数公式得

$$C_m \, \mathrm{sh}(k_m^0 h) = \frac{\int_0^a \rho u_0 \mathrm{J}_0(k_m^0 \rho) \, \mathrm{d}\rho}{\dfrac{a^2}{2} \mathrm{J}_1^2(k_m^0 a)} \tag{4.329}$$

由式(4.314)可得

$$\begin{aligned}
\int_0^a \rho \mathrm{J}_0(k_m^0 \rho) \, \mathrm{d}\rho &= \frac{1}{(k_m^0)^2} \int_0^a (k_m^0 \rho) \mathrm{J}_0(k_m^0 \rho) \, \mathrm{d}(k_m^0 \rho) \\
&= \frac{1}{(k_m^0)^2} \int_0^a \frac{\mathrm{d}}{\mathrm{d}(k_m^0 \rho)} \big[(k_m^0 \rho) \mathrm{J}_1(k_m^0 \rho) \big] \, \mathrm{d}(k_m^0 \rho) \\
&= \frac{1}{(k_m^0)^2} \big[(k_m^0 \rho) \mathrm{J}_1(k_m^0 \rho) \big] \Big|_0^a \\
&= \frac{a}{k_m^0} \mathrm{J}_1(k_m^0 a)
\end{aligned} \tag{4.330}$$

从而有

$$\begin{aligned}
C_m &= \frac{u_0 a \mathrm{J}_1(k_m^0 a)}{k_m^0} \frac{1}{\dfrac{a^2}{2} \mathrm{J}_1^2(k_m^0 a) \, \mathrm{sh}(k_m^0 h)} \\
&= \frac{2u_0}{k_m^0 a \, \mathrm{sh}(k_m^0 h) \mathrm{J}_1(k_m^0 a)}
\end{aligned} \tag{4.331}$$

将其代入式(4.327)，得到定解问题的解为

$$u = \sum_{m=1}^{\infty} \frac{2u_0}{x_m^0} \frac{\mathrm{sh}\left(\dfrac{x_m^0}{a} z\right)}{\mathrm{sh}\left(\dfrac{x_m^0}{a} h\right)} \frac{\mathrm{J}_0\left(\dfrac{x_m^0}{a} \rho\right)}{\mathrm{J}_1(x_m^0)} \tag{4.332}$$

其中

$$k_m^0 = \frac{x_m^0}{a}$$

4.9 其他柱函数

除了前面所讨论的三类贝塞尔函数以外，经常还会用到球贝塞尔函数和虚宗量贝塞尔函数这两类柱函数。

4.9.1 球贝塞尔函数

第 3 章中，在球坐标系下对亥姆霍兹方程或拉普拉斯方程分离变量时，已经得到了关于变量 r 的球贝塞尔方程，即

$$r^2 \frac{d^2 R}{dr^2} + 2r \frac{dR}{dr} + [k^2 r^2 - l(l+1)]R = 0 \tag{4.333}$$

可整理为

$$x^2 \frac{d^2 y}{dx^2} + 2x \frac{dy}{dx} + [x^2 - l(l+1)]y = 0 \tag{4.334}$$

其中，$x = kr$，$y = R(r)$。这个方程在物理上反映了球面波在径向的传播规律。

比较球贝塞尔方程(式(4.334))和贝塞尔方程(式(4.244))，可以发现：一阶导数项前面多了一个因子 2，为了消去这个因子，若令 $y(x) = x^{-\frac{1}{2}} v(x)$，则 $v(x)$ 满足方程：

$$x^2 v''(x) + x v'(x) + \left[x^2 - \left(l + \frac{1}{2} \right)^2 \right] v(x) = 0 \tag{4.335}$$

这就完全化为贝塞尔方程的标准形式，相应地，$v = l + \frac{1}{2}$，称此式为 $l + \frac{1}{2}$ 阶的贝塞尔方程。

因此，球贝塞尔方程(4.334)的线性独立解为

$$y(x) = x^{-\frac{1}{2}} J_{l+\frac{1}{2}}(x) \tag{4.336}$$

$$y(x) = x^{-\frac{1}{2}} N_{l+\frac{1}{2}}(x) \tag{4.337}$$

$$y(x) = x^{-\frac{1}{2}} H_{l+\frac{1}{2}}^{(1)}(x) \tag{4.338}$$

$$y(x) = x^{-\frac{1}{2}} H_{l+\frac{1}{2}}^{(2)}(x) \tag{4.339}$$

在实际应用中，通常将以上解再乘以一个因子 $\sqrt{\pi/2}$，称之为球贝塞尔函数，并记为

$$j_l = \sqrt{\frac{\pi}{2x}} J_{l+\frac{1}{2}}(x) \tag{4.340}$$

$$n_l = \sqrt{\frac{\pi}{2x}} N_{l+\frac{1}{2}}(x) \tag{4.341}$$

$$h_l^{(1)} = \sqrt{\frac{\pi}{2x}} H_{l+\frac{1}{2}}^{(1)}(x) \tag{4.342}$$

$$h_l^{(2)} = \sqrt{\frac{\pi}{2x}} H_{l+\frac{1}{2}}^{(2)}(x) \tag{4.343}$$

于是，方程(4.334)的通解可以写成

$$y(x) = A_l \mathrm{j}_l(x) + B_l \mathrm{n}_l(x) \tag{4.344}$$

当 l 为整数时，球贝塞尔函数可以用初等函数来表示，即

$$\begin{cases} \mathrm{j}_0(x) = \dfrac{\sin x}{x} \\[2mm] \mathrm{j}_1(x) = \dfrac{\sin x}{x^2} - \dfrac{\cos x}{x} \end{cases} \qquad \text{（球贝塞尔函数）} \tag{4.345}$$

$$\begin{cases} \mathrm{n}_0(x) = -\dfrac{\cos x}{x} \\[2mm] \mathrm{n}_1(x) = -\dfrac{\cos x}{x^2} - \dfrac{\sin x}{x} \end{cases} \qquad \text{（球诺依曼函数）} \tag{4.346}$$

$$\begin{cases} \mathrm{h}_0^{(1)}(x) = -\mathrm{i}\,\dfrac{\mathrm{e}^{\mathrm{i}x}}{x}, \ \ \mathrm{h}_0^{(2)}(x) = \mathrm{i}\,\dfrac{\mathrm{e}^{-\mathrm{i}x}}{x} \\[2mm] \mathrm{h}_1^{(1)}(x) = \left(-\dfrac{\mathrm{i}}{x^2} - \dfrac{1}{x}\right)\mathrm{e}^{\mathrm{i}x}, \ \ \mathrm{h}_1^{(2)}(x) = \left(\dfrac{\mathrm{i}}{x^2} - \dfrac{1}{x}\right)\mathrm{e}^{-\mathrm{i}x} \quad \text{（球汉克尔函数）} \end{cases} \tag{4.347}$$

类似于贝塞尔方程，对球贝塞尔方程，同样有本征值问题：

$$\begin{cases} r^2 \dfrac{\mathrm{d}^2 R}{\mathrm{d}r^2} + 2r \dfrac{\mathrm{d}R}{\mathrm{d}r} + [k^2 r^2 - l(l+1)]R = 0 \\[2mm] R(0) \rightarrow \text{有界} \\[2mm] R(a) = 0 \end{cases}$$

方程的本征值和本征函数分别为

$$\begin{cases} k = k_m^{\left(l+\frac{1}{2}\right)} = \dfrac{x_m^{\left(l+\frac{1}{2}\right)}}{a} \quad (m = 1, 2, 3, \cdots) \\[2mm] R(r) = \mathrm{j}_l\left(k_m^{\left(l+\frac{1}{2}\right)} r\right) \end{cases} \tag{4.348}$$

其中，$x_m^{l+\frac{1}{2}}$ 是 $\mathrm{J}_{l+\frac{1}{2}}(x)$ 的零点。

可以证明，球贝塞尔函数的本征函数族 $\{\mathrm{j}_l(k_m^{(l+\frac{1}{2})} r)\}$ 对固定的 l 满足如下正交归一关系：

$$\int_0^a \mathrm{j}_l\left(k_m^{\left(l+\frac{1}{2}\right)} r\right) \mathrm{j}_l\left(k_n^{\left(l+\frac{1}{2}\right)} r\right) r^2\,\mathrm{d}r = \frac{\pi}{k_n^{\left(l+\frac{1}{2}\right)}} \left(\frac{a}{2}\right)^2 \left[\mathrm{J}_{l+\frac{3}{2}}\left(k_n^{\left(l+\frac{1}{2}\right)} a\right)\right]^2 \delta_{mn} \tag{4.349}$$

因此，在区间 $0 \leqslant r \leqslant a$ 上满足一定条件的 $f(r)$，均可按球贝塞尔函数展开为广义傅里叶级数：

$$f(r) = \sum_{m=1}^{\infty} c_m \mathrm{j}_l\left(k_m^{\left(l+\frac{1}{2}\right)} r\right) \tag{4.350}$$

其中

$$c_m = \frac{1}{\dfrac{\pi}{k_m^{\left(l+\frac{1}{2}\right)}} \left[\dfrac{a}{2}\mathrm{J}_{l+\frac{3}{2}}\left(k_m^{\left(l+\frac{1}{2}\right)} a\right)\right]^2} \int_0^a f(r) \mathrm{j}_l\left(k_m^{\left(l+\frac{1}{2}\right)} r\right) r^2\,\mathrm{d}r \tag{4.351}$$

例 4.17 匀质球，其半径为 a，初始时刻，球体温度均匀为 u_0，将它放入温度为 U_0 的烘箱中，并使球面保持为 U_0，求解球内温度 u 的变化。

解 取球坐标系，极点在球心。显然，温度 $u(r, t)$ 与 θ、φ 无关，故其定解问题为

$$\begin{cases} \dfrac{\partial u}{\partial t} - D\Delta u = 0 \\ u\,|_{r=a} = U_0,\ u\,|_{r=0} \to 有限 \\ u\,|_{t=0} = u_0 \end{cases} \tag{4.352}$$

首先，将边界条件齐次化，所以令 $u = U_0 + v$，则

$$\begin{cases} v_t - D\Delta v = 0 \\ v\,|_{r=a} = 0,\ v\,|_{r=0} \to 有限 \\ v\,|_{t=0} = u_0 - U_0 \end{cases} \tag{4.353}$$

令

$$v(r,\ t) = R(r)T(t) \tag{4.354}$$

将其代入式(4.353)，则本征值问题为

$$\begin{cases} rR''(r) + 2R'(r) + \lambda r R(r) = 0 \\ R(a) = 0,\ R(0) \to 有限 \end{cases} \tag{4.355}$$

和

$$T'(t) + \lambda D T(t) = 0 \tag{4.356}$$

方程(4.355)的第一式是零阶球贝塞尔方程，它的本征值和本征函数分别是

$$\begin{cases} \lambda = \left(\dfrac{x_m^{\left(\frac{1}{2}\right)}}{a}\right)^2 \\ R(r) = j_0\left(\dfrac{x_m^{\left(\frac{1}{2}\right)}}{a}r\right) \end{cases} \tag{4.357}$$

由 $j_0\left(x_m^{\left(\frac{1}{2}\right)}\right) = \dfrac{\sin x_m^{\left(\frac{1}{2}\right)}}{x_m^{\left(\frac{1}{2}\right)}} = 0$ 可得

$$x_m^{\left(\frac{1}{2}\right)} = m\pi \quad (m = 1,\ 2,\ 3,\ \cdots) \tag{4.358}$$

所以

$$\begin{cases} \lambda = \left(\dfrac{m\pi}{a}\right)^2 \\ R(r) = \dfrac{a}{m\pi r}\sin\dfrac{m\pi r}{a} \end{cases} \tag{4.359}$$

将 λ 的值代入方程(4.356)并求解此方程，得

$$T(t) = c_m e^{-\left(\frac{m\pi}{a}\right)^2 Dt} \tag{4.360}$$

于是

$$v(r,\ t) = \sum_{m=1}^{\infty} c_m \frac{a}{m\pi r}\sin\frac{m\pi r}{a} e^{-\left(\frac{m\pi}{a}\right)^2 Dt} \tag{4.361}$$

将式(4.361)代入初始条件 $v\,|_{t=0} = u_0 - U_0$，定出系数 c_m，最后求得定解问题(4.353)的解为

$$v(r,\ t) = \frac{2a(u_0 - U_0)}{\pi r}\sum_{m=1}^{\infty}\frac{(-1)^{m-1}}{m}\sin\frac{m\pi r}{a} e^{-\left(\frac{m\pi}{a}\right)^2 Dt} \tag{4.362}$$

所以，原问题的解为

$$u = U_0 + v = U_0 + \frac{2a(u_0 - U_0)}{\pi r} \sum_{m=1}^{\infty} \frac{(-1)^{m-1}}{m} \sin \frac{m\pi r}{a} e^{-\left(\frac{m\pi}{a}\right)^2 Dt} \qquad (4.363)$$

4.9.2 虚宗量贝塞尔函数

在许多问题中，还会遇到虚宗量的贝塞尔方程：

$$x^2 y'' + xy' - (x^2 + v^2) y = 0 \qquad (4.364)$$

其中，x 是实数。

易于看出，只要令 $z = \mathrm{i}x$，方程（4.364）便化为自变量为 z 的 v 阶贝塞尔方程。因此，当 $v \neq n$（整数）时，方程（4.364）的两线性无关的解为

$$y = \mathrm{J}_{\pm v}(\mathrm{i}x) = \sum_{k=0}^{\infty} \frac{(-1)^k}{k! \, \Gamma(\pm v + k + 1)} \left(\frac{\mathrm{i}x}{2}\right)^{2k \pm v}$$

$$= \mathrm{i}^{\pm v} \sum_{k=0}^{\infty} \frac{1}{k! \, \Gamma(\pm v + k + 1)} \left(\frac{x}{2}\right)^{2k \pm v} \qquad (4.365)$$

为了方便应用，常希望将解表示为实数形式，为此，人们定义

$$\begin{cases} \mathrm{I}_v(x) = \mathrm{i}^{-v} \mathrm{J}_v(\mathrm{i}x) \\ \mathrm{I}_{-v}(x) = \mathrm{i}^{v} \mathrm{J}_{-v}(\mathrm{i}x) \end{cases} \qquad (4.366)$$

并称之为第一类虚宗量的贝塞尔函数（也称为修正的（柱）贝塞尔函数，或第一类虚宗量的柱函数，或第一类双曲贝塞尔函数），则

$$\mathrm{I}_{\pm v}(x) = \sum_{k=0}^{\infty} \frac{1}{k! \, \Gamma(\pm v + k + 1)} \left(\frac{x}{2}\right)^{2k \pm v} \qquad (4.367)$$

当 $v \neq n$ 时，$\mathrm{I}_v(x)$ 和 $\mathrm{I}_{-v}(x)$ 是线性无关的；而当 $v = n$ 时，有

$$\mathrm{I}_n(x) = \mathrm{I}_{-n}(x) \qquad (4.368)$$

即 $\mathrm{I}_n(x)$ 和 $\mathrm{I}_{-n}(x)$ 是线性相关的，为了寻求另一线性无关的解，人们定义

$$\mathrm{K}_v(x) = \frac{\pi}{2} \cdot \frac{\mathrm{I}_{-v}(x) - \mathrm{I}_v(x)}{\sin v\pi} \qquad (4.369)$$

并称之为第二类虚宗量柱函数（也称为第二类双曲贝塞尔函数或麦克唐纳（Macdonald）函数）。

可计算出，当 $n = 0$ 时，$x = 0$ 是 $\mathrm{K}_n(x)$ 的奇点，因此有

$$\mathrm{K}_0(x) \sim -\ln \frac{x}{2} \to \infty$$

$$\mathrm{K}_n(x) \sim \frac{(n-1)!}{2} \left(\frac{x}{2}\right)^{-n} \to \infty \quad (n \geqslant 1)$$

而第一类虚宗量的贝塞尔函数有

$$\mathrm{I}_0(0) = 1, \quad \mathrm{I}_n(0) = 0 \quad (n \geqslant 1)$$

故由类似于对诺依曼函数的讨论知，$\mathrm{K}_n(x)$ 是一个与 $\mathrm{I}_n(x)$ 线性无关的解。

总之，不论 v 是否为整数，虚宗量的贝塞尔方程的通解均可表示为

$$y(x) = A_v \mathrm{I}_v(x) + B_v \mathrm{K}_v(x) \qquad (4.370)$$

在实际问题中，如果圆柱的上、下底具有齐次边界条件，而在圆柱的侧面具有非齐次边界条件，则在柱坐标系中用分离变量法解拉普拉斯方程或亥姆霍兹方程时，便会出现虚宗量的贝塞尔方程。

例 4.18 求定解问题：

$$\begin{cases} \Delta u = 0 & (0 < \rho < b,\ 0 < \varphi < 2\pi,\ 0 < z < h) \\ u\mid_{z=0} = 0,\ u\mid_{z=h} = 0 \\ u\mid_{\rho=b} = u_0 \end{cases} \tag{4.371}$$

解 由于问题的对称性，令 $u(\rho, z) = R(\rho)Z(z)$，将其代入式（4.371），得

$$\begin{cases} Z''(z) + \mu Z = 0 \\ Z(0) = 0,\ Z(h) = 0 \end{cases} \tag{4.372}$$

$$\frac{1}{\rho}\frac{\mathrm{d}}{\mathrm{d}\rho}\left(\rho\frac{\mathrm{d}R}{\mathrm{d}\rho}\right) - \mu R = 0 \tag{4.373}$$

本征值问题（式（4.372））的解为

$$\begin{cases} \mu = k_m^2 = \dfrac{m^2\pi^2}{h^2} \\ Z_m(z) = \sin\dfrac{m\pi}{h}z \end{cases} \quad (m = 1, 2, \cdots) \tag{4.374}$$

将 $\mu = k_m^2$ 代入式（4.373），并令 $x = k_m\rho$，$y(x) = R(\rho)$，则方程变为

$$x^2 y'' + xy' - x^2 y = 0 \tag{4.375}$$

这是零阶虚宗量的贝塞尔方程。注意到 $\mathrm{K}_0(0) \to \infty$，于是有

$$R_m(\rho) = y_m(x) = \mathrm{I}_0(k_m^0\rho) \quad (m = 1, 2, \cdots) \tag{4.376}$$

由此得到原问题的一般解为

$$u(\rho, z) = \sum_{m=0}^{\infty} A_m \mathrm{I}_0\left(\frac{m\pi}{h}\rho\right)\sin\frac{m\pi}{h}z \tag{4.377}$$

代入非齐次边界条件 $u\mid_{\rho=b} = u_0$，得

$$u(b, z) = u_0 = \sum_{m=1}^{\infty} A_m \mathrm{I}_0\left(\frac{m\pi}{h}b\right)\sin\frac{m\pi}{h}z \tag{4.378}$$

即 $A_m \mathrm{I}_0\left(\dfrac{m\pi}{h}b\right)$ 是 u_0 的傅里叶级数的正弦展开系数，即

$$\begin{aligned} A_m \mathrm{I}_0\left(\frac{m\pi}{h}b\right) &= \frac{2}{h}\int_0^h u_0 \sin\frac{m\pi}{h}z\ \mathrm{d}z \\ &= \frac{2u_0}{m\pi}\left(-\cos\frac{m\pi}{h}z\right)\Big|_0^h \\ &= \frac{2u_0}{m\pi}[1 - (-1)^m] \end{aligned}$$

所以，有

$$\begin{cases} A_{2n} = 0 \\ A_{2n+1} = \dfrac{4u_0}{(2n+1)\pi \mathrm{I}_0\left(\dfrac{2n+1}{h}\pi b\right)} \end{cases} \tag{4.379}$$

因此，原定解问题的解为

$$u(\rho, z) = \frac{4u_0}{\pi} \sum_{n=0}^{\infty} \frac{\sin \dfrac{(2n+1)\pi}{h} z \, \mathrm{I}_0 \left(\dfrac{2n+1}{h} \pi \rho \right)}{(2n+1) \mathrm{I}_0 \left(\dfrac{2n+1}{h} \pi b \right)} \tag{4.380}$$

另外说明一点，$\mathrm{I}_n(x)$ 和 $\mathrm{K}_n(x)$ 有多种不同的积分表达式，例如

$$\mathrm{I}_n(x) = \frac{1}{\pi} \int_0^\pi \mathrm{e}^{z\cos\varphi} \cos n\varphi \, \mathrm{d}\varphi \tag{4.381}$$

$$\mathrm{K}_n(x) = \int_0^\infty \mathrm{e}^{-z\,\mathrm{ch}t} \, \mathrm{ch}nt \, \mathrm{d}t \quad (n \neq 0) \tag{4.382}$$

4.10 贝塞尔函数的应用

在柱坐标系中，令 $u(\rho, \varphi, z) = R(\rho)\Phi(\varphi)Z(z)$，并将其代入亥姆霍兹方程

$$\Delta u + \lambda u = 0 \tag{4.383}$$

分离变量以后，得到方程：

$$Z'' + \mu Z = 0 \tag{4.384}$$

$$\Phi'' + n^2 \Phi = 0 \tag{4.385}$$

$$\rho^2 R'' + \rho R' + [(\lambda - \mu)\rho^2 - n^2]R = 0 \tag{4.386}$$

其中，$k^2 = \lambda - \mu$。

显然，方程 (4.384) 和方程 (4.385) 都很容易求解，它们的一般解分别为

$$Z(z) = c_\mu \mathrm{e}^{\sqrt{\mu}z} + d_\mu \mathrm{e}^{-\sqrt{\mu}z} \tag{4.387}$$

$$\Phi_n(\varphi) = A_n \cos n\varphi + B_n \sin n\varphi \tag{4.388}$$

因此，问题的关键在于方程 (4.386) 的求解。由前面的讨论知道，当 $\lambda - \mu \geqslant 0$ 时，令 $k^2 = \lambda - \mu$，$x = k\rho$，$y(x) = R(\rho)$，则方程 (4.386) 可化为

$$x^2 y'' + xy' + (x^2 - n^2)y = 0 \tag{4.389}$$

即 n 阶的贝塞尔方程，它的一般解为

$$y(x) = a_n \mathrm{J}_n(x) + b_n \mathrm{N}_n(x) \tag{4.390}$$

而当 $\lambda - \mu < 0$ 时，令 $-k^2 = \lambda - \mu$，$x = k\rho$，$y(x) = R(\rho)$，则方程 (4.386) 可化为

$$x^2 y'' + xy' - (x^2 + n^2)y = 0 \tag{4.391}$$

即 n 阶虚宗量的贝塞尔方程，它的一般解可表示为

$$y(x) = A_v \mathrm{I}_v(x) + B_v \mathrm{K}_v(x) \tag{4.392}$$

综上所述，在柱坐标系中，利用分离变量法求解亥姆霍兹方程或拉普拉斯方程时，应当由各方程的解（式 (4.387)、式 (4.388)）和贝塞尔函数（式 (4.390) 或式 (4.392)）相乘后叠加得到，其中 $\lambda - \mu$、n 和叠加系数均由边界条件确定。具体而言，当圆柱上、下底的边界条件至少有一个是非齐次的，而侧面的边界条件是齐次时，解由贝塞尔函数确定。当圆柱上、下底的边界条件是齐次的，而侧面的边界条件为非齐次时，解由虚宗量的贝塞尔函数确定。下面列举几个有关贝塞尔函数应用的例题。

例 4.19 已知半径为 ρ_0、边界固定的圆形薄膜，求其振动的本征频率。

解 在此情况下，应采用极坐标系，于是膜的振动方程为

$$\frac{\partial^2 u}{\partial t^2} - a^2 \left[\frac{1}{\rho} \frac{\partial}{\partial \rho} \left(\rho \frac{\partial u}{\partial \rho} \right) + \frac{1}{\rho^2} \frac{\partial^2 u}{\partial \varphi^2} \right] = 0 \tag{4.393}$$

其边界条件为

$$u \mid_{\rho = \rho_0} = 0 \tag{4.394}$$

这里只需要知道本征值，不必知道初始条件，因此，设

$$u(\rho, \varphi, t) = R(\rho)\Phi(\varphi)T(t) \tag{4.395}$$

分离变量得三个常微分方程：

$$T'' + a^2 \lambda T = 0 \tag{4.396}$$

$$\Phi'' + n^2 \Phi = 0 \tag{4.397}$$

$$\rho^2 R'' + \rho R' + (k^2 \rho^2 - n^2) R = 0 \tag{4.398}$$

由方程(4.398)和边界条件(式(4.394))可构成贝塞尔方程的本征值问题：

$$\begin{cases} \rho^2 R'' + \rho R' + (k^2 \rho^2 - n^2) R = 0 \\ R(\rho) \mid_{\rho = \rho_0} = 0, R(\rho) \mid_{\rho = 0} \rightarrow \text{有界} \end{cases} \tag{4.399}$$

其本征值为

$$k_m^n = \frac{x_m^n}{\rho_0} \tag{4.400}$$

其中，x_m^n 表示 n 阶贝塞尔函数的第 m 个零点，$k^2 = \lambda$。

本征函数为

$$R(\rho) = J_n(k_m^n \rho) = J_n \left(\frac{x_m^n}{\rho_0} \rho \right) \tag{4.401}$$

由方程(4.397)和周期性边界条件构成的本征值问题为

$$\begin{cases} \Phi'' + n^2 \Phi = 0 \\ \Phi(\varphi + 2\pi) = \Phi(\varphi) \end{cases} \tag{4.402}$$

它的解为

$$\Phi_n(\varphi) = A_n \cos n\varphi + B_n \sin n\varphi \qquad (n = 0, \pm 1, \pm 2, \cdots) \tag{4.403}$$

再将本征值 $\lambda = (k_m^n)^2$ 代入方程(4.396)，得

$$T(t) = C \cos \frac{a x_m^n}{\rho_0} t + D \sin \frac{a x_m^n}{\rho_0} t \tag{4.404}$$

因此，圆形膜的本征振动方程为

$$u_{mn}(\rho, \varphi, t) = J_n \left(\frac{x_m^n}{\rho_0} \rho \right) [A_n \cos n\varphi + B_n \sin n\varphi] \left[C \cos \frac{a x_m^n}{\rho_0} t + D \sin \frac{a x_m^n}{\rho_0} t \right] \tag{4.405}$$

故圆形膜的本征振动频率为

$$\omega_{mn} = \frac{a x_m^n}{\rho_0} \tag{4.406}$$

显然，它表示一个圆形膜上的驻波，驻波的振幅分布是

$$U_{mn}(\rho, \varphi) = J_n \left(\frac{x_m^n}{\rho_0} \rho \right) [A_n \cos n\varphi + B_n \sin n\varphi] \tag{4.407}$$

其中，振幅 $U_{mn} = 0$ 的点的轨迹是膜上的曲线，称为节线。由于 $\cos n\varphi$ 和 $\sin n\varphi$ 不能同时为

零，所以节线方程为

$$J_n\left(\frac{x_m^n}{\rho_0}\rho\right) = 0 \tag{4.408}$$

例 4.20 圆柱型空腔内电磁振荡的定解问题为

$$\begin{cases} \Delta u + \lambda u = 0 & \left(\lambda = \dfrac{\omega^2}{c^2}\right) \\ u\big|_{r=a} = 0 \\ \dfrac{\partial u}{\partial z}\bigg|_{z=0} = \dfrac{\partial u}{\partial z}\bigg|_{z=l} = 0 \end{cases} \tag{4.409}$$

试证电磁振荡的固有频率为

$$\omega_{mn} = c\sqrt{\lambda} = c\sqrt{\left(\frac{x_m^0}{a}\right)^2 + \left(\frac{n\pi}{l}\right)^2} \quad (n = 0, 1, 2, \cdots; m = 1, 2, \cdots)$$

证明 由边界条件知，u 与 φ 无关（$n=0$），故令

$$u(r, z) = R(r)Z(z) \tag{4.410}$$

将其代入式（4.409），分离变量得

$$\begin{cases} Z'' + \mu Z = 0 \\ Z'(0) = 0, \ Z'(l) = 0 \end{cases} \tag{4.411}$$

$$\begin{cases} \rho^2 R'' + \rho R' + (k^2\rho^2 - 0)R = 0 \\ R(\rho)\big|_{\rho=a} = 0, \ R(\rho)\big|_{\rho=0} \to \text{有界} \end{cases} \tag{4.412}$$

其中，$k^2 = \lambda - \mu \geqslant 0$。

解本征值问题（式（4.411）），得本征值为

$$\mu = \frac{n^2\pi^2}{l^2} \quad (n = 0, 1, 2, \cdots) \tag{4.413}$$

解本征值问题（式（4.412）），得本征值为

$$k_{m0} = \frac{x_m^0}{a} \quad (m = 1, 2, \cdots) \tag{4.414}$$

所以

$$\lambda = \frac{(x_m^0)^2}{a^2} + \frac{n^2\pi^2}{l^2} \tag{4.415}$$

即由题设

$$\omega_{mn} = c\sqrt{\lambda} = c\sqrt{\left(\frac{x_m^0}{a}\right)^2 + \left(\frac{n\pi}{l}\right)^2}$$

本题得证。

例 4.21 试证明平面波能用柱面波展开，即

$$e^{ik\rho\cos\varphi} = J_0(k\rho) + 2\sum_{n=1}^{\infty} i^n J_n(k\rho)\cos n\varphi \tag{4.416}$$

其中，$e^{ik\rho\cos\varphi}$ 为平面波的振幅因子。

解 把平面波用柱面波展开，实质就是用贝塞尔函数的级数表示平面波，可以考虑利用广义傅里叶-贝塞尔级数展开定理来求解，也可以考虑使用贝塞尔函数的相关性质（尤其

是母函数的性质)来求解。这里采用母函数的性质来求解问题。

令 $x = k\rho$，$t = \mathrm{i}e^{\mathrm{i}\varphi}$，则

$$
\begin{aligned}
e^{\mathrm{i}k\rho \cos\varphi} = e^{\frac{x}{2}(t - \frac{1}{t})} &= \sum_{n=-\infty}^{\infty} J_n(x) t^n = \sum_{n=-\infty}^{\infty} J_n(k\rho)(\mathrm{i}e^{\mathrm{i}\varphi})^n \\
&= J_0(k\rho) + \sum_{n=1}^{\infty} \left[J_{-n}(k\rho)(-\mathrm{i})^n e^{-\mathrm{i}n\varphi} + J_n(k\rho)\mathrm{i}^n e^{\mathrm{i}n\varphi} \right] \\
&= J_0(k\rho) + \sum_{n=1}^{\infty} \mathrm{i}^n J_n(k\rho)(e^{\mathrm{i}n\varphi} + e^{-\mathrm{i}n\varphi}) \\
&= J_0(k\rho) + 2\sum_{n=1}^{\infty} \mathrm{i}^n J_n(k\rho) \cos n\varphi
\end{aligned} \tag{4.417}
$$

问题得证。

例 4.22 有一均匀圆柱，半径为 a，高为 h，柱侧面绝热，上、下两底温度分布分别保持为 $f_2(\rho)$ 和 $f_1(\rho)$，求柱内稳定的温度分布。

解 其定解问题为

$$
\begin{cases}
\Delta u = 0 & (\rho < a, \ 0 < z < h) \\
\dfrac{\partial u}{\partial \rho}\Big|_{\rho=a} = 0, \ u\big|_{\rho=0} = \text{有限} \\
u\big|_{z=0} = f_1(\rho), \ u\big|_{z=h} = f_2(\rho)
\end{cases} \tag{4.418}
$$

由边界条件知 u 与 φ 无关（$n=0$），故令

$$
u(\rho, z) = R(\rho)Z(z) \tag{4.419}
$$

分离变量得本征值问题

$$
\begin{cases}
\rho^2 R'' + \rho R' + (k^2\rho^2 - 0)R = 0 \\
R'(\rho)\big|_{\rho=a} = 0, \ R(\rho)\big|_{\rho=0} \to \text{有界}
\end{cases} \tag{4.420}
$$

和方程

$$
Z'' + \mu Z = 0 \tag{4.421}
$$

其中，$k^2 = -\mu$。

解本征值问题（式（4.420）），可得

$$
R(\rho) = J_0(k_m^0 \rho) \tag{4.422}
$$

代入边界条件 $R'(\rho)\big|_{\rho=a} = 0$，得

$$
k_m^0 J_0'(k_m^0 a) = 0 \tag{4.423}
$$

即 $k_m^0 = 0$ 或 $J_0'(k_m^0 a) = 0$，也就是

$$
k = 0 \quad \text{或} \quad J_1(ka) = 0 \tag{4.424}
$$

所以本征值为

$$
\begin{cases}
k_0 = 0 \\
k_m^0 = \dfrac{x_m^1}{a} & (m = 1, 2, \cdots)
\end{cases} \tag{4.425}
$$

本征函数为

$$
R_0(\rho) = J_0(0) = 1, \quad R_m(\rho) = J_0(k_m^0 \rho) = J_0\left(\frac{x_m^1}{a}\rho\right) \tag{4.426}
$$

其中，x_m^1 表示一阶贝塞尔函数的第 m 个零点。

将式(4.425)代入式(4.421)，解得

$$Z_0(z) = c_0 z + d_0 \tag{4.427}$$

$$Z_m(z) = c_m \mathrm{e}^{\frac{x_m^1}{a}z} + d_m \mathrm{e}^{-\frac{x_m^1}{a}z} \tag{4.428}$$

于是

$$u(\rho,\, z) = c_0 z + d_0 + \sum_{m=1}^{\infty} \left[c_m \mathrm{e}^{\frac{x_m^1}{a}z} + d_m \mathrm{e}^{-\frac{x_m^1}{a}z} \right] \mathrm{J}_0\left(\frac{x_m^1}{a}\rho\right) \tag{4.429}$$

将式(4.429)代入边界条件 $u|_{z=0} = f_1(\rho)$，$u|_{z=h} = f_2(\rho)$，得

$$d_0 + \sum_{m=1}^{\infty} (c_m + d_m) \mathrm{J}_0\left(\frac{x_m^1}{a}\rho\right) = f_1(\rho) \tag{4.430}$$

$$c_0 h + d_0 + \sum_{m=1}^{\infty} \left[c_m \mathrm{e}^{\frac{x_m^1}{a}h} + d_m \mathrm{e}^{-\frac{x_m^1}{a}h} \right] \mathrm{J}_0\left(\frac{x_m^1}{a}\rho\right) = f_2(\rho) \tag{4.431}$$

这里要注意：虽然 x_m^1 是 $\mathrm{J}_1(x)$ 的零点，不是 $\mathrm{J}_0(x)$ 的零点，但由式(4.426)知本征函数 $R_0(\rho)$、$R_m(\rho)$ 具有加权的正交性。所以对式(4.430)两边分别乘以 $\rho \mathrm{J}_0(0)$ 和 $\rho \mathrm{J}_0(k_m^0 \rho)$ 后在 $[0, a]$ 上积分，得

$$\int_0^a d_0 \mathrm{J}_0(0) \rho \, \mathrm{d}\rho = \int_0^a f_1(\rho) \rho \, \mathrm{d}\rho \tag{4.432}$$

$$(c_m + d_m) \int_0^a \mathrm{J}_0^2\left(\frac{x_m^1}{a}\rho\right) \rho \, \mathrm{d}\rho = \int_0^a f_1(\rho) \rho \mathrm{J}_0\left(\frac{x_m^1}{a}\rho\right) \mathrm{d}\rho \tag{4.433}$$

进而可得

$$d_0 = \frac{2}{a^2} \int_0^a f_1(\rho) \rho \, \mathrm{d}\rho \tag{4.434}$$

$$c_m + d_m = \frac{\int_0^a f_1(\rho) \rho \mathrm{J}_0\left(\frac{x_m^1}{a}\rho\right) \mathrm{d}\rho}{\int_0^a \mathrm{J}_0^2\left(\frac{x_m^1}{a}\rho\right) \rho \, \mathrm{d}\rho} \tag{4.435}$$

由贝塞尔函数的正交性

$$\int_0^a \rho \mathrm{J}_n^2(k_m^n \rho) \mathrm{d}\rho = \frac{a^2}{2} \left\{ \mathrm{J}_n'^2(k_m^n a) + \left[1 - \frac{n^2}{(k_m^n)^2} \right] \mathrm{J}_n^2(k_m^n a) \right\} \tag{4.436}$$

容易证明

$$\int_0^a \mathrm{J}_0^2\left(\frac{x_m^1}{a}\rho\right) \rho \, \mathrm{d}\rho = \frac{a^2}{2} \mathrm{J}_0^2(x_m^1) \tag{4.437}$$

所以式(4.435)可表示为

$$Q_1 = c_m + d_m = \frac{\int_0^a f_1(\rho) \rho \mathrm{J}_0\left(\frac{x_m^1}{a}\rho\right) \mathrm{d}\rho}{\frac{a^2}{2} \mathrm{J}_0^2(x_m^1)} \tag{4.438}$$

同理，通过式(4.431)可得

$$c_0 h + d_0 = \frac{2}{a^2} \int_0^a f_2(\rho) \rho \, \mathrm{d}\rho \tag{4.439}$$

$$Q_2 = c_m e^{\frac{x_m^1}{a}h} + d_m e^{-\frac{x_m^1}{a}h} = \frac{\int_0^a f_2(\rho)\rho J_0\left(\frac{x_m^1}{a}\rho\right)d\rho}{\frac{a^2}{2}J_0^2(x_m^1)} \tag{4.440}$$

由式(4.434)、式(4.438)、式(4.439)和式(4.440)联立可以求得系数 c_0、d_0、c_m、d_m，从而求得原问题的解，其值为式(4.429)。

4.11 本 章 小 结

1. 二阶常微分方程的级数解

(1) 常点邻域的解：

$$w(z) = \sum_{k=0}^{\infty} a_k(z - z_0)^k$$

(2) 正则奇点邻域的解：

$$w(z) = (z - z_0)^{\rho_1} \sum_{k=-\infty}^{\infty} c_k(z - z_0)^k$$

2. 勒让德方程及勒让德多项式

(1) 勒让德方程及其本征值问题：

$$(1 - x^2)y'' - 2xy' + l(l+1)y = 0$$

本征值和本征函数分别为

$$\lambda_l = l(l+1), \quad y = P_l(x) \quad (l = 0, 1, 2, \cdots)$$

(2) 勒让德多项式：

$$P_l(x) = \sum_{k=0}^{[l/2]} (-1)^k \frac{(2l-2k)!}{2^l \cdot k!(l-k)!(l-2k)!} x^{l-2k}$$

$$P_l(x) = \frac{1}{2^l l!} \frac{d^l}{dx^l}(x^2 - 1)^l$$

$$P_l(x) = \frac{1}{2\pi i} \oint_C \frac{(\xi^2 - 1)^l}{2^l(\xi - x)^{l+1}} d\xi$$

(3) 勒让德多项式的性质：

母函数：

$$(1 - 2rx + r^2)^{-\frac{1}{2}} = \sum_{l=0}^{\infty} P_l(x)r^l$$

递推关系：

$$(2l+1)xP_l(x) - lP_{l-1}(x) = (l+1)P_{l+1}(x)$$

$$(2l+1)P_l(x) = P'_{l+1}(x) - P'_{l-1}(x)$$

正交归一性：

$$\int_{-1}^{1} P_l(x)P_k(x)\,dx = \frac{2}{2l+1}\delta_{kl}$$

广义傅里叶级数展开:

$$f(x) = \sum_{l=0}^{\infty} C_l P_l(x)$$

其中

$$C_l = \frac{2l+1}{2} \int_{-1}^{1} f(x) P_l(x) \, \mathrm{d}x \qquad (l = 0, 1, 2, \cdots)$$

3. 连带勒让德方程及连带勒让德函数

(1) 连带勒让德方程及其本征值问题:

$$(1-x^2)y'' - 2xy' + \left[l(l+1) - \frac{m^2}{1-x^2} \right] y = 0$$

的本征值为 $l(l+1)$,本征函数就是连带勒让德函数 $P_l^{(m)}(x)$。

(2) 连带勒让德函数:

$$P_l^m(x) = (1-x^2)^{\frac{m}{2}} P_l^{(m)}(x)$$

$$P_l^m(x) = \frac{(1-x^2)^{\frac{m}{2}}}{2^l l!} \frac{\mathrm{d}^{l+m}}{\mathrm{d}x^{l+m}} (x^2-1)^l$$

$$P_l^m(x) = \frac{(1-x^2)^{\frac{m}{2}}}{2^l} \frac{1}{2\pi\mathrm{i}} \frac{(l+m)!}{l!} \oint_C \frac{(\xi^2-1)^l}{(\xi-x)^{l+m+1}} \, \mathrm{d}\xi$$

(3) 连带勒让德函数的主要性质:

母函数:

$$\frac{1 \cdot 3 \cdot 5 \cdots (2m-1)}{(1-2xr+r^2)^{m+\frac{1}{2}}} = (1-x^2)^{\frac{m}{2}}$$

递推关系:

$$(l+1-m)P_{l+1}^m(x) - (2l+1)xP_l^m(x) + (l+m)P_{l-1}^m(x) = 0$$

正交归一性:

$$\int_{-1}^{1} P_l^m(x) P_k^m(x) \, \mathrm{d}x = \frac{(l+m)!}{(l-m)!} \frac{2}{2l+1} \delta_{kl} = (N_l^m)^2 \delta_{kl}$$

广义傅里叶级数展开:

$$f(x) = \sum_{l=0}^{\infty} C_l^m P_l^m(x)$$

其中

$$C_l^m = \frac{2l+1}{2} \frac{(l-m)!}{(l+m)!} \int_{-1}^{1} f(x) P_l^m(x) \, \mathrm{d}x$$

4. 球函数

(1) 球函数方程:

$$\frac{1}{\sin\theta} \frac{\partial}{\partial\theta} \left(\sin\theta \frac{\partial Y}{\partial\theta} \right) + \frac{1}{\sin^2\theta} \frac{\partial^2 Y}{\partial\varphi^2} + l(l+1)Y = 0$$

(2) 球函数的定义:

$$Y_{l,m}(\theta, \varphi) = \sqrt{\frac{2l+1}{4\pi}\frac{(l-m)!}{(l+m)!}}\, P_l^m(\cos\theta)\, e^{im\varphi}$$

其中：$l = 0, 1, 2, \cdots$；$m = 0, \pm1, \pm2, \cdots, \pm l$。

（3）球函数的性质：

正交归一性：

$$\int_0^\pi\int_0^{2\pi} Y_{l,m}(\theta, \varphi)\overline{Y}_{k,n}(\theta, \varphi)\,\sin\theta\,\mathrm{d}\varphi\mathrm{d}\theta = \delta_{lk}\delta_{mn} = \begin{cases} 0 & (l\neq k \text{ 或 } m\neq n) \\ 1 & (l=k \text{ 且 } m=n) \end{cases}$$

广义傅里叶级数展开：

$$f(\theta, \varphi) = \sum_{m=-l}^{l}\sum_{l=0}^{\infty} C_{l,m}Y_{l,m}(\theta, \varphi)$$

其中

$$C_{l,m} = \int_0^\pi\int_0^{2\pi} f(\theta, \varphi)\overline{Y}_{l,m}(\theta, \varphi)\,\sin\theta\,\mathrm{d}\varphi\mathrm{d}\theta$$

5. 贝塞尔方程与(柱)贝塞尔函数

（1）贝塞尔方程及其本征值问题：

$$x^2 y''(x) + xy'(x) + (x^2 - v^2)y(x) = 0$$

第一类齐次边界条件下的本征值和本征函数分别为

$$k_m^n = \frac{x_m^n}{a}, \quad R(\rho) = J_n(k_m^n\rho) = J_n\left(\frac{x_m^n}{a}\rho\right)$$

（2）第一类(柱)贝塞尔函数(第一类柱函数)：

$$J_v(x) = \sum_{k=0}^{\infty}(-1)^k\frac{1}{k!\Gamma(v+k+1)}\left(\frac{x}{2}\right)^{2k+v}$$

$$J_{-v}(x) = \sum_{k=0}^{\infty}(-1)^k\frac{1}{k!\Gamma(-v+k+1)}\left(\frac{x}{2}\right)^{2k-v}$$

当 v 为正整数或零时：

$$J_n(x) = \sum_{k=0}^{\infty}(-1)^k\frac{1}{k!(n+k)!}\left(\frac{x}{2}\right)^{2k+n}$$

（3）第二类(柱)贝塞尔函数(第二类柱函数)：

$$N_v(x) = \frac{J_v(x)\cos v\pi - J_{-v}(x)}{\sin v\pi}$$

（4）第三类(柱)贝塞尔函数(第三类柱函数)：

$$\begin{cases} H_v^{(1)}(x) = J_v(x) + iN_v(x) \\ H_v^{(2)}(x) = J_v(x) - iN_v(x) \end{cases}$$

（5）(柱)贝塞尔函数的性质：

母函数：

$$e^{\frac{x}{2}\left(t-\frac{1}{t}\right)} = \sum_{n=-\infty}^{\infty} J_n(x)t^n$$

递推关系：

$$\frac{\mathrm{d}}{\mathrm{d}x}\left[x^v J_v(x)\right] = x^v J_{v-1}(x), \qquad \frac{\mathrm{d}}{\mathrm{d}x}\left[x^{-v}J_v(x)\right] = -x^{-v}J_{v+1}(x)$$

正交归一性：

$$\int_0^a \rho J_n(k_m^n \rho) J_n(k_l^n \rho)\, \mathrm{d}\rho = \frac{a^2}{2}\big[J_{n+1}(k_l^n a)\big]^2 \delta_{ml}$$

广义傅里叶级数展开：

$$f(\rho) = \sum_{m=1}^{\infty} C_m J_n(k_m^n \rho)$$

其中

$$C_m = \frac{1}{\dfrac{a^2}{2} J_{n+1}^2(k_m^n a)} \int_0^a \rho f(\rho) J_n(k_m^n \rho)\, \mathrm{d}\rho$$

6. 其他柱函数

(1) 球贝塞尔方程与球贝塞尔函数：

球贝塞尔方程：

$$x^2 \frac{\mathrm{d}^2 y}{\mathrm{d}x^2} + 2x \frac{\mathrm{d}y}{\mathrm{d}x} + \big[x^2 - l(l+1)\big] y = 0$$

球贝塞尔函数：

$$j_l = \sqrt{\frac{\pi}{2x}} J_{l+\frac{1}{2}}(x), \quad n_l = \sqrt{\frac{\pi}{2x}} N_{l+\frac{1}{2}}(x)$$

$$h_l^{(1)} = \sqrt{\frac{\pi}{2x}} H_{l+\frac{1}{2}}^{(1)}(x), \quad h_l^{(2)} = \sqrt{\frac{\pi}{2x}} H_{l+\frac{1}{2}}^{(2)}(x)$$

(2) 虚宗量贝塞尔方程与虚宗量贝塞尔函数：

虚宗量贝塞尔方程：

$$x^2 y'' + x y' - (x^2 + v^2) y = 0$$

虚宗量贝塞尔函数：

第一类虚宗量贝塞尔函数：

$$I_{\pm v}(x) = \sum_{k=0}^{\infty} \frac{1}{k!\,\Gamma(\pm v + k + 1)} \left(\frac{x}{2}\right)^{2k \pm v}$$

第二类虚宗量贝塞尔函数：

$$K_v(x) = \frac{\pi}{2} \cdot \frac{I_{-v}(x) - I_v(x)}{\sin v\pi}$$

习 题

4.1　用级数解法在 $x_0 = 0$ 的邻域内求解厄米方程：

$$y'' - 2xy' + \lambda y = 0$$

答案：$y = c_0 y_0 + c_1 y_1$，其中

$$y_0 = 1 + \sum_{k=1}^{\infty} \frac{1}{(2k)!}(-\lambda)(2 \cdot 2 - \lambda)\cdots(2 \cdot 2k - \lambda) x^{2k}$$

$$y_1 = x + \sum_{k=1}^{\infty} \frac{1}{(2k+1)!}(2 - \lambda)\cdots[2 \cdot (2k-1) - \lambda] x^{2k+1}$$

4.2 证明：

$$P_n(1) = 1, \quad P_n(-1) = (-1)^n$$

$$P_{2n-1}(0) = 0, \quad P_{2n}(0) = \frac{(-1)^n (2n)!}{2^{2n}(n!)^2}$$

4.3 证明：

(1) $x^2 = \dfrac{2}{3}P_2(x) + \dfrac{1}{3}P_0(x)$；

(2) $x^3 = \dfrac{2}{5}P_3(x) + \dfrac{3}{5}P_1(x)$。

4.4 计算积分：

(1) $\displaystyle\int_{-1}^{1} x P_5(x)\, dx$；　　　　(2) $\displaystyle\int_{-1}^{1} x^2 P_l(x) P_{l+2}(x)\, dx$；

(3) $\displaystyle\int_{-1}^{1} x P_l(x) P_{l+1}(x)\, dx$；　　(4) $\displaystyle\int_{-1}^{1} P_l(x)\, dx \quad (l \neq 0)$。

答案：(1) 0；　(2) $\dfrac{2(l+1)(l+2)}{(2l+1)(2l+3)(2l+5)}$；　(3) $\dfrac{2(l+1)}{(2l+1)(2l+3)}$；　(4) 0。

4.5 若 $f(x) = \begin{cases} 0 & (-1 \leqslant x \leqslant 0) \\ x & (0 < x \leqslant 1) \end{cases}$，证明：

$$f(x) = \frac{1}{4}P_0(x) + \frac{1}{2}P_1(x) + \frac{5}{16}P_2(x) - \frac{3}{32}P_4(x) + \cdots$$

4.6 将函数 $f(x) = |x|$ 按照勒让德多项式展开。

答案：$\dfrac{1}{2}P_0(x) + \displaystyle\sum_{n=1}^{\infty} \frac{(-1)^{n+1}(4n+1)(2n-2)!}{2^{2n}(n-1)!(n+1)!}P_{2n}(x)$。

4.7 在半径为 1 的球内求调和函数 u，使 $u|_{r=1} = 3\cos 2\theta + 1$。

答案：求调和函数，就是求拉普拉斯方程 $\Delta u = 0$ 的解，即 $u(r, \theta) = 4r^2 P_2(\cos\theta)$。

4.8 设有一单位球，其边界球面上电势分布为 $u|_{r=1} = \cos^2\theta$，试求球内稳定的电势分布。

答案：$u(r, \theta) = \dfrac{1}{3} + \dfrac{2}{3}P_2(\cos\theta)r^2$。

4.9 有一内半径为 a、外半径为 $2a$ 的均匀球壳，其内、外表面的温度分布分别保持零和 u_0，试求球壳间的稳定温度分布。

答案：定解问题为

$$\begin{cases} \Delta u = 0 & (a < r < 2a) \\ u|_{r=a} = 0, \ u|_{r=2a} = u_0 \end{cases}$$

解得

$$u(r, \theta) = 2u_0\left(1 - \frac{a}{r}\right)P_0(\cos\theta)$$

4.10 半径为 a 的半球的球面保持温度 u_0，半球底面保持绝热，试求这个半球里的稳定温度分布。

答案：应将半球问题延拓为全球问题求解，即

$$\begin{cases} \Delta u = 0 & (r < a) \\ u\mid_{r=a} = \begin{cases} u_0 & \left(0 \leqslant \theta \leqslant \dfrac{\pi}{2}\right) \\ u_0 & \left(\dfrac{\pi}{2} < \theta \leqslant \pi\right) \end{cases} \\ \dfrac{\partial u}{\partial \theta}\bigg|_{\theta=\frac{\pi}{2}} = 0 \end{cases}$$

其解为

$$u(r,\ \theta) = u_0 \mathrm{P}_0(\cos\theta) = u_0$$

4.11　在强度为 E_0 的均匀电场中，放入一个半径为 a、带电量为 Q 的导体球，求球外的电势分布。

答案：定解问题为

$$\begin{cases} \Delta u = 0 & (r > a) \\ u\mid_{r=a} = 0,\ u\mid_{r\to\infty} \approx u_0 - E_0 r\cos\theta \end{cases}$$

第二个边界条件来自无穷远处（设 E_0 沿 z 轴）的场仍为 E_0，即 $E_0 = -\dfrac{\partial u}{\partial z}$，积分可得第二个边界条件。其解为

$$u(r,\ \theta) = u_0 - \frac{a}{r}u_0 - E_0 r\cos\theta + \frac{E_0 a^3}{r^2}\cos\theta$$

4.12　设有一均匀球体，在球面上温度为 $(1+3\cos\theta)\sin\theta\cos\varphi$，试求稳定状态下球内的温度分布。

答案：

$$u(r,\ \theta,\ \varphi) = \frac{r}{a}\cos\varphi\mathrm{P}_1^1(\cos\theta) + \frac{r^2}{a^2}\cos\varphi\mathrm{P}_2^1(\cos\theta)$$

$$= \frac{r}{a}\cos\varphi\sin\theta + \frac{3r^2}{2a^2}\cos\varphi\sin2\theta$$

4.13　有一均匀球体，球面温度为 $u\mid_{r=a} = \cos\varphi\sin3\theta$，求球内稳定的温度场分布。

答案：$u(r,\ \theta,\ \varphi) = \cos\varphi\left[-\dfrac{r}{a}\dfrac{\sin\theta}{5} + \dfrac{r^3}{a^3}\dfrac{1}{5}(\sin\theta + 5\sin3\theta)\right]$。

4.14　用球函数把下列函数展开：

(1) $3\sin^2\theta\cos^2\varphi$；

(2) $\dfrac{1}{r^2}(x^2 + 2z^2 + 3xy + 4xz)$　$(r^2 = x^2 + y^2 + z^2)$。

答案：(1) $2\sqrt{\pi}\mathrm{Y}_{0,\,0} - 2\sqrt{\dfrac{\pi}{5}}\mathrm{Y}_{2,\,0} + 3\sqrt{\dfrac{2\pi}{15}}(\mathrm{Y}_{2,\,2} + \mathrm{Y}_{2,\,-2})$；

(2) $2\sqrt{\pi}\mathrm{Y}_{0,\,0} + 2\sqrt{\dfrac{\pi}{5}}\mathrm{Y}_{2,\,0} - 4\sqrt{\dfrac{2\pi}{15}}\mathrm{Y}_{2,\,1} + 4\sqrt{\dfrac{2\pi}{15}}\mathrm{Y}_{2,\,-1} + (1-3\mathrm{i})\sqrt{\dfrac{2\pi}{15}}\mathrm{Y}_{2,\,2}$

　　$+ (1+3\mathrm{i})\sqrt{\dfrac{2\pi}{15}}\mathrm{Y}_{2,\,-2}$。

4.15　证明：

(1) $\cos x = J_0(x) + 2\sum_{m=1}^{\infty}(-1)^m J_{2m}(x)$；

(2) $\sin x = 2\sum_{m=0}^{\infty}(-1)^m J_{2m+1}(x)$。

4.16　计算积分：

(1) $\int x^4 J_1(x)\,dx$；　(2) $\int J_3(x)\,dx$。

答案：(1) $x^4 J_2(x) - 2x^3 J_3(x) + C$；

(2) $-J_2(x) - 2\dfrac{J_1(x)}{x} + C$。

4.17　利用母函数证明贝塞尔函数的加法公式：

$$J_n(x+y) = \sum_{k=-\infty}^{\infty} J_k(x)J_{n-k}(y)$$

4.18　证明：

$$J_2(x) = J_0''(x) - \frac{1}{x}J_0'(x)$$

4.19　在强度为 E_0 的均匀电场中，放入一个半径为 a 的无限长导体圆柱，其轴线垂直于 E_0，单位长度的带电量为 Q，求此圆柱外的电势分布。

答案：以圆柱轴线为 z 轴取直角坐标系，则电势分布属于平面问题（在 xOy 平面内）定解问题为

$$\begin{cases} \Delta u(\rho,\varphi) = 0 & (\rho > a) \\ u\,|_{\rho=a} = 0,\ u\,|_{\rho \gg a} \approx u_0 - E_0\rho\cos\varphi + \dfrac{Q}{2\pi\varepsilon_0}\ln\dfrac{1}{\rho} \end{cases}$$

其解为

$$u(\rho,\varphi) = \frac{Q}{2\pi\varepsilon_0}\ln\frac{a}{\rho} - E_0\rho\cos\varphi + \frac{E_0 a^2}{\rho}\cos\varphi$$

4.20　求解平面问题：

$$\begin{cases} \Delta u(\rho,\varphi) = -xy & (\rho < a) \\ u\,|_{\rho=a} = 0 \end{cases}$$

答案：$u = \dfrac{1}{12}xy(a^2 - x^2 - y^2)$（提示：方程齐次化，用极坐标求解）。

4.21　半径为 a、高为 h 的圆柱体，其下底和侧面保持零度，上底温度分布为 $f(\rho) = \rho^2$，求柱体内各点的稳定温度分布。

答案：$u(\rho,z) = 2a^2\sum_{m=1}^{\infty}\dfrac{\left[(x_m^0)^2 - 4\right]}{(x_m^0)^3}\dfrac{\operatorname{sh}\left(\dfrac{x_m^0}{a}z\right)}{\operatorname{sh}\left(\dfrac{x_m^0}{a}h\right)}\dfrac{J_0\left(\dfrac{x_m^0}{a}\rho\right)}{J_1(x_m^0)}$。

4.22　一半径为 a、高为 $2h$ 的导体圆柱（电导率为 σ），稳定电流 I 从上底中心垂直流入而从下底中心垂直流出，求柱内的电势分布。

答案：定解问题为

$$\begin{cases} \Delta u(\rho,\,z) = 0 & (\rho < a,\, -h < z < h) \\[2mm] u_\rho \mid_{\rho=a} = 0 \\[2mm] u_z \mid_{z=-h} = f(\rho) = \dfrac{I}{2\pi\sigma\rho}\delta(\rho) \\[2mm] u_z \mid_{z=h} = f(\rho) = \dfrac{I}{2\pi\sigma\rho}\delta(\rho) \end{cases}$$

其解为

$$u(\rho,\,z) = C + \frac{I}{\pi a^2 \sigma}z + \frac{I}{\pi a\sigma}\sum_{n=1}^{\infty} \frac{1}{x_n^1 \operatorname{ch}\left(\dfrac{x_n^1}{a}h\right)J_0^2(x_n^1)} \operatorname{sh}\left(\frac{x_n^1}{a}z\right)J_0\left(\frac{x_n^1}{a}\rho\right)$$

4.23　求解半径为 R、边界固定的圆膜的轴对称振动问题，设初始时刻在膜上 $\rho \leqslant \varepsilon$ 处有一冲量的垂直作用。

答案：定解问题为

$$\begin{cases} u_{tt}(\rho,\,t) = a^2 \Delta u(\rho,\,t) & (\rho < R) \\[2mm] u \mid_{\rho=R} = 0 \\[2mm] u \mid_{t=0} = 0, \; u_t \mid_{t=0} = \begin{cases} \dfrac{I}{\pi\varepsilon^2 m} & (0 \leqslant \rho < \varepsilon) \\[3mm] 0 & (\varepsilon < \rho \leqslant R) \end{cases} \end{cases}$$

其中：I 是冲量；m 是膜的密度。

　　其解为

$$u(\rho,\,t) = \frac{2I}{m\pi\varepsilon a}\sum_{n=1}^{\infty}\frac{1}{\left[x_n^0 J_1(x_n^0)\right]^2}J_1\left(\frac{x_n^0\varepsilon}{R}\right)J_0\left(\frac{x_n^0}{R}\rho\right)\sin\frac{x_n^0 a}{R}t$$

4.24　证明：

(1) $J_{\frac{1}{2}}(x) = \sqrt{\dfrac{2}{\pi x}}\,\sin x$；

(2) $J_{n+\frac{1}{2}}(x) = (-1)^n\sqrt{\dfrac{2}{\pi}}\,x^{n+\frac{1}{2}}\dfrac{\mathrm{d}^n}{(x\,\mathrm{d}x)^n}\left(\dfrac{\sin x}{x}\right)$。

第 5 章 积 分 变 换 法

积分变换法是求解数学物理方程定解问题的常用方法之一。积分变换就是把某函数类 A 中的函数 $f(x)$ 经过某种可逆的积分手段

$$F(p) = \int k(x, p) f(x) \, \mathrm{d}x \tag{5.1}$$

变换成另一函数类 B 中的函数 $F(p)$。我们把 $F(p)$ 变换称为 $f(x)$ 的像函数，$f(x)$ 称为原像函数，而 $k(x, p)$ 是 p 和 x 的已知函数，称为积分变换的核。经过这种变换，原来的偏微分方程可以减少自变量的个数，直至成为常微分方程；而原来的常微分方程可以变成代数方程，从而使函数类 B 中的运算简化。找出在 B 中的一个解，再经过逆变换，便可得到原来要在 A 中所求的解，而且是显式解。

积分变换有很多种类，如傅里叶变换、拉普拉斯变换、汉克尔变换以及梅林变换等。本章将介绍常用的傅里叶变换和拉普拉斯变换。

5.1 傅 里 叶 变 换

5.1.1 傅里叶积分

由高等数学的知识可知，如果一个以 $2l$ 为周期的周期函数 $f_l(x)$ 满足狄利克雷条件，即函数在区间 $[-l, l]$ 上，连续或只有有限个第一类间断点，并且只有有限个极值点，那么该函数在区间 $[-l, l]$ 上就可以展开为傅里叶级数。

傅里叶级数展开式的复数形式为

$$f_l(x) = \sum_{n=-\infty}^{\infty} c_n \mathrm{e}^{\mathrm{i}\omega_n x} \tag{5.2}$$

其中：$\omega_n = \dfrac{n\pi}{l}$；$c_n = \dfrac{1}{2l}\displaystyle\int_{-l}^{l} f(\xi) \mathrm{e}^{-\mathrm{i}\omega_n \xi} \, \mathrm{d}\xi$。

因此，$f_l(x)$ 又表示为

$$f_l(x) = \frac{1}{2l} \sum_{n=-\infty}^{\infty} \left[\int_{-l}^{l} f(\xi) \mathrm{e}^{-\mathrm{i}\omega_n \xi} \, \mathrm{d}\xi \right] \mathrm{e}^{\mathrm{i}\omega_n x} \tag{5.3}$$

可以看到，以 $2l$ 为周期的函数，在自变量增长的过程中，函数值有规律地重复，自变量每增长一个周期 $2l$，函数就重复变化一次。其中，参数 ω_n 不连续地、跳跃地取下列值：

$$\cdots, -\frac{n\pi}{l}, \cdots, -\frac{2\pi}{l}, -\frac{\pi}{l}, 0, \frac{\pi}{l}, \frac{2\pi}{l}, \cdots, \frac{n\pi}{l}, \cdots$$

其跃变间隔为

$$\Delta \omega_n = \frac{\pi}{l} \tag{5.4}$$

对于非周期函数 $f(x)$ 而言，无法直接将其展开成傅里叶级数，但是可以将其看成是某个周期函数 $f_l(x)$ 在周期 $2l \to +\infty$ 时转化而来的，此时 $\Delta \omega_n = \pi/l \to 0$，这表明 ω_n 变为 ω 不再跃变，而是连续变化的。

具体做法如下：

$$\begin{aligned} f(x) &= \lim_{l \to \infty} \sum_{n=-\infty}^{\infty} \left[\frac{1}{2l} \int_{-l}^{l} f(\xi) \mathrm{e}^{-\mathrm{i}\omega_n \xi} \, \mathrm{d}\xi \right] \mathrm{e}^{\mathrm{i}\omega_n x} \\ &= \lim_{\Delta \omega_n \to 0} \sum_{n=-\infty}^{\infty} \left[\frac{1}{2\pi} \int_{-\infty}^{\infty} f(\xi) \mathrm{e}^{-\mathrm{i}\omega_n \xi} \, \mathrm{d}\xi \right] \mathrm{e}^{\mathrm{i}\omega_n x} \Delta \omega_n \end{aligned} \tag{5.5}$$

即

$$f(x) = \frac{1}{2\pi} \int_{-\infty}^{\infty} \left[\int_{-\infty}^{\infty} f(\xi) \mathrm{e}^{-\mathrm{i}\omega \xi} \, \mathrm{d}\xi \right] \mathrm{e}^{\mathrm{i}\omega x} \, \mathrm{d}\omega \tag{5.6}$$

式(5.6)即为函数 $f(x)$ 的傅里叶积分公式。

实际上，傅里叶积分公式的成立必须满足下述傅里叶积分定理：

设 $f(x)$ 在 $(-\infty, \infty)$ 上有定义，且

(1) 在任意一有限区间上满足狄利克雷条件；

(2) 在无限区间 $(-\infty, \infty)$ 上绝对可积：

$$\int_{-\infty}^{\infty} |f(x)| \, \mathrm{d}x < \infty \tag{5.7}$$

则傅里叶积分公式

$$f(x) = \frac{1}{2\pi} \int_{-\infty}^{\infty} \left[\int_{-\infty}^{\infty} f(\xi) \mathrm{e}^{-\mathrm{i}\omega \xi} \, \mathrm{d}\xi \right] \mathrm{e}^{\mathrm{i}\omega x} \, \mathrm{d}\omega \tag{5.8}$$

在 $f(x)$ 的连续点 x 处成立，而在 $f(x)$ 的第一类间断点 x_0 处，右边的积分应该用 $\frac{1}{2}[f(x_0+0)+f(x_0-0)]$ 来代替。

类似地，可以写出三维形式的傅里叶积分公式：

$$f(x, y, z) = \left(\frac{1}{2\pi}\right)^3 \iiint_{-\infty}^{\infty} \left[\iiint_{-\infty}^{\infty} f(\xi, \eta, \zeta) \mathrm{e}^{-\mathrm{i}(\omega_1 \xi + \omega_2 \eta + \omega_3 \zeta)} \, \mathrm{d}\xi \, \mathrm{d}\eta \, \mathrm{d}\zeta \right] \cdot \mathrm{e}^{\mathrm{i}(\omega_1 x + \omega_2 y + \omega_3 z)} \, \mathrm{d}\omega_1 \mathrm{d}\omega_2 \mathrm{d}\omega_3 \tag{5.9}$$

5.1.2 傅里叶变换

在傅里叶积分公式(式(5.6))中，令

$$G(\omega) = \int_{-\infty}^{\infty} f(x) \mathrm{e}^{-\mathrm{i}\omega x} \, \mathrm{d}x \tag{5.10}$$

则

$$f(x) = \frac{1}{2\pi} \int_{-\infty}^{\infty} G(\omega) \mathrm{e}^{\mathrm{i}\omega x} \, \mathrm{d}\omega \tag{5.11}$$

可见，函数 $f(x)$ 和函数 $G(\omega)$ 可以通过积分互相表示。我们称式(5.10)为函数 $f(x)$ 的傅里叶变换，记作

$$F[f(x)] = G(\omega) = \int_{-\infty}^{\infty} f(x) \mathrm{e}^{-\mathrm{i}\omega x} \, \mathrm{d}x \tag{5.12}$$

$G(\omega)$ 又称为 $f(x)$ 的像函数；而称式(5.11)为函数 $G(\omega)$ 的傅里叶逆变换，记作

$$F^{-1}[G(\omega)] = f(x) = \frac{1}{2\pi}\int_{-\infty}^{\infty} G(\omega)e^{i\omega x}\,d\omega \tag{5.13}$$

$f(x)$ 又称为 $G(\omega)$ 的原像函数。因此，当 $f(x)$ 满足傅里叶积分定理时，傅里叶积分公式即可写成

$$f(x) = F^{-1}\{F[f(x)]\} \tag{5.14}$$

这是傅里叶变换和傅里叶逆变换之间的一个重要关系。

同样，在三维傅里叶积分公式(式(5.9))的基础上可以引入三维傅里叶变换的定义。记

$$\begin{cases} \boldsymbol{\omega} = \boldsymbol{e}_1\omega_1 + \boldsymbol{e}_2\omega_2 + \boldsymbol{e}_3\omega_3 \\ \boldsymbol{r} = \boldsymbol{e}_1 x + \boldsymbol{e}_2 y + \boldsymbol{e}_3 z \\ f(\boldsymbol{r}) = f(x,\ y,\ z) \\ |\,d\boldsymbol{r}\,| = dx\,dy\,dz \\ |\,d\boldsymbol{\omega}\,| = d\omega_1\,d\omega_2\,d\omega_3 \end{cases} \tag{5.15}$$

则式(5.9)可变为

$$f(\boldsymbol{r}) = \frac{1}{(2\pi)^3}\iiint_{-\infty}^{\infty}\left[\iiint_{-\infty}^{\infty} f(\xi,\ \eta,\ \zeta)e^{-i(\omega_1\xi+\omega_2\eta+\omega_3\zeta)}\,d\xi\,d\eta\,d\zeta\right]e^{i\boldsymbol{\omega}\cdot\boldsymbol{r}}\,d\boldsymbol{\omega} \tag{5.16}$$

令

$$G(\boldsymbol{\omega}) = \iiint_{-\infty}^{\infty} f(\boldsymbol{r})e^{-i\boldsymbol{\omega}\cdot\boldsymbol{r}}\,d\boldsymbol{r} \tag{5.17}$$

则

$$f(\boldsymbol{r}) = \frac{1}{(2\pi)^3}\iiint_{-\infty}^{\infty} G(\boldsymbol{\omega})e^{i\boldsymbol{\omega}\cdot\boldsymbol{r}}\,d\boldsymbol{\omega} \tag{5.18}$$

我们称式(5.17)为三维函数 $f(\boldsymbol{r})$ 的傅里叶变换，记作

$$F[f(\boldsymbol{r})] = G(\boldsymbol{\omega}) = \iiint_{-\infty}^{\infty} f(\boldsymbol{r})e^{-i\boldsymbol{\omega}\cdot\boldsymbol{r}}\,d\boldsymbol{r} \tag{5.19}$$

$G(\boldsymbol{\omega})$ 又称为 $f(\boldsymbol{r})$ 的像函数；而称式(5.18)为三维函数 $G(\boldsymbol{\omega})$ 的傅里叶逆变换，记作

$$F^{-1}[G(\boldsymbol{\omega})] = f(\boldsymbol{r}) = \frac{1}{(2\pi)^3}\iiint_{-\infty}^{\infty} G(\boldsymbol{\omega})e^{i\boldsymbol{\omega}\cdot\boldsymbol{r}}\,d\boldsymbol{\omega} \tag{5.20}$$

$f(\boldsymbol{r})$ 又称为 $G(\boldsymbol{\omega})$ 的原像函数。

例 5.1 指数衰减函数 $f(t) = \begin{cases} 0 & (t<0) \\ e^{-\beta t} & (t\geqslant 0) \end{cases}$ 是无线电技术中常用的一个函数，求它的傅里叶变换和积分表达式。其中，$\beta>0$。

解 由傅里叶变换定义式(式(5.12))有

$$F[f(t)] = G(\omega) = \int_{-\infty}^{\infty} f(t)e^{-i\omega t}\,dt$$

$$= \int_{0}^{\infty} e^{-\beta t}e^{-i\omega t}\,dt = \int_{0}^{\infty} e^{-(\beta+i\omega)t}\,dt = \frac{\beta - i\omega}{\beta^2 + \omega^2} \tag{5.21}$$

而由傅里叶逆变换定义式(式(5.13))有

$$f(t) = \frac{1}{2\pi}\int_{-\infty}^{\infty} G(\omega) e^{i\omega t}\, d\omega = \frac{1}{2\pi}\int_{-\infty}^{\infty}\frac{\beta - i\omega}{\beta^2 + \omega^2} e^{i\omega t}\, d\omega$$

$$= \frac{1}{2\pi}\int_{-\infty}^{\infty}\frac{\beta\cos\omega t + \omega\sin\omega t}{\beta^2 + \omega^2}\, d\omega$$

$$= \frac{1}{\pi}\int_{0}^{\infty}\frac{\beta\cos\omega t + \omega\sin\omega t}{\beta^2 + \omega^2}\, d\omega \tag{5.22}$$

由此可得一个含参变量 t 的积分式：

$$\int_{0}^{\infty}\frac{\beta\cos\omega t + \omega\sin\omega t}{\beta^2 + \omega^2}\, d\omega = f(t)\cdot\pi = \begin{cases} 0 & (t < 0) \\ \dfrac{\pi}{2} & (t = 0) \\ \pi e^{-\beta t} & (t > 0) \end{cases} \tag{5.23}$$

5.1.3　傅里叶变换的物理意义

$G(\omega)$ 为 $f(x)$ 的频率密度函数或频谱函数，它可用来反映各种频率谐波之间振幅的相对大小，并称 $|G(\omega)|$ 为 $f(x)$ 的频谱。因为 ω 是连续变化的，所以 $f(x)$ 的频谱是连续谱。而

$$f(x) = \frac{1}{2\pi}\int_{-\infty}^{\infty} G(\omega) e^{i\omega x}\, d\omega \tag{5.24}$$

可以解释为无穷多个振幅（复振幅）为无限小的、频率为连续的谐波的连续和。

5.1.4　傅里叶变换的性质

在讨论问题的过程中，为了叙述方便，当涉及对某一函数进行傅里叶变换时，都假定这个函数满足傅里叶变换的条件。

1. 线性性质

若 a、b 为任意常数，则对任意函数 f_1 和 f_2 有

$$F[af_1 + bf_2] = aF[f_1] + bF[f_2] \tag{5.25}$$

证明可以由定义推出。可见，傅里叶变换是一种线性变换。

2. 位移性质

设 x_0 为任意常数，则

$$F[f(x - x_0)] = e^{-i\omega x_0} F[f(x)] \tag{5.26}$$

证明　由定义知

$$F[f(x - x_0)] = \int_{-\infty}^{\infty} f(x - x_0) e^{-i\omega x}\, dx$$

$$= e^{-i\omega x_0}\int_{-\infty}^{\infty} f(x - x_0) e^{-i\omega(x - x_0)}\, d(x - x_0)$$

$$= e^{-i\omega x_0}\int_{-\infty}^{\infty} f(x') e^{-i\omega x'}\, dx'$$

$$= e^{-i\omega x_0} F[f(x)] \tag{5.27}$$

它表明函数 $f(x)$ 沿 x 轴位移 x_0，相当于它的傅里叶变换乘以因子 $e^{i\omega x_0}$。

3. 延迟性质

设 ω_0 为任意常数，则

$$F[e^{i\omega_0 x}f(x)] = G(\omega - \omega_0) \tag{5.28}$$

证明 由定义有

$$F[e^{i\omega_0 x}f(x)] = \int_{-\infty}^{\infty} e^{i\omega_0 x}f(x)e^{-i\omega x}\,dx$$

$$= \int_{-\infty}^{\infty} f(x)e^{-i(\omega-\omega_0)x}\,dx$$

$$= G(\omega - \omega_0) \tag{5.29}$$

4. 相似性质

设 a 是不为零的常数，则

$$F[f(ax)] = \frac{1}{|a|}G\left(\frac{\omega}{a}\right) \tag{5.30}$$

证明 令 $ax=x'$，则当 $a>0$ 时，有

$$F[f(ax)] = \int_{-\infty}^{\infty} f(ax)e^{-i\omega x}\,dx = \int_{-\infty}^{\infty} f(x')e^{-i\frac{\omega}{a}x'}\,d\left(\frac{x'}{a}\right)$$

$$= \frac{1}{a}G\left(\frac{\omega}{a}\right) \tag{5.31}$$

而当 $a<0$ 时，有

$$F[f(ax)] = \int_{-\infty}^{\infty} f(ax)e^{-i\omega x}\,dx = \int_{\infty}^{-\infty} f(x')e^{-i\frac{\omega}{a}x'}\,d\left(\frac{x'}{a}\right)$$

$$= -\frac{1}{a}G\left(\frac{\omega}{a}\right) \tag{5.32}$$

所以

$$F[f(ax)] = \frac{1}{|a|}G\left(\frac{\omega}{a}\right) \tag{5.33}$$

5. 微分性质

如果当 $|x|\to\infty$ 时，$f(x)\to 0$，$f^{(n-1)}(x)\to 0$（其中 $n=1, 2, \cdots$），则

$$\begin{cases} F[f'(x)] = (i\omega)F[f(x)] \\ F[f''(x)] = (i\omega)^2 F[f(x)] \\ \qquad\qquad \vdots \\ F[f^{(n)}(x)] = (i\omega)^n F[f(x)] \end{cases} \tag{5.34}$$

证明 由定义和分部积分法有

$$F[f'(x)] = \int_{-\infty}^{\infty} f'(x)e^{-i\omega x}\,dx$$

$$= [f(x)e^{-i\omega x}]_{-\infty}^{\infty} - \int_{-\infty}^{\infty} f(x)(-i\omega)e^{-i\omega x}\,dx \tag{5.35}$$

因为当 $|x|\to\infty$ 时，$f(x)\to 0$，因此

$$F[f'(x)] = i\omega\int_{-\infty}^{\infty} f(x)e^{-i\omega x}\,dx = i\omega F[f(x)] \tag{5.36}$$

又因为当 $|x| \to \infty$ 时，$f'(x) \to 0$，所以

$$F[f''(x)] = F\left[\frac{\mathrm{d}f'(x)}{\mathrm{d}x}\right] = \mathrm{i}\omega F[f'(x)] = (\mathrm{i}\omega)^2 F[f(x)] \tag{5.37}$$

重复以上过程便可以得到式(5.34)。

6. 积分性质

$$F\left[\int_{x_0}^{x} f(\xi)\ \mathrm{d}\xi\right] = \frac{1}{\mathrm{i}\omega} F[f(x)] \tag{5.38}$$

证明   因为

$$\frac{\mathrm{d}}{\mathrm{d}x}\int_{x_0}^{x} f(\xi)\ \mathrm{d}\xi = f(x) \tag{5.39}$$

所以

$$F\left[\frac{\mathrm{d}}{\mathrm{d}x}\int_{x_0}^{x} f(\xi)\ \mathrm{d}\xi\right] = F[f(x)] \tag{5.40}$$

又由微分性质(式(5.34))得

$$F\left[\frac{\mathrm{d}}{\mathrm{d}x}\int_{x_0}^{x} f(\xi)\ \mathrm{d}\xi\right] = \mathrm{i}\omega F\left[\int_{x_0}^{x} f(\xi)\ \mathrm{d}\xi\right] \tag{5.41}$$

比较上面两式即知式(5.38)成立。

7. 卷积定理

已知函数 $f_1(x)$ 和 $f_2(x)$，则定义积分

$$\int_{-\infty}^{\infty} f_1(\xi) f_2(x-\xi)\ \mathrm{d}\xi \tag{5.42}$$

为函数 $f_1(x)$ 和 $f_2(x)$ 的卷积，记作 $f_1(x) * f_2(x)$，即

$$f_1(x) * f_2(x) = \int_{-\infty}^{\infty} f_1(\xi) f_2(x-\xi)\ \mathrm{d}\xi \tag{5.43}$$

卷积运算是一种函数间的运算，它满足交换律、结合律与分配律。

卷积定理：若 $f_1(x)$ 和 $f_2(x)$ 都满足傅里叶变换的条件，且 $f_1(x) * f_2(x)$ 也满足傅里叶变换的条件，则有

$$F[f_1(x) * f_2(x)] = F[f_1(x)] \cdot F[f_2(x)] \tag{5.44}$$

证明   由定义知

$$F[f_1 * f_2] = \int_{-\infty}^{\infty}\left[\int_{-\infty}^{\infty} f_1(\xi) f_2(x-\xi)\ \mathrm{d}\xi\right] \mathrm{e}^{-\mathrm{i}\omega x}\ \mathrm{d}x \tag{5.45}$$

由于 $f_1(x)$ 和 $f_2(x)$ 都是在 $(-\infty, \infty)$ 上绝对可积的，故积分可交换次序，于是

$$\begin{aligned}
F[f_1 * f_2] &= \int_{-\infty}^{\infty} f_1(\xi)\left[\int_{-\infty}^{\infty} f_2(x-\xi)\mathrm{e}^{-\mathrm{i}\omega x}\ \mathrm{d}x\right]\mathrm{e}^{-\mathrm{i}\omega x}\ \mathrm{d}\xi \\
&= \int_{-\infty}^{\infty} f_1(\xi) \cdot \mathrm{e}^{-\mathrm{i}\omega\xi} F[f_2]\ \mathrm{d}\xi \\
&= F[f_1] \cdot F[f_2]
\end{aligned} \tag{5.46}$$

8. 乘积定理

$$F[f_1(x) \cdot f_2(x)] = \frac{1}{2\pi} F[f_1(x)] * F[f_2(x)] \tag{5.47}$$

证明

$$F[f_1(x) \cdot f_2(x)] = \int_{-\infty}^{\infty} f_1(x) f_2(x) e^{-i\omega x} \, dx$$

$$= \int_{-\infty}^{\infty} f_1(x) \left[\frac{1}{2\pi} \int_{-\infty}^{\infty} G_2(\omega') e^{i\omega' x} \, d\omega' \right] e^{-i\omega x} \, dx$$

$$= \frac{1}{2\pi} \int_{-\infty}^{\infty} G_2(\omega') \left[\int_{-\infty}^{\infty} f_1(x) e^{-i(\omega - \omega')x} \, dx \right] d\omega'$$

$$= \frac{1}{2\pi} \int_{-\infty}^{\infty} G_2(\omega') G_1(\omega - \omega') \, d\omega'$$

$$= \frac{1}{2\pi} G_2(\omega) * G_1(\omega)$$

$$= \frac{1}{2\pi} F[f_1(x)] * F[f_2(x)] \tag{5.48}$$

用类似的方法可以证明三维函数的傅里叶变换也具有上述性质。

使用傅里叶变换的线性性质、微分性质和积分性质，可以把线性常微分方程化为代数方程，通过解代数方程和求傅里叶逆变换，即可得到此微分方程的解。

例 5.2 求函数 $f(x) = \dfrac{\sin ax}{x}(a > 0)$ 的傅里叶变换。

解 由傅里叶变换的定义有

$$F[f(x)] = F\left[\frac{\sin ax}{x} \right]$$

$$= \int_{-\infty}^{\infty} \frac{e^{iax} - e^{-iax}}{2ix} e^{-i\omega x} \, dx = \int_{-\infty}^{\infty} \frac{e^{i(a-\omega)x} - e^{-i(a+\omega)x}}{2ix} \, dx$$

$$= \int_{-\infty}^{\infty} \frac{\cos(a-\omega)x + i\sin(a-\omega)x - \cos(a+\omega)x + i\sin(a+\omega)x}{2ix} \, dx$$

$$= \int_{0}^{\infty} \frac{\sin(a-\omega)x}{x} \, dx + \int_{0}^{\infty} \frac{\sin(a+\omega)x}{x} \, dx \tag{5.49}$$

容易得到

$$\int_{0}^{\infty} \frac{\sin ax}{x} \, dx = \begin{cases} \dfrac{\pi}{2} & (a > 0) \\[2mm] -\dfrac{\pi}{2} & (a < 0) \end{cases} \tag{5.50}$$

作以下讨论：

(1) 若 $a > |\omega|$，则无论 $\omega > 0$ 或 $\omega < 0$，都有 $a - \omega > 0$，$a + \omega > 0$，所以由式(5.50)有

$$\int_{0}^{\infty} \frac{\sin(a-\omega)x}{x} \, dx = \int_{0}^{\infty} \frac{\sin(a+\omega)x}{x} \, dx = \frac{\pi}{2} \tag{5.51}$$

因此

$$F\left[\frac{\sin ax}{x} \right] = \frac{\pi}{2} + \frac{\pi}{2} = \pi \tag{5.52}$$

(2) 若 $a = |\omega|$，则

$$\omega = \begin{cases} a & (\omega > 0) \\ -a & (\omega < 0) \end{cases} \tag{5.53}$$

从而

$$
\begin{cases}
a - \omega = \begin{cases} 0 & (\omega > 0) \\ 2a & (\omega < 0) \end{cases} \\
a + \omega = \begin{cases} 2a & (\omega > 0) \\ 0 & (\omega < 0) \end{cases}
\end{cases}
\tag{5.54}
$$

于是有

$$
\int_0^\infty \frac{\sin(a - \omega)x}{x}\, \mathrm{d}x = \begin{cases} 0 & (\omega > 0) \\ \dfrac{\pi}{2} & (\omega < 0) \end{cases}
\tag{5.55}
$$

$$
\int_0^\infty \frac{\sin(a + \omega)x}{x}\, \mathrm{d}x = \begin{cases} \dfrac{\pi}{2} & (\omega > 0) \\ 0 & (\omega < 0) \end{cases}
\tag{5.56}
$$

因此

$$
F\left[\frac{\sin ax}{x}\right] = \frac{\pi}{2}
\tag{5.57}
$$

（3）若 $a < |\omega|$，则当 $\omega > 0$ 时，$a - \omega < 0$，$a + \omega > 0$，于是有

$$
\begin{cases}
\displaystyle\int_0^\infty \frac{\sin(a - \omega)x}{x}\, \mathrm{d}x = -\frac{\pi}{2} \\
\displaystyle\int_0^\infty \frac{\sin(a + \omega)x}{x}\, \mathrm{d}x = \frac{\pi}{2}
\end{cases}
\tag{5.58}
$$

从而

$$
F\left[\frac{\sin ax}{x}\right] = -\frac{\pi}{2} + \frac{\pi}{2} = 0
\tag{5.59}
$$

当 $\omega < 0$ 时，$a - \omega > 0$，$a + \omega < 0$，于是有

$$
\begin{cases}
\displaystyle\int_0^\infty \frac{\sin(a - \omega)x}{x}\, \mathrm{d}x = \frac{\pi}{2} \\
\displaystyle\int_0^\infty \frac{\sin(a + \omega)x}{x}\, \mathrm{d}x = -\frac{\pi}{2}
\end{cases}
\tag{5.60}
$$

从而

$$
F\left[\frac{\sin ax}{x}\right] = 0
\tag{5.61}
$$

综合以上（1）、（2）、（3）三种情况可得

$$
F[f(x)] = F\left[\frac{\sin ax}{x}\right] = \begin{cases} \pi & (a > |\omega|) \\ \dfrac{\pi}{2} & (a = |\omega|) \\ 0 & (a < |\omega|) \end{cases}
\tag{5.62}
$$

例 5.3　求函数 $f(x) = \begin{cases} 1 - x^2 & (|x| < 1) \\ 0 & (|x| > 1) \end{cases}$ 的傅里叶变换。

解　因为 $f(x)$ 在 $|x| < 1$ 中是偶函数，所以由傅里叶变换定义有

$$F[f(x)] = \int_{-\infty}^{\infty} f(x) e^{-i\omega x} \, dx = \int_{-1}^{1} (1 - x^2)(\cos\omega x - i \sin\omega x) \, dx$$

$$= 2 \int_{0}^{1} (1 - x^2) \cos\omega x \, dx$$

$$= 2 \left[\frac{\sin\omega x}{\omega} \right]_{0}^{1} - 2 \left[\frac{x}{\omega^2}(\omega x \sin\omega x + 2 \cos\omega x) - \frac{2}{\omega^3} \sin\omega x \right]_{0}^{1}$$

$$= \frac{4}{\omega^3} (\sin\omega - \omega \cos\omega) \tag{5.63}$$

5.1.5 δ 函数的傅里叶变换

因为

$$F[\delta(x)] = \int_{-\infty}^{\infty} \delta(x) e^{-i\omega x} \, dx = e^{-i\omega x} \big|_{x=0} = 1 \tag{5.64}$$

说明 δ 函数的傅里叶变换是常数 1。由此可认为，1 的傅里叶逆变换或者说原像就是 $\delta(x)$，即

$$F^{-1}[1] = \delta(x) \tag{5.65}$$

同理，根据傅里叶变换的定义以及 δ 函数的性质，有

$$F[\delta(x - \xi)] = \int_{-\infty}^{\infty} \delta(x - \xi) e^{-i\omega x} \, dx = e^{-i\omega\xi} \tag{5.66}$$

即 $\delta(x - \xi)$ 的傅里叶变换为 $e^{-i\omega\xi}$。当然也可认为

$$F^{-1}[e^{-i\omega\xi}] = \delta(x - \xi) \tag{5.67}$$

5.1.6 n 维傅里叶变换

在 n 维情况下，可以类似地定义函数 $f(x_1, x_2, \cdots, x_n)$ 的傅里叶变换如下：

$$F(\omega_1, \omega_2, \cdots, \omega_n) = F[f(x_1, x_2, \cdots, x_n)]$$

$$= \int_{-\infty}^{\infty} \cdots \int_{-\infty}^{\infty} f(x_1, x_2, \cdots, x_n) e^{-i(\omega_1 x_1 + \omega_2 x_2 + \cdots + \omega_n x_n)} \, dx_1 dx_2 \cdots dx_n \tag{5.68}$$

它的逆变换公式为

$$f(x_1, x_2, \cdots, x_n) = \frac{1}{(2\pi)^n} \int_{-\infty}^{\infty} \cdots \int_{-\infty}^{\infty} F(\omega_1, \omega_2, \cdots, \omega_n) e^{i(\omega_1 x_1 + \omega_2 x_2 + \cdots + \omega_n x_n)} \, d\omega_1 d\omega_2 \cdots d\omega_n$$

$$\tag{5.69}$$

可以证明，n 维傅里叶变换具有与一维傅里叶变换类似的性质。

5.2 傅里叶变换法

对于无限空间的定解问题，傅里叶变换是一种很适用的求解方法。本节将通过几个例题说明运用傅里叶变换求解无界空间的定解问题的基本方法，并给出几个重要的解的公式。

下面的讨论假设求解的函数 u 及其一阶导数都是有限的。

5.2.1 波动问题

例 5.4 求解无限长弦的自由振动定解问题，即

$$\begin{cases} u_{tt} - a^2 u_{xx} = 0 \quad (-\infty < x < \infty) \\ u \mid_{t=0} = \varphi(x) \\ u_t \mid_{t=0} = \psi(x) \end{cases} \tag{5.70}$$

解　视 t 为参数，对定解问题中各等式两边同时进行傅里叶变换，记

$$\begin{cases} F[u(x, t)] = U(\omega, t) \\ F[\varphi(x)] = \Phi(\omega) \\ F[\psi(x)] = \Psi(\omega) \end{cases} \tag{5.71}$$

则有

$$\begin{cases} \dfrac{\partial^2 U}{\partial t^2} + a^2 \omega^2 U(\omega, t) = 0 \\ U(\omega, t) \mid_{t=0} = \Phi(\omega) \\ U_t(\omega, t) \mid_{t=0} = \Psi(\omega) \end{cases} \tag{5.72}$$

解得

$$U(\omega, t) = A(\omega) e^{ia\omega t} + B(\omega) e^{-ia\omega t} \tag{5.73}$$

代入初始条件，则

$$\begin{cases} A(\omega) = \dfrac{1}{2}\Phi(\omega) + \dfrac{1}{2a}\dfrac{1}{i\omega}\Psi(\omega) \\ B(\omega) = \dfrac{1}{2}\Phi(\omega) - \dfrac{1}{2a}\dfrac{1}{i\omega}\Psi(\omega) \end{cases} \tag{5.74}$$

于是可得

$$U(\omega, t) = \dfrac{1}{2}\Phi(\omega) e^{i\omega at} + \dfrac{1}{2\omega a i}\Psi(\omega) e^{i\omega at} + \dfrac{1}{2}\Phi(\omega) e^{-i\omega at} - \dfrac{1}{2\omega a i}\Psi(\omega) e^{-i\omega at}$$

$$= \Phi(\omega) \cos(\omega at) + \dfrac{\Psi(\omega)}{\omega a} \sin(a\omega t) \tag{5.75}$$

对式(5.75)进行傅里叶逆变换，应用延迟定理和积分定理即可得到

$$u(x, t) = \dfrac{1}{2}[\varphi(x + at) + \varphi(x - at)] + \dfrac{1}{2a}\int_{x-at}^{x+at} \psi(\xi) \, d\xi \tag{5.76}$$

这就是前面介绍过的达朗贝尔公式。

对于例 5.4，可以添加一个非齐次项，使之成为一个非齐次方程。这样，原来的定解问题就成为如下的强迫弦振动问题。

例 5.5　求解无限长弦的强迫振动方程的初值问题，即

$$\begin{cases} u_{tt} - a^2 u_{xx} = f(x, t) \quad (-\infty < x < \infty) \\ u \mid_{t=0} = \varphi(x) \\ u_t \mid_{t=0} = \psi(x) \end{cases} \tag{5.77}$$

解　使用与例 5.4 相同的方法，作傅里叶变换：

$$\begin{cases} F[u(x, \tau)] = U(\omega, t) \\ F[f(x, t)] = F(\omega, t) \\ F[\varphi(x)] = \Phi(\omega) \\ F[\psi(x)] = \Psi(\omega) \end{cases} \tag{5.78}$$

容易得到原定解问题可变换为常微分方程问题：

$$\begin{cases} \dfrac{\partial^2 U}{\partial t^2} + a^2\omega^2 U(\omega,\ t) = F(\omega,\ t) \\ U(\omega,\ t)\mid_{t=0} = \Phi(\omega) \\ U_t(\omega,\ t)\mid_{t=0} = \Psi(\omega) \end{cases} \tag{5.79}$$

则上述问题的解为

$$U(\omega,\ t) = \frac{1}{a\omega}\int_0^t F(\omega,\ \tau)\ \sin[a\omega(t-\tau)]\ \mathrm{d}\tau + \Phi(\omega)\ \cos(\omega at) + \frac{\Psi(\omega)}{\omega a}\ \sin(a\omega t) \tag{5.80}$$

利用傅里叶变换的性质,有

$$F^{-1}[F(\omega,\ \tau)] = f(x,\ \tau) \tag{5.81}$$

$$F^{-1}\Big[\frac{1}{\mathrm{i}\omega}F(\omega,\ \tau)\Big] = \int_{x_0}^x f(\xi,\ \tau)\ \mathrm{d}\xi \tag{5.82}$$

所以

$$F^{-1}\Big[\mathrm{e}^{\pm\mathrm{i}\omega a(t-\tau)}\frac{1}{\mathrm{i}\omega}F(\omega,\ \tau)\Big] = \int_{x_0}^{x\pm a(t-\tau)} f(\xi,\ \tau)\ \mathrm{d}\xi \tag{5.83}$$

$$\sin[\omega a(t-\tau)] = \frac{1}{2\mathrm{i}}[\mathrm{e}^{\mathrm{i}\omega a(t-\tau)} - \mathrm{e}^{-\mathrm{i}\omega a(t-\tau)}] \tag{5.84}$$

从而

$$u(x,\ t) = \frac{1}{2a}\int_0^t \Big[\int_{x_0}^{x+a(t-\tau)} f(\xi,\ \tau)\ \mathrm{d}\xi - \int_{x_0}^{x-a(t-\tau)} f(\xi,\ \tau)\ \mathrm{d}\xi\Big]\ \mathrm{d}\tau$$
$$+ \frac{1}{2}[\varphi(x+at) + \varphi(x-at)] + \frac{1}{2a}\int_{x-at}^{x+at}\psi(\xi)\ \mathrm{d}\xi \tag{5.85}$$

即

$$u(x,\ t) = \frac{1}{2a}\int_0^t\int_{x-a(t-\tau)}^{x+a(t-\tau)} f(\xi,\ \tau)\ \mathrm{d}\xi\ \mathrm{d}\tau$$
$$+ \frac{1}{2}[\varphi(x+at) + \varphi(x-at)] + \frac{1}{2a}\int_{x-at}^{x+at}\psi(\xi)\ \mathrm{d}\xi \tag{5.86}$$

可以看到,用傅里叶变换解非齐次方程是很简便的。

5.2.2 输运问题

例 5.6 求解无限长细杆的无源热传导问题,即

$$\begin{cases} u_t - a^2 u_{xx} = 0 \quad (-\infty < x < \infty,\ t > 0) \\ u\mid_{t=0} = \varphi(x) \end{cases} \tag{5.87}$$

解 设傅里叶变换为

$$\begin{cases} F[u(x,\ t)] = U(\omega,\ t) \\ F[\varphi(x)] = \Phi(\omega) \end{cases} \tag{5.88}$$

定解问题变换为

$$\begin{cases} U' + \omega^2 a^2 U(\omega,\ t) = 0 \\ U(\omega,\ 0) = \Phi(\omega) \end{cases} \tag{5.89}$$

常微分方程的解为

$$U(\omega,\ t) = \Phi(\omega)\mathrm{e}^{-\omega^2 a^2 t} \tag{5.90}$$

再进行傅里叶逆变换：

$$u(x,\ t) = F^{-1}[U(\omega,\ t)]$$

$$= \frac{1}{2\pi}\int_{-\infty}^{\infty} \Phi(\omega)e^{-\omega^2 a^2 t}e^{i\omega x}\ \mathrm{d}\omega$$

$$= \frac{1}{2\pi}\int_{-\infty}^{\infty} \left[\int_{-\infty}^{\infty} \varphi(\xi)e^{-i\omega\xi}\ \mathrm{d}\xi\right]e^{-\omega^2 a^2 t}e^{i\omega x}\ \mathrm{d}\omega$$

$$= \frac{1}{2\pi}\int_{-\infty}^{\infty} \varphi(\xi)\left[\int_{-\infty}^{\infty} e^{-\omega^2 a^2 t}e^{i\omega(x-\xi)}\ \mathrm{d}\omega\right]\mathrm{d}\xi \tag{5.91}$$

引用积分公式

$$\int_{-\infty}^{\infty} e^{-a^2\omega^2}e^{\beta\omega}\ \mathrm{d}\omega = \frac{\sqrt{\pi}}{\alpha}e^{\frac{\beta^2}{4a^2}} \tag{5.92}$$

令 $\alpha = a\sqrt{t}$，$\beta = \mathrm{i}(x-\xi)$，即得

$$u(x,\ t) = \int_{-\infty}^{\infty} \varphi(\xi)\left[\frac{1}{2a\sqrt{\pi t}}e^{-\frac{(x-\xi)^2}{4a^2 t}}\right]\mathrm{d}\xi \tag{5.93}$$

例 5.7 求解无限长细杆的有源热传导方程的定解问题。设杆上有强度为 $f(x,\ t)$ 的热源，杆上的初始温度为 $\varphi(x)$，求 $t>0$ 时杆上的温度分布规律。

解 此问题可归结为求定解问题：

$$\begin{cases} u_t - a^2 u_{xx} = f(x,\ t) & (-\infty < x < \infty,\ t>0) \\ u\mid_{t=0} = \varphi(x) \end{cases} \tag{5.94}$$

对定解问题进行傅里叶变换：

$$\begin{cases} F[u(x,\ t)] = U(\omega,\ t) \\ F[\varphi(x)] = \Phi(\omega) \\ F[f(x,\ t)] = F(\omega,\ t) \end{cases} \tag{5.95}$$

从而常微分方程的定解问题为

$$\begin{cases} U' + \omega^2 a^2 U(\omega,\ t) = F(\omega,\ t) \\ U(\omega,\ 0) = \Phi(\omega) \end{cases} \tag{5.96}$$

上述定解问题的解为

$$U(\omega,\ t) = \Phi(\omega)e^{-\omega^2 a^2 t} + \int_0^t F(\omega,\ \tau)e^{-\omega^2 a^2 (t-\tau)}\ \mathrm{d}\tau \tag{5.97}$$

利用傅里叶变换的卷积定理以及已知的变换关系，有

$$F^{-1}[e^{-\omega^2 a^2 t}] = \frac{1}{2a\sqrt{\pi t}}e^{-\frac{x^2}{4a^2 t}} \tag{5.98}$$

最后得到定解问题的解为

$$u(x,\ t) = \frac{1}{2a\sqrt{\pi t}}\int_{-\infty}^{\infty} \varphi(\xi)e^{-\frac{(x-\xi)^2}{4a^2 t}}\ \mathrm{d}\xi + \frac{1}{2a\sqrt{\pi}}\int_0^t \mathrm{d}\tau\int_{-\infty}^{\infty} \frac{f(\xi,\ \tau)}{\sqrt{t-\tau}}e^{-\frac{(x-\xi)^2}{4a^2(t-\tau)}}\ \mathrm{d}\xi \tag{5.99}$$

5.2.3 稳定场问题

例 5.8 求解真空中静电势满足方程：

$$\Delta u(x,\ y,\ z) = -\frac{1}{\varepsilon_0}\rho(x,\ y,\ z) \tag{5.100}$$

解 方程(5.100)可以写成

$$\Delta u(\boldsymbol{r}) = -\frac{1}{\varepsilon_0}\rho(\boldsymbol{r}) \tag{5.101}$$

为方便起见,令 $f(\boldsymbol{r}) = \frac{1}{\varepsilon_0}\rho(\boldsymbol{r})$,记 $F[u(\boldsymbol{r})] = U(\boldsymbol{\omega})$,$F[f(\boldsymbol{r})] = F(\boldsymbol{\omega})$。对方程进行傅里叶变换,得

$$U(\boldsymbol{\omega}) = \frac{1}{\omega^2}F(\boldsymbol{\omega}) \tag{5.102}$$

利用变换公式

$$F\left[\frac{1}{r}\right] = \frac{4\pi}{\omega^2} \tag{5.103}$$

有

$$F[u(\boldsymbol{r})] = \frac{1}{4\pi}F\left[\frac{1}{|\boldsymbol{r}|}\right] \cdot F[f(\boldsymbol{r})] \tag{5.104}$$

所以由卷积定理得到

$$u(\boldsymbol{r}) = \frac{1}{4\pi}\iiint_{-\infty}^{\infty} \frac{f(\boldsymbol{r}')}{|\boldsymbol{r} - \boldsymbol{r}'|} \, \mathrm{d}\boldsymbol{r}' \tag{5.105}$$

例 5.9 求解定解问题:

$$\begin{cases} u_{xx} + u_{yy} = 0 \quad (-\infty < x < \infty, \, y > 0) \\ u\,|_{y=0} = f(x) \\ \lim_{x \to \pm\infty} u(x, \, y) = 0 \end{cases} \tag{5.106}$$

解 对变量 x 作傅里叶变换,有

$$\begin{cases} F[u(x, \, y)] = U(\omega, \, y) \\ F[f(x)] = F(\omega) \end{cases} \tag{5.107}$$

定解问题变换为常微分方程:

$$\frac{\partial^2 U}{\partial y^2} - \omega^2 U(\omega, \, y) = 0 \tag{5.108}$$

$$\begin{cases} U(\omega, \, 0) = F(\omega) \\ \lim_{\omega \to \pm\infty} U(\omega, \, y) = 0 \end{cases} \tag{5.109}$$

因为 ω 可取正、负值,所以常微分方程定解问题的通解为

$$U(\omega, \, y) = C(\omega)\mathrm{e}^{|\omega|y} + D(\omega)\mathrm{e}^{-|\omega|y} \tag{5.110}$$

因为 $\lim\limits_{\omega \to \pm\infty} U(\omega, \, y) = 0$,故得到

$$\begin{cases} C(\omega) = 0 \\ D(\omega) = F(\omega) \end{cases} \tag{5.111}$$

常微分方程的解为

$$U(\omega, \, y) = F(\omega)\mathrm{e}^{-|\omega|y} \tag{5.112}$$

设 $G(\omega, \, y) = \mathrm{e}^{-|\omega|y}$,根据傅里叶变换定义,$\mathrm{e}^{-|\omega|y}$ 的傅里叶逆变换为

$$\frac{1}{2\pi}\int_{-\infty}^{\infty} \mathrm{e}^{-|\omega|y}\mathrm{e}^{\mathrm{i}\omega x} \, \mathrm{d}\omega = \frac{1}{2\pi}\left[\int_0^{\infty} \mathrm{e}^{-\omega y + \mathrm{i}\omega x} \, \mathrm{d}\omega + \int_{-\infty}^0 \mathrm{e}^{\omega y + \mathrm{i}\omega x} \, \mathrm{d}\omega\right]$$

$$= \frac{1}{2\pi}\left[\frac{1}{y - \mathrm{i}x} + \frac{1}{y + \mathrm{i}x}\right] = \frac{y}{\pi(x^2 + y^2)} \tag{5.113}$$

再借助卷积定理就得到原定解问题的解为

$$u(x, y) = \frac{y}{\pi} \int_{-\infty}^{\infty} \frac{f(\xi)}{(x-\xi)^2 + y^2} \, d\xi \tag{5.114}$$

通过上面的例题可见，用傅里叶变换法解定解问题的特点是，不受方程类型的限制，主要用于无界域。一般的解题步骤如下：

（1）对方程和初始条件，关于空间变量进行傅里叶变换，由傅里叶变换的微分性质，利用边界条件得到常微分方程的定解问题。

（2）解常微分方程的定解问题。

（3）进行傅里叶逆变换，对热传导方程用卷积定理进行处理，对波动方程和拉普拉斯方程则根据逆变换的定义进行处理。

5.3　拉普拉斯变换

由 5.2 节的内容可知，用傅里叶变换解微分方程时，要求所出现的函数必须在 $(-\infty, \infty)$ 上满足绝对可积的条件。但实际上，许多函数即使是很简单的函数（如单位函数、常数、正弦函数、余弦函数以及线性函数等）都不满足这个条件。另一方面，傅里叶变换还要求进行变换的函数在 $(-\infty, \infty)$ 上都有定义，但在物理、无线电等实际应用中，许多以时间作为自变量的函数往往在 $t < 0$ 时是无意义或不需要考虑的。像这样的函数就不能对时间变量 t 作傅里叶变换。为了克服傅里叶变换的这些缺点，人们适当地改造了傅里叶变换，从而得到了拉普拉斯变换。

5.3.1　拉普拉斯变换

设函数 $f(t)$ 满足下列拉普拉斯变换条件：

（1）当 $t < 0$ 时，$f(t) = 0$；

（2）当 $t > 0$ 时，$f(t)$ 及 $f'(t)$ 除去有限个第一类间断点，处处连续；

（3）当 $t \to \infty$ 时，$f(t)$ 的增长速度不超过某个指数函数，即存在常数 M 及 $\sigma_0 \geqslant 0$，使得

$$|f(t)| \leqslant M e^{\sigma_0 t} \quad (0 < t < \infty) \tag{5.115}$$

其中，σ_0 称为 $f(t)$ 的增长指数。

在这里，称

$$F(p) = L[f(t)] = \int_0^\infty f(t) e^{-pt} \, dt \tag{5.116}$$

（其中，$p = \sigma - i\omega$）为函数 $f(t)$ 的拉普拉斯变换，而称

$$f(t) = L^{-1}[F(p)] = \frac{1}{2\pi i} \int_{\sigma-i\infty}^{\sigma+i\infty} F(p) e^{pt} \, dp \tag{5.117}$$

为复变函数 $F(p)$ 的拉普拉斯逆变换。$F(p)$ 为 $f(t)$ 的像函数，$f(t)$ 为 $F(p)$ 的原像函数。显然

$$L^{-1} L[f] = f \tag{5.118}$$

5.3.2　拉普拉斯变换的基本定理

拉普拉斯变换的存在条件由拉普拉斯存在定理给出。

定理 1（拉普拉斯存在定理）　设函数 $f(t)$ 满足拉普拉斯变换条件，则由式（5.116）所定义的 $f(t)$ 的拉普拉斯变换 $F(p)$ 在半平面 Re $p=\sigma>\sigma_0$ 上存在且解析，且当 $|\arg p|\leqslant\dfrac{\pi}{2}-\delta$（$\delta$ 是任意小的正数）时，有

$$\lim_{p\to\infty}F(p)=0 \tag{5.119}$$

证明　因为

$$\int_0^\infty |f(t)\mathrm{e}^{-pt}|\,\mathrm{d}t\leqslant\int_0^\infty M\mathrm{e}^{-(\sigma-\sigma_0)t}\,\mathrm{d}t=\frac{M}{\sigma-\sigma_0}\quad(\sigma>\sigma_0) \tag{5.120}$$

所以，积分式（5.116）绝对收敛，从而 $F(p)$ 在半平面 Re $p=\sigma>\sigma_0$ 上有定义。当 $\sigma\geqslant\sigma_0+\varepsilon$ 时，积分式（5.116）还一致收敛，其中，ε 为任意小的正数。

在式（5.116）中将被积函数对 p 求导，得到

$$\int_0^\infty |f(t)t\mathrm{e}^{-pt}|\,\mathrm{d}t\leqslant\int_0^\infty Mt\mathrm{e}^{-(\sigma-\sigma_0)t}\,\mathrm{d}t=\frac{M}{(\sigma-\sigma_0)^2}\quad(\sigma>\sigma_0) \tag{5.121}$$

所以积分 $\displaystyle\int_0^\infty f(t)t\mathrm{e}^{-pt}\,\mathrm{d}t$ 在半平面 Re $p=\sigma\geqslant\sigma_0+\varepsilon$ 上一致收敛，从而微分、积分的次序可以互换，即

$$\frac{\mathrm{d}F(p)}{\mathrm{d}p}=\frac{\mathrm{d}}{\mathrm{d}p}\int_0^\infty f(t)\mathrm{e}^{-pt}\,\mathrm{d}t=\int_0^\infty\frac{\mathrm{d}}{\mathrm{d}p}[f(t)\mathrm{e}^{-pt}]\,\mathrm{d}t$$

$$=\int_0^\infty[-f(t)t\mathrm{e}^{-pt}]\mathrm{d}t=L[-tf(t)] \tag{5.122}$$

所以 $F(p)$ 在半平面 Re $p=\sigma>\sigma_0$ 上是解析的。

对于物理上的量 $f(t)$（t 表示时间）来说，上述的拉普拉斯变换条件是自然满足的。所以，作拉普拉斯变换时，我们不加声明地假定有关的函数都满足拉普拉斯变换条件。

拉普拉斯逆变换的合理性和存在性是由反演定理保证的。

定理 2（反演定理）　设 $f(t)$ 的像函数为 $F(p)$，则当 $t>0$ 时，在 $f(t)$ 的每一个连续点有

$$f(t)=\frac{1}{2\pi\mathrm{i}}\int_{\sigma-\mathrm{i}\infty}^{\sigma+\mathrm{i}\infty}F(p)\mathrm{e}^{pt}\,\mathrm{d}p \tag{5.123}$$

也就是说，$f(t)$ 是它的拉普拉斯变换的逆变换，其中积分是沿着任意一条直线 Re $p=\sigma>\sigma_0$ 来取的。式（5.123）的右端理解为柯西积分主值（指沿线段（$\sigma-\mathrm{i}N$，$\sigma+\mathrm{i}N$）所取的积分，当 $N\to\infty$ 时的极限），当 $t>0$ 时，

$$\frac{1}{2\pi\mathrm{i}}\int_{\sigma-\mathrm{i}\infty}^{\sigma+\mathrm{i}\infty}F(p)\mathrm{e}^{pt}\,\mathrm{d}p=0 \tag{5.124}$$

证明　令

$$f_N(t)=\frac{1}{2\pi\mathrm{i}}\int_{\sigma-\mathrm{i}N}^{\sigma+\mathrm{i}N}F(p)\mathrm{e}^{pt}\,\mathrm{d}p$$

$$=\frac{1}{2\pi\mathrm{i}}\int_{\sigma-\mathrm{i}N}^{\sigma+\mathrm{i}N}\left[\int_0^\infty f(\tau)\mathrm{e}^{-p\tau}\,\mathrm{d}\tau\right]\mathrm{e}^{pt}\,\mathrm{d}p \tag{5.125}$$

因为在半平面 Re $p=\sigma\geqslant\sigma_0+\varepsilon$ 上，积分 $\displaystyle\int_0^\infty f(\tau)\mathrm{e}^{-p\tau}\,\mathrm{d}\tau$ 关于 p 一致收敛，所以交换积分次序可以得到

$$f_N(t) = \frac{1}{2\pi i} \int_0^\infty f(\tau) \left[\int_{\sigma-iN}^{\sigma+iN} e^{p(t-\tau)} \, dp \right] d\tau$$

$$= \frac{1}{\pi} \int_0^\infty f(\tau) e^{\sigma(t-\tau)} \frac{\sin N(t-\tau)}{t-\tau} \, d\tau \tag{5.126}$$

令

$$\begin{cases} \xi = \tau - t \\ g(\xi) = f(\xi + t) e^{-\sigma\xi} \end{cases} \tag{5.127}$$

则

$$f_N(t) = \frac{1}{\pi} \int_{-t}^\infty g(\xi) \frac{\sin N\xi}{\xi} \, d\xi \tag{5.128}$$

因为 $f(t)$ 在 t 连续，所以 $\xi=0$ 也是 $g(\xi)$ 的连续点，且 $\lim\limits_{\xi\to 0} g(\xi) = g(0) = f(t)$，根据黎曼-勒贝格引理，有

$$\lim_{N\to\infty} \int_{-t}^\infty \frac{g(\xi) - g(0)}{\xi} \sin N\xi \, d\xi = 0 \tag{5.129}$$

即

$$\lim_{N\to\infty} \int_{-t}^\infty g(\xi) \frac{\sin N\xi}{\xi} \, d\xi = g(0) \lim_{N\to\infty} \int_{-t}^\infty \frac{\sin N\xi}{\xi} \, d\xi = g(0) \lim_{N\to\infty} \int_{-Nt}^\infty \frac{\sin\eta}{\eta} \, d\eta \tag{5.130}$$

所以，当 $t>0$ 时，

$$\lim_{N\to\infty} f_N(t) = \lim_{N\to\infty} \frac{1}{\pi} \int_{-t}^\infty g(\xi) \frac{\sin N\xi}{\xi} \, d\xi = g(0) = f(t) \tag{5.131}$$

当 $t<0$ 时，

$$\lim_{N\to\infty} f_N(t) = \lim_{N\to\infty} \frac{1}{\pi} \int_{-t}^\infty g(\xi) \frac{\sin N\xi}{\xi} \, d\xi = 0 \tag{5.132}$$

下面给出一个解析函数 $F(p)$ 是某个实函数 $f(t)$ 的像函数的充分条件。

定理 3 设复变函数 $F(p)$ 在半平面 $\mathrm{Re}\, p = \sigma > \sigma_0$ 上解析，如果在任意半平面 $\mathrm{Re}\, p = \sigma \geqslant \sigma_0 + \varepsilon$ 上，$\lim\limits_{|p|\to\infty} F(p) = 0$ 且积分 $\int_{\sigma-i\infty}^{\sigma+i\infty} F(p) \, dp$ 绝对收敛，则 $F(p)$ 是函数

$$f(t) = \frac{1}{2\pi i} \int_{\sigma-i\infty}^{\sigma+i\infty} F(p) e^{pt} \, dp \tag{5.133}$$

的像。

定理 2 的含义是：若 $F(p)$ 是 $f(t)$ 的拉普拉斯变换，则 $f(t)$ 是 $F(p)$ 的拉普拉斯逆变换；而定理 3 的含义是：若 $f(t)$ 是 $F(p)$ 的拉普拉斯逆变换，则 $F(p)$ 是 $f(t)$ 的拉普拉斯变换。这反映了式(5.116)与式(5.117)之间的关系。

使用拉普拉斯变换解方程时，常常需要对一些复杂的像函数求原像函数。这时借助展开定理，可以将问题转化为求围线积分和计算留数，从而简化了计算。所以下面介绍展开定理，并在 5.4 节中用例题介绍其应用。

首先介绍所要用到的约当引理。

约当引理 设 l 为平行虚轴的固定直线，C_n 为一族以原点为中心、且在 l 左边的圆弧，C_n 的半径随 $n\to\infty$ 而趋于无穷。若在 C_n 上函数 $F(p)$ 满足 $\lim\limits_{n\to\infty} F(p) = 0$，则对任意一正数 t，均有

$$\lim_{n\to\infty}\int_{C_n} F(p)\mathrm{e}^{pt}\,\mathrm{d}p = 0 \tag{5.134}$$

这里的圆弧 C_n 也可以推广到其他的光滑凸曲线族。(证略)

定理 4(展开定理)　设解析函数 $F(p)$ 满足下列条件:

(1) 在开平面内只有极点为其奇点,且这些极点 p_0,p_1,p_2,$\cdots$,p_k,$\cdots$ 都分布在半平面 $\mathrm{Re}\,p \leqslant \sigma_0$ 上;

(2) 存在一族以原点为中心、R_n 为半径的圆周 C_n,且有

$$R_1 < R_2 < \cdots < R_n < \cdots \to \infty$$

在这族圆周 C_n 上,$\lim\limits_{n\to\infty} F(p) = 0$;

(3) 对任意一个 $\sigma \geqslant \sigma_0 + \varepsilon$,积分 $\int_{\sigma-\mathrm{i}\infty}^{\sigma+\mathrm{i}\infty} F(p)\,\mathrm{d}p$ 绝对收敛,则 $F(p)$ 的原像函数

$$f(t) = \sum_k \mathop{\mathrm{Res}}_{p=p_k} F(p)\mathrm{e}^{pt} = \sum_k \mathrm{Res}[F(p)\mathrm{e}^{pt},\, p_k] \tag{5.135}$$

证明　首先,由定理 3 可知 $F(p)$ 是

$$f(t) = \frac{1}{2\pi\mathrm{i}}\int_{\sigma-\mathrm{i}\infty}^{\sigma+\mathrm{i}\infty} F(p)\mathrm{e}^{pt}\,\mathrm{d}p \tag{5.136}$$

的像函数。考虑线积分:

$$\frac{1}{2\pi\mathrm{i}}\oint_{s_n} F(p)\mathrm{e}^{pt}\,\mathrm{d}p = \frac{1}{2\pi\mathrm{i}}\int_{C_n'} F(p)\mathrm{e}^{pt}\,\mathrm{d}p + \frac{1}{2\pi\mathrm{i}}\int_{l_n'} F(p)\mathrm{e}^{pt}\,\mathrm{d}p \tag{5.137}$$

式中: $s_n = C_n' + l_n'$,如图 5.1 所示。C_n' 表示圆周 C_n 位于直线 $\mathrm{Re}\,p = \sigma$ 左边的部分,l_n' 表示这条直线位于圆周 C_n 内部的部分。根据留数定理,已知

$$\frac{1}{2\pi\mathrm{i}}\oint_{s_n} F(p)\mathrm{e}^{pt}\,\mathrm{d}p = \sum_k \mathrm{Res}[F(p)\mathrm{e}^{pt},\, p_k] \tag{5.138}$$

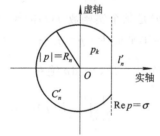

图 5.1　积分路径

再由定理的已知条件(2)和约当引理知,当 $t > 0$ 时,

$$\lim_{n\to\infty}\int_{C_n'} F(p)\mathrm{e}^{pt}\,\mathrm{d}p = 0 \tag{5.139}$$

于是,当 $n\to\infty$ 时,有

$$f(t) = \frac{1}{2\pi\mathrm{i}}\int_{\sigma-\mathrm{i}\infty}^{\sigma+\mathrm{i}\infty} F(p)\mathrm{e}^{pt}\,\mathrm{d}p = \frac{1}{2\pi\mathrm{i}}\lim_{n\to\infty}\int_{l_n'} F(p)\mathrm{e}^{pt}\,\mathrm{d}p$$

$$= \lim_{n\to\infty}\frac{1}{2\pi\mathrm{i}}\oint_{s_n} F(p)\mathrm{e}^{pt}\,\mathrm{d}p = \sum_k \mathop{\mathrm{Res}}_{p=p_k} F(p)\mathrm{e}^{pt}$$

$$= \sum_k \mathrm{Res}[F(p)\mathrm{e}^{pt},\, p_k] \tag{5.140}$$

5.3.3 拉普拉斯变换的基本性质

1. 线性定理

设 α、β 为任意常数，则

$$L[\alpha f_1(t) + \beta f_2(t)] = \alpha L[f_1(t)] + \beta L[f_2(t)] \tag{5.141}$$

由拉普拉斯变换的定义式(式(5.116))可知，这是很明显的。

2. 乘积定理

设 $f_1(t)$ 和 $f_2(t)$ 都满足拉普拉斯变换条件，增长指数分别为 σ_1 和 σ_2，则乘积 $f_1(t)f_2(t)$ 满足拉普拉斯变换条件，且有

$$L[f_1(t)f_2(t)] = \frac{1}{2\pi i} \int_{\sigma-i\infty}^{\sigma+i\infty} F_1(q) F_2(p-q) \, dq \tag{5.142}$$

其中：$\sigma > \sigma_1$；$\mathrm{Re}\, p > \sigma_2 + \sigma$。

证明 因为 $f_1(t)f_2(t)$ 满足拉普拉斯变换条件，它的像函数为

$$
\begin{aligned}
L[f_1(t)f_2(t)] &= \int_0^\infty f_1(t) f_2(t) e^{-pt} \, dt \\
&= \int_0^\infty f_2(t) \left[\frac{1}{2\pi i} \int_{\sigma-i\infty}^{\sigma+i\infty} F_1(q) e^{qt} \, dq \right] e^{-pt} \, dt \\
&= \frac{1}{2\pi i} \int_{\sigma-i\infty}^{\sigma+i\infty} F_1(q) \left[\int_0^\infty f_2(t) e^{-(p-q)t} \, dt \right] dq \\
&= \frac{1}{2\pi i} \int_{\sigma-i\infty}^{\sigma+i\infty} F_1(q) F_2(p-q) \, dq \tag{5.143}
\end{aligned}
$$

如令 $\sigma_0 = \max(\sigma_1, \sigma_2)$，则当 $\sigma > \sigma_0$，$\mathrm{Re}\, p > \sigma_0 + \sigma$ 时，有

$$\int_{\sigma-i\infty}^{\sigma+i\infty} F_1(q) F_2(p-q) \, dq = \int_{\sigma-i\infty}^{\sigma+i\infty} F_2(q) F_1(p-q) \, dq \tag{5.144}$$

3. 微分性质

$$
\begin{cases}
L[f'(t)] = pF(p) - f(0) \\
L[f''(t)] = p^2 F(p) - pf(0) - f'(0) \qquad (\mathrm{Re}\, p > \sigma_0) \\
\quad\vdots \\
L[f^{(n)}(t)] = p^n F(p) - p^{n-1} f(0) - p^{n-2} f'(0) - \cdots - f^{(n-1)}(0)
\end{cases} \tag{5.145}
$$

特别地，若 $f(0) = f'(0) = \cdots = f^{(n-1)}(0) = 0$，则有

$$L[f^{(n)}(t)] = p^n F(p) \tag{5.146}$$

其中，$f^{(n)}(0)$ 应理解为右极限值 $\lim\limits_{t \to +0} f^{(n)}(t) (n = 0, 1, 2, \cdots)$。可见，对原像 $f(t)$ 求导一次，就相当于像 $F(p)$ 乘以 p。

证明

$$
\begin{aligned}
L[f'(t)] &= \int_0^\infty f'(t) e^{-pt} \, dt \\
&= [f(t) e^{-pt}]_0^\infty + p \int_0^\infty f(t) e^{-pt} \, dt \\
&= pF(p) - f(0) \tag{5.147}
\end{aligned}
$$

然后，用数学归纳法易证明 n 阶导数的公式。

4. 积分性质

$$L\left[\int_0^t f(t)\ \mathrm{d}t\right] = \frac{L[f(t)]}{p} = \frac{F(p)}{p} \tag{5.148}$$

可见，对原像 $f(t)$ 积分一次相当于像 $F(p)$ 除以 p。

证明　令 $\varphi(t) = \int_0^t f(t)\ \mathrm{d}t$，则

$$\varphi'(t) = f(t) \tag{5.149}$$

容易验证 $\varphi(t)$ 仍然满足拉普拉斯变换条件，且 $\varphi(0) = 0$，因此对 $\varphi'(t)$ 作拉普拉斯变换得到

$$L[\varphi'(t)] = pL[\varphi(t) - \varphi(0)] = pL\left[\int_0^t f(t)\ \mathrm{d}t\right] \tag{5.150}$$

因为

$$L[\varphi'(t)] = L[f(t)] = F(p) \tag{5.151}$$

所以

$$L\left[\int_0^t f(t)\ \mathrm{d}t\right] = \frac{F(p)}{p}$$

5. 像函数的导数定理

$$F^{(n)}(p) = L[(-t)^n f(t)] \tag{5.152}$$

可见，对像 $F(p)$ 求导一次，相当于原像 $f(t)$ 乘以 $-t$。

6. 像函数的积分定理

设 $f(t)$ 的像为 $F(p)$，且积分 $\int_p^\infty F(p)\ \mathrm{d}p$ 收敛，则

$$\int_p^\infty F(p)\ \mathrm{d}p = L\left[\frac{f(t)}{t}\right] \tag{5.153}$$

可见，对像 $F(p)$ 积分一次相当于对原像 $f(t)$ 除以 t。

证明　因为

$$\int_p^\infty F(p)\ \mathrm{d}p = \int_p^\infty \int_0^\infty f(t)\mathrm{e}^{-pt}\ \mathrm{d}t\ \mathrm{d}p \tag{5.154}$$

所以如果把积分路线取在半平面 $\mathrm{Re}\ p = \sigma > \sigma_0$ 内，就有

$$\left|\int_0^\infty f(t)\mathrm{e}^{-pt}\ \mathrm{d}t\right| \leqslant \int_0^\infty |f(t)\mathrm{e}^{-pt}|\ \mathrm{d}t \leqslant M\int_0^\infty \mathrm{e}^{-(\sigma-\sigma_0)t}\ \mathrm{d}t = \frac{M}{\sigma-\sigma_0} \quad (\sigma > \sigma_0) \tag{5.155}$$

即积分 $\int_0^\infty f(t)\mathrm{e}^{-pt}\ \mathrm{d}t$ 在 $\mathrm{Re}\ p = \sigma \geqslant \sigma_0 + \varepsilon$ 上一致收敛，所以可以交换积分次序，于是有

$$\int_p^\infty F(p)\ \mathrm{d}p = \int_p^\infty \int_0^\infty f(t)\mathrm{e}^{-pt}\ \mathrm{d}t\ \mathrm{d}p = \int_0^\infty f(t)\left[\int_p^\infty \mathrm{e}^{-pt}\ \mathrm{d}p\right]\mathrm{d}t$$

$$= \int_0^\infty \frac{f(t)}{t}\mathrm{e}^{-pt}\ \mathrm{d}t = L\left[\frac{f(t)}{t}\right] \tag{5.156}$$

7. 相似性质

设 $a > 0$，则

$$L[f(at)] = \frac{1}{a}F\left(\frac{p}{a}\right) \tag{5.157}$$

证明

$$L[f(at)] = \int_0^\infty f(at) e^{-pt} \, dt = \int_0^\infty f(at) e^{-\frac{p}{a}(at)} \frac{1}{a} \, d(at)$$

$$= \frac{1}{a} \int_0^\infty f(\tau) e^{-\frac{p}{a}(\tau)} \, d\tau$$

$$= \frac{1}{a} F\left(\frac{p}{a}\right) \tag{5.158}$$

8. 延迟性质

$$F(p - p_0) = L[e^{p_0 t} f(t)] \tag{5.159}$$

证明

$$L[e^{p_0 t} f(t)] = \int_0^\infty e^{p_0 t} f(t) e^{-pt} \, dt$$

$$= \int_0^\infty f(t) e^{-(p-p_0)t} \, dt = F(p - p_0) \tag{5.160}$$

9. 位移定理

设 $\tau > 0$，则

$$L[f(t - \tau)] = e^{-p\tau} F(p) \tag{5.161}$$

证明

$$L[f(t - \tau)] = \int_0^\infty f(t - \tau) e^{-pt} \, dt$$

$$= \int_{-\tau}^\infty f(t') e^{-p(t'+\tau)} \, dt' \quad (t' = t - \tau) \tag{5.162}$$

因为当 $t' \in (-\tau, 0)$ 时，$f(t') = 0$，所以

$$L[f(t - \tau)] = \int_0^\infty f(t') e^{-p(t'+\tau)} \, dt' = e^{-p\tau} \int_0^\infty f(t') e^{-pt'} \, dt' = e^{-p\tau} F(p) \tag{5.163}$$

10. 卷积定理

定义

$$f_1(t) * f_2(t) = \int_0^t f_1(\tau) f_2(t - \tau) \, d\tau \tag{5.164}$$

则有

$$L[f_1(t) * f_2(t)] = L[f_1(t)] \cdot L[f_2(t)] \tag{5.165}$$

反之

$$L^{-1}[F_1(p) \cdot F_2(p)] = f_1(t) * f_2(t) \tag{5.166}$$

证明 令 $\sigma_0 = \max[\sigma_1, \sigma_2]$，则积分

$$\int_0^\infty e^{-pt} f_1(t) \, dt \quad \text{与} \quad \int_0^\infty e^{-pt} f_2(t) \, dt \tag{5.167}$$

都在半平面 $\text{Re } p = \sigma > \sigma_0$ 上绝对收敛，于是

$$L[f_1(t)] L[f_2(t)] = \int_0^\infty e^{-pt} f_1(t) \, dt \int_0^\infty e^{-p\tau} f_2(\tau) \, d\tau$$

$$= \int_0^\infty \int_0^\infty e^{-p(t+\tau)} f_1(t) f_2(\tau) \, dt \, d\tau \tag{5.168}$$

作积分的变量代换，令 $t=x-y$，$\tau=y$，则在 $x-y$ 平面上与 $t-\tau$ 平面上的面积元素相对应的面积元素为

$$dt\,d\tau = \begin{vmatrix} \dfrac{\partial t}{\partial x} & \dfrac{\partial t}{\partial y} \\[2mm] \dfrac{\partial \tau}{\partial x} & \dfrac{\partial \tau}{\partial y} \end{vmatrix} dx\,dy = \begin{vmatrix} 1 & -1 \\ 0 & 1 \end{vmatrix} dx\,dy = dx\,dy \qquad (5.169)$$

并将 $t-\tau$ 平面上的第一象限变为 $x-y$ 平面上 $y=0$ 及 $y=x$ 直线间的部分，如图 5.2 所示。所以

$$\begin{aligned} L[f_1(t)]L[f_2(t)] &= \int_0^\infty \left[\int_0^x f_1(x-y)f_2(y)\,dy\right]e^{-px}\,dx \\ &= \int_0^\infty \left[\int_0^t f_1(t-y)f_2(y)\,dy\right]e^{-pt}\,dt \\ &= \int_0^\infty [f_1(t)*f_2(t)]\,e^{-pt}\,dt \\ &= L[f_1(t)*f_2(t)] \end{aligned} \qquad (5.170)$$

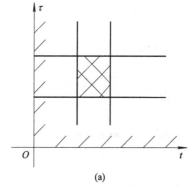 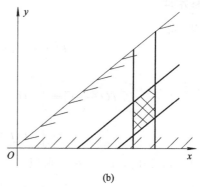

(a)　　　　　　　　(b)

图 5.2　$t-\tau$ 平面与 $x-y$ 平面的变换
(a) $t-\tau$ 平面变换；(b) $x-y$ 平面变换

例 5.10　$f(t)=e^{\alpha t}$（α 为复数），求 $L[e^{\alpha t}]$。

解　由拉普拉斯变换定义，有

$$L[e^{\alpha t}] = \int_0^\infty e^{\alpha t}e^{-pt}\,dt = \frac{1}{p-\alpha} \qquad (\text{Re }p > \text{Re }\alpha) \qquad (5.171)$$

若 $\alpha=0$，则有

$$L[1] = \frac{1}{p} \qquad (5.172)$$

对于常见函数的拉普拉斯变换，人们已将其制作成表格。应熟练掌握拉普拉斯变换的性质，以便使用拉普拉斯变换求解线性常微分方程和积分方程的初值问题。

5.4　拉普拉斯变换的应用

5.4.1　用拉普拉斯变换解常微分方程

例 5.11　用本征函数展开法求解两端固定的弦的纯强迫振动时会涉及需要求二阶非

齐次的常微分方程的定解问题：

$$\begin{cases} T''(t) + \left(\dfrac{n\pi a}{l}\right)^2 T(t) = f(t) \\ T(0) = 0 \\ T'(0) = 0 \end{cases} \tag{5.173}$$

试用拉普拉斯变换法求解此定解问题。

解 对方程两边取拉普拉斯变换，并记 $L[T(t)] = \widetilde{T}(p)$，$L[f(t)] = F(p)$，则有

$$p^2 \widetilde{T}(p) - p T(0) - T'(0) + \left(\frac{a\pi n}{l}\right)^2 \widetilde{T}(p) = F(p) \tag{5.174}$$

代入初始条件，得

$$p^2 \widetilde{T}(p) + \left(\frac{a\pi n}{l}\right)^2 \widetilde{T}(p) = F(p) \tag{5.175}$$

所以

$$\widetilde{T}(p) = F(p) \cdot \frac{1}{p^2 + \left(\dfrac{a\pi n}{l}\right)^2} \tag{5.176}$$

因为

$$\frac{1}{p^2 + \left(\dfrac{a\pi n}{l}\right)^2} = \frac{l}{a\pi n}\frac{\dfrac{a\pi n}{l}}{p^2 + \left(\dfrac{a\pi n}{l}\right)^2} = \frac{l}{a\pi n} L\left[\sin\frac{a\pi n}{l}t\right] \tag{5.177}$$

所以对 $\widetilde{T}(p)$ 取逆变换，并应用卷积定理和式(5.177)，可得

$$T(t) = L^{-1}\widetilde{T}(p) = L^{-1}\left[F(p) \cdot \frac{1}{p^2 + \left(\dfrac{a\pi n}{l}\right)^2}\right]$$

$$= \frac{l}{a\pi n}f(t) * \sin\frac{a\pi n}{l}t$$

$$= \frac{l}{a\pi n}\int_0^t f(\tau)\,\sin\frac{a\pi n}{l}(t-\tau)\,\mathrm{d}\tau \tag{5.178}$$

将上面的计算过程与分离变量法进行比较，明显可以看出用拉普拉斯变换法求解此类方程在思路上要明晰得多。

例 5.12 求图 5.3 中，LC 串联电路当电容 C 放电时的电流，电容器上的初始电荷为 $\pm q_0$。

解 该电路电流 $i(t)$ 所满足的方程为

$$\begin{cases} L\dfrac{\mathrm{d}i}{\mathrm{d}t} + \dfrac{1}{C}\displaystyle\int_0^t i\,\mathrm{d}t = \dfrac{q_0}{C} \\ i(0) = 0 \end{cases} \tag{5.179}$$

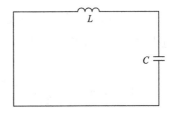

图 5.3 LC 串联电路

对方程两边进行拉普拉斯变换，并设 $L[i(t)] = I(p)$，则有

$$L\{pI(p) - i(0)\} + \frac{1}{C} \cdot \frac{I(p)}{p} = \frac{q_0}{C} \cdot \frac{1}{p} \tag{5.180}$$

代入初始条件，得

$$I(p) = \frac{q_0}{LC} \frac{1}{p^2 + \frac{1}{LC}} \tag{5.181}$$

进行逆变换可得

$$i(t) = L^{-1}[I(p)] = \frac{q_0}{LC} L^{-1}\left[\frac{1}{p^2 + \frac{1}{LC}}\right] = \frac{q_0}{\sqrt{LC}} \sin\frac{1}{\sqrt{LC}} t \tag{5.182}$$

由例 5.12 可以看出，在用拉普拉斯变换求解方程时，不需要考虑方程的齐次与否，其步骤是一样的，而且作变换时把初值包括进去了，省去了其他解法中用初值定解的一步。

用拉普拉斯变换求解常微分方程的步骤归纳如下：

(1) 对方程进行拉普拉斯变换，并且变换时考虑了初始条件。

(2) 从变换后的方程解出像函数。

(3) 对求出的像函数进行反演即求逆变换，原函数就是原来方程的解。

5.4.2 用拉普拉斯变换解偏微分方程

1. 波动问题

例 5.13 求解无界弦的振动问题：

$$\begin{cases} u_{tt} - a^2 u_{xx} = 0 \\ u\mid_{t=0} = \varphi(x), \ u_t\mid_{t=0} = \psi(x) \end{cases} \tag{5.183}$$

解 对泛定方程进行拉普拉斯变换，考虑到初始条件，记 $L[u(x, t)] = U(x, p)$，变换的结果为

$$p^2 U - p\varphi(x) - \psi(x) - a^2 U_{xx} = 0 \tag{5.184}$$

这个非齐次常微分方程的通解为

$$U(x, p) = Ae^{px/a} + Be^{-px/a} - \frac{1}{2a}e^{px/a}\int^{(x)} \frac{e^{-p\xi/a}}{p}[\psi(\xi) + p\varphi(\xi)]\,\mathrm{d}\xi$$

$$+ \frac{1}{2a}e^{-px/a}\int^{(x)} \frac{e^{p\xi/a}}{p}[\psi(\xi) + p\varphi(\xi)]\,\mathrm{d}\xi \tag{5.185}$$

考虑到 $\lim\limits_{x\to\infty} U$ 不应为无限大，积分常数 A 肯定为零；$\lim\limits_{x\to-\infty} U$ 也不应为无限大，积分常数 B 也肯定为零。为了保证积分收敛，第一个积分的下限取为 ∞，第二个积分的下限则取为 $-\infty$。于是

$$U(x, p) = -\frac{1}{2a}\int_\infty^x \frac{e^{-p(\xi-x)/a}}{p}[\psi(\xi) + p\varphi(\xi)]\,\mathrm{d}\xi$$

$$+ \frac{1}{2a}\int_{-\infty}^x \frac{e^{-p(x-\xi)/a}}{p}[\psi(\xi) + p\varphi(\xi)]\,\mathrm{d}\xi$$

$$= \left[\frac{1}{2a}\int_x^\infty \frac{e^{-p(\xi-x)/a}}{p}\psi(\xi)\,\mathrm{d}\xi + \frac{1}{2a}\int_{-\infty}^x \frac{e^{-p(x-\xi)/a}}{p}\psi(\xi)\,\mathrm{d}\xi\right]$$

$$+ \left[\frac{1}{2a}\int_x^\infty \frac{e^{-p(\xi-x)/a}}{p}p\varphi(\xi)\,\mathrm{d}\xi + \frac{1}{2a}\int_{-\infty}^x \frac{e^{-p(x-\xi)/a}}{p}p\varphi(\xi)\,\mathrm{d}\xi\right] \tag{5.186}$$

第二个[]跟第一个[]相比较，$\varphi(\xi)$ 代替了 $\psi(\xi)$，并且多了一个因子 p。因此，先对第一个[]

进行逆变换，得到原函数之后，把 $\psi(\xi)$ 改为 $\varphi(\xi)$，并对 t 求导就得到第二个[]的原函数。

对 $L^{-1}[1/p]=H(t)$ 运用延迟定理，则

$$L^{-1}\left[\frac{\mathrm{e}^{-p(\xi-x)/a}}{p}\right]=H\left(t-\frac{\xi-x}{a}\right)=\begin{cases}1 & (\xi<x+at)\\0 & (\xi>x+at)\end{cases} \tag{5.187}$$

于是

$$L^{-1}\left[\frac{1}{2a}\int_{x}^{\infty}\frac{\mathrm{e}^{-p(\xi-x)/a}}{p}\psi(\xi)\ \mathrm{d}\xi\right]=\frac{1}{2a}\int_{x}^{x+at}\psi(\xi)\ \mathrm{d}\xi \tag{5.188}$$

同理，有

$$L^{-1}\left[\frac{1}{2a}\int_{-\infty}^{x}\frac{\mathrm{e}^{-p(x-\xi)/a}}{p}\psi(\xi)\ \mathrm{d}\xi\right]=\frac{1}{2a}\int_{x-at}^{x}\psi(\xi)\ \mathrm{d}\xi \tag{5.189}$$

这样就完成了逆变换，所以

$$u(x,\ t)=\frac{1}{2a}\int_{x-at}^{x+at}\psi(\xi)\ \mathrm{d}\xi+\frac{\partial}{\partial t}\left[\frac{1}{2a}\int_{x-at}^{x+at}\varphi(\xi)\ \mathrm{d}\xi\right]$$

$$=\frac{1}{2a}\int_{x-at}^{x+at}\psi(\xi)\ \mathrm{d}\xi+\frac{1}{2}\left[\varphi(x+at)+\varphi(x-at)\right] \tag{5.190}$$

这就是第 2 章推导出的达朗贝尔公式。

例 5.14　求解半无界弦的振动问题：

$$\begin{cases}u_{tt}=a^{2}u_{xx} & (0<x<\infty,\ t>0)\\u\mid_{x=0}=f(t),\ \lim\limits_{x\to\infty}u(x,\ t)=0 & (t\geqslant0)\\u\mid_{t=0}=0,\ u_{t}\mid_{t=0}=0 & (0<x<\infty)\end{cases} \tag{5.191}$$

解　对方程两边关于变量 t 作拉普拉斯变换，并记 $U(x,\ p)=L[u(x,\ t)]$，则得到方程：

$$p^{2}U(x,\ p)-pu(x,\ 0)-u_{t}(x,\ 0)=a^{2}\frac{\mathrm{d}^{2}U(x,\ p)}{\mathrm{d}x^{2}} \tag{5.192}$$

代入初始条件，得

$$\frac{\mathrm{d}^{2}U}{\mathrm{d}x^{2}}-\frac{p^{2}}{a^{2}}U(x,\ p)=0 \tag{5.193}$$

再对边界条件关于变量 t 作拉普拉斯变换，并记 $F(p)=L[f(p)]$，则有

$$\begin{cases}U(0,\ p)=F(p)\\\lim\limits_{x\to\infty}U(x,\ p)=0\end{cases} \tag{5.194}$$

常微分方程(5.193)的通解为

$$U(x,\ p)=C_{1}(p)\mathrm{e}^{-\frac{px}{a}}+C_{2}(p)\mathrm{e}^{\frac{px}{a}} \tag{5.195}$$

代入边界条件(式(5.194))，得

$$\begin{cases}C_{1}(p)=F(p)\\C_{2}(p)=0\end{cases} \tag{5.196}$$

所以

$$U(x,\ p)=\mathrm{e}^{-\frac{px}{a}}\cdot F(p) \tag{5.197}$$

而由位移定理有

$$\mathrm{e}^{-px/a}F(p)=L\left[f\left(t-\frac{x}{a}\right)\right] \tag{5.198}$$

所以

$$u(x,\ t) = L^{-1}[U(x,\ p)] = L^{-1}\left\{L\left[f\left(t-\frac{x}{a}\right)\right]\right\}$$

$$= \begin{cases} 0 & \left(t < \frac{x}{a}\right) \\ f\left(t-\frac{x}{a}\right) & \left(t \geqslant \frac{x}{a}\right) \end{cases} \tag{5.199}$$

例 5.15 求解无限长传输线上的电报方程：

$$\begin{cases} RGU + (LG+RC)U_t + LCU_{tt} - U_{xx} = 0 \\ U\mid_{t=0} = \Phi(x) \\ U_t\mid_{t=0} = \Psi(x) \end{cases} \tag{5.200}$$

解 为了方便计算，先作函数变换：

$$U(x,\ t) = e^{-\frac{LG+RC}{2LC}t}u(x,\ t) \tag{5.201}$$

定解问题转化为

$$\begin{cases} u_{tt} - a^2 u_{xx} - b^2 u = 0 \\ u\mid_{t=0} = \varphi(x) \\ u_t\mid_{t=0} = \psi(x) \end{cases} \tag{5.202}$$

其中：

$$a^2 = \frac{1}{LC},\quad b = \frac{1}{2}(LG-RC)a^2,\quad \varphi(x) = \Phi(x),\quad \psi(x) = \Psi(x) + \frac{LG+RC}{2LC}\Phi(x)$$

对泛定方程进行拉普拉斯变换，初始条件通过微分定理而考虑到。记 $L[u(x,\ t)] = \tilde{u}(x,\ p)$，变换的结果为

$$p^2\tilde{u} - p\varphi - \psi - a^2\tilde{u}_{xx} - b^2\tilde{u} = 0 \tag{5.203}$$

这个非齐次常微分方程的通解为

$$\tilde{u}(x,\ p) = Ae^{x\sqrt{p^2-b^2}/a} + Be^{-x\sqrt{p^2-b^2}/a} - \frac{1}{2a}\int^{(x)}\frac{e^{\frac{\xi-x}{a}\sqrt{p^2-b^2}}}{\sqrt{p^2-b^2}}[\psi(\xi)+p\varphi(\xi)]\,d\xi$$

$$+ \frac{1}{2a}\int^{(x)}\frac{e^{\frac{x-\xi}{a}\sqrt{p^2-b^2}}}{\sqrt{p^2-b^2}}[\psi(\xi)+p\varphi(\xi)]\,d\xi \tag{5.204}$$

考虑到 $\lim\limits_{x\to\infty}\tilde{u}$ 不应为无限大，积分常数 A 肯定为零；$\lim\limits_{x\to-\infty}\tilde{u}$ 也不应为无限大，积分常数 B 也肯定为零。为了保证积分收敛，第一个积分的下限取为 ∞，第二个积分的下限则取为 $-\infty$。于是

$$\tilde{u}(x,\ p) = -\frac{1}{2a}\int_\infty^x\frac{e^{\frac{\xi-x}{a}\sqrt{p^2-b^2}}}{\sqrt{p^2-b^2}}[\psi(\xi)+p\varphi(\xi)]d\xi + \frac{1}{2a}\int_{-\infty}^x\frac{e^{\frac{x-\xi}{a}\sqrt{p^2-b^2}}}{\sqrt{p^2-b^2}}[\psi(\xi)+p\varphi(\xi)]\,d\xi$$

$$= \left[\frac{1}{2a}\int_x^\infty\frac{e^{\frac{\xi-x}{a}\sqrt{p^2-b^2}}}{\sqrt{p^2-b^2}}\psi(\xi)\,d\xi + \frac{1}{2a}\int_{-\infty}^x\frac{e^{\frac{x-\xi}{a}\sqrt{p^2-b^2}}}{\sqrt{p^2-b^2}}\psi(\xi)\,d\xi\right]$$

$$+ \left[\frac{1}{2a}\int_x^\infty\frac{e^{\frac{\xi-x}{a}\sqrt{p^2-b^2}}}{\sqrt{p^2-b^2}}p\varphi(\xi)\,d\xi + \frac{1}{2a}\int_{-\infty}^x\frac{e^{\frac{x-\xi}{a}\sqrt{p^2-b^2}}}{\sqrt{p^2-b^2}}p\varphi(\xi)\,d\xi\right] \tag{5.205}$$

第二个[]跟第一个[]相比较，$\varphi(\xi)$ 代替了 $\psi(\xi)$，并且多了一个因子 p。因此，先对第一个[]

进行逆变换，得到原函数之后，把 $\psi(\xi)$ 改为 $\varphi(\xi)$，并对 t 求导就得到第二个[]的原函数。

通过查拉普拉斯变换表可得

$$L^{-1}\left[\frac{e^{-\frac{\xi-x}{a}\sqrt{p^2-b^2}}}{\sqrt{p^2-b^2}}\right]=I_0\left[b\sqrt{t^2-\frac{(x-\xi)^2}{a^2}}\right]H\left(t-\frac{\xi-x}{a}\right) \tag{5.206}$$

于是

$$L^{-1}\left[\frac{1}{2a}\int_x^\infty \frac{e^{-\frac{\xi-x}{a}\sqrt{p^2-b^2}}}{\sqrt{p^2-b^2}}\psi(\xi)\,d\xi\right]=\frac{1}{2a}\int_x^{x+at}I_0\left[\frac{b}{a}\sqrt{a^2t^2-(x-\xi)^2}\right]\psi(\xi)\,d\xi \tag{5.207}$$

同理，有

$$L^{-1}\left[\frac{1}{2a}\int_{-\infty}^x \frac{e^{-\frac{x-\xi}{a}\sqrt{p^2-b^2}}}{\sqrt{p^2-b^2}}\psi(\xi)\,d\xi\right]=\frac{1}{2a}\int_{x-at}^x I_0\left[\frac{b}{a}\sqrt{a^2t^2-(x-\xi)^2}\right]\psi(\xi)\,d\xi \tag{5.208}$$

这样就完成了逆变换，所以

$$\begin{aligned}
u(x,t)&=\frac{1}{2a}\int_{x-at}^{x+at}I_0\left[\frac{b}{a}\sqrt{a^2t^2-(x-\xi)^2}\right]\psi(\xi)\,d\xi\\
&\quad+\frac{\partial}{\partial t}\left\{\frac{1}{2a}\int_{x-at}^{x+at}I_0\left[\frac{b}{a}\sqrt{a^2t^2-(x-\xi)^2}\right]\varphi(\xi)\,d\xi\right\}\\
&=\frac{1}{2a}\int_{x-at}^{x+at}I_0\left[\frac{b}{a}\sqrt{a^2t^2-(x-\xi)^2}\right]\psi(\xi)\,d\xi\\
&\quad+\frac{1}{2}\left[\varphi(x+at)+\varphi(x-at)\right]\\
&\quad+\frac{bt}{2}\int_{x-at}^{x+at}\frac{1}{\sqrt{a^2t^2-(x-\xi)^2}}I_0'\left[\frac{b}{a}\sqrt{a^2t^2-(x-\xi)^2}\right]\varphi(\xi)\,d\xi
\end{aligned} \tag{5.209}$$

其中，I_0 为零阶虚宗量贝塞尔函数。

2. 输运问题

例 5.16 一根半无限长的杆，端点温度变化情况为已知，杆的初始温度为零度，求杆上温度的分布规律。

解 这个问题可以归结为求解定解问题：

$$\begin{cases}
u_t=a^2u_{xx} & (0<x<\infty,\ t>0)\\
u\,|_{t=0}=0 & (0<x<\infty,\ t>0)\\
u\,|_{x=0}=f(t) & (t\geqslant 0)
\end{cases} \tag{5.210}$$

因为这个问题中 x、t 的变化范围都是 $(0,\infty)$，所以用拉普拉斯变换来求解。对变量 t 进行拉普拉斯变换，记 $L[u(x,t)]=U(x,p)$，$L[f(t)]=F(p)$。先对方程两端进行拉普拉斯变换，并使用初始条件，得到一个常微分方程：

$$\frac{d^2U(x,p)}{dx^2}-\frac{p}{a^2}U(x,p)=0 \tag{5.211}$$

再对边界条件进行变换得到

$$U(x,p)\,|_{x=0}=F(p) \tag{5.212}$$

这个常微分方程的通解为

$$U(x,\ p) = c_1 e^{-\frac{\sqrt{p}}{a}x} + c_2 e^{\frac{\sqrt{p}}{a}x} \tag{5.213}$$

由于当 $x \to \infty$ 时，$u(x,t)$ 应该有界，所以 $U(x,p)$ 也应该有界，故 $c_2 = 0$。

再由条件 $U(x,\ p)|_{x=0} = F(p)$ 得 $c_1 = F(p)$，从而得

$$U(x,\ p) = F(p) e^{-\frac{\sqrt{p}}{a}x} \tag{5.214}$$

查拉普拉斯变换表得

$$L^{-1}\left[\frac{1}{p} e^{-\frac{x}{a}\sqrt{p}}\right] = \frac{2}{\sqrt{\pi}} \int_{\frac{x}{2a\sqrt{t}}}^{\infty} e^{-y^2}\ \mathrm{d}y \tag{5.215}$$

由微分性质得

$$L^{-1}\left[e^{-\frac{x}{a}\sqrt{p}}\right] = L^{-1}\left[p\frac{1}{p} e^{-\frac{x}{a}\sqrt{p}}\right] = \frac{\mathrm{d}}{\mathrm{d}t}\left[\frac{2}{\sqrt{\pi}}\int_{\frac{x}{2a\sqrt{t}}}^{\infty} e^{-y^2}\ \mathrm{d}y\right] = \frac{x}{2a\sqrt{\pi}\,t^{3/2}} e^{-\frac{x^2}{4a^2 t}} \tag{5.216}$$

最后，由拉普拉斯变换的卷积定理得解

$$u(x,\ t) = L^{-1}\left[F(p) e^{-\frac{x}{a}\sqrt{p}}\right] = f(t) * \frac{x}{2a\sqrt{\pi}\,t^{3/2}} e^{-\frac{x^2}{4a^2 t}}$$

$$= \frac{x}{2a\sqrt{\pi}} \int_0^\infty f(\tau)\frac{1}{(t-\tau)^{3/2}} e^{-\frac{x^2}{4a^2(t-\tau)}}\ \mathrm{d}\tau \tag{5.217}$$

例 5.17　求解硅片的恒定表面浓度扩散问题。把硅片的厚度当作无限大，这是半无界空间的定解问题：

$$\begin{cases} u_t - a^2 u_{xx} = 0 \quad (x > 0) \\ u\,|_{x=0} = N_0 \\ u\,|_{t=0} = 0 \end{cases} \tag{5.218}$$

解　对泛定方程和边界条件进行拉普拉斯变换，初始条件则通过微分定理而考虑到。记 $L[u(x,\ t)] = U(x,\ p)$，变换的结果为

$$\begin{cases} pU - a^2 U_{xx} = 0 \quad (x > 0) \\ U\,|_{x=0} = N_0 \dfrac{1}{p} \end{cases} \tag{5.219}$$

这个常微分方程的通解为

$$U(x,\ p) = A e^{-\sqrt{p}x/a} + B e^{\sqrt{p}x/a} \tag{5.220}$$

考虑到 $\lim\limits_{x\to\infty} U$ 不应为无限大，积分常数 B 肯定为零。利用边界条件得到积分常数 $A = N_0 \dfrac{1}{p}$。于是

$$U(x,\ p) = N_0 \frac{1}{p} e^{-\sqrt{p}x/a} \tag{5.221}$$

借助拉普拉斯变换表求逆变换得

$$u(x,\ t) = N_0\,\mathrm{erfc}\left(\frac{x}{2a\sqrt{t}}\right) \tag{5.222}$$

其中，$\mathrm{erfc}(x)$ 为余误差函数。

3. 展开定理的使用

前面根据像函数求原像函数时，都是直接采用拉普拉斯逆变换的方法，但是对于一些比较复杂的像函数，需要借助展开定理，用复变函数论中求围线积分和计算留数的方法来

求出原像。下面通过例题来介绍这种方法。

例 5.18 分析两端有界的细杆在$[0, l]$上的温度分布。这个细杆的左端是绝热的，而右端保持常温 u_1，初始温度为常数 u_0。

解 此问题为求解下列输运问题：

$$\begin{cases} u_t - a^2 u_{xx} = 0 & (0 < x < l, \ t > 0) \\ u_x \mid_{x=0} = 0, \ u \mid_{x=l} = u_1 & (t \geqslant 0) \\ u \mid_{t=0} = u_0 & (0 < x < l) \end{cases} \quad (5.223)$$

对方程和边界条件关于 t 分别进行拉普拉斯变换，记 $L[u(x, t)] = U(x, p)$，并考虑到初始条件，即得到常微分方程的定解问题：

$$\begin{cases} \dfrac{\mathrm{d}^2 U}{\mathrm{d}x^2} - \dfrac{p}{a^2}U + \dfrac{u_0}{a^2} = 0 \\ U_x(0, p) = 0 \\ U(l, p) = \dfrac{u_1}{p} \end{cases} \quad (5.224)$$

此方程的通解为

$$U(x, p) = \frac{u_0}{p} + c_1 \ \mathrm{ch} \frac{\sqrt{p}}{a}x + c_2 \ \mathrm{sh} \frac{\sqrt{p}}{a}x \quad (5.225)$$

其中，c_1、c_2 为任意常数。由边界条件定出 c_1、c_2，便得到

$$U(x, p) = \frac{u_0}{p} + \frac{u_1 - u_0}{p} \frac{\mathrm{ch} \dfrac{\sqrt{p}}{a}x}{\mathrm{ch} \dfrac{\sqrt{p}}{a}l} = \frac{u_0 \ \mathrm{ch} \dfrac{\sqrt{p}}{a}l + (u_1 - u_0) \ \mathrm{ch} \dfrac{\sqrt{p}}{a}x}{p \ \mathrm{ch} \dfrac{\sqrt{p}}{a}l} \quad (5.226)$$

把分子记为 $A(p)$，分母记为 $B(p)$，因为双曲余弦是偶函数，它的泰勒展开式只含自变量的偶次项，故 $U(x, p)$ 是 p 的单值函数，又因为这个函数的奇点都是一阶极点，即

$$\begin{cases} p_0 = 0 \\ p_k = -\dfrac{a^2 \pi^2}{l^2}\left(k - \dfrac{1}{2}\right)^2 & (k = 1, 2, \cdots) \end{cases} \quad (5.227)$$

由展开定理有

$$\begin{aligned} u(x, t) &= \sum_k \mathop{\mathrm{Res}}_{p=p_k} U(x, p)\mathrm{e}^{pt} = \sum_k \frac{A(p_k)}{B'(p_k)}\mathrm{e}^{p_k t} \\ &= \frac{u_0 \ \mathrm{ch} \dfrac{\sqrt{p}}{a}l + (u_1 - u_0) \ \mathrm{ch} \dfrac{\sqrt{p}}{a}x}{\mathrm{ch} \dfrac{\sqrt{p}}{a}l + p \ \mathrm{sh} \dfrac{\sqrt{p}}{a}l \cdot \dfrac{1}{2} \dfrac{l}{a} \cdot p^{-\frac{1}{2}}} \Bigg|_{p=p_k} \end{aligned} \quad (5.228)$$

而

$$\begin{cases} A(0) = u_1 \\ A(p_k) = (u_1 - u_0) \ \mathrm{ch} \dfrac{x}{l}\left(k - \dfrac{1}{2}\right)\pi\mathrm{i} = (u_1 - u_0) \cos\left(k - \dfrac{1}{2}\right)\dfrac{\pi}{l}x \\ B'(0) = 1 \\ B'(p_k) = \dfrac{l}{2}\dfrac{\sqrt{p_k}}{a} \ \mathrm{sh} \dfrac{l}{a} \ \sqrt{p_k} = (-1)^k\left(k - \dfrac{1}{2}\right)\dfrac{\pi}{2} \end{cases} \quad (5.229)$$

所以

$$u(x,\ t) = u_1 + \frac{2(u_1 - u_0)}{\pi} \sum_{k=1}^{\infty} \frac{(-1)^k}{k - 1/2} \cos\left(k - \frac{1}{2}\right) \frac{\pi x}{l} e^{-\frac{a^2\pi^2}{l^2}\left(k-\frac{1}{2}\right)^2 t} \tag{5.230}$$

总之,通过以上例题可以看出,用拉普拉斯变换法解偏微分方程时,无论泛定方程和边界条件是否是齐次的,均可用同样的办法处理。

用傅里叶变换法和拉普拉斯变换法解题的过程大致如下:

(1) 根据自变量的变化范围和定解条件的具体情况,选取适当的积分变换。然后,对方程的两端取变换,把偏微分方程转化为常微分方程。

(2) 对定解条件取相应的变换,得到新方程的定解条件。

(3) 解所得的常微分方程,求得原定解问题的变换式,即像函数。

(4) 对所得的变换式取逆变换,得到原定解问题的解。

可以看出,用傅里叶变换法和拉普拉斯变换法解线性偏微分方程的优点在于减少了自变量的个数,而把原方程化成了较简单的形式。特别是对常系数的方程,积分变换法常常是很有效的方法。

傅里叶变换和拉普拉斯变换各有其特点,在实际应用中应采用哪一种积分变换,要根据问题的不同和求解的方便来选择,通常可参照以下两个方面。

首先,要注意自变量的变化范围。傅里叶变换要求自变量在$(-\infty, \infty)$内变换,拉普拉斯变换要求自变量在$(0, \infty)$内变换。

其次,由拉普拉斯变换的微分性质可以看出,要对某自变量取拉普拉斯变换,必须在定解条件中给出当该自变量等于零时的函数值及有关的导数值。

总之,积分变换法是求解常微分方程、偏微分方程以及积分方程的一种常见方法,应熟练掌握。

5.5 本 章 小 结

1. 积分变换法

对偏微分方程、常微分方程和积分方程的定解问题中的各项进行积分变换,从而将偏微分方程、常微分方程和积分方程的求解问题转化成为常微分方程或代数方程的求解问题的方法称为积分变换法。其中对各项进行傅里叶变换的方法称为傅里叶变换法,而对各项进行拉普拉斯变换的方法称为拉普拉斯变换法。

傅里叶变换法和拉普拉斯变换法是两种常用的求解数理方程的积分变换法。前者多用于求解没有初始条件的无界或半无界问题,而后者多用于求解常微分方程的初值问题。

用积分变换法求解数理方程大体分为以下三步:

(1) 对方程和定解条件中的各项(对某个适当的变量)取变换,得到像函数的常微分方程的定解问题或代数方程。

(2) 求解常微分方程的定解问题或代数方程,得到像函数。

(3) 求像函数的逆变换,即得原定解问题的解。

2. 傅里叶变换

设函数 $f(x)$ 在 $(-\infty, \infty)$ 上连续、分段光滑且绝对可积,则称函数

$$G(\omega) = \int_{-\infty}^{\infty} f(x) e^{-i\omega x} \, dx$$

为函数 $f(x)$ 的傅里叶变换，记作 $F[f(x)] = G(\omega)$；而称函数

$$f(x) = \frac{1}{2\pi} \int_{-\infty}^{\infty} G(\omega) e^{i\omega x} \, d\omega$$

为 $G(\omega)$ 的傅里叶逆变换，记作 $F^{-1}[G(\omega)] = f(x)$。显然，

$$F^{-1} F[f(x)] = f(x)$$

傅里叶变换的常用性质如下：

（1）线性性质：

$$F[af_1 + bf_2] = aF[f_1] + bF[f_2]$$

（2）延迟性质：

$$F[e^{i\omega_0 x} f(x)] = G(\omega - \omega_0)$$

（3）位移性质：

$$F[f(x - x_0)] = e^{-i\omega x_0} F[f(x)]$$

（4）相似性质：

$$F[f(ax)] = \frac{1}{|a|} G\left(\frac{\omega}{a}\right)$$

（5）微分性质：

如果当 $|x| \to \infty$ 时，$f(x) \to 0$，$f^{(n-1)}(x) \to 0$（其中 $n = 1, 2, \cdots$），则

$$F[f^{(n)}(x)] = (i\omega)^n F[f(x)]$$

（6）积分性质：

$$F\left[\int_{x_0}^{x} f(\xi) \, d\xi\right] = \frac{1}{i\omega} F[f(x)]$$

（7）卷积定理：

$$F[f_1(x) * f_2(x)] = F[f_1(x)] \cdot F[f_2(x)]$$

$$F[f_1(x) \cdot f_2(x)] = \frac{1}{2\pi} F[f_1(x)] * F[f_2(x)]$$

其中，a、b、ω_0、x_0 均为常数，而

$$f_1(x) * f_2(x) = \int_{-\infty}^{\infty} f_1(\xi) f_2(x - \xi) \, d\xi$$

定义为函数 $f_1(x)$ 和 $f_2(x)$ 的卷积。

利用傅里叶变换和逆变换的定义与性质，再采取前面所述用积分变换法解数理方程的三个步骤，就可以用傅里叶变换法求解相关的定解问题。

3. 拉普拉斯变换

设函数 $f(t)$ 满足以下条件：

（1）当 $t < 0$ 时，$f(t) = 0$；

（2）当 $t > 0$ 时，$f(t)$ 及 $f'(t)$ 除去有限个第一类间断点，处处连续；

（3）当 $t \to \infty$ 时，存在常数 M 及 $\sigma_0 \geqslant 0$，使得

$$|f(t)| \leqslant M e^{\sigma_0 t} \quad (0 < t < \infty)$$

则称

$$F(p) = L[f(t)] = \int_0^\infty f(t)e^{-pt}\ dt$$

为函数 $f(t)$ 的拉普拉斯变换,而称

$$f(t) = L^{-1}[F(p)] = \frac{1}{2\pi i}\int_{\sigma-i\infty}^{\sigma+i\infty} F(p)e^{pt}\ dp$$

为复变函数 $F(p)$ 的拉普拉斯逆变换。$F(p)$ 为 $f(t)$ 的像函数,$f(t)$ 为 $F(p)$ 的像原函数。显然,

$$L^{-1}L[f] = f$$

拉普拉斯变换的主要性质如下:

(1) 线性性质:

$$L[\alpha f_1(t) + \beta f_2(t)] = \alpha L[f_1(t)] + \beta L[f_2(t)]$$

(2) 乘积定理:

$$L[f_1(t)f_2(t)] = \frac{1}{2\pi i}\int_{\sigma-i\infty}^{\sigma+i\infty} F_1(q)F_2(p-q)\ dq$$

(3) 微分性质:

$$L[f^{(n)}(t)] = p^n F(p) - p^{n-1}f(0) - p^{n-2}f'(0) - \cdots - f^{(n-1)}(0)$$

(4) 积分性质:

$$L\left[\int_0^t f(t)\ dt\right] = \frac{L[f(t)]}{p} = \frac{F(p)}{p}$$

(5) 相似性质:

$$L[f(at)] = \frac{1}{a}F\left(\frac{p}{a}\right)$$

(6) 延迟性质:

$$F(p - p_0) = L[e^{p_0 t}f(t)]$$

(7) 位移定理:

$$L[f(t - \tau)] = e^{-p\tau}F(p)$$

(8) 卷积定理:

$$L[f_1(t) * f_2(t)] = L[f_1(t)] \cdot L[f_2(t)]$$

同样,只要利用拉普拉斯变换和逆变换的定义及性质,再采用前面所述的用积分变换法解数理方程的三个步骤,就可以用拉普拉斯变换法求解相关的定解问题。

习　　题

5.1　求高斯分布函数 $f(t) = \dfrac{1}{\sqrt{2\pi}\sigma}e^{-\frac{t^2}{2\sigma^2}}$ 的频谱函数 $F(\omega)$。

答案:$F(\omega) = e^{-\frac{\omega^2\sigma^2}{2}}$。

5.2　若满足傅里叶积分定理的条件且为奇函数,试证:

$$f(x) = \int_0^\infty b(\omega)\,\sin\omega x\,\mathrm{d}\omega$$

其中，$b(\omega) = \dfrac{2}{\pi}\displaystyle\int_0^\infty f(x)\,\sin\omega x\,\mathrm{d}x$。

5.3　将 $f(x) = \cos x^2$ 展开为傅里叶积分。

答案：$\dfrac{2}{2\pi}\displaystyle\int_{-\infty}^\infty \left[\pi\delta(\omega) + \dfrac{\pi}{2}\delta(\omega - 2) + \dfrac{\pi}{2}\delta(\omega + 2)\right]\mathrm{e}^{\mathrm{i}\omega x}\,\mathrm{d}\omega$。

5.4　设 $r = \sqrt{x^2 + y^2 + z^2} = |\boldsymbol{r}|$，$\omega = \sqrt{\omega_1^2 + \omega_2^2 + \omega_3^2} = |\boldsymbol{\omega}|$，证明：

$$F\left[\dfrac{1}{r}\right] = \dfrac{4\pi}{\omega^2}$$

5.5　利用傅里叶变换法求解常微分方程 $ay''(x) + by'(x) + cy(x) = f(x)$。其中，$a$、$b$、$c$ 都是常数，且 $f(x)$ 为已知函数。

答案：$y(x) = \dfrac{1}{2\pi}\displaystyle\int_{-\infty}^\infty Y(\xi)\mathrm{e}^{-\mathrm{i}\xi x}\,\mathrm{d}\xi$。

5.6　求解无限长弦的自由振动定解问题：

$$\begin{cases} u_{tt} - a^2 u_{xx} = 0 & (-\infty < x < \infty) \\ u\,|_{t=0} = \varphi(x) \\ u_t\,|_{t=0} = 0 \end{cases}$$

答案：$u(x,\,t) = \dfrac{1}{2}\left[\varphi(x + at) + \varphi(x - at)\right]$。

5.7　求解定解问题：

$$\begin{cases} u_{tt} - a^2 u_{xx} = f(x,\,t) & (-\infty < x < \infty) \\ u\,|_{t=0} = 0 \\ u_t\,|_{t=0} = 0 \end{cases}$$

答案：$u(x,\,t) = \dfrac{1}{2a}\displaystyle\int_0^t \int_{x-a(t-\tau)}^{x+a(t-\tau)} f(\xi,\,\tau)\,\mathrm{d}\xi\,\mathrm{d}\tau$。

5.8　已知某种微粒在空间的浓度分布为 $\varphi(r)$，求解 $t > 0$ 时浓度的变化。

答案：$u(r,\,t) = \dfrac{1}{8a^2(\pi t)^{3/2}}\iiint_{-\infty}^\infty \varphi(r')\mathrm{e}^{-\frac{|r - r'|^2}{4a^2 t}}\,\mathrm{d}r'$。

5.9　求解热传导方程的初值问题：

$$\begin{cases} u_t - a^2 u_{xx} = 0 & (-\infty < x < \infty,\ t > 0) \\ u\,|_{t=0} = \cos x \end{cases}$$

答案：$u(x,\,t) = \mathrm{e}^{-a^2 t}\cos x$。

5.10　求解一端固定的半无界弦的自由振动问题：

$$\begin{cases} u_{tt} = a^2 u_{xx} & (0 < x < \infty,\ t > 0) \\ u(0,\,t) = 0 & (t > 0) \\ u(x,\,0) = \varphi(x),\ u_t(x,\,0) = \psi(x) & (0 < x < \infty) \end{cases}$$

答案：

$$u(x,\,t) = \begin{cases} \dfrac{1}{2}\big[\varphi(x+at)+\varphi(x-at)\big] + \dfrac{1}{2a}\displaystyle\int_{x-at}^{x+at}\psi(\alpha)\,\mathrm{d}\alpha & (x > at) \\[4mm] \dfrac{1}{2}\big[\varphi(x+at)-\varphi(at-x)\big] + \dfrac{1}{2a}\displaystyle\int_{at-x}^{x+at}\psi(\alpha)\,\mathrm{d}\alpha & (x < at) \end{cases}$$

5.11 求下列函数的拉普拉斯变换：

(1) e^{at}；　　　(2) $\sin kt$；　　　(3) $\sin\left(t-\dfrac{2\pi}{3}\right)$；

(4) $\cos kt$；　(5) t^n；　　　　(6) $\mathrm{e}^{at}t^n$。

答案：(1) $\dfrac{1}{p-a}$；(2) $\dfrac{k}{p^2+k^2}$；(3) $\mathrm{e}^{-\frac{2\pi}{3}p}\dfrac{1}{p^2+1}$；

　　　(4) $\dfrac{p}{p^2+k^2}$；(5) $\dfrac{n!}{p^{n+1}}$；(6) $\dfrac{n!}{(p-a)^{n+1}}$。

5.12 求 $\delta(t)$ 函数的拉普拉斯变换。

答案：1。

5.13 用拉普拉斯变换法求解常微分方程的初值问题：

$$\begin{cases} x'(t)-x(t)=1 \\ x(0)=0 \end{cases}$$

答案：$x(t)=\mathrm{e}^t-1$。

5.14 求解交流电路的方程：

$$\begin{cases} L\,\dfrac{\mathrm{d}}{\mathrm{d}t}j(t)+Rj(t)=E_0\,\sin\omega t \\[2mm] j(0)=0 \end{cases}$$

答案：$j(t)=\dfrac{E_0}{R^2+L^2\omega^2}(R\,\sin\omega t-\omega L\,\cos\omega t)+\dfrac{E_0\omega L}{R^2+L^2\omega^2}\mathrm{e}^{-(R/L)t}$。

5.15 求解半无界弦的受迫振动问题，即端点 $x=0$ 固定，初始位移和初始速度为零的定解问题：

$$\begin{cases} u_{tt}=a^2u_{xx}+\cos\omega t & (0<x<\infty,\,t>0) \\ u\,\big|_{x=0}=0,\;\lim\limits_{x\to+\infty}u_x(x,\,t)=0 & (t\geqslant 0) \\ u\,\big|_{t=0}=0,\;u_t=0 & (0<x<\infty) \end{cases}$$

答案：

$$u(x,\,t)=\begin{cases} \dfrac{2}{\omega^2}\left\{\sin^2\left(\dfrac{\omega t}{2}\right)-\sin^2\left[\dfrac{\omega}{2}\left(t-\dfrac{x}{a}\right)\right]\right\} & \left(t\geqslant\dfrac{x}{a}\right) \\[4mm] \dfrac{2}{\omega^2}\sin^2\left(\dfrac{\omega t}{2}\right) & \left(t<\dfrac{x}{a}\right) \end{cases}$$

5.16 已知传输线方程为

$$u_{tt}-a^2u_{xx}-b^2u=0$$

式中：$a^2=\dfrac{1}{LC}$，$b=\dfrac{1}{2}(LG-RC)a$，均为常数。$u(x,\,t)$ 表示传输线两端的电压。设此传输线两端都伸向无限远，设初始条件为 $u\,\big|_{t=0}=0$，$u_t\,\big|_{t=0}=\psi(x)$，求解此定解问题。

答案：$u(x, t) = \dfrac{1}{2a} \displaystyle\int_{x-at}^{x+at} I_0 \left[\dfrac{b}{a} \sqrt{a^2 t^2 - (x-\xi)^2} \right] \psi(\xi)\, d\xi$。

5.17　求解半无界散热杆的温度分布问题：

$$\begin{cases} u_t = k u_{xx} - h u & (0 < x < \infty,\ t > 0) \\ u\,|_{x=0} = u_0 \\ u\,|_{t=0} = 0 \\ \lim\limits_{x \to \infty} u(x, t) = 0 \end{cases}$$

答案：

$$u(x, t) = u_0\, \mathrm{erfc}\left(\dfrac{x}{2\sqrt{kt}} \right)$$

5.18　设有一长为 l 的均匀杆，其一端固定，另一端由静止状态开始受力 $F = A \sin\omega t$ 的作用，力的方向和杆的轴线一致，求杆作纵振动的规律。

$$\begin{cases} u_{tt} - a^2 u_{xx} = 0 & (0 < x < l,\ t > 0) \\ u_x\,|_{x=l} = \dfrac{A}{SE} \sin\omega t,\ u\,|_{x=0} = 0 & (t \geqslant 0) \\ u\,|_{t=0} = 0,\ u_t\,|_{t=0} = 0 & (0 < x < l) \end{cases}$$

式中：$a^2 = E/\rho$；E 为杆的杨氏模量；S 为杆的横截面积。

答案：

$$u(x, t) = \dfrac{Aa}{SE\omega}\, \dfrac{1}{\cos\dfrac{\omega}{a}l}\, \sin\omega t\, \sin\dfrac{\omega}{a}x + \sum_{k=1}^{\infty} (-1)^{k-1} \dfrac{16 a\omega A l^2}{SE\pi}$$

$$\cdot\, \dfrac{\sin\dfrac{(2k-1)\pi}{2l}x\, \sin\dfrac{(2k-1)a\pi}{2l}t}{(2k-1)\left[4l^2\omega^2 - a^2(2k-1)^2\pi^2\right]}$$

第6章　格林函数法

由前几章的介绍可知：行波法主要用于求解无界域的波动问题，求解问题的范围十分有限；分离变量法主要用于求解各种有界问题；积分变换法主要用于求解各种无界问题。这些方法得到的解主要是无穷级数或无穷积分的形式，其解的敛散性和物理意义有待进一步分析。本章将从点源的概念(如质点、点电荷、点热源等)出发，根据叠加原理，通过点源场的有限积分来得到任意源的场。这种求解数学物理方程的方法称为格林函数法，又称为点源函数法或影响函数法。

首先看一个例题。如图 6.1 所示，静电场的电势分布满足泊松方程：

$$\Delta u = -\frac{\rho}{\varepsilon} \tag{6.1}$$

其中：ρ 为电荷密度；ε 为空间介电常数；Δu 为空间电势分布。

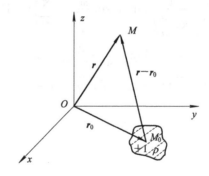

图 6.1　静电场的电势分布

由静电学知识可知，位于 r_0 处的单位点电荷在 r 处的电势为

$$G(r, r_0) = \frac{1}{4\pi\varepsilon}\frac{1}{\mid r - r_0 \mid} \tag{6.2}$$

由场的叠加原理可知，r_0 处的任意电荷分布 ρ 在 r 处所产生的电势为

$$u(r) = \int_V \frac{\rho(r_0)}{4\pi\varepsilon \mid r - r_0 \mid}\, \mathrm{d}V \tag{6.3}$$

上面的求解给出了一种重要的求解问题的途径：首先，找到一个点源在一定边界条件和初值条件下所产生的场或影响，即点源的影响函数(格林函数)；然后，由于任意分布的源总可以看做是许许多多这样的点源的叠加，利用场的叠加原理，对格林函数在整个源域上积分，即可得到任意源的场，这就是格林函数法的主要思想。

显然，这种方法是一种以统一的思想方式处理数学物理方程的有效途径，直接求得问题的特解，它不受方程的类型和边界条件的局限，通常结果用一个含有格林函数的有限积分表示，物理意义清晰，十分便于理论分析和研究。本章将对格林函数法的思想、方法、步骤和应用作详细讨论。

6.1 δ 函 数

在物理学中，经常需要讨论集中量的情况，如质点、点电荷、点热源和单位脉冲等，在数学上这些量该如何表示呢？为了求得点源所产生的场——格林函数，在此引入 δ 函数。

6.1.1 δ 函数的定义

假定电量 Q 均匀分布在一根长为 l 的直线上，其电荷密度 $\rho(x)$ 满足：

$$\rho(x) = \begin{cases} 0 & \left(\mid x \mid > \dfrac{l}{2}\right) \\ \dfrac{Q}{l} & \left(\mid x \mid \leqslant \dfrac{l}{2}\right) \end{cases} \tag{6.4}$$

将 $\rho(x)$ 对 x 积分，得到总电荷量：

$$Q = \int_{-\infty}^{\infty} \rho(x)\,\mathrm{d}x \tag{6.5}$$

显然，如果让该线段的长度 $l \to 0$，就得到一个点电荷，此时电荷密度用 $\rho_0(x)$ 表示，即

$$\rho_0(x) = \begin{cases} 0 & (x \neq 0) \\ \infty & (x = 0) \end{cases} \tag{6.6}$$

这一点的电荷总量仍为 Q，故式(6.5)仍然成立。我们称单位电荷量($Q=1$)的点电荷的电荷密度为 δ 函数，则有

$$\delta(x) = \begin{cases} 0 & (x \neq 0) \\ \infty & (x = 0) \end{cases} \tag{6.7}$$

$$\int_{-\infty}^{\infty} \delta(x)\,\mathrm{d}x = 1 \tag{6.8}$$

由此定义不难看出：

(1) δ 函数可以用来表示任意点量的密度，即一密度函数。如在 $x=a$ 处有一质量为 m 的质点，则 x 轴上任意一点 x 处的质量密度为 $\rho(x)=m\delta(x-a)$。

(2) 更一般地，可以定义：

$$\delta(x - x_0) = \begin{cases} 0 & (x \neq x_0) \\ \infty & (x = x_0) \end{cases} \tag{6.9}$$

$$\int_{-\infty}^{\infty} \delta(x - x_0)\,\mathrm{d}x = 1 \tag{6.10}$$

(3) δ 函数不是普通意义下的函数，因为它没有普通意义下的随自变量取值不同而不断改变的函数值，它只有一点($x=0$ 或 $x=x_0$)不为零，而在这一点的值又是 ∞，因此，对于包含 δ 函数的运算，不能按照通常的意义去理解，它被称为一种广义函数。

6.1.2 δ 函数的性质

δ 函数具有以下一些重要的性质：

性质 1 对任何一个连续函数 $f(x)$ 都有

$$\int_{-\infty}^{\infty} f(x)\delta(x)\,\mathrm{d}x = f(0) \tag{6.11}$$

或

$$\int_{-\infty}^{\infty} f(x)\delta(x-x_0)\,\mathrm{d}x = f(x_0) \tag{6.12}$$

证明 因为对于任何 $\varepsilon > 0$，都有

$$1 = \int_{-\infty}^{\infty} \delta(x)\,\mathrm{d}x = \int_{-\varepsilon}^{\varepsilon} \delta(x)\,\mathrm{d}x \tag{6.13}$$

因此，由积分中值定理得

$$\int_{-\infty}^{\infty} f(x)\delta(x)\,\mathrm{d}x = \int_{-\varepsilon}^{\varepsilon} f(x)\delta(x)\,\mathrm{d}x$$

$$= f(\xi)\int_{-\varepsilon}^{\varepsilon} \delta(x)\,\mathrm{d}x = f(\xi) \tag{6.14}$$

其中，$-\varepsilon < \xi < \varepsilon$。令 $\varepsilon \to 0$，则 $\xi \to 0$，$f(\xi) \to f(0)$，于是得到式(6.11)。

利用坐标变换和式(6.11)，便可得到式(6.12)。

这一性质表明，虽然 δ 函数是一种广义的函数，但它和任何连续函数的乘积在 $(-\infty, \infty)$ 内的积分都有明确的意义，它的作用总是通过它所参与的积分表现出来，这就使得 δ 函数在近代物理和工程技术中有较广泛的应用。

性质 2 若 $f(x)$ 表示任意连续函数，则

$$f(x)\delta(x-x_0) = f(x_0)\delta(x-x_0) \tag{6.15}$$

证明 从 $\delta(x-x_0)$ 在 $x \neq x_0$ 时为零可以看出式(6.15)成立，因为

$$\int_{-\infty}^{\infty} \varphi(x)f(x)\delta(x-x_0)\,\mathrm{d}x = \int_{-\infty}^{\infty} \varphi(x)f(x_0)\delta(x-x_0)\,\mathrm{d}x = \varphi(x_0)f(x_0) \tag{6.16}$$

成立，所以式(6.15)成立。

由式(6.15)容易得到

$$x\delta(x-x_0) = x_0\delta(x-x_0) \tag{6.17}$$

当 $x_0 = 0$ 时，有

$$x\delta(x) = 0 \tag{6.18}$$

性质 3 δ 函数是偶函数，δ 函数的导数 $\delta'(x)$ 是奇函数，即

$$\delta(-x) = \delta(x), \quad \delta(x-x_0) = \delta(x_0-x) \tag{6.19}$$

$$\delta'(x) = -\delta'(-x), \quad \delta'(x-x_0) = -\delta'(x_0-x) \tag{6.20}$$

证明 因为对任何连续函数 $f(x)$，恒有

$$\int_{-\infty}^{\infty} f(x)\delta(x)\,\mathrm{d}x = \int_{-\infty}^{\infty} f(x)\delta(-x)\,\mathrm{d}x = f(0)$$

$$\int_{-\infty}^{\infty} f(x)\delta(x-x_0)\,\mathrm{d}x = \int_{-\infty}^{\infty} f(x)\delta[-(x-x_0)]\,\mathrm{d}x = f(x_0)$$

所以根据弱相等的定义知式(6.19)成立。同理，可证式(6.20)成立。

性质 4 若记 $\delta'(x-a) = \dfrac{\mathrm{d}}{\mathrm{d}x}\delta(x-a)$，则对于任意的连续函数 $f(x)$，有

$$\int_{-\infty}^{\infty} f(x)\delta'(x-a)\,\mathrm{d}x = -f'(a) \tag{6.21}$$

证明

$$\int_{-\infty}^{\infty} f(x)\delta'(x-a)\ \mathrm{d}x = \int_{-\infty}^{\infty} f(x)\ \mathrm{d}\delta(x-a)$$

$$= f(x)\delta(x-a)\ |_{-\infty}^{\infty} - \int_{-\infty}^{\infty} f'(x)\delta(x-a)\ \mathrm{d}x$$

$$= - f'(a) \qquad\qquad (6.22)$$

得证。

我们称满足式(6.21)的 $\delta'(x-a)$ 为 $\delta(x-a)$ 的导数,类似地,还可推得如下性质。

性质 5　$\delta(x-a)$ 的任意阶导数具有性质:

$$\int_{-\infty}^{\infty} f(x)\delta^{(n)}(x-a)\ \mathrm{d}x = (-1)^n f^{(n)}(a) \qquad\qquad (6.23)$$

性质 6　宗量为函数 $\varphi(x)$ 的复合 δ 函数:

$$\delta[\varphi(x)] = \sum_{i=1}^{k} \frac{\delta(x-x_i)}{|\varphi'(x_i)|} \qquad\qquad (6.24)$$

其中,x_i 为 $\varphi(x)=0$ 的单根。

证明　由 δ 函数的定义得

$$\delta[\varphi(x)] = \begin{cases} 0 & (\varphi(x) \neq 0) \\ \infty & (\varphi(x) = 0) \end{cases} \qquad\qquad (6.25)$$

即

$$\delta[\varphi(x)] = \begin{cases} 0 & (x \neq x_i) \\ \infty & (x = x_i) \end{cases} \qquad\qquad (6.26)$$

现将全部积分区间分成一些间隔,使每一间隔 $[x_i-\varepsilon, x_i+\varepsilon]$ 内只含有 $\varphi(x)=0$ 的一个单根($\varepsilon>0$),则对于任意的连续函数 $f(x)$,有

$$\int_{-\infty}^{\infty} f(x)\delta[\varphi(x)]\ \mathrm{d}x = \sum_{i=1}^{k} \int_{x_i-\varepsilon}^{x_i+\varepsilon} f(x)\delta[\varphi(x)]\ \mathrm{d}x$$

$$= \sum_{i=1}^{k} f(\xi) \int_{x_i-\varepsilon}^{x_i+\varepsilon} \delta[\varphi(x)]\ \mathrm{d}x \qquad\qquad (6.27)$$

其中,$x_i-\varepsilon<\xi<x_i+\varepsilon$。当 $\varepsilon\to 0$ 时,$\xi_i\to x_i$,记 $\omega=\varphi(x)$。注意到 $\mathrm{d}x=\dfrac{1}{\varphi'(x)}\ \mathrm{d}[\varphi(x)]=\dfrac{\mathrm{d}\omega}{\varphi'(x)}$,且考虑到 $\varphi'(x_i)>0$ 时 $\varphi(x_i+\varepsilon)>\varphi(x_i-\varepsilon)$ 和 $\varphi'(x_i)<0$ 时 $\varphi(x_i+\varepsilon)<\varphi(x_i-\varepsilon)$,则有

$$\int_{x_i-\varepsilon}^{x_i+\varepsilon} \delta[\varphi(x)]\ \mathrm{d}x = \frac{1}{\varphi'(\xi)} \int_{\varphi(x_i-\varepsilon)}^{\varphi(x_i+\varepsilon)} \delta(\omega)\ \mathrm{d}\omega = \left| \frac{1}{\varphi'(x_i)} \right| \qquad\qquad (6.28)$$

而

$$\int_{-\infty}^{\infty} f(x)\delta[\varphi(x)]\ \mathrm{d}x = \sum_{i=1}^{k} \int_{x_i-\varepsilon}^{x_i+\varepsilon} \frac{f(x_i)}{|\varphi'(x_i)|} \qquad\qquad (6.29)$$

又因为

$$\int_{-\infty}^{\infty} f(x) \sum_{i=1}^{k} \frac{\delta(x-x_i)}{|\varphi'(x_i)|}\ \mathrm{d}x = \sum_{i=1}^{k} \int_{x_i-\varepsilon}^{x_i+\varepsilon} f(x) \frac{\delta(x-x_i)}{|\varphi'(x_i)|}\ \mathrm{d}x = \sum_{i=1}^{k} \frac{f(x_i)}{|\varphi'(x_i)|} \qquad (6.30)$$

所以,比较式(6.29)和式(6.30)的结果可得式(6.24)。

性质 7

$$\delta(xa) = \frac{1}{|a|}\delta(x) \quad (a \neq 0) \tag{6.31}$$

证明 因为对任何连续函数 $f(x)$，恒有

$$\int_{-\infty}^{\infty} f(x)\delta(ax)\,\mathrm{d}x \xrightarrow{\ \ \diamondsuit\ \xi = ax\ \ }
\begin{cases}
\dfrac{1}{a}\displaystyle\int_{-\infty}^{\infty} f\left(\dfrac{\xi}{a}\right)\delta(\xi)\,\mathrm{d}\xi = \dfrac{1}{a}f(0) & (a > 0) \\[3mm]
-\dfrac{1}{a}\displaystyle\int_{-\infty}^{\infty} f\left(\dfrac{\xi}{a}\right)\delta(\xi)\,\mathrm{d}\xi = -\dfrac{1}{a}f(0) & (a < 0)
\end{cases}$$

$$= \frac{1}{|a|}f(0) = \int_{-\infty}^{\infty} f(x)\frac{1}{|a|}\delta(x)\,\mathrm{d}x \tag{6.32}$$

所以式（6.31）成立。

同理，可得

$$\delta(x^2 - a^2) = \frac{1}{2|a|}\left[\delta(x-a) + \delta(x+a)\right] \quad (a \neq 0) \tag{6.33}$$

性质 8 δ 函数是阶跃函数的导数，即

$$\delta(x - x_0) = \frac{\mathrm{d}}{\mathrm{d}x}\mathrm{H}(x - x_0) \tag{6.34}$$

其中，函数

$$\mathrm{H}(x - x_0) = \begin{cases} 0 & (x < x_0) \\ 1 & (x > x_0) \end{cases} \tag{6.35}$$

称为阶跃函数或亥维塞（Heavlsde）单位函数，如图 6.2 所示。

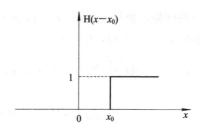

图 6.2　阶跃函数示意

证明 由于

$$\frac{\mathrm{d}}{\mathrm{d}x}\mathrm{H}(x - x_0) = \begin{cases} 0 & (x \neq x_0) \\ \infty & (x = x_0) \end{cases} \tag{6.36}$$

所以

$$\int_{-\infty}^{+\infty} \frac{\mathrm{d}}{\mathrm{d}x}\mathrm{H}(x - x_0)\,\mathrm{d}x = \lim_{x \to +\infty}\mathrm{H}(x - x_0) - \lim_{x \to -\infty}\mathrm{H}(x - x_0) = 1 - 0 = 1 \tag{6.37}$$

由 δ 函数的定义式即得式（6.34）。

性质 9 （多维空间的 δ 函数）　若用 $\delta(M - M_0)$ 表示把单位质量集中于点 $M_0(x_0, y_0, z_0)$ 的密度函数，则

$$\delta(M - M_0) = \begin{cases} 0 & (M \neq M_0) \\ \infty & (M = M_0) \end{cases} \tag{6.38}$$

$$\iiint_{-\infty}^{\infty} \delta(M - M_0) \, \mathrm{d}V = 1 \tag{6.39}$$

其中，$\delta(M - M_0) = \delta(x - x_0,\, y - y_0,\, z - z_0) = \delta(x - x_0)\delta(y - y_0)\delta(z - z_0)$ 称为三维 δ 函数。它具有以下性质：

（1）
$$\iiint_{-\infty}^{\infty} f(M)\delta(M - M_0) \, \mathrm{d}V = f(M_0) \tag{6.40}$$

其中，$f(M)$ 为任意连续函数。

（2）
$$\delta(x - x_0,\, y - y_0,\, z - z_0) = \delta(x - x_0)\delta(y - y_0)\delta(z - z_0) \tag{6.41}$$

证明

$$\iiint_{-\infty}^{\infty} f(M)\delta(x - x_0) \cdot \delta(y - y_0) \cdot \delta(z - z_0) \, \mathrm{d}V$$

$$= \iint_{-\infty}^{\infty} \delta(y - y_0) \cdot \delta(z - z_0) \, \mathrm{d}y \, \mathrm{d}z \int_{-\infty}^{\infty} f(x,\, y,\, z)\delta(x - x_0) \, \mathrm{d}x$$

$$= \int_{-\infty}^{\infty} \delta(z - z_0) \, \mathrm{d}z \int_{-\infty}^{\infty} f(x_0,\, y,\, z)\delta(y - y_0) \, \mathrm{d}y$$

$$= \int_{-\infty}^{\infty} f(x_0,\, y_0,\, z)\delta(z - z_0) \, \mathrm{d}z$$

$$= f(x_0,\, y_0,\, z_0) = f(M_0) \tag{6.42}$$

比较式（6.42）和式（6.40）可得式（6.41）。

（3）
$$\delta(x - x_0,\, y - y_0,\, z - z_0) = -\frac{1}{4\pi}\Delta\frac{1}{r} \tag{6.43}$$

其中，$r = \sqrt{(x - x_0)^2 + (y - y_0)^2 + (z - z_0)^2}$。

类似地，可以定义二维或更高维数的 δ 函数。

性质 10　δ 函数的傅里叶变换和拉普拉斯变换均为 1。

根据变换的定义容易证明这个性质。另外，δ 函数还可以有许多不同的表达式：

$$\delta(x) = \frac{1}{2\pi}\int_{-\infty}^{\infty} \mathrm{e}^{ikx} \, \mathrm{d}k \tag{6.44}$$

$$\delta(x) = \lim_{n \to 0} \frac{1}{2\pi}\int_{-n}^{n} \cos kx \, \mathrm{d}k \tag{6.45}$$

$$\delta(x - x_0) = \frac{1}{2l} + \frac{1}{l}\sum_{k=1}^{\infty} \cos\frac{k\pi(x - x_0)}{l} \tag{6.46}$$

6.1.3　δ 函数的应用

例 6.1　求下列含有 δ 函数的积分值：

（1）$\displaystyle\int_{-\infty}^{\infty} \cos x \, \delta(x)\mathrm{d}x$；

（2）$\displaystyle\int_{-\infty}^{\infty} \mathrm{e}^{x}\delta(x^2 - 1)\mathrm{d}x$；

（3）$\displaystyle\int_{1}^{2} \sin x \, \delta\left(x - \frac{1}{2}\right) \mathrm{d}x$。

解　（1）$\displaystyle\int_{-\infty}^{\infty} \cos x \, \delta(x)\mathrm{d}x = \cos 0 = 1$；

(2) $\int_{-\infty}^{\infty} e^x \delta(x^2 - 1) dx = \int_{-\infty}^{\infty} e^x \left[\frac{\delta(x-1)}{2} + \frac{\delta(x+1)}{2} \right] dx = \frac{e + e^{-1}}{2} = \text{ch } 1;$

(3) $\int_{1}^{2} \sin x \, \delta\left(x - \frac{1}{2}\right) dx = 0。$

例 6.2 长为 l、密度为 ρ 的弦两端固定，初始位移为零，初始时刻在 $x = x_0$ 处受到一横向冲量 I_0，试写出该横振动的定解问题（要求用 δ 函数写出初始条件）。

解 已知定解问题的泛定方程和边界条件分别为

$$u_{tt} = a^2 u_{xx} \tag{6.47}$$

$$u\mid_{x=0} = u\mid_{x=l} = 0 \tag{6.48}$$

对于初始条件，已知

$$u\mid_{t=0} = 0 \tag{6.49}$$

关键是确定 $u_t\mid_{t=0}$ 的值。由定义知，在 $x = x_0$ 处的冲量密度可以表示为

$$I(x, t)\mid_{t=0} = I_0 \delta(x - x_0) = \rho u_t \mid_{t=0} \tag{6.50}$$

所以

$$u_t\mid_{t=0} = \frac{I_0 \delta(x - x_0)}{\rho} \tag{6.51}$$

定解问题为

$$\begin{cases} u_{tt} = a^2 u_{xx} \\ u\mid_{x=0} = u\mid_{x=l} = 0 \\ u\mid_{t=0} = 0, \ u_t\mid_{t=0} = \dfrac{I_0 \delta(x - x_0)}{\rho} \end{cases} \tag{6.52}$$

事实上，δ 函数的最主要的应用是直接作为一个点源，这将在以下几节中讨论。

6.2 泊松方程边值问题的格林函数法

本节首先说明格林函数的一般概念，通过引入格林基本积分公式，讨论泊松方程的边值问题的格林函数法，给出泊松方程在给定边界条件下的格林函数公式。

6.2.1 格林函数的一般概念

前面已经提到，格林函数又称为点源函数，它表示点源产生的场。事实上，三类典型的数学物理方程可以统一表示为

$$Lu = f \tag{6.53}$$

其中：L 表示某一线性算符；u 为待求量；f 代表场的源。对于波动方程，$L = \dfrac{\partial^2}{\partial t^2} - a^2 \Delta$；对于热传导方程，$L = \dfrac{\partial}{\partial t} - a^2 \Delta$；而对于稳定场方程，$L = -\Delta$。

为了简单起见，先考虑稳定场方程，此时自变量只有 r 没有时间 t。对于位置在点 r_0 的单位强度源 $f = \delta(r - r_0)$，由它产生的场称为格林函数，用 $G(r, r_0)$ 表示。因此，格林函数所满足的方程是

$$LG(r, r_0) = \delta(r - r_0) \tag{6.54}$$

这里如果讨论的是带边界条件的问题，则 $G(\boldsymbol{r}, \boldsymbol{r}_0)$ 也应该满足边界条件。

这里的目标是求解方程(6.53)，由于方程线性，满足叠加原理，所以源 f 产生的场可以写成点源的场(即格林函数)的叠加，为此，用 $f(\boldsymbol{r}_0)$ 乘以式(6.54)，得

$$LG(\boldsymbol{r}, \boldsymbol{r}_0)f(\boldsymbol{r}_0) = \delta(\boldsymbol{r} - \boldsymbol{r}_0)f(\boldsymbol{r}_0) \qquad (6.55)$$

两边对 $\boldsymbol{r}_0$ 作积分，并将它和作用在 $\boldsymbol{r}$ 上的算符 L 交换次序，得

$$L\int_V G(\boldsymbol{r}, \boldsymbol{r}_0)f(\boldsymbol{r}_0)\,\mathrm{d}V = \int_V \delta(\boldsymbol{r} - \boldsymbol{r}_0)f(\boldsymbol{r}_0)\,\mathrm{d}V = f(\boldsymbol{r}) \qquad (6.56)$$

比较式(6.56)和式(6.53)，可得

$$u(\boldsymbol{r}) = \int_V G(\boldsymbol{r}, \boldsymbol{r}_0)f(\boldsymbol{r}_0)\,\mathrm{d}V \qquad (6.57)$$

式(6.57)具有明显的物理意义：$f(\boldsymbol{r}_0)$ 是 $\boldsymbol{r}_0$ 点处的源强度，$G(\boldsymbol{r}, \boldsymbol{r}_0)$ 是在 $\boldsymbol{r}_0$ 点处单位强度点源的场，所以 $G(\boldsymbol{r}, \boldsymbol{r}_0)f(\boldsymbol{r}_0)$ 是在 $\boldsymbol{r}_0$ 点处的强度为 $f(\boldsymbol{r}_0)$ 的点源的场，将它积分即得到整个源 $f(\boldsymbol{r})$ 所产生的场，这就是格林函数的一般概念。当然，如果边界条件是非齐次的，或者方程含有时间变量，则情况更为复杂，但是基本步骤一致，这些将在以后逐步介绍。这里从三维泊松方程的边值问题开始讨论格林函数法。

6.2.2 泊松方程的基本积分公式

三维泊松方程的边值问题可用统一的形式表示为

$$\begin{cases} \Delta u = -h(\boldsymbol{r}) \quad (\boldsymbol{r} \in \tau) \\ \left[\alpha \dfrac{\partial u}{\partial n} + \beta u \right]_\sigma = g(M) \end{cases} \qquad (6.58)$$

其中：区域 τ 的边界是 σ；$g(M)$ 是区域边界 σ 上的给定函数；α、β 是不同时为零的常数。当 $\alpha = 0$，$\beta \neq 0$ 时，为第一类边值问题或狄利克雷(狄氏)问题；当 $\alpha \neq 0$，$\beta = 0$ 时，为第二类边值问题或诺依曼问题；当 $\alpha \neq 0$，$\beta \neq 0$ 时，则为第三类边值问题。

为了得到以格林函数表示的泊松方程的定解问题(式(6.58))的积分表达式，需要用到以下格林公式。

1. 格林公式

设函数 $u(x, y, z)$ 和 $v(x, y, z)$ 在区域 $\tau \sim \sigma$ 上具有连续的一阶导数，而在 τ 中具有连续的二阶导数，则由高斯公式和散度的公式得

$$\iint_\sigma u\nabla v \cdot \mathrm{d}\boldsymbol{\sigma} = \iiint_\tau \nabla \cdot (u\nabla v)\,\mathrm{d}\tau = \iiint_\tau u\Delta v\,\mathrm{d}\tau + \iiint_\tau \nabla u \cdot \nabla v\,\mathrm{d}\tau \qquad (6.59)$$

此式称为第一格林公式。

同理，有

$$\iint_\sigma v\nabla u \cdot \mathrm{d}\boldsymbol{\sigma} = \iiint_\tau v\Delta u\,\mathrm{d}\tau + \iiint_\tau \nabla v \cdot \nabla u\,\mathrm{d}\tau \qquad (6.60)$$

将式(6.59)和式(6.60)相减，得

$$\iint_\sigma (u\nabla v - v\nabla u) \cdot \mathrm{d}\boldsymbol{\sigma} = \iiint_\tau (u\Delta v - v\Delta u)\,\mathrm{d}\tau \qquad (6.61)$$

即

$$\iint_{\sigma} \left(u\,\frac{\partial v}{\partial n} - v\,\frac{\partial u}{\partial n} \right) \mathrm{d}\boldsymbol{\sigma} = \iiint_{\tau} (u\Delta v - v\Delta u)\,\mathrm{d}\tau \qquad (6.62)$$

此式称为第二格林公式,其中$\partial/\partial n$表示沿边界面σ的外法向求导数。

2. 泊松方程的基本积分公式

下面在有界区域τ中讨论定解问题(式(6.58))的解。引入函数$G(M,M_0)$,它满足方程:

$$\Delta G(M,M_0) = -\delta(M-M_0) \qquad (M \in \tau) \qquad (6.63)$$

其中,$M_0 = M_0(x_0,y_0,z_0)$为区域τ中的任意一点,则由δ函数的定义和格林函数的一般概念可知,$G(M,M_0)$为在M_0点的点源所产生的场。用函数$G(M,M_0)$乘方程(6.58)第一式的两边,同时用函数$u(M)$乘方程(6.63)的两边,然后两式相减,得

$$G(M,M_0)\Delta u(M) - u(M)\Delta G(M,M_0)$$
$$= u(M)\delta(M-M_0) - G(M,M_0)h(M) \qquad (6.64)$$

将式(6.64)两边在区域τ中对$M(x,y,z)$积分,得

$$\iiint_{\tau} (G\Delta u - u\Delta G)\,\mathrm{d}\tau = \iiint_{\tau} u\delta(M-M_0)\,\mathrm{d}\tau - \iiint_{\tau} Gh\,\mathrm{d}\tau \qquad (6.65)$$

可以验证,满足方程(6.63)的解为

$$G(M,M_0) = \frac{1}{4\pi r} \qquad (6.66)$$

其中,$r = \sqrt{(x-x_0)^2 + (y-y_0)^2 + (z-z_0)^2}$为$M$与$M_0$点之间的距离。也就是说,$G(M,M_0)$以$M(x,y,z)$为自变量时以$M_0(x_0,y_0,z_0)$为奇点。所以,为了将第二格林公式(6.62)应用于式(6.65),积分区域应取τ内挖去以M_0点为中心、$\varepsilon(\ll 1)$为半径的小球体τ_ε后的区域$\tau - \tau_\varepsilon$,如图6.3所示。

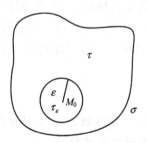

图6.3 积分区域示意

若记小球体的界面为σ_ε,在区域$\tau - \tau_\varepsilon$上积分式(6.64),并利用式(6.62),则有

$$\iint_{\sigma+\sigma_\varepsilon} \left[G(M,M_0)\,\frac{\partial u}{\partial n} - u(M)\,\frac{\partial}{\partial n}G(M,M_0) \right] \mathrm{d}\sigma$$
$$= \iiint_{\tau-\tau_\varepsilon} \left[u(M)\delta(M-M_0) - G(M,M_0)h(M) \right] \mathrm{d}\tau \qquad (6.67)$$

显然,若能由此式简化整理得到$u(M)$,则一定是方程(6.58)的解。为此,首先考察等式的右边。注意到M_0点不属于区域$\tau - \tau_\varepsilon$,故

$$\iiint_{\tau-\tau_\varepsilon} u(M)\delta(M-M_0)\,\mathrm{d}\tau = 0 \qquad (6.68)$$

再考察等式的左边。首先根据三维行波解中的平均值法，引入平均值定义：

$$\bar{u}(r, t) = \frac{1}{4\pi r^2} \iint\limits_{S_r^{M_0}} u(M, t) \, \mathrm{d}S = \frac{1}{4\pi} \iint\limits_{S_r^{M_0}} u(M, t) \, \mathrm{d}\Omega \tag{6.69}$$

其中：$u(M, t)$ 是以 M_0 为球心、r 为半径的球面 $S_r^{M_0}$ 上的点；$\mathrm{d}\Omega = \dfrac{\mathrm{d}S}{r^2} = \sin\theta \, \mathrm{d}\theta \, \mathrm{d}\varphi$，为立体角元。于是

$$u(M_0, t_0) = \lim_{r \to 0} \bar{u}(r, t_0) \tag{6.70}$$

即

$$u(M_0) = \lim_{r \to 0} \frac{1}{4\pi r^2} \iint\limits_{S_r^{M_0}} u \, \mathrm{d}S \tag{6.71}$$

因此，在式(6.67)的左边，当 $\varepsilon \to 0$ 时，有

$$\iint\limits_{\sigma_\varepsilon} G(M, M_0) \frac{\partial u}{\partial n} \, \mathrm{d}\sigma = \iint\limits_{\sigma_\varepsilon} \frac{1}{4\pi\varepsilon} \frac{\partial u}{\partial n} \, \mathrm{d}\sigma = \varepsilon \cdot \frac{1}{4\pi\varepsilon^2} \iint\limits_{\sigma_\varepsilon} u_n \, \mathrm{d}\sigma$$

$$= \varepsilon u_n(M_0) = 0 \tag{6.72}$$

这里用到了式(6.66)，并且确定 $u_n(M_0)$ 是一个有限量。同理，

$$\iint\limits_{\sigma_\varepsilon} u(M) \frac{\partial}{\partial n} G(M, M_0) \, \mathrm{d}\sigma = -\iint\limits_{\sigma_\varepsilon} u \frac{\partial}{\partial r}\left(\frac{1}{4\pi r}\right) \mathrm{d}\sigma$$

$$= \frac{1}{4\pi\varepsilon^2} \iint\limits_{\sigma_\varepsilon} u \, \mathrm{d}\sigma = u(M_0) \tag{6.73}$$

于是，当 $\varepsilon \to 0$ 时，由式(6.67)可得

$$\iint\limits_{\sigma}\left(G \frac{\partial u}{\partial n} - u \frac{\partial G}{\partial n}\right) \mathrm{d}\sigma - u(M_0) = -\iiint\limits_{\tau} G(M, M_0) h(M) \, \mathrm{d}\tau \tag{6.74}$$

即

$$u(M_0) = \iiint\limits_{\tau} G(M, M_0) h(M) \, \mathrm{d}\tau + \iint\limits_{\sigma} G(M, M_0) \frac{\partial u}{\partial n} \, \mathrm{d}\sigma$$

$$- \iint\limits_{\sigma} u(M) \frac{\partial}{\partial n} G(M, M_0) \, \mathrm{d}\sigma \tag{6.75}$$

它表示 $\Delta u = -h(r)$ 在区域 τ 中任意点 M_0 的值可由上述积分表示。注意到格林函数的对称性(见例 6.3)

$$G(M, M_0) = G(M_0, M) \tag{6.76}$$

将式(6.75)中的 $G(M, M_0)$ 用 $G(M_0, M)$ 代替，并在式中将 M 和 M_0 对换(M_0 点的任意性)，从而得到

$$u(M) = \iiint\limits_{\tau} G(M, M_0) h(M_0) \, \mathrm{d}\tau_0 + \iint\limits_{\sigma} G(M, M_0) \frac{\partial u}{\partial n_0} \, \mathrm{d}\sigma_0$$

$$- \iint\limits_{\sigma} u(M_0) \frac{\partial}{\partial n_0} G(M, M_0) \, \mathrm{d}\sigma_0 \tag{6.77}$$

其中，$\partial/\partial n_0$ 表示对 M_0 求导，而 $\mathrm{d}\sigma_0$ 和 $\mathrm{d}\tau_0$ 则分别表示对 M_0 取面积元和体积元。

式(6.77)称为泊松方程的基本积分公式。显然，它的物理意义是十分清楚的，其中：式(6.77)等号右边的第一个积分代表在区域 τ 中体分布源 $h(M_0)$ 在 M 点产生的场的总和；

而第二个和第三个积分则代表边界上的源所产生的场,这两种影响都是由同一格林函数给出的,该公式给出了泊松方程或拉普拉斯方程(即当 $h=0$ 时)解的积分表达式。

显然,它还不能直接用来求解泊松方程或拉普拉斯方程的边值问题,因为公式中的 $G(M,M_0)$ 是未知的,且在式(6.77)中要求 $u|_\sigma$ 和 $u_n|_\sigma$ 的值同时给出,但是,在第一类边值问题中只知道 $u|_\sigma$ 的值,在第二类边值问题中只知道 $u_n|_\sigma$ 的值,在第三类边值问题中已知的是 $u|_\sigma$ 和 $u_n|_\sigma$ 的一个线性关系值,三类边界均未同时分别给出 $u|_\sigma$ 和 $u_n|_\sigma$ 的值。因此,还需要针对不同边界条件,通过适当引入格林函数所满足的边界条件来获得三类边值问题的解,对此作如下具体讨论:

(1) 第一类边界条件:因在 $\left[\alpha\dfrac{\partial u}{\partial n}+\beta u\right]_\sigma=g(M)$ 中 $\alpha=0$, $\beta\neq 0$,则

$$u\,|_\sigma = \frac{1}{\beta}g(M) = f(M) \tag{6.78}$$

显然,要利用式(6.77)求解 $u(M)$ 的值,只需要求 $G(M,M_0)$ 满足第一类齐次边界条件,即

$$G(M,M_0)\,|_\sigma = 0 \tag{6.79}$$

此时,式(6.77)积分中,含 $\partial u/\partial n_0$ 的项消失,从而变为

$$u(M) = \iiint_\tau G(M,M_0)h(M_0)\,\mathrm{d}\tau_0 - \iint_\sigma f(M_0)\frac{\partial}{\partial n_0}G(M,M_0)\,\mathrm{d}\sigma_0 \tag{6.80}$$

此式可以直接用来求解泊松方程或拉普拉斯方程的第一类边值问题。

由此可见,只要从式(6.63)和式(6.79)解出 $G(M,M_0)$,式(6.80)就可全部由已知量表示。我们称由方程(6.63)和边界条件(式(6.79))所构成的定解问题为

$$\begin{cases} \Delta G(M,M_0) = -\delta(M-M_0) & (M\in\tau) \\ G(M,M_0)\,|_\sigma = 0 \end{cases} \tag{6.81}$$

其解为 $G(M,M_0)$,是由方程(6.58)第一式和边界条件(式(6.78))所构成的狄利克雷问题

$$\begin{cases} \Delta u(M) = -h(M) & (M\in\tau) \\ u\,|_\sigma = f(M) \end{cases} \tag{6.82}$$

的格林函数,简称为狄氏格林函数;而称式(6.80)为狄氏积分公式,它是狄氏问题(式(6.82))的积分形式的解。

(2) 第二类边界条件:因在 $\left[\alpha\dfrac{\partial u}{\partial n}+\beta u\right]_\sigma=g(M)$ 中 $\alpha\neq 0$, $\beta=0$,则

$$\frac{\partial u}{\partial n}\bigg|_\sigma = \frac{1}{\alpha}g(M) \tag{6.83}$$

从表面上看,似乎可以考虑利用上述同样的方法来处理问题,即从形式上要求 $G(M,M_0)$ 满足第二类齐次边界条件:

$$\frac{\partial G}{\partial n}\bigg|_\sigma = 0 \tag{6.84}$$

即由格林函数的定解问题

$$\begin{cases} \Delta G(M,M_0) = -\delta(M-M_0) & (M\in\tau) \\ \dfrac{\partial G}{\partial n}\bigg|_\sigma = 0 \end{cases} \tag{6.85}$$

的解而得到泊松方程第二类边界条件的定解问题,即

$$
\begin{cases}
\Delta u(M) = -h(M) & (M \in \tau) \\
\dfrac{\partial u}{\partial n}\bigg|_\sigma = \dfrac{1}{\alpha} g(M)
\end{cases}
\tag{6.86}
$$

的解为

$$
u(M) = \iiint_\tau G(M, M_0) h(M_0)\, \mathrm{d}\tau_0 + \frac{1}{\alpha} \iint_\sigma G(M, M_0) g(M_0)\, \mathrm{d}\sigma_0
\tag{6.87}
$$

但是, 定解问题(式(6.85))的解是不存在的, 从物理上看其意义十分明显: 不妨把这个格林函数看成是温度分布, 方程(6.85)的第一式右边的 δ 函数表明在区域 τ 中 M_0 点有一个点热源。而边界条件(式(6.84))表示在边界上是绝热的, 由于边界绝热, 从点源放出来的热量会使体积 τ 内的温度不断地升高, 而不能达到稳定状态, 所以方程 $\Delta G(M, M_0) = -\delta(M - M_0)$ 和边界条件矛盾, 解不存在。

为了解决这一矛盾, 需要引入推广的格林函数, 更改格林函数所满足的方程式, 使之与边界条件式相容。例如, 可以令

$$
\begin{cases}
\Delta G(M, M_0) = -\delta(M - M_0) - \dfrac{1}{V_\tau} & (M \in \tau) \\
\dfrac{\partial G}{\partial n}\bigg|_\sigma = 0
\end{cases}
\tag{6.88}
$$

其中, V_τ 是 τ 的体积。方程中右边添加的项是均匀分布的热汇密度, 这些热汇的总体恰好吸收了点热源所释放出的热量。

(3) 第三类边界条件: 在 $\left[\alpha \dfrac{\partial u}{\partial n} + \beta u\right]_\sigma = g(M)$ 中, α 和 β 均不为零, 若要求 $G(M, M_0)$ 满足第三类齐次边界条件, 即

$$
\left[\alpha \frac{\partial}{\partial n} G(M, M_0) + \beta G(M, M_0)\right]_\sigma = 0
\tag{6.89}
$$

则满足方程(6.63)和齐次边界条件(式(6.89))的定解问题

$$
\begin{cases}
\Delta G(M, M_0) = -\delta(M - M_0) & (M \in \tau) \\
\left[\alpha \dfrac{\partial}{\partial n} G(M, M_0) + \beta G(M, M_0)\right]_\sigma = 0
\end{cases}
\tag{6.90}
$$

的解称为泊松方程第三类边值问题的格林函数。

用 $G(M, M_0)$ 乘以 $\left[\alpha \dfrac{\partial u}{\partial n} + \beta u\right]_\sigma = g(M)$ 的两边, 用 $u(M)$ 乘以式(6.89)的两边, 两式再相减, 得

$$
\left[G(M, M_0) \frac{\partial u}{\partial n} - u(M) \frac{\partial}{\partial n} G(M, M_0)\right]_\sigma = \frac{1}{\alpha} G(M, M_0) g(M)
\tag{6.91}
$$

将其代入式(6.77), 于是有

$$
u(M) = \iiint_\tau G(M, M_0) h(M_0)\, \mathrm{d}\tau_0 + \frac{1}{\alpha} \iint_\sigma G(M, M_0) g(M_0)\, \mathrm{d}\sigma_0
\tag{6.92}
$$

可见, 只要从式(6.90)中解出 $G(M, M_0)$, 式(6.92)就可以全部由已知量表示。称式(6.92)为由式(6.58)所构成的第三类边值定解问题的积分形式的解。

由前面的讨论可知, 在各类非齐次边界条件下解泊松方程, 可以先在相应的同类齐次边界条件下解格林函数所满足的方程, 然后通过积分公式得到解 $u(M)$。

格林函数的定解问题，其方程形式上比泊松方程简单，而且边界条件又是齐次的，因此，相对来说，求解格林函数 G 比求解 u 容易些。不仅如此，对方程中不同的非齐次项 $h(M)$ 和边界条件中不同的 $g(M)$，只要属于同一类型边界条件，函数 $G(M, M_0)$ 都是相同的。这就把求解泊松方程的边值问题化为在三种类型边界条件下求解格林函数 $G(M, M_0)$ 的问题。

类似地，还可以得到二维泊松方程的各类边值问题的积分公式。如二维泊松方程的狄氏问题：

$$\begin{cases} \Delta u = -h(\boldsymbol{r}) & (\boldsymbol{r} \in \sigma) \\ u\mid_l = f(M) \end{cases} \tag{6.93}$$

其中，l 为区域 σ 的边界线。它的积分形式的解，即二维空间的狄氏积分公式为

$$u(M) = \iint_\sigma G(M, M_0) h(M_0)\, \mathrm{d}\sigma_0 - \int_l f(M_0)\, \frac{\partial}{\partial n_0} G(M, M_0)\, \mathrm{d}l_0 \tag{6.94}$$

其中，$G(M, M_0)$ 为二维泊松方程的狄氏格林函数，即定解问题

$$\begin{cases} \Delta G(M, M_0) = -\delta(M - M_0) & (M \in \sigma) \\ G(M, M_0)\mid_l = 0 \end{cases} \tag{6.95}$$

的解。这里 $M = M(x, y)$，$M_0 = M_0(x_0, y_0)$。

例 6.3 证明格林函数的对称性：

$$G(M_1, M_2) = G(M_2, M_1) \tag{6.96}$$

证明 在区域 τ 中任意取两个定点 M_1 和 M_2，则 $G(M, M_1)$ 和 $G(M, M_2)$ 应满足方程：

$$\begin{cases} \Delta G(M, M_1) = -\delta(M - M_1) & (M \in \tau) \\ G(M, M_1)\mid_\sigma = 0 & (M \in \sigma) \end{cases} \tag{6.97}$$

$$\begin{cases} \Delta G(M, M_2) = -\delta(M - M_2) & (M \in \tau) \\ G(M, M_2)\mid_\sigma = 0 & (M \in \sigma) \end{cases} \tag{6.98}$$

由第二格林公式，有

$$\iiint_V \left[G(M, M_1) \Delta G(M, M_2) - G(M, M_2) \Delta G(M, M_1) \right] \mathrm{d}V$$

$$= \oiint_S \left[G(M, M_1) \frac{\partial}{\partial n} G(M, M_2) - G(M, M_2) \frac{\partial}{\partial n} G(M, M_1) \right] \mathrm{d}S = 0 \tag{6.99}$$

即

$$\iiint_V G(M, M_1) \delta(M - M_2)\, \mathrm{d}V = \iiint_V G(M, M_2) \delta(M - M_1)\, \mathrm{d}V \tag{6.100}$$

因此得到 $G(M_2, M_1) = G(M_1, M_2)$。

事实上，从物理意义上看，格林函数的对称性更是显而易见的。即位于 M_1 处的点源在一定的边界条件下在 M_2 处产生的场，等于位于 M_2 处同样强度的点源在相同的边界条件下在 M_1 处所产生的场，如图 6.4 所示。物理上把格林函数的对称性这一重要的特性称为互易性。

例 6.4 求拉普拉斯方程在第一类边值条件下解的基本积分公式。

解 拉普拉斯方程第一类边值问题为

$$\begin{cases} \Delta u(M) = 0 \quad (M \in \tau) \\ u \mid_{\sigma} = f(M) \end{cases} \tag{6.101}$$

由泊松方程的基本积分公式可见，只要令 $G(M, M_0)$ 满足：

$$\begin{cases} \Delta G(M, M_0) = -\delta(M - M_0) \quad (M \in \tau) \\ G(M, M_0) \mid_{\sigma} = 0 \end{cases}$$

$$\tag{6.102}$$

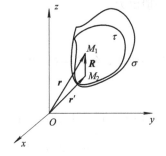

图 6.4　互易性示意

即可得到方程(6.101)的解：

$$u(M) = -\iint_{\sigma} f(M_0) \frac{\partial}{\partial n_0} G(M, M_0) \, d\sigma_0 \tag{6.103}$$

可以看到，只要求得相应的格林函数，就可以确定所求的定解问题的积分形式的解，这在实际中是十分有意义的。6.3 节将重点讨论各种条件下的格林函数的确定方法。

6.3　格林函数的一般求法

本节首先讨论无界空间的格林函数，即基本解；然后，在此基础上，重点介绍求解格林函数的方法——电像法，以便读者掌握格林函数在数学物理方程定解问题中的应用。

6.3.1　无界空间的格林函数

我们把无界空间的格林函数 G 称为相应方程的基本解，根据点源函数的定义，它满足的方程为

$$\Delta G(M, M_0) = -\delta(M - M_0) \tag{6.104}$$

其中：对于三维问题，$\delta(M - M_0) = \delta(x - x_0, y - y_0, z - z_0)$；对于二维问题，$\delta(M - M_0) = \delta(x - x_0, y - y_0)$。显然，它是一个含有 δ 函数的非齐次方程，具有奇异性，分别作如下讨论。

1. 三维泊松方程的基本解

对于三维泊松方程 $\Delta u = -h(r)(r \in \tau)$，相应的格林函数满足方程：

$$\Delta G = -\delta(M - M_0) = -\delta(x - x_0, y - y_0, z - z_0) \tag{6.105}$$

下面求解满足上述方程的格林函数。

首先选择球坐标系 (r, θ, φ)，并将源点 M_0 作为坐标系的原点。注意到：

$$\Delta G = \frac{1}{r^2} \frac{\partial}{\partial r}\left(r^2 \frac{\partial G}{\partial r}\right) + \frac{1}{r^2 \sin\theta} \frac{\partial}{\partial \theta}\left(\sin\theta \frac{\partial G}{\partial \theta}\right) + \frac{1}{r^2 \sin^2\theta} \frac{\partial^2 G}{\partial \varphi^2} \tag{6.106}$$

由于区域是无界的，点源产生的场应该与方向无关，则 G 只是 r 的函数，即

$$\Delta G = \frac{1}{r^2} \frac{\partial}{\partial r}\left(r^2 \frac{\partial G}{\partial r}\right) = \delta(r) \tag{6.107}$$

其中，$r = \sqrt{(x - x_0)^2 + (y - y_0)^2 + (z - z_0)^2} = \sqrt{x^2 + y^2 + z^2}$，为 M 与 M_0 点之间的距离。

根据 δ 函数的定义，当 $r \neq 0 (M \neq M_0)$ 时，方程(6.107)可化为

$$\frac{1}{r^2} \frac{\partial}{\partial r}\left(r^2 \frac{\partial G}{\partial r}\right) = 0 \tag{6.108}$$

其一般解为

$$G = -C_1 \frac{1}{r} + C_2 \tag{6.109}$$

不失一般性，令 $C_2 = 0$，得

$$G = -C_1 \frac{1}{r} \tag{6.110}$$

当 $r = 0$ 时，对方程(6.107)在以原点为球心、ε 为半径的小球体 τ_ε 内作积分：

$$\iiint_{\tau_\varepsilon} \Delta G \, dx \, dy \, dz = -\iiint_{\tau_\varepsilon} \delta(x - x_0, \, y - y_0, \, z - z_0) \, dx \, dy \, dz = -1 \tag{6.111}$$

从而

$$\lim_{\varepsilon \to 0} \iiint_{\tau_\varepsilon} \Delta G \, dx \, dy \, dz = -1 \tag{6.112}$$

由散度定理

$$\iiint_\tau \nabla \cdot \nabla u \, dV = \oiint_\sigma \nabla u \cdot d\boldsymbol{\sigma} \quad (\sigma \text{ 为 } \tau \text{ 的边界面}) \tag{6.113}$$

可得

$$\iiint_{\tau_\varepsilon} \Delta G \, dx \, dy \, dz = \iint_{\sigma_\varepsilon} \frac{\partial G}{\partial n} \, dx \, dy \tag{6.114}$$

所以

$$\lim_{\varepsilon \to 0} \iint_{S_\varepsilon} \frac{\partial G}{\partial n} \, dx \, dy = \iint_{S_\varepsilon} \frac{\partial G}{\partial r} \bigg|_{r=\varepsilon} \, dx \, dy = -1 \tag{6.115}$$

将式(6.110)的结果代入式(6.115)，得

$$\lim_{\varepsilon \to 0} \int_0^{2\pi} \int_0^\pi C_1 \frac{1}{\varepsilon^2} \cdot \varepsilon^2 \sin\theta \, d\theta \, d\varphi = -1 \tag{6.116}$$

由此得

$$C_1 = -\frac{1}{4\pi} \tag{6.117}$$

至此，得到了三维无界空间的格林函数，即三维泊松方程的基本解：

$$G(M, M_0) = \frac{1}{4\pi r} \tag{6.118}$$

2. 二维泊松方程的基本解

类似地，二维泊松方程 $\Delta u = -h(r) (r \in \sigma)$ 对应的格林函数满足：

$$\Delta G = -\delta(x - x_0, \, y - y_0) \tag{6.119}$$

采用极坐标系，并将坐标原点放在源点 $M_0(x_0, \, y_0)$ 上，则 $r = \sqrt{(x - x_0)^2 + (y - y_0)^2}$。与三维问题一样，$G$ 只是 r 的函数，于是方程(6.119)在极坐标系下可以简化为

$$\frac{1}{r} \frac{d}{dr} \left(r \frac{dG}{dr} \right) = -\delta(r) \tag{6.120}$$

当 $r \neq 0$ 时，由式(6.120)可得

$$G = C_1 \ln r \tag{6.121}$$

当 $r = 0$ 时，对方程(6.119)在以原点为中心、ε 为半径的小圆内作面积分，得

$$\iint\limits_{\sigma_\varepsilon} \Delta G \, dx \, dy = -\iint\limits_{\sigma_\varepsilon} \delta(x-x_0, \ y-y_0) \, dx \, dy = -1 \tag{6.122}$$

从而

$$\lim_{\varepsilon \to 0}\iint\limits_{\sigma_\varepsilon} \Delta G \, dx \, dy = -1 \tag{6.123}$$

同时，注意到二维情况下的散度定理为

$$\iint\limits_{S} \nabla \cdot \nabla u \, ds = \oint_{l} \nabla u \cdot dl \quad (l \text{ 为 } s \text{ 的边界}) \tag{6.124}$$

把 u 换成 G，得

$$\iint\limits_{S} \nabla \cdot \nabla G \, ds = \iint\limits_{S} \Delta G \, ds = \oint_{l} \nabla G \cdot dl \tag{6.125}$$

又由式(6.121)可得

$$\lim_{\varepsilon \to 0} \oint_{l} \nabla G \cdot dl = \lim_{\varepsilon \to 0} \int_{l} \frac{\partial G}{\partial r}\Big|_{r=\varepsilon} dl = \lim_{\varepsilon \to 0}\left(C_1 \frac{1}{\varepsilon} 2\pi\varepsilon\right) = 2\pi C_1 = -1 \tag{6.126}$$

所以

$$C_1 = -\frac{1}{2\pi} \tag{6.127}$$

于是二维无界空间的格林函数，即二维泊松方程的基本解为

$$G = \frac{1}{2\pi} \ln \frac{1}{r} \tag{6.128}$$

6.3.2　一般边值问题的格林函数

现在来考虑三维泊松方程的第一类边值问题：

$$\begin{cases} \Delta u(M) = -h(M) & (M \in \tau) \\ u\,|_\sigma = f(M) \end{cases} \tag{6.129}$$

相应的格林函数满足定解问题：

$$\begin{cases} \Delta G(M, M_0) = -\delta(M-M_0) & (M \in \tau) \\ G(M, M_0)\,|_\sigma = 0 \end{cases} \tag{6.130}$$

不难看到，利用这个格林函数，按照式(6.80)可以得到定解问题(式(6.129))的解 u。因此，现在的关键就是求得满足定解问题(6.130)的格林函数。可以尝试利用自由空间泊松方程的基本解和边值问题格林函数的关系来确定这个格林函数。

6.3.1 节中已经求出基本解，很明显，它满足定解问题(6.130)中的方程，但不满足边界条件，所以不能作为泊松方程第一类边值问题的格林函数。为此，作如下考虑：

首先把泊松方程第一类边值问题的格林函数分为两部分：

$$G(M, M_0) = G_0(M, M_0) + G_1(M, M_0) \tag{6.131}$$

其中，G_0 为自由空间泊松方程的基本解，满足 $\Delta G_0(M, M_0) = -\delta(M-M_0)$，但不满足边界条件。相应地，把式(6.131)代入式(6.130)，可得 G_1 满足定解问题：

$$\begin{cases} \Delta G_1(M, M_0) = 0 & (M \in \tau) \\ G_1(M, M_0)\,|_\sigma = -G_0(M, M_0)\,|_\sigma \end{cases} \tag{6.132}$$

这样一来，就将边界条件下求解 G 的非齐次方程的问题化为边界条件下求解 G_1 的齐次方

程的问题。G_0 已经求出，而 G_1 的定解问题往往针对特殊的边界条件可以通过某些特殊的方法，如电像法、本征函数展开法等来求解，从而得到泊松方程边值问题的解。

具体来说，三维泊松方程的第一类边值问题(狄氏问题)的格林函数满足：

$$G(M, M_0) = \frac{1}{4\pi r} + G_1 \tag{6.133}$$

称此为三维狄氏格林函数。其中：$r = \sqrt{(x-x_0)^2 + (y-y_0)^2 + (z-z_0)^2}$，为 M 与 M_0 点之间的距离；G_1 满足

$$\begin{cases} \Delta G_1 = 0 & (M \in \tau) \\ G_1 \mid_\sigma = -\left. \dfrac{1}{4\pi r} \right|_\sigma \end{cases} \tag{6.134}$$

类似地，二维泊松方程的狄氏问题的格林函数满足：

$$G(M, M_0) = \frac{1}{2\pi} \ln \frac{1}{r} + G_1 \tag{6.135}$$

称此为二维狄氏格林函数。其中：$r = \sqrt{(x-x_0)^2 + (y-y_0)^2}$，为 M 与 M_0 点之间的距离；G_1 满足

$$\begin{cases} \Delta G_1 = 0 & (M \in \sigma) \\ G_1 \mid_l = -\left. \dfrac{1}{2\pi} \ln \dfrac{1}{r} \right|_l \end{cases} \tag{6.136}$$

由上述求解过程不难看到狄氏格林函数所具有的物理意义。如图 6.5 所示，设 σ 为空间接地导体壳，其中 M_0 点处放置点电荷 ε_0，由静电学知识知，壳内任一点 M 的电势由两部分组成，一部分是点电荷 ε_0 在 M 点的电势 $1/4\pi r$；另一部分是边界 σ 面上感应的负电荷所产生的电位 G_1，它一定满足方程：

$$\begin{cases} \Delta G_1 = 0 & (M \in \tau) \\ G_1 \mid_\sigma = -\left. \dfrac{1}{4\pi r} \right|_\sigma \end{cases} \tag{6.137}$$

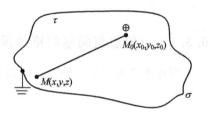

图 6.5　狄氏格林函数的物理意义示意

也就是说，狄氏格林函数 $G = \dfrac{1}{4\pi r} + G_1$ 恰好就是 σ 面内任意一点(不包括 M_0 点)的电势。这就是狄氏格林函数的物理意义。

至此，求解泊松方程的狄氏格林函数问题可以转化为求解 G_1 的拉普拉斯方程的狄氏问题。至于 G_1 的求解，显然可以直接采用分离变量法(本征函数展开法)求得，但是这样得到的解往往是无穷级数，我们更倾向于利用电像法求得有限形式的解。

6.3.3　电像法

由狄氏格林函数的物理意义可知，狄氏格林函数包括两项，其一是基本解，它是位于 M_0 点处的点电荷在 M 处的场，这是已知的，关键是第二部分，即边界 σ 面上感应电荷所产生的场，它满足拉普拉斯方程，并且在 σ 上的场值与 M_0 点处的真实点源在 σ 上的场值大小相等，符号相反，相互抵消，从而保证定解问题(式(6.134)或者式(6.136))成立。那么对应于这两个定解问题，可以把 G_1 看成是一个在真实点源所处空间以外的等效虚点电

荷源产生的,把这个虚点源称为位于 M_0 点的真实点源的镜像,只要能够恰当地确定作为镜像的点源的位置和大小,就可以得到 G_1,从而得到所求的格林函数 G,这种求解 G 的方法,称为电像法。以下通过具体实例说明电像法的应用。

1. 球域泊松方程第一类边值问题的格林函数

设定解问题的区域是一个以原点为中心、a 为半径的球体,边界是球面,即求解球的狄氏问题:

$$\begin{cases} \Delta u = 0 \quad (\rho < a) \\ u\mid_{\rho=a} = f(M) \end{cases} \tag{6.138}$$

方程为齐次泊松方程(拉普拉斯方程),由第一类边值问题的基本积分公式得定解问题的解为

$$u(M) = -\iint_\sigma f(M_0)\frac{\partial}{\partial n_0}G(M, M_0)\,\mathrm{d}\sigma_0 \tag{6.139}$$

其中,σ 为球面。相应地,狄氏格林函数 G 满足定解问题:

$$\begin{cases} \Delta G = -\delta(M - M_0) \\ G\mid_{\rho=a} = 0 \end{cases} \tag{6.140}$$

显然,求解出 G 就可以得到 u。进而引入定义:

$$G(M, M_0) = \frac{1}{4\pi r} + G_1 \tag{6.141}$$

则 G_1 满足:

$$\begin{cases} \Delta G_1 = 0 \quad (\rho < a) \\ G_1\mid_{\rho=a} = -\dfrac{1}{4\pi r}\bigg|_{\rho=a} \end{cases} \tag{6.142}$$

由式(6.141)表示的 G 的物理意义可知,只要求出感应电荷所对应的电位 G_1 即可求出 G。因此,根据物理学知识,结合定解问题(式(6.142)),采用电像法求解 G_1。首先在 M_0 点沿矢径关于球面的对称点(称为像点)处放置一个 $-q$ 电荷,由于它在球外,它对球内电势的贡献必然满足拉普拉斯方程,因此只要适当选择其大小,使它对边界上的电势贡献恰好等于 M_0 点的点电荷 ε_0 对边界电势的贡献,这个 $-q$ 电荷的作用就与感应电荷所对应的电位 G_1 完全等效,从而由点电荷的电势公式确定出 G_1 的大小,即问题得到解决,这就是电像法求格林函数的思路。

为此,如图 6.6 所示,令 $|\overrightarrow{OM_0}| = \rho_0$,$|\overrightarrow{OM}| = \rho$,$|\overrightarrow{MM_0}| = r$,延长 $\overrightarrow{OM_0}$ 至 M_1 点处,

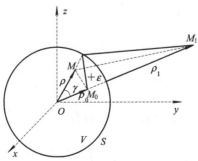

图 6.6 球域的电像法

记 $|\overrightarrow{OM_1}|=\rho_1$，$|\overrightarrow{MM_1}|=r_1$，且满足 $\rho_0\cdot\rho_1=a^2$，即

$$\frac{\rho_0}{a}=\frac{a}{\rho_1} \tag{6.143}$$

把 M_1 称为 M_0 的像点。显然，当 M 在球面 $\rho=a$ 上时，$\triangle OM_0M\sim\triangle OMM_1$，故

$$\frac{r}{r_1}=\frac{\rho_0}{a}=\frac{a}{\rho_1} \tag{6.144}$$

从而

$$\frac{1}{r}=\frac{a/\rho_0}{r_1} \tag{6.145}$$

即

$$-\frac{1}{4\pi r}\bigg|_{\rho=a}=-\frac{a/\rho_0}{4\pi r_1}\bigg|_{\rho=a} \tag{6.146}$$

由式(6.146)可以看出，如果在 M_1 点放置一负电荷 $-\varepsilon_0 a/\rho_0$，则它在球内任意一点 M（除 M_0 外）处所产生的电位为 $-\dfrac{a/\rho_0}{4\pi r_1}$，并且在球面上满足式(6.146)，即有

$$\begin{cases} \Delta\left(-\dfrac{a/\rho_0}{4\pi r_1}\right)=0 \\[3mm] -\dfrac{1}{4\pi r}\bigg|_{\rho=a}=-\dfrac{a/\rho_0}{4\pi r_1}\bigg|_{\rho=a} \end{cases} \tag{6.147}$$

对比式(6.142)，可得

$$G_1=-\frac{a/\rho_0}{4\pi r_1} \tag{6.148}$$

这里，在球外 M_1 点放置的负电荷 $-\varepsilon_0 a/\rho_0$ 为球内 M_0 点放置的正点电荷 ε_0 的电像；而称这种在像点放置一虚构的点电荷来等效地代替导体面或界面上感应电荷的方法称为电像法。

因而，球的狄氏格林函数为

$$G=\frac{1}{4\pi r}-\frac{a/\rho_0}{4\pi r_1} \tag{6.149}$$

一旦格林函数求得，就可以进一步得到球域泊松方程狄氏问题的解（式(6.139)）。引入球坐标系，不妨令

$$\begin{cases} M_0=M_0(\rho_0,\ \varphi_0,\ \theta_0) \\ M=M(\rho,\ \varphi,\ \theta) \end{cases} \tag{6.150}$$

那么由余弦定理得

$$r=\sqrt{\rho^2+\rho_0^2-2\rho\rho_0\cos\gamma} \tag{6.151}$$

$$r_1=\sqrt{\rho^2+\rho_1^2-2\rho\rho_1\cos\gamma}=\sqrt{\rho^2+\left(\frac{a^2}{\rho_0}\right)^2-2\frac{a^2}{\rho_0}\rho\cos\gamma} \tag{6.152}$$

其中，γ 为矢量 $\overrightarrow{OM_0}$ 和 $\overrightarrow{OM}$ 的夹角。由式(6.151)有 $\rho_0\cos\gamma=\dfrac{\rho^2+\rho_0^2-r^2}{2\rho}$，所以

$$\frac{\partial G}{\partial n}=\frac{1}{4\pi}\left[\frac{\partial}{\partial\rho}\left(\frac{1}{r}\right)-\frac{a}{\rho_0}\frac{\partial}{\partial\rho}\left(\frac{1}{r_1}\right)\right] \tag{6.153}$$

首先讨论式(6.153)右边的第一部分：

$$\frac{\partial}{\partial \rho}\left(\frac{1}{r}\right) = \frac{\partial}{\partial \rho}\left(\frac{1}{\sqrt{\rho^2 + \rho_0^2 - 2\rho\rho_0 \cos\gamma}}\right) = -\frac{\rho - \rho_0 \cos\gamma}{(\rho^2 + \rho_0^2 - 2\rho\rho_0 \cos\gamma)^{\frac{3}{2}}}$$

$$= -\frac{\rho - \dfrac{\rho^2 + \rho_0^2 - r^2}{2\rho}}{\left(\rho^2 + \rho_0^2 - 2\rho\dfrac{\rho^2 + \rho_0^2 - r^2}{2\rho}\right)^{\frac{3}{2}}} = \frac{\rho_0^2 - \rho^2 - r^2}{2\rho r^3} \tag{6.154}$$

所以

$$\frac{\partial}{\partial \rho}\left(\frac{1}{r}\right)\bigg|_{\rho = a} = \frac{\rho_0^2 - a^2 - r^2}{2ar^3} \tag{6.155}$$

同理，对于式(6.153)右边的第二部分，有

$$\frac{a}{\rho_0}\frac{\partial}{\partial \rho}\left(\frac{1}{r_1}\right)\bigg|_{\rho = a} = \frac{a}{\rho_0}\frac{\rho_1^2 - a^2 - r_1^2}{2ar_1^3} = \frac{a}{\rho_0}\frac{\dfrac{a^4}{\rho_0^2} - a^2 - \dfrac{r^2 a^2}{\rho_0^2}}{2a\left(\dfrac{ra}{\rho_0}\right)^3} = \frac{a^2 - \rho_0^2 - r^2}{2ar^3} \tag{6.156}$$

因此

$$\frac{\partial G}{\partial n}\bigg|_{\rho = a} = \frac{1}{4\pi}\left[\frac{\rho_0^2 - a^2 - r^2}{2ar^3} - \frac{a^2 - \rho_0^2 - r^2}{2ar^3}\right] = \frac{1}{4\pi a}\frac{\rho_0^2 - a^2}{r^3} \tag{6.157}$$

由格林函数的对称性，得

$$\frac{\partial G}{\partial n_0}\bigg|_{\rho_0 = a} = \frac{\partial G}{\partial \rho_0}\bigg|_{\rho_0 = a} = \frac{1}{4\pi a}\frac{\rho^2 - a^2}{r^3} \tag{6.158}$$

其中，$r = \sqrt{\rho^2 + a^2 - 2\rho a \cos\gamma}$。将式(6.158)代入式(6.139)，得球域泊松方程狄氏问题的解为

$$u(\rho, \theta, \varphi) = -\frac{1}{4\pi a}\int_0^{2\pi}\int_0^{\pi} f(\theta_0, \varphi_0)\frac{\rho^2 - a^2}{(a^2 + \rho^2 - 2\rho a \cos\gamma)^{3/2}}a^2 \sin\theta_0 \, \mathrm{d}\theta_0 \, \mathrm{d}\varphi_0$$

$$= \frac{a}{4\pi}\int_0^{2\pi}\int_0^{\pi} f(\theta_0, \varphi_0)\frac{a^2 - \rho^2}{(a^2 + \rho^2 - 2a\rho \cos\gamma)^{3/2}}\sin\theta_0 \, \mathrm{d}\theta_0 \, \mathrm{d}\varphi_0 \tag{6.159}$$

其中，$\cos\gamma = \dfrac{\boldsymbol{\rho_0} \cdot \boldsymbol{\rho}}{|\boldsymbol{\rho_0}||\boldsymbol{\rho}|} = \cos\theta_0 \cos\theta + \sin\theta_0 \sin\theta \cos(\varphi - \varphi_0)$。式(6.159)称为球的泊松积分公式。

对此作以下几点讨论：

(1) 球心的场(电势)，因为有 $\rho = 0$，$\theta = \varphi = 0$，所以 $\cos\gamma = \cos\theta_0$，由式(6.159)得

$$u(0, 0, 0) = \frac{1}{4\pi}\int_0^{2\pi}\int_0^{\pi} f(\theta_0, \varphi_0) \sin\theta_0 \, \mathrm{d}\theta_0 \, \mathrm{d}\varphi_0 \tag{6.160}$$

(2) 若 $f(\theta_0, \varphi_0) = u_0$ (等势面)，当 ρ 为极轴上任意一点时，$\theta = 0$，$\varphi = 0$，$\cos\gamma = \cos\theta_0$。这时，由式(6.159)得等势面为

$$u(\rho, 0, 0) = \frac{a(a^2 - \rho^2)}{4\pi}\int_0^{\pi}\int_0^{2\pi}\frac{u_0 \sin\theta_0 \, \mathrm{d}\theta_0 \, \mathrm{d}\varphi_0}{(a^2 + \rho^2 - 2a\rho \cos\theta_0)^{3/2}}$$

$$= \frac{2\pi u_0 a(a^2 - \rho^2)}{-2a\rho \cdot 4\pi}(-2)\left[(a^2 + \rho^2 - 2a\rho \cos\theta_0)^{-1/2}\right]_0^{\pi}$$

$$= \frac{u_0(a^2 - \rho^2)}{4\rho} \cdot \frac{-2(-2\rho)}{a^2 - \rho^2} = u_0 \tag{6.161}$$

(3) 对于球外$(\rho > a)$的泊松方程，第一类边值问题的泊松积分公式应该为

$$u(\rho, \theta, \varphi) = \frac{a}{4\pi} \int_0^{2\pi} \int_0^{\pi} f(\theta_0, \varphi_0) \frac{\rho^2 - a^2}{(a^2 + \rho^2 - 2a\rho \cos\gamma)^{3/2}} \sin\theta_0 \, \mathrm{d}\theta_0 \mathrm{d}\varphi_0 \qquad (6.162)$$

这是因为球内和球外法向导数只相差一个负号，这里的$\rho > a$。

2. 圆域泊松方程第一类边值问题的格林函数

类似地，可以求得圆域泊松方程第一类边值问题的格林函数，即求解定解问题：

$$\begin{cases} \Delta G = -\delta(x - x_0, y - y_0) & (\rho < a) \\ G|_{\rho = a} = 0 \end{cases} \qquad (6.163)$$

由式(6.135)可知

$$G(M, M_0) = \frac{1}{2\pi} \ln \frac{1}{r} + G_1 \qquad (6.164)$$

其中，$r = \sqrt{(x - x_0)^2 + (y - y_0)^2}$，而$G_1$满足：

$$\begin{cases} \Delta G_1 = 0 & (\rho < a) \\ G_1|_{\rho = a} = -\frac{1}{2\pi} \ln \frac{1}{r}\bigg|_{\rho = a} \end{cases} \qquad (6.165)$$

同样，利用电像法求解G_1。如图 6.7 所示，设区域是以原点为中心、a 为半径的接地圆域(实际上可以看成是以 a 为半径，无限长圆柱的横截面)，令$|\overrightarrow{OM_0}| = \rho_0$，$M_0$ 点为圆内点源的位置(放置线电荷密度为 ε_0 的与圆柱轴线平行的无限长导线)，$|\overrightarrow{OM}| = \rho$，$|\overrightarrow{MM_0}| = r$，延长 $\overrightarrow{OM_0}$ 至 M_1 点处，记$|\overrightarrow{OM_1}| = \rho_1$，$|\overrightarrow{MM_1}| = r_1$，且满足

$$\rho_0 \cdot \rho_1 = a^2 \qquad (6.166)$$

则 M_1 点为 M_0 点的电像点。

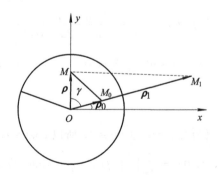

图 6.7　圆域的电像法

显然，当 M 在圆面 $\rho = a$ 上时，$\triangle OM_0M \backsim \triangle OMM_1$，故

$$\frac{r}{r_1} = \frac{\rho_0}{a} = \frac{a}{\rho_1} \qquad (6.167)$$

即

$$-\frac{1}{2\pi} \ln \frac{1}{r}\bigg|_{\rho=a} = -\frac{1}{2\pi} \ln \frac{a/\rho_0}{r_1}\bigg|_{\rho=a} \qquad (6.168)$$

由式(6.168)可以看出,如果在圆外 M_1 点放置一个恰当的负电荷,则它对圆内 M 点电势贡献满足(因为这个电荷放在圆外):

$$
\begin{cases}
\Delta\left(-\dfrac{1}{2\pi}\ln\dfrac{a/\rho_0}{r_1}\right)=0 \\[3mm]
-\dfrac{1}{2\pi}\ln\dfrac{1}{r}\bigg|_{\rho=a}=-\dfrac{1}{2\pi}\ln\dfrac{a/\rho_0}{r_1}\bigg|_{\rho=a}
\end{cases}
\tag{6.169}
$$

对比式(6.165),可得

$$
G_1=-\frac{1}{2\pi}\ln\frac{a/\rho_0}{r_1}
\tag{6.170}
$$

从而圆域的狄氏格林函数为

$$
G(M,M_0)=\frac{1}{2\pi}\ln\frac{1}{r}-\frac{1}{2\pi}\ln\frac{a/\rho_0}{r_1}=\frac{1}{2\pi}\ln\frac{\rho_0 r_1}{ar}
\tag{6.171}
$$

那么,这里在 M_1 放置的电荷电量是多少呢? 我们知道,如果在 M_1 点放置电量为 $-\varepsilon_0$ 的电荷(实际应该是线电荷密度为 $-\varepsilon_0$ 的无限长平行于圆柱轴线的线电流),则它对 $\rho<a$ 的圆内电势贡献为 $-\dfrac{1}{2\pi}\ln\dfrac{1}{r_1}+C$,因此有

$$
\left[-\frac{1}{2\pi}\ln\frac{1}{r_1}+C\right]\bigg|_{\rho=a}=-\frac{1}{2\pi}\ln\frac{1}{r}\bigg|_{\rho=a}
\tag{6.172}
$$

注意到当 $\rho=a$ 时,有 $\dfrac{1}{r}=\dfrac{a/\rho_0}{r_1}$,将其代入式(6.172),可得

$$
C=-\frac{1}{2\pi}\ln\frac{a}{\rho_0}
\tag{6.173}
$$

所以

$$
\left[-\frac{1}{2\pi}\ln\frac{1}{r_1}-\frac{1}{2\pi}\ln\frac{a}{\rho_0}\right]\bigg|_{\rho=a}=-\frac{1}{2\pi}\ln\frac{a/\rho_0}{r_1}\bigg|_{\rho=a}=-\frac{1}{2\pi}\ln\frac{1}{r}\bigg|_{\rho=a}
\tag{6.174}
$$

与式(6.168)比较可知,圆外 M_1 点放置的负电荷电量为 $-\varepsilon_0$。

同样,只要得到圆域泊松方程的狄氏格林函数,就可以进一步获得圆域泊松方程狄氏问题

$$
\begin{cases}
\Delta u=0 & (\rho=\sqrt{x^2+y^2}<a) \\
u\,|_{\rho=a}=f(\varphi)
\end{cases}
\tag{6.175}
$$

的积分形式的解:

$$
u(\rho,\varphi)=\frac{1}{2\pi}\int_0^{2\pi}f(\varphi_0)\frac{a^2-\rho^2}{a^2+\rho^2-2a\rho\cos(\varphi-\varphi_0)}\,\mathrm{d}\varphi_0
\tag{6.176}
$$

称此为圆的泊松积分公式。

3. 半空间泊松方程第一类边值问题的格林函数

在半空间 $z>0$ 上,求解泊松方程第一类边值问题的格林函数,即求解定解问题:

$$
\begin{cases}
\Delta G=-\delta(M-M_0) & (z>0) \\
G\,|_{z=0}=0
\end{cases}
\tag{6.177}
$$

仍用电像法求解。令 $G(M,M_0)=\dfrac{1}{4\pi r}+G_1$,则 G_1 满足:

$$\begin{cases} \Delta G_1 = 0 \quad (z > 0) \\ G_1\,|_{z=0} = -\dfrac{1}{4\pi r}\,\Big|_{z=0} \end{cases} \tag{6.178}$$

为求 G_1，首先，在 $z>0$ 的上半空间中的 $M_0(x_0, y_0, z_0)$ 点放置一正点电荷 ε_0，它在 $z>0$ 的空间内的任一点 M 的电势为

$$G_0 = \frac{1}{4\pi r} \tag{6.179}$$

其中，$r = \sqrt{(x-x_0)^2 + (y-y_0)^2 + (z-z_0)^2}$。

如图 6.8 所示，对于 $z=0$ 平面，在与 $M_0(x_0, y_0, z_0)$ 相对应的对称点 $M_1(x_0, y_0, -z_0)$ 放置一电量为 $-\varepsilon_0$ 的负点电荷，它在 $z>0$ 的空间的任一点 M 的电势为

$$G_1 = -\frac{1}{4\pi r_1} \tag{6.180}$$

其中，$r_1 = \sqrt{(x-x_0)^2 + (y-y_0)^2 + (z+z_0)^2}$。显然，这个镜像点电荷满足条件：

$$\begin{cases} \Delta\left(-\dfrac{1}{4\pi r_1}\right) = 0 \\ -\dfrac{1}{4\pi r}\,\Big|_{z=0} = -\dfrac{1}{4\pi r_1}\,\Big|_{z=0} \end{cases} \tag{6.181}$$

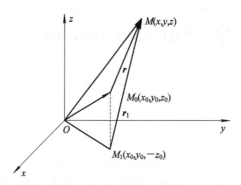

图 6.8　半空间的电像法

对比式(6.178)可知，$G_1 = -1/(4\pi r_1)$，因此，半空间泊松方程狄氏问题的格林函数为

$$G(M, M_0) = \frac{1}{4\pi r} - \frac{1}{4\pi r_1} \tag{6.182}$$

4. 半平面泊松方程第一类边值问题的格林函数

半平面泊松方程第一类边值问题的格林函数满足定解问题：

$$\begin{cases} \Delta G = -\delta(x-x_0, \ y-y_0) \quad (y > 0) \\ G\,|_{y=0} = 0 \end{cases} \tag{6.183}$$

令 $G(M, M_0) = \dfrac{1}{2\pi}\ln\dfrac{1}{r} + G_1$，其中 $r = \sqrt{(x-x_0)^2 + (y-y_0)^2}$，则 G_1 满足：

$$\begin{cases} \Delta G_1 = 0 \quad (y > 0) \\ G_1\,|_{y=0} = -\dfrac{1}{2\pi}\ln\dfrac{1}{r}\,\Big|_{y=0} \end{cases} \tag{6.184}$$

利用电像法求解 G_1。如图 6.9 所示，在上半平面 $y>0$ 中 $M_0(x_0, y_0, z_0)$ 点放置一正

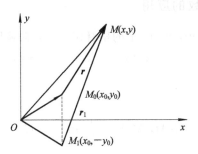

图 6.9　半平面的电像法

点电荷 ε_0，它在 $z>0$ 的空间的任一点 M 的电势为

$$G_0 = \frac{1}{2\pi} \ln \frac{1}{r} \qquad\qquad (6.185)$$

其中，$r=\sqrt{(x-x_0)^2+(y-y_0)^2}$。

在 $M_0(x_0, y_0)$ 关于 $y=0$ 的对称点 $M_1(x_0, -y_0)$ 处放置一电量为 $-\varepsilon_0$ 的负点电荷，它在 $y>0$ 的平面中任一点 M 的电势为

$$G_1 = -\frac{1}{2\pi} \ln \frac{1}{r_1} + C \qquad\qquad (6.186)$$

其中，$r_1=\sqrt{(x-x_0)^2+(y+y_0)^2}$。因为要求满足：

$$\left[-\frac{1}{2\pi} \ln \frac{1}{r_1} + C\right]\Bigg|_{y=0} = -\frac{1}{2\pi} \ln \frac{1}{r}\Bigg|_{y=0} \qquad\qquad (6.187)$$

所以 $C=0$（因为 $y=0$ 时 $r_1=r$）。进而可以得到 $G_1=-\dfrac{1}{2\pi} \ln \dfrac{1}{r_1}$ 满足：

$$\begin{cases} \Delta\left(-\dfrac{1}{2\pi} \ln \dfrac{1}{r_1}\right) = 0 \\[2mm] -\dfrac{1}{2\pi} \ln \dfrac{1}{r}\bigg|_{y=0} = -\dfrac{1}{2\pi} \ln \dfrac{1}{r_1}\bigg|_{y=0} \end{cases} \qquad\qquad (6.188)$$

从而半平面泊松方程的狄氏格林函数为

$$G = \frac{1}{2\pi} \ln \frac{1}{r} - \frac{1}{2\pi} \ln \frac{1}{r_1} = \frac{1}{2\pi} \ln \frac{r_1}{r} \qquad\qquad (6.189)$$

通过以上例题，可以总结出利用电像法求解泊松方程第一类边值问题的格林函数的步骤：

（1）确定区域内 M_0 放置有电荷 $+\varepsilon_0$ 时对应于区域边界 σ 的像点的位置。

（2）由 $G_1|_\sigma = -\dfrac{1}{4\pi r}\bigg|_\sigma$（三维）或 $G_1|_\sigma = -\dfrac{1}{2\pi} \ln \dfrac{1}{r}\bigg|_\sigma$（二维）确定镜像点电荷的大小和正负，从而确定 G_1。

（3）把 G_1 代入 $G=\dfrac{1}{4\pi r}+G_1$ 或 $G=\dfrac{1}{2\pi} \ln \dfrac{1}{r}+G_1$ 得到泊松方程狄氏问题的格林函数。

注意，如果是其他方程（如亥姆霍兹方程）的狄氏问题的格林函数，需要重新确定其对应的自由空间的格林函数 $\left(不等于\dfrac{1}{4\pi r} 或 \dfrac{1}{2\pi} \ln \dfrac{1}{r}\right)$。

6.3.4 电像法和格林函数的应用

例 6.5 求 1/4 平面($x>0$，$y>0$)上的格林函数 G，它满足定解问题：

$$\begin{cases} \Delta G = \delta(x-x_0)\delta(y-y_0) & (x>0,\ y>0) \\ G\big|_{x=0} = G\big|_{y=0} = 0 \end{cases} \tag{6.190}$$

解 格林函数可表示为

$$G(M,M_0) = \frac{1}{2\pi}\ln\frac{1}{r_0} + G_1 \tag{6.191}$$

其中，$r = \sqrt{(x-x_0)^2+(y-y_0)^2}$，则 G_1 满足：

$$\begin{cases} \Delta G_1 = 0 & (x>0,\ y>0) \\ G_1\big|_{x=0} = -\dfrac{1}{2\pi}\ln\dfrac{1}{r}\bigg|_{x=0} \\ G_1\big|_{y=0} = -\dfrac{1}{2\pi}\ln\dfrac{1}{r}\bigg|_{y=0} \end{cases} \tag{6.192}$$

如图 6.10 所示，放置点电荷 $+\varepsilon_0$ 于 $M_0(x_0,y_0)$ 点，它在 $M(x,y)$ 点处的电位为 $\dfrac{1}{2\pi}\ln\dfrac{1}{r_0}$。设 $M_1(-x_0,y_0)$、$M_2(x_0,-y_0)$ 和 $M_3(-x_0,-y_0)$ 分别是 M_0 关于 y 轴、x 轴和原点的镜像点，并分别放置电荷 $-\varepsilon_0$、$-\varepsilon_0$ 和 $+\varepsilon_0$，则 M_1、M_2、M_3 点上的点电荷在 M 点产生的电位分别为 $-\dfrac{1}{2\pi}\ln\dfrac{1}{r_1}$、$-\dfrac{1}{2\pi}\ln\dfrac{1}{r_2}$ 和 $\dfrac{1}{2\pi}\ln\dfrac{1}{r_3}$。通过观察，它们的和满足式(6.192)，所以

$$G_1 = -\frac{1}{2\pi}\ln\frac{1}{r_1} - \frac{1}{2\pi}\ln\frac{1}{r_2} + \frac{1}{2\pi}\ln\frac{1}{r_3} = \frac{1}{2\pi}\ln\frac{r_1 r_2}{r_3} \tag{6.193}$$

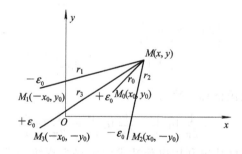

图 6.10 1/4 平面的电像法

因此 1/4 平面上的格林函数为

$$G(M,M_0) = \frac{1}{4\pi}\ln\frac{[(x+x_0)^2+(y-y_0)^2][(x-x_0)^2+(y+y_0)^2]}{[(x-x_0)^2+(y-y_0)^2][(x+x_0)^2+(y+y_0)^2]} \tag{6.194}$$

例 6.6 求解半无界空间的拉普拉斯方程第一类边值问题：

$$\begin{cases} \Delta u = 0 & (z>0) \\ u\big|_{z=0} = f(x,y) \end{cases} \tag{6.195}$$

解 由式(6.182)已知半无界空间的格林函数为

$$G(M,M_0) = \frac{1}{4\pi r} - \frac{1}{4\pi r_1} \tag{6.196}$$

由泊松方程第一类边值问题的解的基本积分公式（式(6.80)），得

$$u(M) = -\iint_\sigma f(M_0)\frac{\partial}{\partial n_0}G(M,M_0)\,\mathrm{d}\sigma_0 \tag{6.197}$$

式中，$\dfrac{\partial G}{\partial n_0}=-\dfrac{\partial G}{\partial z}$（因为 $z=0$ 面的外法线方向与 Oz 轴相反），于是有

$$
\begin{aligned}
\frac{\partial G}{\partial n_0}\bigg|_{z_0=0} &= -\frac{\partial G}{\partial z_0}\bigg|_{z_0=0}\\
&= \frac{1}{4\pi}\left[\frac{-(z-z_0)}{[(x-x_0)^2+(y-y_0)^2+(z-z_0)^2]^{3/2}}\right.\\
&\qquad\left.-\frac{z+z_0}{[(x-x_0)^2+(y-y_0)^2+(z+z_0)^2]^{3/2}}\right]\Bigg|_{z_0=0}\\
&= -\frac{1}{2\pi}\frac{z}{[(x-x_0)^2+(y-y_0)^2+z^2]^{3/2}}
\end{aligned}
\tag{6.198}
$$

所以半无界空间的拉普拉斯方程第一类边值问题的解为

$$u(M)=u(x,y,z)=\frac{1}{2\pi}\int_{-\infty}^{\infty}\int_{-\infty}^{\infty}\frac{zf(x_0,y_0)}{[(x-x_0)^2+(y-y_0)^2+z^2]^{3/2}}\,\mathrm{d}x_0\mathrm{d}y_0 \tag{6.199}$$

例 6.7 在 $z>0$ 的半空间上求亥姆霍兹方程第一类边值问题的格林函数 G，即

$$
\begin{cases}
\Delta G+k^2G=-\delta(x-x_0)\delta(y-y_0)\delta(z-z_0)\\
G\,|_{z=0}=0
\end{cases}
\tag{6.200}
$$

解 设在 $M_0(x_0,y_0,z_0)$ 放置一个点电荷 ε_0，由物理学知识知它在 $z>0$ 的半空间上的电势为

$$G_0=\frac{\exp(-\mathrm{i}kr)}{4\pi r} \tag{6.201}$$

其中，$r=\sqrt{(x-x_0)^2+(y-y_0)^2+(z-z_0)^2}$，$G_0$ 满足式(6.200)中的第一个方程。

依据电像法，因为此时感应点电荷 $-\varepsilon_0$（电像源）放在 $M_1(x_0,y_0,-z_0)$，与 M_0 关于 $z=0$ 平面对称，所以它在空间 $z>0$ 中的电势为

$$G_1=-\frac{\exp(-\mathrm{i}kr_1)}{4\pi r_1} \tag{6.202}$$

其中，$r_1=\sqrt{(x-x_0)^2+(y-y_0)^2+(z+z_0)^2}$。显然，$G_1$ 满足：

$$
\begin{cases}
\Delta G_1+k^2G_1=0\\
G_1\,|_{z=0}=-\dfrac{\exp(-\mathrm{i}kr)}{4\pi r}\bigg|_{z=0}
\end{cases}
\tag{6.203}
$$

因此，$z>0$ 的半空间上亥姆霍兹方程的狄氏格林函数为

$$G(M,M_0)=\frac{\exp(-\mathrm{i}kr)}{4\pi r}-\frac{\exp(-\mathrm{i}kr_1)}{4\pi r_1} \tag{6.204}$$

例 6.8 求边值问题：

$$
\begin{cases}
\Delta u=f(x,y) & (y>0)\\
u(x,0)=\varphi(x)
\end{cases}
\tag{6.205}
$$

解 用格林函数法求解。已知半平面泊松方程第一类边值问题的格林函数为

$$G(M, M_0) = \frac{1}{2\pi} \ln \frac{1}{r} - \frac{1}{2\pi} \ln \frac{1}{r_1}$$

$$= -\frac{1}{4\pi} \ln[(x-x_0)^2 + (y-y_0)^2] + \frac{1}{4\pi} \ln[(x-x_0)^2 + (y+y_0)^2]$$

$$(6.206)$$

除源点外，G 在 $y > 0$ 内是调和的，且在 $y = 0$ 上有 $G = 0$，又因为

$$\left. \frac{\partial G}{\partial n_0} \right|_{y_0=0} = -\left. \frac{\partial G}{\partial y_0} \right|_{y_0=0} = -\frac{y}{\pi} \frac{1}{(x-x_0)^2 + y^2} \qquad (6.207)$$

于是由泊松方程第一类边值问题的解的积分公式(6.94)，得

$$u(x, y) = -\int_0^\infty \int_{-\infty}^\infty f(x_0, y_0) G(x, y; x_0, y_0) \mathrm{d}x_0 \mathrm{d}y_0 - \int_{-\infty}^\infty \varphi(x_0) \left. \frac{\partial G}{\partial n_0} \right|_{y_0=0} \mathrm{d}x_0$$

$$= -\frac{1}{4\pi} \int_0^\infty \int_{-\infty}^\infty f(x_0, y_0) \ln \left[\frac{(x-x_0)^2 + (y+y_0)^2}{(x-x_0)^2 + (y-y_0)^2} \right] \mathrm{d}x_0 \mathrm{d}y_0$$

$$+ \frac{y}{\pi} \int_{-\infty}^\infty \frac{\varphi(x_0)}{(x-x_0)^2 + y^2} \mathrm{d}x_0 \qquad (6.208)$$

因此，式(6.208)即为所求。

6.4 格林函数的其他求法

除了利用电像法求解格林函数以外，对于边值问题的格林函数，还可以利用本征函数展开法等其他方法求解，本节对此作一讨论。

6.4.1 用本征函数展开法求解边值问题的格林函数

现以求解狄氏问题的格林函数

$$\begin{cases} \Delta G(M, M_0) + \lambda G(M, M_0) = -\delta(M - M_0) & (M \in \tau) \\ G \big|_\sigma = 0 \end{cases} \qquad (6.209)$$

为例来讨论这种本征函数展开法。

首先，设方程(6.209)对应的本征值问题为

$$\begin{cases} \Delta \psi(M) + \lambda \psi(M) = 0 & (M \in \tau) \\ \psi \big|_\sigma = 0 \end{cases} \qquad (6.210)$$

设上述本征值问题的全部本征值和相应的归一化本征函数族分别是 $\{\lambda_n\}$ 和 $\{\psi_n(M)\}$，即

$$\begin{cases} \Delta \psi_n(M) + \lambda_n \psi_n(M) = 0 & (M \in \tau) \\ \psi_n \big|_\sigma = 0 \end{cases} \qquad (6.211)$$

而且

$$\iiint_\tau \psi_n(M) \psi_m^*(M) \, \mathrm{d}\tau = \delta_{nm} \qquad (6.212)$$

这里 $\psi_m^*(M)$ 表示 $\psi_m(M)$ 的共轭函数。将函数 $G(M, M_0)$ 在区域 τ 上展开为本征函数族 $\{\psi_n(M)\}$ 的广义傅里叶级数：

$$G(M, M_0) = \sum_n C_n \psi_n(M) \qquad (6.213)$$

为定出系数 C_n，将式（6.213）代入问题（6.209）的第一个方程中，并注意到式（6.211），可得

$$- \sum_n \lambda_n C_n \psi_n(M) + \lambda \sum_n C_n \psi_n(M) = - \delta(M - M_0) \tag{6.214}$$

设 $\lambda \neq \lambda_n$，用 $\psi_m^*(M)$ 乘式（6.214）两端，然后在区域 τ 上积分，并利用式（6.212），可得

$$C_m = \frac{1}{\lambda_m - \lambda} \psi_m^*(M) \tag{6.215}$$

将其代入式（6.213），可得格林函数：

$$G(M, M_0) = \sum_n \frac{1}{\lambda_m - \lambda} \psi_m^*(M) \psi_n(M) \tag{6.216}$$

显然，它满足齐次边界条件 $G|_\sigma = 0$。

如果格林函数 $G(M, M_0)$ 的齐次边界条件是第二类的或第三类的，则这时可以类似地求得 G，只不过本征函数也满足相应的齐次边界条件。

例 6.9 求解一维有界区域上的格林函数 $G(x, x_0)$：

$$\begin{cases} \left(\dfrac{\mathrm{d}^2}{\mathrm{d}x^2} + \lambda\right) G(x, x_0) = - \delta(x - x_0) & (0 < x < l) \\ G|_{x=0} = G|_{x=l} = 0 \end{cases} \tag{6.217}$$

其中，$\lambda \neq n\pi/l \, (n = 1, 2, \cdots)$。

解 由于与式（6.217）对应的本征值问题为

$$\begin{cases} \psi''(x) + \lambda \psi(x) = 0 & (0 < x < l) \\ \psi|_{x=0} = \psi|_{x=l} = 0 \end{cases} \tag{6.218}$$

它的本征值和归一化的本征函数分别是

$$\begin{cases} \lambda_n = \left(\dfrac{n\pi}{l}\right)^2 \\ \psi_n(x) = \sqrt{\dfrac{2}{l}} \, \sin \dfrac{n\pi x}{l} \end{cases} \quad (n = 1, 2, \cdots) \tag{6.219}$$

所以，利用式（6.216），可得

$$G(M, M_0) = \frac{2}{l} \sum_n \frac{1}{\left(\dfrac{n\pi}{l}\right)^2 - \lambda} \sin \frac{n\pi x_0}{l} \sin \frac{n\pi x}{l} \tag{6.220}$$

例 6.10 求泊松方程在矩形区域 $0 < x < a$，$0 < x < b$ 内的狄氏问题的格林函数。

解 其格林函数的定解问题为

$$\begin{cases} \Delta G(M, M_0) = - \delta(x - x_0) \delta(y - y_0) \\ G|_{x=0} = G|_{x=a} = G|_{y=0} = G|_{y=b} = 0 \end{cases} \tag{6.221}$$

显然，它是定解问题

$$\begin{cases} \Delta G(M, M_0) + \lambda G(M, M_0) = - \delta(x - x_0) \delta(y - y_0) \\ G|_{x=0} = G|_{x=a} = G|_{y=0} = G|_{y=b} = 0 \end{cases} \tag{6.222}$$

取 $\lambda = 0$ 的特例。而与定解问题（式（6.222））相应的本征值问题为

$$\begin{cases} \Delta \psi(x, y) + \lambda \psi(x, y) = 0 \\ \psi|_{x=0} = \psi|_{x=a} = \psi|_{y=0} = \psi|_{y=b} = 0 \end{cases} \tag{6.223}$$

它的本征值和归一化的本征函数分别是

$$\begin{cases} \lambda_{mn} = \pi^2 \left(\dfrac{m^2}{a^2} + \dfrac{n^2}{b^2} \right) = \mu_m^2 + \mu_n^2 \\ \psi_{mn}(x, y) = \dfrac{2}{\sqrt{ab}} \sin\mu_m x \, \sin\mu_n y \end{cases} \tag{6.224}$$

其中：$\mu_m = m\pi/a$；$\mu_n = n\pi/b$；$m, n = 1, 2, \cdots$。

注意到 $\lambda = 0 \neq \lambda_{mn}$，所以由式（6.216）得

$$G(M, M_0) = \sum_{m, n=1}^{\infty} \frac{4}{ab} \frac{\sin\mu_m x_0 \, \sin\mu_n y_0 \, \sin\mu_m x \, \sin\mu_n y}{\mu_m^2 + \mu_n^2} \tag{6.225}$$

6.4.2 用冲量法求解含时间的格林函数

前面讨论的是稳定场问题的格林函数，那么对于波动和输运这类含有时间的问题，该如何利用格林函数方法求解呢？本节以波动方程为例，介绍含时间的格林函数，并说明这类问题解的积分表达。

我们知道，有界空间 V（其边界为 Σ）内的一般的强迫振动的定解问题可以描述为

$$\begin{cases} u_{tt} - a^2 \Delta u = f(\boldsymbol{r}, t) \quad (\boldsymbol{r} \in V) \\ \left(\alpha \dfrac{\partial u}{\partial n} + \beta u \right)\Big|_{\Sigma} = h(M, t) \quad (M \in \Sigma) \\ u\,|_{t=0} = \varphi(\boldsymbol{r}), \ u_t\,|_{t=0} = \psi(\boldsymbol{r}) \end{cases} \tag{6.226}$$

其中，$f(\boldsymbol{r}, t)$、$\varphi(\boldsymbol{r})$、$\psi(\boldsymbol{r})$ 和 $h(M, t)$ 均是已知函数。

前已提及，持续作用的力 $f(\boldsymbol{r}, t)$ 可以看成是一系列前后相继的瞬时力（脉冲力）$f(\boldsymbol{r}, \tau)\delta(t-\tau)$ 的叠加，因此，可以把持续作用的连续分布力 $f(\boldsymbol{r}, t)$ 看做是一系列脉冲点力的叠加，即

$$f(\boldsymbol{r}, t) = \iiint_V \left[\int_t f(\boldsymbol{r}_0, \tau)\delta(\boldsymbol{r}-\boldsymbol{r}_0)\delta(t-\tau)\mathrm{d}\tau \right] \mathrm{d}\boldsymbol{r}_0 \tag{6.227}$$

这里把脉冲点力引起的振动记为 $G(\boldsymbol{r}, t; \boldsymbol{r}_0, t_0)$，称之为波动问题的格林函数。显然，它是含时间的格林函数，一旦求得 G，就可以用叠加的方法求出任意力 $f(\boldsymbol{r}, t)$ 引起的振动。根据以上分析，G 所满足的定解问题应该是

$$\begin{cases} G_{tt} - a^2 \Delta G = \delta(\boldsymbol{r}-\boldsymbol{r}_0)\delta(t-t_0) \\ \left(\alpha \dfrac{\partial G}{\partial n} + \beta G \right)\Big|_{\Sigma} = 0 \\ G\,|_{t=0} = 0, \ G_t\,|_{t=0} = 0 \end{cases} \tag{6.228}$$

可以用类似于求解泊松方程的方法求解定解问题（式（6.226））的解的积分表达。这里需要注意含时间的格林函数的对称性不同于泊松方程格林函数的对称性，即

$$G(\boldsymbol{r}, t; \boldsymbol{r}_0, t_0) = G(\boldsymbol{r}_0, -t_0; \boldsymbol{r}, -t) \tag{6.229}$$

利用格林函数满足的方程和第二格林公式容易证明式（6.229）。可以看出，时间变量不能像空间变量那样简单对调，因此，首先将定解问题（式（6.226））中的 $\boldsymbol{r}$、t 换成 $\boldsymbol{r}_0$、t_0，则

$$\begin{cases} u_{t_0 t_0}(\boldsymbol{r}_0, t_0) - a^2 \Delta_0 u(\boldsymbol{r}_0, t_0) = f(\boldsymbol{r}_0, t_0) \\ \left[\alpha \dfrac{\partial u(\boldsymbol{r}_0, t_0)}{\partial n_0} + \beta u(\boldsymbol{r}_0, t_0) \right]\Big|_{\Sigma} = h(M_0, t_0) \\ u(\boldsymbol{r}_0, t_0)\,|_{t_0=0} = \varphi(\boldsymbol{r}_0), \ u_{t_0}(\boldsymbol{r}_0, t_0)\,|_{t_0=0} = \psi(\boldsymbol{r}_0) \end{cases} \tag{6.230}$$

将 G 定解问题中的 $\boldsymbol{r}$ 与 $\boldsymbol{r}_0$ 互换，同时将 t、t_0 分别换为 $-t_0$、$-t$，并利用式（6.229）可得

$$
\begin{cases}
G_{t_0 t_0}(\boldsymbol{r},\, t;\, \boldsymbol{r}_0,\, t_0) - a^2 \Delta_0 G(\boldsymbol{r},\, t;\, \boldsymbol{r}_0,\, t_0) = \delta(\boldsymbol{r}-\boldsymbol{r}_0)\delta(t-t_0) \\[2mm]
\left[\alpha \dfrac{\partial G(\boldsymbol{r},\, t;\, \boldsymbol{r}_0,\, t_0)}{\partial n_0} + \beta G(\boldsymbol{r},\, t;\, \boldsymbol{r}_0,\, t_0) \right]\Bigg|_{\Sigma} = 0 \\[2mm]
G(\boldsymbol{r},\, t;\, \boldsymbol{r}_0,\, t_0)\,|_{t_0=0} = 0,\ G_{t_0}(\boldsymbol{r},\, t;\, \boldsymbol{r}_0,\, t_0)\,|_{t_0=0} = 0
\end{cases}
\tag{6.231}
$$

用 $G(\boldsymbol{r},\, t;\, \boldsymbol{r}_0,\, t_0)$ 乘以方程（6.230）的第一式，减去 $u(\boldsymbol{r}_0,\, t_0)$ 乘以方程（6.231）的第一式，再对 $\boldsymbol{r}_0$ 在区间 V 上积分，同时对 t_0 在 $[0,\, t+\varepsilon]$ 上积分，并利用第二格林公式和初始条件（方程（6.230）和方程（6.231）的第三式），可得

$$
\iiint\limits_{V}\left[\int_0^{t+\varepsilon}(Gu_{t_0 t_0} - uG_{t_0 t_0})\,\mathrm{d}t_0 \right]\mathrm{d}V_0 - a^2 \iiint\limits_{V}\left[\int_0^{t+\varepsilon}(G\Delta_0 u - u\Delta_0 G)\,\mathrm{d}t_0 \right]\mathrm{d}V_0
$$

$$
= \iiint\limits_{V}\left[\int_0^{t+\varepsilon} G(\boldsymbol{r},\, t;\, \boldsymbol{r}_0,\, t_0)f(\boldsymbol{r}_0,\, t_0)\,\mathrm{d}t_0 \right]\mathrm{d}V_0 - \iiint\limits_{V}\left[\int_0^{t+\varepsilon} u\delta(\boldsymbol{r}-\boldsymbol{r}_0)\delta(t-t_0)\,\mathrm{d}t_0 \right]\mathrm{d}V_0
$$

$$
\tag{6.232}
$$

其中，$\varepsilon > 0$。积分后取 $\varepsilon \to 0$，引入 ε 是为了确定含 $\delta(t-t_0)$ 的积分值（积分区间包含 $t=t_0$ 时刻），于是可得

$$
u(\boldsymbol{r},\, t) = \iiint\limits_{V}\left[\int_0^{t+\varepsilon} G(\boldsymbol{r},\, t;\, \boldsymbol{r}_0,\, t_0)f(\boldsymbol{r}_0,\, t_0)\,\mathrm{d}t_0 \right]\mathrm{d}V_0
$$

$$
- \iiint\limits_{V}\left[\int_0^{t+\varepsilon}(Gu_{t_0 t_0} - uG_{t_0 t_0})\,\mathrm{d}t_0 \right]\mathrm{d}V_0 + a^2 \iiint\limits_{V}\left[\int_0^{t+\varepsilon}(G\Delta_0 u - u\Delta_0 G)\,\mathrm{d}t_0 \right]\mathrm{d}V_0
$$

$$
\tag{6.233}
$$

右边第二个积分中 $Gu_{t_0 t_0} - uG_{t_0 t_0} = \mathrm{d}(Gu_{t_0} - uG_{t_0})/\mathrm{d}t_0$，因此可完成对 t_0 的积分。当 $t < t_0$ 时，$G=0$，$G_{t_0}=0$，可以得到

$$
u(\boldsymbol{r},\, t) = \iiint\limits_{V}\left[\int_0^{t} G(\boldsymbol{r},\, t;\, \boldsymbol{r}_0,\, t_0)f(\boldsymbol{r}_0,\, t_0)\,\mathrm{d}t_0 \right]\mathrm{d}V_0
$$

$$
+ \iiint\limits_{V}(Gu_{t_0} - uG_{t_0})\Big|_{t_0=0}\,\mathrm{d}V_0 + a^2 \iint\limits_{\Sigma}\left[\int_0^{t}\left(G\frac{\partial u}{\partial n_0} - u\frac{\partial G}{\partial n_0} \right)\mathrm{d}t_0 \right]\mathrm{d}\sigma_0
$$

$$
\tag{6.234}
$$

对于不同类型的边界条件，可令 G 满足相应的齐次边界条件，从而得到适合于不同边界条件的并且是用 G 表示的解的积分形式。

对于输运问题：

$$
\begin{cases}
u_t - a^2 \Delta u = f(\boldsymbol{r},\, t) & (\boldsymbol{r} \in V) \\[2mm]
\left(\alpha \dfrac{\partial u}{\partial n} + \beta u \right)\Big|_{\Sigma} = h(M,\, t) & (M \in \Sigma) \\[2mm]
u\,|_{t=0} = \varphi(\boldsymbol{r})
\end{cases}
\tag{6.235}
$$

类似前面的讨论可以得到其解的积分形式：

$$
u(\boldsymbol{r},\, t) = \iiint\limits_{V}\left[\int_0^{t} G(\boldsymbol{r},\, t;\, \boldsymbol{r}_0,\, t_0)f(\boldsymbol{r}_0,\, t_0)\,\mathrm{d}t_0 \right]\mathrm{d}V_0
$$

$$
+ \iiint\limits_{V}(uG)\Big|_{t_0=0}\,\mathrm{d}V_0 + a^2 \iint\limits_{\Sigma}\left[\int_0^{t}\left(G\frac{\partial u}{\partial n_0} - u\frac{\partial G}{\partial n_0} \right)\mathrm{d}t_0 \right]\mathrm{d}\sigma_0
\tag{6.236}
$$

显然，只要找到式(6.234)和式(6.236)中的格林函数，就可以确定定解问题的解。下面通过几个例题来说明用冲量法求含时间的格林函数的方法以及格林函数在求解波动问题和输运问题中的应用。

例 6.11 求解一维无界空间的受迫振动问题：

$$\begin{cases} u_{tt} - a^2 u_{xx} = f(x, t) \\ u \mid_{t=0} = 0, \ u_t \mid_{t=0} = 0 \end{cases} \tag{6.237}$$

解 这个问题的格林函数 G 满足定解问题：

$$\begin{cases} G_{tt} - a^2 G_{xx} = \delta(x - \xi_0)\delta(t - \tau_0) \\ G \mid_{t=0} = 0, \ G_t \mid_{t=0} = 0 \end{cases} \tag{6.238}$$

按照冲量法，G 的定解问题可以转化为

$$\begin{cases} G_{tt} - a^2 G_{xx} = 0 \\ G \mid_{t=\tau+0} = 0, \ G_t \mid_{t=\tau+0} = \delta(x - \xi) \end{cases} \tag{6.239}$$

这个问题的解由达朗贝尔公式给出，只是其中的 t 在这里应换为 $t-\tau$，则

$$G(x, t; \xi, \tau) = \frac{1}{2a} \int_{x-a(t-\tau)}^{x+a(t-\tau)} \delta(\xi_0 - \xi) \, \mathrm{d}\xi_0$$

$$= \begin{cases} 0 & (\xi < x - a(t-\tau) \ \text{或} \ x + a(t-\tau) < \xi) \\ \dfrac{1}{2a} & (x - a(t-\tau) < \xi < x + a(t-\tau)) \end{cases} \tag{6.240}$$

由式(6.234)可得 u 的解为

$$u(x, t) = \int_{\tau=0}^{t} \int_{\xi=x-a(t-\tau)}^{x+a(t-\tau)} \frac{1}{2a} f(\xi, \tau) \, \mathrm{d}\xi \, \mathrm{d}\tau \tag{6.241}$$

例 6.12 求解定解问题：

$$\begin{cases} u_{tt} - a^2 u_{xx} = A \cos \dfrac{\pi x}{l} \sin\omega t \\ u_x \mid_{x=0} = 0, \ u_x \mid_{x=l} = 0 \\ u \mid_{t=0} = 0, \ u_t \mid_{t=0} = 0 \end{cases} \tag{6.242}$$

解 因格林函数 G 满足：

$$\begin{cases} G_{tt} - a^2 G_{xx} = \delta(x - \xi)\delta(t - \tau) \\ G_x \mid_{x=0} = 0, \ G_x \mid_{x=l} = 0 \\ G \mid_{t=0} = 0, \ G_t \mid_{t=0} = 0 \end{cases} \tag{6.243}$$

按照冲量法，这个问题可以转化为

$$\begin{cases} G_{tt} - a^2 G_{xx} = 0 \\ G_x \mid_{x=0} = 0, \ G_x \mid_{x=l} = 0 \\ G \mid_{t=\tau+0} = 0, \ G_t \mid_{t=\tau+0} = \delta(x - \xi) \end{cases} \tag{6.244}$$

利用分离变量法，可求得

$$G(x, t; \xi, \tau) = \frac{1}{l}(t - \tau) + \frac{2}{\pi a} \sum_{n=1}^{\infty} \frac{1}{n} \sin \frac{n\pi a(t - \tau)}{l} \cos \frac{n\pi\xi}{l} \cos \frac{n\pi x}{l} \tag{6.245}$$

把式(6.245)代入式(6.234)，得

$$u(x, t) = \int_0^t \int_0^l f(\xi, \tau) G(x, t; \xi, \tau) \, d\xi \, d\tau$$

$$= \frac{1}{l} \int_0^t \int_0^l (t - \tau) A \cos \frac{\pi \xi}{l} \sin \omega \tau \, d\xi \, d\tau$$

$$+ \frac{2A}{\pi a} \sum_{n=1}^{\infty} \frac{1}{n} \cos \frac{n\pi x}{l} \int_0^t \int_0^l \cos \frac{\pi \xi}{l} \sin \omega \tau \, \sin \frac{n\pi a(t - \tau)}{l} \cos \frac{n\pi \xi}{l} \, d\xi \, d\tau$$

$$= \frac{2A}{\pi a} \sum_{n=1}^{\infty} \frac{1}{n} \cos \frac{n\pi x}{l} \int_0^l \cos \frac{\pi \xi}{l} \cos \frac{n\pi \xi}{l} \, d\xi \int_0^t \sin \omega \tau \, \sin \frac{n\pi a(t - \tau)}{l} \, d\tau$$

对 ξ 的积分等于 0，除非 $n=1$（对于 $n=1$，这个积分等于 $l/2$）。于是

$$u(x, t) = \frac{Al}{\pi a} \cos \frac{\pi x}{l} \int_0^t \sin \omega \tau \, \sin \frac{\pi a(t - \tau)}{l} \, d\tau$$

$$= \frac{Al}{\pi a} \frac{1}{\omega^2 - (\pi a/l)^2} \left(\omega \sin \frac{\pi a t}{l} - \frac{\pi a}{l} \sin \omega t \right) \cos \frac{\pi x}{l} \tag{6.246}$$

例 6.13　求解一维无界空间的有源输运问题：

$$\begin{cases} u_t - a^2 u_{xx} = f(x, t) \\ u \big|_{t=0} = 0 \end{cases} \tag{6.247}$$

解　格林函数 G 满足定解问题：

$$\begin{cases} G_t - a^2 G_{xx} = \delta(x - \xi)\delta(t - \tau) \\ G \big|_{t=0} = 0 \end{cases} \tag{6.248}$$

这个问题可以转化为

$$\begin{cases} G_t - a^2 G_{xx} = 0 \\ G \big|_{t=\tau+0} = \delta(x - \xi) \end{cases} \tag{6.249}$$

可以利用傅里叶积分变换法得到无界空间输运问题的格林函数为

$$G(x, t; \xi, \tau) = \int_{-\infty}^{\infty} \delta(x_0 - \xi) \left[\frac{1}{2a\sqrt{\pi(t - \tau)}} e^{-\frac{(x-x_0)^2}{4a^2(t-\tau)}} \right] dx_0$$

$$= \frac{1}{2a\sqrt{\pi(t - \tau)}} e^{-\frac{(x-\xi)^2}{4a^2(t-\tau)}} \tag{6.250}$$

从而由式(6.236)可得输运问题的解为

$$u(x, t) = \int_{\tau=0}^t \int_{\xi=-\infty}^{\infty} f(\xi, \tau) \left[\frac{1}{2a\sqrt{\pi(t - \tau)}} e^{-\frac{(x-\xi)^2}{4a^2(t-\tau)}} \right] d\xi \, d\tau \tag{6.251}$$

总之，上述方法中关键是利用了瞬时力的冲量等于速度的增量这一冲量原理，因此被称为冲量法。

6.5　本　章　小　结

1. δ 函数的定义与性质

定义：

$$\delta(x - x_0) = \begin{cases} 0 & (x \neq x_0) \\ \infty & (x = x_0) \end{cases}, \qquad \int_{-\infty}^{\infty} \delta(x - x_0) \, dx = 1$$

主要性质：

(1) $\displaystyle\int_{-\infty}^{\infty} f(x)\delta(x - x_0)\,\mathrm{d}x = f(x_0)$；

(2) $\delta(x - x_0) = \delta(x_0 - x)$；

(3) $\displaystyle\int_{-\infty}^{\infty} f(x)\delta'(x - a)\,\mathrm{d}x = -f'(a)$；

(4) $\displaystyle\delta[\varphi(x)] = \sum_{i=1}^{k} \frac{\delta(x - x_i)}{|\varphi'(x_i)|}$；

(5) $\delta(x - x_0) = \dfrac{\mathrm{d}}{\mathrm{d}x}\mathrm{H}(x - x_0)$；

(6) $\displaystyle\iiint_{-\infty}^{\infty} f(M)\delta(M - M_0)\,\mathrm{d}V = f(M_0)$。

2. 格林公式

第一格林公式：

$$\iint_{\sigma} v\nabla u \cdot \mathrm{d}\sigma = \iiint_{\tau} v\Delta u\,\mathrm{d}\tau + \iiint_{\tau} \nabla v \cdot \nabla u\,\mathrm{d}\tau$$

第二格林公式：

$$\iint_{\sigma} \left(u\frac{\partial v}{\partial n} - v\frac{\partial u}{\partial n} \right) \mathrm{d}\sigma = \iiint_{\tau} (u\Delta v - v\Delta u)\,\mathrm{d}\tau$$

3. 泊松方程 $\Delta u = -h(r)$ 的基本积分公式

$$u(M) = \iiint_{\tau} G(M, M_0)h(M_0)\,\mathrm{d}\tau_0 + \iint_{\sigma} G(M, M_0)\frac{\partial u}{\partial n_0}\,\mathrm{d}\sigma_0$$
$$- \iint_{\sigma} u(M_0)\frac{\partial}{\partial n_0}G(M, M_0)\,\mathrm{d}\sigma_0$$

其中，格林函数 $G(M, M_0)$ 满足：

$$\Delta G(M, M_0) = -\delta(M - M_0) \qquad (M \in \tau)$$

4. 泊松方程的边值问题

(1) 第一类边值问题：

$$\begin{cases} \Delta u(M) = -h(M) & (M \in \tau) \\ u\,|_{\sigma} = f(M) \end{cases}$$

狄氏格林函数为

$$\begin{cases} \Delta G(M, M_0) = -\delta(M - M_0) & (M \in \tau) \\ G(M, M_0)\,|_{\sigma} = 0 \end{cases}$$

其解为

$$u(M) = \iiint_{\tau} G(M, M_0)h(M_0)\,\mathrm{d}\tau_0 - \iint_{\sigma} f(M_0)\frac{\partial}{\partial n_0}G(M, M_0)\,\mathrm{d}\sigma_0$$

(2) 第二类边值问题：

$$\begin{cases} \Delta u(M) = -h(M) & (M \in \tau) \\ \dfrac{\partial u}{\partial n}\bigg|_{\sigma} = \dfrac{1}{\alpha}g(M) \end{cases}$$

需要引入推广的格林函数：

$$\begin{cases} \Delta G(M, M_0) = -\delta(M - M_0) - \dfrac{1}{V_\tau} & (M \in \tau) \\ \left. \dfrac{\partial G}{\partial n} \right|_\sigma = 0 \end{cases}$$

其解为

$$u(M) = \iiint\limits_\tau G(M, M_0) h(M_0)\, \mathrm{d}\tau_0 + \frac{1}{\alpha} \iint\limits_\sigma G(M, M_0) g(M_0)\, \mathrm{d}\sigma_0$$

（3）第三类边值问题：

$$\begin{cases} \Delta u = -h(\boldsymbol{r}) & (\boldsymbol{r} \in \tau) \\ \left[\alpha \dfrac{\partial u}{\partial n} + \beta u \right]_\sigma = g(M) \end{cases}$$

格林函数满足：

$$\begin{cases} \Delta G(M, M_0) = -\delta(M - M_0) & (M \in \tau) \\ \left[\alpha \dfrac{\partial}{\partial n} G(M, M_0) + \beta G(M, M_0) \right]_\sigma = 0 \end{cases}$$

其解为

$$u(M) = \iiint\limits_\tau G(M, M_0) h(M_0)\, \mathrm{d}\tau_0 + \frac{1}{\alpha} \iint\limits_\sigma G(M, M_0) g(M_0)\, \mathrm{d}\sigma_0$$

5. 格林函数的求解

（1）自由空间的格林函数（泊松方程的基本解）：

$$\Delta G(M, M_0) = -\delta(M - M_0)$$

三维：

$$G(M, M_0) = \frac{1}{4\pi r}$$

二维：

$$G = \frac{1}{2\pi} \ln \frac{1}{r}$$

（2）三维泊松方程的第一类边值问题（狄氏问题）的格林函数满足：

$$\begin{cases} \Delta G(M, M_0) = -\delta(M - M_0) & (M \in \tau) \\ G(M, M_0)\,|_\sigma = 0 \end{cases}$$

其中

$$G(M, M_0) = \frac{1}{4\pi r} + G_1$$

$$\begin{cases} \Delta G_1 = 0 & (M \in \tau) \\ G_1\,|_\sigma = -\left. \dfrac{1}{4\pi r} \right|_\sigma \end{cases}$$

称为三维狄氏格林函数。

二维泊松方程的狄氏问题的格林函数满足：

$$\begin{cases} \Delta G = -\delta(M - M_0) & (M \in \sigma) \\ G\,|_l = 0 \end{cases}$$

其中

$$G(M, M_0) = \frac{1}{2\pi} \ln \frac{1}{r} + G_1$$

$$\begin{cases} \Delta G_1 = 0 \quad (M \in \sigma) \\ G_1 \mid_l = -\frac{1}{2\pi} \ln \frac{1}{r} \Big|_l \end{cases}$$

称为二维狄氏格林函数。

(3) 用电像法求解泊松方程的格林函数 G。

球的狄氏格林函数：

$$G = \frac{1}{4\pi r} - \frac{a/\rho_0}{4\pi r_1}$$

圆域的狄氏格林函数：

$$G(M, M_0) = \frac{1}{2\pi} \ln \frac{1}{r} - \frac{1}{2\pi} \ln \frac{a/\rho_0}{r_1} = \frac{1}{2\pi} \ln \frac{\rho_0 r_1}{ar}$$

半空间的狄氏格林函数：

$$G(M, M_0) = \frac{1}{4\pi r} - \frac{1}{4\pi r_1}$$

半平面的狄氏格林函数：

$$G = \frac{1}{2\pi} \ln \frac{1}{r} - \frac{1}{2\pi} \ln \frac{1}{r_1} = \frac{1}{2\pi} \ln \frac{r_1}{r}$$

习　题

6.1　试证 $\delta(x)$ 的傅里叶积分表示式为

$$\delta(x) = \frac{1}{2\pi} \int_{-\infty}^{\infty} e^{i\omega x} \, d\omega$$

6.2　用 δ 函数表示傅里叶变换 $F[e^{iax}]$，其中 a 为常数。

答案：$F[e^{iax}] = 2\pi\delta(a - \omega)$。

6.3　计算积分：

(1) $\int_{-1}^{1} e^x \delta(x) \, dx$；　　　　(2) $\int_{1}^{2} \tan x \delta(x) \, dx$；

(3) $\int_{-1}^{1} e^x x \delta'(x) dx$；　　　　(4) $\int_{-2}^{1} \sin x \delta'\left(x + \frac{1}{3}\right) dx$。

答案：(1) 1；(2) 0；(3) -1；(4) $-\cos \frac{1}{3}$。

6.4　利用 δ 函数求：

(1) $F[\cos ax]$；(2) $F[\sin ax]$。

答案：(1) $\pi[\delta(\omega - a) + \delta(\omega + a)]$；(2) $i\pi[\delta(\omega + a) - \delta(\omega - a)]$。

6.5　利用傅里叶变换法和 δ 函数的性质求解定解问题：

$$\begin{cases} u_t = u_{xx} \quad (-\infty < x < \infty, \, t > 0) \\ u(x, 0) = \cos x \end{cases}$$

答案：$e^{-t}\cos x$。

6.6　计算积分 $I = \displaystyle\int_0^\infty \cos ax \, \cos bx \, \mathrm{d}x \quad (a > 0, \, b > 0)$。

答案：$I = \dfrac{\pi}{2}\delta(a-b)$。

6.7　求解圆域的定解问题：
$$\begin{cases} \Delta u = 0 & (\rho = \sqrt{x^2 + y^2} < a) \\ u\,|_{\rho=a} = f(\varphi) \end{cases}$$

答案：$u(\rho, \varphi) = \dfrac{1}{2\pi}\displaystyle\int_0^{2\pi} f(\varphi_0)\, \dfrac{a^2 - \rho^2}{a^2 + \rho^2 - 2a\rho\cos(\varphi - \varphi_0)}\, \mathrm{d}\varphi_0$。

6.8　求解边值问题：
$$\begin{cases} \Delta u = f(x, y) & (-\infty < x < \infty, \, y > 0) \\ u\,|_{y=0} = \varphi(x) \end{cases}$$

答案：
$$u(x, y) = \dfrac{y}{\pi}\int_{-\infty}^\infty \dfrac{\varphi(x_0)}{(x - x_0)^2 + y^2}\, \mathrm{d}x$$
$$+ \dfrac{1}{4\pi}\int_0^\infty \int_{-\infty}^\infty f(x_0, y_0) \ln \dfrac{(x - x_0)^2 + (y - y_0)^2}{(x - x_0)^2 + (y + y_0)^2}\, \mathrm{d}x\, \mathrm{d}y$$

6.9　一个半径为 R 的均质球，球内温度已达到稳定分布，且球面的下半部分保持 $0℃$，而球面的上半部分保持 $50℃$，求球心处的温度。

答案：定解问题为
$$\begin{cases} \Delta u = 0 & (\rho < R) \\ u\,|_{\rho=R} = \begin{cases} 50 & \left(0 \leqslant \theta \leqslant \dfrac{\pi}{2}\right) \\ 0 & \left(\dfrac{\pi}{2} < \theta \leqslant \pi\right) \end{cases} \end{cases}$$

$u(0, \theta, \varphi) = 25℃$。

6.10　利用格林函数法求解定解问题：
$$\begin{cases} u_t - a^2 u_{xx} = \sin\omega t \\ u_x\,|_{x=0} = u_x\,|_{x=l} = 0 \\ u\,|_{t=0} = 0 \end{cases}$$

答案：$\dfrac{1}{\omega}(1 - \cos\omega t)$。

第 7 章　数学物理方程的其他解法

前面几章主要讨论了求解数学物理方程的行波解、分离变量法、积分变换法和格林函数法，它们的适用范围比较广。本章再介绍几种求解数学物理方程的其他方法，包括延拓法、保角变换法、积分方程法和变分法等，以便读者掌握不同的求解技巧和方法。

7.1　延　拓　法

在积分变换法中，我们已经看到，对空间变量进行傅里叶变换时，函数必须是在整个 $(-\infty, \infty)$ 区间上定义的，如果函数只在 $[0, \infty)$ 上有定义，就必须对函数进行适当的延拓，在 $(-\infty, 0)$ 上补充定义，以满足傅里叶积分变换的要求。这种根据定解问题的性质补充拓展定义以适应问题的求解方法称为延拓法。以下通过具体实例说明这种方法的应用。

7.1.1　半无界杆的热传导问题

对于一个细杆的热传导问题，当所考虑的杆的一个端点很远时，就可以略去这一端的影响，把这根杆看做是半无界的。对于一个半无界的杆，如果保持杆的一端温度为零，初始时杆的温度分布函数为 $\varphi(x)$，则这个杆的温度分布的定解问题可表述为

$$\begin{cases} \dfrac{\partial u}{\partial t} - a^2 \dfrac{\partial^2 u}{\partial x^2} = 0 & (0 < x < \infty) \\ u(0, t) = 0 \\ u(x, 0) = \varphi(x) \end{cases} \tag{7.1}$$

注意初始条件中的 $\varphi(x)$ 只在 $0 < x < \infty$ 内有意义，如果是无界一维热传导问题，就可以分别采用傅里叶积分变换或者格林函数法来求解，因此，采用延拓法来解此问题，即将初始函数延拓到 $-\infty < x < 0$ 的区间上。这相当于把半无界杆设想为无界杆的 $x \geqslant 0$ 部分，但保持中点 $x = 0$ 处 $u(0, t) = 0$，因而无界杆的初始温度分布必须是奇函数，这样就把半无界问题转化为温度为零的无界问题，即

$$\begin{cases} \dfrac{\partial u}{\partial t} - a^2 \dfrac{\partial^2 u}{\partial x^2} = 0 & (-\infty < x < \infty) \\ u(x, 0) = \begin{cases} \varphi(x) & (x \geqslant 0) \\ -\varphi(-x) & (x < 0) \end{cases} \end{cases} \tag{7.2}$$

仿照 6.4.2 节含时间的格林函数解的应用，可知无界一维无源热传导问题的解为

$$u(x, t) = \int_{-\infty}^{\infty} u(\xi, 0) G(x, \xi; t) \, \mathrm{d}\xi \tag{7.3}$$

其中

$$G(x, \xi; t) = \frac{1}{2a\sqrt{\pi t}} e^{-\frac{(x-\xi)^2}{4a^2 t}} \tag{7.4}$$

因此，原问题的解为

$$
\begin{aligned}
u(x, t) &= \int_{-\infty}^{\infty} u(\xi, 0) G(x, \xi; t) \, d\xi \\
&= \int_{-\infty}^{0} -\varphi(-\xi) G(x, \xi; t) \, d\xi + \int_{0}^{\infty} \varphi(\xi) G(x, \xi; t) \, d\xi \\
&= \int_{0}^{\infty} [G(x, \xi; t) - G(x, -\xi; t)] \varphi(\xi) \, d\xi \\
&= \int_{0}^{\infty} \frac{1}{2a\sqrt{\pi t}} [e^{-\frac{(x-\xi)^2}{4a^2 t}} - e^{-\frac{(x+\xi)^2}{4a^2 t}}] \varphi(\xi) \, d\xi
\end{aligned} \tag{7.5}
$$

7.1.2　有界弦的自由振动

利用延拓法也可以解有界区域的定解问题，为简单起见，考虑两端固定、长为 l 的弦的自由振动，这个问题的方程及定解条件为

$$
\begin{cases}
\dfrac{\partial^2 u}{\partial t^2} - a^2 \dfrac{\partial^2 u}{\partial x^2} = 0 & (0 < x < l) \\
u(0, t) = u(l, t) = 0 \\
u(x, 0) = \varphi(x), \ u_t(x, 0) = \psi(x)
\end{cases} \tag{7.6}
$$

将 $\varphi(x)$ 和 $\psi(x)$ 在区间 $[0, l]$ 之外延拓为周期是 $2l$ 的奇函数，例如将它展成 $2l$ 为周期的正弦函数 $\varphi_c(x)$ 和 $\psi_c(x)$，它们分别满足条件：

$$
\begin{cases}
\varphi_c(x) = -\varphi_c(-x), & \psi_c(x) = -\psi_c(-x) \\
\varphi_c(x) = \varphi_c(x + 2l), & \psi_c(x) = \psi_c(x + 2l)
\end{cases} \tag{7.7}
$$

$\varphi_c(x)$ 和 $\psi_c(x)$ 在 $-\infty < x < \infty$ 内都有定义，而在区间 $0 < x < l$ 上就是 $\varphi(x)$ 和 $\psi(x)$，于是问题可转化为

$$
\begin{cases}
\dfrac{\partial^2 u}{\partial t^2} - a^2 \dfrac{\partial^2 u}{\partial x^2} = 0 & (-\infty < x < \infty, \ t > 0) \\
u(x, 0) = \varphi_c(x), \ u_t(x, 0) = \psi_c(x)
\end{cases} \tag{7.8}
$$

根据达朗贝尔公式，它的解为

$$u(x, t) = \frac{1}{2} [\varphi_c(x + at) + \varphi_c(x - at)] + \frac{1}{2a} \int_{x-at}^{x+at} \psi_c(x) \, dx \tag{7.9}$$

容易验证这个解满足定解问题（式（7.6））中的边界条件 $u(0, t) = u(l, t) = 0$。

例 7.1　应用延拓法解定解问题：

$$
\begin{cases}
\dfrac{\partial^2 u}{\partial t^2} - a^2 \dfrac{\partial^2 u}{\partial x^2} = 0 & (0 < x < l, \ t > 0) \\
u(0, t) = u(l, t) = 0 \\
u(x, 0) = Ax(l - x), \ u_t(x, 0) = 0
\end{cases} \tag{7.10}
$$

解　首先将 $\varphi(x) = Ax(l-x)$ 延拓成以 $2l$ 为周期的奇函数，即将 $\varphi(x)$ 展成以 $2l$ 为周期的正弦函数：

$$Ax(l - x) = \sum_{n=1}^{\infty} b_n \sin \frac{n\pi x}{l} \tag{7.11}$$

容易求出傅里叶系数：

$$b_n = \frac{1}{l} \int_{-l}^{l} Ax(l-x) \sin \frac{n\pi x}{l} \, \mathrm{d}x$$

$$= \begin{cases} \dfrac{8Al^2}{n^3\pi^3} & (n \text{ 为奇数}) \\ 0 & (n \text{ 为偶数}) \end{cases} \tag{7.12}$$

于是

$$\varphi_c(x) = \frac{8Al^2}{\pi^3} \sum_{k=1}^{\infty} \frac{1}{(2k-1)^3} \sin \frac{(2k-1)\pi x}{l} \tag{7.13}$$

$$\psi_c(x) = 0 \tag{7.14}$$

将式(7.13)和式(7.14)代入式(7.9)，得

$$u(x, t) = \frac{1}{2} \big[\varphi_c(x+at) + \varphi_c(x-at) \big]$$

$$= \frac{4Al^2}{\pi^3} \left\{ \sum_{k=1}^{\infty} \frac{1}{(2k-1)^3} \left[\sin \frac{(2k-1)\pi(x+at)}{l} + \sin \frac{(2k-1)\pi(x-at)}{l} \right] \right\}$$

$$= \frac{8Al^2}{\pi^3} \sum_{k=1}^{\infty} \frac{1}{(2k-1)^3} \sin \frac{(2k-1)\pi x}{k} \cos \frac{2(k-1)\pi at}{l} \tag{7.15}$$

可以验证这个解与用分离变量法得到的结果完全一致。

7.2 保角变换法

电学、光学、流体力学和弹性力学中的很多实际问题，都可以归结为求解平面场的拉普拉斯方程或泊松方程的边值问题，而这些边值问题中的边界形状通常十分复杂，可以设法先将它转化为简单形状边界的边值问题，然后求解。本节所介绍的保角变换法就是按照这种思路求解问题的有效方法。

7.2.1 单叶解析函数与保角变换的定义

首先介绍单叶解析函数的概念。从几何概念上来说，复变函数 $\omega = f(z)$ 是将 z 平面上的点集 D 对应到 ω 平面上的点集 G 的变换(或映射)，但是我们感兴趣的只是 z 与 ω 构成一一对应的变换(或映射)。

对于单值解析函数 $\omega = f(z)$，按照其定义，对于每个 z 只有一个 ω 与它对应，反之不一定成立(例如单值解析函数 $\omega = z^2$ 就是一例)。若要构成双向单值解析函数，则 z 与 ω 构成一一对应的关系。换句话说，要从变换 $\omega = u + \mathrm{i}v = f(z)$ 中解出(至少在理论上) x 和 y 作为 u 和 v 的单值函数。根据高等数学的知识，允许上面这样做的条件是该变换的雅可比行列式不等于零，即

$$J\left(\frac{u, v}{x, y}\right) = \begin{vmatrix} \dfrac{\partial u}{\partial x} & \dfrac{\partial u}{\partial y} \\ \dfrac{\partial v}{\partial x} & \dfrac{\partial v}{\partial y} \end{vmatrix} \neq 0 \tag{7.16}$$

另一方面，由于 $\omega = f(z)$ 是解析函数，所以 u 和 v 必须满足柯西-黎曼条件。因此条件

(7.16)可改写成

$$J\left(\frac{u,v}{x,y}\right) = \frac{\partial u}{\partial x}\frac{\partial v}{\partial y} - \frac{\partial v}{\partial x}\frac{\partial u}{\partial y} = \left(\frac{\partial u}{\partial x}\right)^2 + \left(\frac{\partial v}{\partial x}\right)^2 = \left|\frac{\partial u}{\partial x} + i\frac{\partial v}{\partial x}\right|^2 = |f'(z)|^2 \neq 0$$

(7.17)

于是,可以得到以下定理。

定理 1 若 $f(z)$ 是 D 上的单值解析函数,且 $f'(z) \neq 0 (z \in D)$,则变换 $\omega = f(z)$ 在区域 D 上构成一一对应的变换(或映射),并称该变换为 D 域上的单叶变换,函数 $\omega = f(z)$ 为 D 域上的单叶解析函数。

下面进一步研究这种单叶变换的特点。图 7.1 中,设 z 平面上的原像曲线 C 经单叶变换 $\omega = f(z)$ 变成 ω 平面上的变像曲线 Γ;在 C 上的无穷小弦长为 Δz,则在 Δz 上的变像为 $\Delta \omega$,分别记为

$$\begin{cases} \Delta z = |\Delta z| e^{i\theta} \\ \Delta \omega = |\Delta \omega| e^{i\varphi} \end{cases}$$

(7.18)

于是

$$f'(z) = \lim_{\Delta z \to 0} \frac{\Delta \omega}{\Delta z} = \lim_{\Delta z \to 0} \left|\frac{\Delta \omega}{\Delta z}\right| e^{i(\varphi - \theta)}$$

(7.19)

显然

$$\lim_{\Delta z \to 0} \left|\frac{\Delta \omega}{\Delta z}\right| = |f'(z)|$$

(7.20)

和

$$\lim_{\Delta z \to 0}(\varphi - \theta) = \arg f'(z)$$

(7.21)

$$|\Delta \omega| = |f'(z)||\Delta z|$$

(7.22)

$$\arg \Delta \omega = \arg \Delta z + \arg f'(z)$$

(7.23)

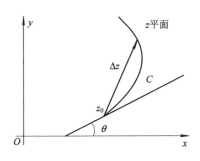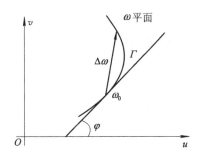

图 7.1 原像曲线与变像曲线示意

由于 $f'(z) \neq 0$,所以模 $|f'(z)|$ 及辐角 $\arg f'(z)$ 均存在,且与 Δz 趋于零的方式无关。因此,由式(7.22)和式(7.23)得到单叶解析函数 $\omega = f(z)$ 变换(或映射)的特点如下:

1) 伸缩率不变

在变换下,任何过 $\omega_0(= f(z_0))$ 的变像曲线在 ω_0 处的无穷小弦长,与其过点 z_0 的原像曲线在 z_0 处的无穷小弦长之比的极限,不管曲线的方向如何,都等于 $|f'(z_0)|$。换句话说,一切过 z_0 点的曲线的无穷小弦长都变为原来的 $|f'(z_0)|$ 倍,可知无穷小面积就变为原来的 $|f'(z_0)|^2$ 倍。这正是高等数学中定义的面积变换因子雅可比行列式 $J\left(\frac{u,v}{x,y}\right)$ 的值。

2) 旋转角的大小及方向不变

一切过 z_0 点的曲线,经变换后其切线朝同一方向旋转同一角度 $\arg f'(z)$。因此,很容易推论:曲线的夹角在变换下必须保持大小和方向两者都不变,如图 7.2 所示。

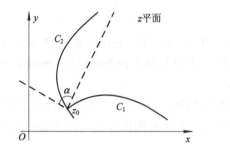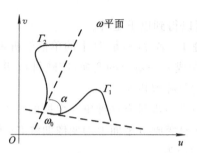

图 7.2 旋转角变换不变示意

定义这种具有以上两个特点的解析函数 $\omega = f(z)$ 的变换为保角变换。若在 z_0 点具有上述两个特性,则称 $\omega = f(z)$ 在 z_0 点处是保角的;若在 D 域内的每一点都是保角的,则称 $\omega = f(z)$ 是 D 域上的保角变换(第一类保角变换)。如果是具有伸缩率不变、保持夹角的绝对值不变而转向相反的变换(如 $\omega = z^*$),则称之为第二类保角变换。

由于单叶解析函数 $\omega = f(z)$ 的变换也具有上述两个特性,因此可以得到推论:在区域 D 上的单叶解析函数 $\omega = f(z)$ 所作的变换一定是第一类保角变换。

上面的推论中要用到 $f'(z) \neq 0$ 的条件。因为当 $f'(z) = 0$ 时,$\arg f'(x)$ 没有意义,从而不能断言角度保持不变。为了考虑这一情况,假设 $z = z_0$ 是 $f'(z)$ 的 $n-1$ 阶零点,并且具有如下形式:

$$f'(z) = nc_n(z - z_0)^{n-1} + (n+1)c_{n+1}(z - z_0)^n + \cdots \tag{7.24}$$

式中,系数 c_n 为复常数。于是有

$$f(z) = f(z_0) + c_n(z - z_0)^n + c_{n+1}(z - z_0)^{n+1} + \cdots \tag{7.25}$$

式中,$f(z_0)$ 是复常数,但不一定等于零。若令

$$\begin{cases} \Delta\omega = f(z) - f(z_0) \\ \Delta z = z - z_0 \end{cases} \tag{7.26}$$

则由式(7.25)可得

$$\frac{\Delta\omega}{c_n(\Delta z)^n} = 1 + \frac{c_{n+1}}{c_n}\Delta z + \cdots \tag{7.27}$$

当 $\Delta z \to 0$ 时,式(7.27)右端趋近于 1,所以

$$\lim_{\Delta z \to 0}\left[\arg\Delta\omega - \arg c_n(\Delta z)^n\right] = \arg 1 = 0 \tag{7.28}$$

或

$$\arg\Delta\omega = \arg c_n + n\arg\Delta z \qquad (\Delta z \to \infty) \tag{7.29}$$

设在 z 平面上夹角为 α 的无穷小弦长为 Δz_1 和 Δz_2,即

$$\alpha = \arg\Delta z_1 - \arg\Delta z_2 \tag{7.30}$$

Δz_1 和 Δz_2 的变像为 $\Delta\omega_1$ 和 $\Delta\omega_2$,则根据式(7.29)有

$$\arg\Delta\omega_1 = \arg c_n + n\arg\Delta z_1 \tag{7.31}$$

$$\arg\Delta\omega_2 = \arg c_n + n\arg\Delta z_2 \tag{7.32}$$

式(7.31)减式(7.32)，得

$$\arg\Delta\omega_1 - \arg\Delta\omega_2 = n(\arg\Delta z_1 - \arg\Delta z_2) = na \tag{7.33}$$

这样又得到如下结论：

定理 2　解析函数 $\omega = f(z)$ 在 $f'(z) \neq 0$ 的点上变换是保角的；在 $f'(z) = 0$ 的点上，若该点又是 $f'(z)$ 的 $n-1$ 阶零点，则夹角为 a 的无穷小弦长的变像之夹角为 na。

例如，$\omega = f(z) = z^2$，在 z 平面上处处解析。除 $z = 0$ 点之外，处处有 $f'(z) \neq 0$，所以变换 $\omega = z^2$ 是保角的；在 $z = 0$ 点处，$f'(z) = 2z$ 是一阶零点，因此，以原点为顶角的角，在变换 $\omega = z^2$ 下，变像的夹角不是保持不变，而是扩大了一倍。同理，在 $z = 0$ 点处，在变换 $\omega = z^n$ 下，任何以原点为顶角的角度要扩大 n 倍。

7.2.2　拉普拉斯方程的解

保角变换之所以受人重视，主要是因为拉普拉斯方程的解在经过一个保角变换后仍然是拉普拉斯方程的解，即：

定理 3　在单叶解析函数的变换(保角变换)下，拉普拉斯方程仍然变为拉普拉斯方程。

证明　设 $\omega = f(z) = u(x, y) + \mathrm{i}v(x, y)$ 是一单叶解析函数，且 $\varphi(x, y)$ 满足拉普拉斯方程：

$$\frac{\partial^2 \varphi}{\partial x^2} + \frac{\partial^2 \varphi}{\partial y^2} = 0 \tag{7.34}$$

在变换 $\omega = f(z)$ 下，$\varphi(x, y)$ 变成 u 与 v 的一个函数，于是

$$\frac{\partial \varphi}{\partial x} = \frac{\partial \varphi}{\partial u}\frac{\partial u}{\partial x} + \frac{\partial \varphi}{\partial v}\frac{\partial v}{\partial x} \tag{7.35}$$

及

$$\frac{\partial \varphi}{\partial y} = \frac{\partial \varphi}{\partial u}\frac{\partial u}{\partial y} + \frac{\partial \varphi}{\partial v}\frac{\partial v}{\partial y} \tag{7.36}$$

对式(7.35)与式(7.36)求导，得 $\dfrac{\partial^2 \varphi}{\partial x^2}$ 和 $\dfrac{\partial^2 \varphi}{\partial y^2}$ 的表达式，然后将它们相加，有

$$\begin{aligned}
\frac{\partial^2 \varphi}{\partial x^2} + \frac{\partial^2 \varphi}{\partial y^2} ={}& \frac{\partial \varphi}{\partial u}\left(\frac{\partial^2 u}{\partial x^2} + \frac{\partial^2 u}{\partial y^2}\right) + \frac{\partial^2 \varphi}{\partial u^2}\left[\left(\frac{\partial u}{\partial x}\right)^2 + \left(\frac{\partial u}{\partial y}\right)^2\right] \\
& + 2\frac{\partial^2 \varphi}{\partial u \partial v}\left(\frac{\partial u}{\partial x}\frac{\partial v}{\partial x} + \frac{\partial u}{\partial y}\frac{\partial v}{\partial y}\right) + \frac{\partial \varphi}{\partial v}\left(\frac{\partial^2 v}{\partial x^2} + \frac{\partial^2 v}{\partial y^2}\right) \\
& + \frac{\partial^2 \varphi}{\partial v^2}\left[\left(\frac{\partial v}{\partial x}\right)^2 + \left(\frac{\partial v}{\partial y}\right)^2\right]
\end{aligned} \tag{7.37}$$

由于 $\omega = u + \mathrm{i}v$ 是解析函数，所以其实部 u 与虚部 v 分别满足拉普拉斯方程，且满足柯西-黎曼条件，此外，再利用导数 $f'(z)$ 的表达式，可得

$$\frac{\partial^2 \varphi}{\partial x^2} + \frac{\partial^2 \varphi}{\partial y^2} = |f'(z)|^2\left(\frac{\partial^2 \varphi}{\partial u^2} + \frac{\partial^2 \varphi}{\partial v^2}\right) = 0 \tag{7.38}$$

因为 $\omega = f(z)$ 是单叶解析函数，所以 $f'(z) \neq 0$，则

$$\frac{\partial^2 \varphi}{\partial u^2} + \frac{\partial^2 \varphi}{\partial v^2} = 0 \tag{7.39}$$

即 $\varphi(x, y)$ 在变换成 $\varphi(u, v)$ 后，仍然满足拉普拉斯方程。

同理可证，在单叶解析函数 $\omega = f(z)$ 变换下，泊松方程

$$\frac{\partial^2 \varphi}{\partial x^2} + \frac{\partial^2 \varphi}{\partial y^2} = -\rho(x, y) \tag{7.40}$$

仍然变为泊松方程

$$\frac{\partial^2 \varphi}{\partial u^2} + \frac{\partial^2 \varphi}{\partial v^2} = -\rho^*(u, v) \tag{7.41}$$

式中

$$\rho^*(u, v) = |f'(z)|^2 \rho(x, y) \tag{7.42}$$

由式(7.42)可知，在保角变换下，泊松方程中的电荷密度从 $\rho(x, y)$ 变为 $\rho^*(u, v) |f'(z)|^{-2}$，这是因为变换后的面积微元变为原来的 $|f'(z)|^2$ 倍；另一方面，根据电荷守恒定律，总电量不受变换影响，于是电荷密度才有上述变化。

同理也可证明，亥姆霍兹方程

$$\frac{\partial^2 \varphi}{\partial x^2} + \frac{\partial^2 \varphi}{\partial y^2} + k^2 \varphi = 0 \tag{7.43}$$

经变换后仍然变为亥姆霍兹方程

$$\frac{\partial^2 \varphi}{\partial u^2} + \frac{\partial^2 \varphi}{\partial v^2} + k^2 |f'(z)|^2 \varphi = 0 \tag{7.44}$$

但方程要比原先复杂，φ 前的系数有可能不是常数。

例 7.2 两块无穷大导体板相交成直角，电势为 V_0，求直角区域内的电场分布解。

解 由对称性可知，垂直于导体板交线的任意平面上电场都相同，因而可以取一个这样的平面求解二维拉普拉斯方程

$$\frac{\partial^2 \Phi}{\partial x^2} + \frac{\partial^2 \Phi}{\partial y^2} = 0 \tag{7.45}$$

的边值问题

$$\Phi|_{x=0} = \Phi|_{y=0} = V_0 \tag{7.46}$$

利用变换

$$\omega = z^2 \tag{7.47}$$

将所讨论的直角形区域映射成 ω 的上半平面，见图 7.3。于是，边值问题成为

$$\frac{\partial^2 \Phi}{\partial u^2} + \frac{\partial^2 \Phi}{\partial v^2} = 0 \tag{7.48}$$

$$\Phi|_{v=0} = V_0 \tag{7.49}$$

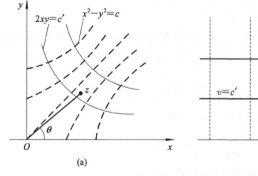

图 7.3 直角区域内的电场分布与变换

(a) 电场分布；(b) 坐标变换图

由对称性可见，解与 u 无关，因而有

$$\frac{\mathrm{d}^2 \Phi}{\mathrm{d}v^2} = 0, \quad \Phi = Av + V_0 \tag{7.50}$$

等势面是 $v=$ 常数，而电场线是 $u=$ 常数。回到 z 平面就成为图 7.3(a) 上的实线和虚线。

例 7.3　两块无穷大平板平放在一起，连接处绝缘。两板的电势分别为 V_1 和 V_2，求板外的电场分布。

解　由图 7.4 可见，利用分式线性变换可以将问题转化为 ω 平面上的两无穷大平行板之间的电场分布。容易得到

$$\Phi(u, v) = \frac{V_1 - V_2}{\pi} v + V_2 \tag{7.51}$$

回到 z 平面上，可以得到

$$\Phi = \frac{V_1 - V_2}{\pi} \arg z + V_2 \tag{7.52}$$

这是经过原点的半直线（图 7.4(a) 中的实线）。电场线是和这一直线族垂直的曲线族，即以原点为中心的半圆，如图 7.4(a) 中的虚线所示。

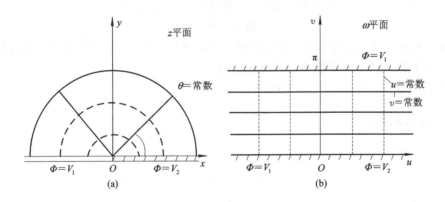

图 7.4　平板外电场分布与变换

(a) 电场分布；(b) 坐标变换图

7.3　积分方程的迭代解法

积分方程是研究数学其他学科和各种物理问题的一个重要数学工具。它在弹性介质理论和流体力学中应用很广，也常见于电磁场理论中。本节将介绍求解积分方程的理论和一般方法。

7.3.1　积分方程的几种分类

在方程中，若未知函数在积分号下出现，则称这种方程为积分方程。一般的线性积分方程可写为如下的形式：

$$h(x)g(x) - \lambda \int_a^b \boldsymbol{K}(x, y)g(y)\,\mathrm{d}y = f(x) \tag{7.53}$$

其中，$h(x)$和$f(x)$是已知函数，$g(x)$是未知函数，λ是常数因子(经常起一个本征值的作用)，而$\boldsymbol{K}(x, y)$被称为积分方程的核，也是已知函数。在式(7.53)中，若$h(x)=0$，则有

$$\int_a^b \boldsymbol{K}(x, y)g(y)\,\mathrm{d}y = f(x) \tag{7.54}$$

称为第一类弗雷德霍姆(Fredholm)方程。

若$h(x)=1$，则有

$$g(x) - \lambda \int_a^b \boldsymbol{K}(x, y)g(y)\,\mathrm{d}y = f(x) \tag{7.55}$$

称为第二类弗雷德霍姆方程。有时，对于$y>x$，$\boldsymbol{K}(x, y)=0$。在这种情况下，积分上限为x，即式(7.54)和式(7.55)变为

$$\int_a^x \boldsymbol{K}(x, y)g(y)\,\mathrm{d}y = f(x) \tag{7.56}$$

$$g(x) - \lambda \int_a^x \boldsymbol{K}(x, y)g(y)\,\mathrm{d}y = f(x) \tag{7.57}$$

分别称为第一类和第二类的伏特拉(Volterra)方程。

积分方程也可采用算符的形式来表示。即式(7.53)可写为

$$(h - \lambda \boldsymbol{K})g(x) = f(x) \tag{7.58}$$

其中，$\boldsymbol{K}$为积分算符，它表示用核相乘并对y从a到b的积分。将积分方程写成这种形式，易于与含有矩阵和微分算符的算符方程相比较。

以上各方程中，若$f(x)=0$，则称为齐次方程。

7.3.2　迭代解法

求解积分方程

$$g(x) = f(x) + \lambda \int_a^b \boldsymbol{K}(x, y)g(y)\,\mathrm{d}y \tag{7.59}$$

的一个直接方法就是迭代法。首先取近似：

$$g_0(x) \approx f(x) \tag{7.60}$$

将其作为零级近似代入方程(7.59)右边的积分中，得到一级近似：

$$g_1(x) = f(x) + \lambda \int_a^b \boldsymbol{K}(x, y)f(y)\,\mathrm{d}y \tag{7.61}$$

再将一级近似代入方程(7.59)的右边，得到二级近似：

$$g_2(x) = f(x) + \lambda \int_a^b \boldsymbol{K}(x, y)f(y)\,\mathrm{d}y + \lambda^2 \int_a^b \mathrm{d}y \int_a^b \mathrm{d}y' \boldsymbol{K}(x, y)\boldsymbol{K}(y, y')f(y') \tag{7.62}$$

重复迭代，得级数：

$$g(x) = f(x) + \sum_{n=1}^{\infty} \lambda^n \int_a^b \boldsymbol{K}_n(x, y)f(y)\,\mathrm{d}y \tag{7.63}$$

其中，

$$\begin{cases} \boldsymbol{K}_1(x, y) = \boldsymbol{K}(x, y) \\ \boldsymbol{K}_{n+1}(x, y) = \int_a^b \boldsymbol{K}(x, y')\boldsymbol{K}_n(y', y)\,\mathrm{d}y' \quad (n = 1, 2, \cdots) \end{cases} \tag{7.64}$$

被称为诺依曼级数或积分方程的诺依曼解。

可以证明，如果核 $K(x, y)$ 和 $f(x)$ 在区间 $a \leqslant x, y \leqslant b$ 上连续，对于足够小的 λ，该级数解将收敛。

例 7.4　求解描述粒子运动的薛定谔方程：

$$-\frac{\hbar^2}{2m}\Delta\varphi(r) + V(r)\varphi(r) = E\varphi(r) \tag{7.65}$$

其中：$\varphi(r)$ 表示粒子的波函数；式 (7.65) 左边第一项表示粒子的动能；$\hbar$ 为约化普朗克常数；$V(r)$ 表示作用势；E 表示系统的总能量，即

$$E = \frac{\hbar^2 k^2}{2m} \tag{7.66}$$

解　方程 (7.65) 又可写为

$$\Delta\varphi(r) + k^2\varphi(r) = \frac{2m}{\hbar^2}V(r)\varphi(r) \tag{7.67}$$

此方程具有边界条件：

$$\varphi(r)\big|_{r\to\infty} \to e^{i k \cdot r} + f(\theta, \varphi)\frac{e^{i k \cdot r}}{r} \tag{7.68}$$

此式第一项表示入射粒子的平面波，第二项表示入射粒子与 $V(r)$ 的作用而散射的粒子的球面波。$k^2 = 2mE/\hbar^2$（k 为波矢量，$|k| = k$）。于是，由格林函数法知亥姆霍兹方程 (7.68) 的格林函数为

$$G(r, r') = -\frac{1}{4\pi}\frac{e^{i k |r - r'|}}{|r - r'|} \tag{7.69}$$

于是，散射问题可转变为积分方程：

$$\varphi(r) = e^{i k \cdot r} - \frac{2m}{4\pi\hbar^2}\int dr' \frac{e^{i k |r - r'|}}{|r - r'|}V(r')\varphi(r') \tag{7.70}$$

其中第一项是用来调整解使之满足边界条件的补充修正函数。解可以写为诺依曼级数式 (7.64)。由式 (7.64) 的第一级迭代，即取 $\varphi_0(r) = e^{i k \cdot r}$，可以得到一个非常重要的结果，被称为玻恩 (Born) 近似，即

$$\varphi(r) \approx e^{i k \cdot r} - \frac{m}{2\pi\hbar^2}\int dr' \frac{e^{i k |r - r'|}}{|r - r'|}V(r')e^{i k \cdot r'} \tag{7.71}$$

记作

$$\varphi_1(r) \approx -\frac{m}{2\pi\hbar^2}\int \frac{e^{i k |r - r'|}}{|r - r'|}V(r')e^{i k \cdot r'}\, dr' \tag{7.72}$$

继续迭代，得

$$\varphi_2(r) \approx \left(-\frac{m}{2\pi\hbar^2}\right)^2 \iint \frac{e^{i k |r - r'|}}{|r - r'|}V(r')\frac{e^{i k |r' - r''|}}{|r' - r''|}V(r'')e^{i k \cdot r''}\, dr' dr'' \tag{7.73}$$

于是解可表示为级数：

$$\varphi(r) = \varphi_0(r) + \varphi_1(r) + \varphi_2(r) + \cdots \tag{7.74}$$

当 $V(r)$ 较小时，这个级数解便能很快收敛。

7.4 变　分　法

7.4.1　泛函和泛函的极值

1. 泛函的定义

先来看一个简单的例子。设 C 为在区间$[a, b]$上满足条件

$$y(a) = c, \quad y(b) = d \tag{7.75}$$

的一切可微函数 $y(x)$ 的集合。每一个这样的函数都对应着 xOy 平面上由 $P_1(a, c)$ 到 $P_2(b, d)$ 的一根光滑曲线 $y = y(x)$，如图 7.5 所示。用 L 表示这样的一根曲线的弧长。显然，弧长 L 的数值取决于 P_1 到 P_2 之间曲线的形状，也就是取决于函数 $y(x)$ 的形式。于是，称 L 为 $y(x)$ 的泛函，并记为

$$L = L[y(x)] \tag{7.76}$$

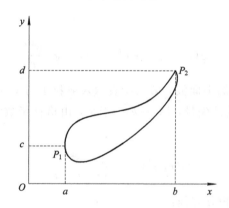

图 7.5　P_1 到 P_2 的曲线弧长

泛函的概念是函数概念的推广，函数是"数"与"数"之间的对应关系，而"泛函"则是"函数"与"函数"之间的对应关系。

设 A 和 B 为实数或复数的两个集合。例如，它们可以是实数轴上的区间或复平面上的区域。如果对于 A 的任一元素 z 都有 B 中的一个元素 ω 与之对应，则称 ω 为 z 的一个函数，记为

$$\omega = \omega(z) \tag{7.77}$$

类似地，设 C 是一个函数的集合。例如，C 可以是区间$[a, b]$上的一切连续函数的集合或一切具有连续二阶导数的函数的集合等；B 是一个实数或复数的集合。如果对于 C 中任一元素 $y(x)$ 都有 B 中的一个元素 J 与之对应，就说 J 是 $y(x)$ 的泛函，记为

$$J = J[y(x)] \tag{7.78}$$

由此可见，泛函可以看成是"函数的函数"，它和普通函数的差别在于：普通函数的值是数，自变量也是数；而泛函的值是数，但"自变量"是函数。

特别要注意的是，式(7.78)中泛函 J 的值并不取决于某一个 x 值，也不取决于某一个 y 值，而是取决于整个区间$[a, b]$上，y 与 x 的函数关系。

以上述的弧长计算为例。根据数学分析的公式，可得曲线 $y=y(x)$ 的弧长 L 为

$$L = \int_a^b \sqrt{1+y'^2}\,\mathrm{d}x \tag{7.79}$$

式(7.79)的右边是一个定积分，说明 L 不是 x 的函数，而是一个"数"，但是它的数值不是一成不变的，而取决于函数 $y(x)$ 的形式。给定一个 $y(x)$，由式(7.79)中的积分可得 L 的一个值，所以 L 是 $y(x)$ 的泛函。

一般来说，泛函(7.78)常用如下形式的积分表示：

$$J = \int_a^b F(x,\,y,\,y')\,\mathrm{d}x \tag{7.80}$$

其中的被积函数 $F(x,\,y,\,y')$ 称为核，对它积分得到的 J 值取决于函数 $y(x)$ 的形式，所以 J 是 $y(x)$ 的泛函。

2. 泛函极值的必要条件

下面再来看一个例子。设有一个质点，它的广义坐标是 $s(t)$，相应的广义速度是 $\mathrm{d}s(t)/\mathrm{d}t$。根据物理要求，$s(t)$ 应该是具有二阶连续导数的函数。

已知，在时刻 t_1 和 t_2，广义坐标的值分别为 s_1 和 s_2，即

$$\begin{cases} s(t_1) = s_1 \\ s(t_2) = s_2 \end{cases} \tag{7.81}$$

它们可以用 $(t,\,s)$ 图上的两个点 1 和 2 表示，如图 7.6 所示，满足条件式(7.81)的 $s(t)$ 函数在 $(t,\,q)$ 图上通过 1、2 两点的足够光滑的任意曲线。在许多函数中，只有一个函数用于描述质点的真实运动情况。我们所需要做的，正是设法从满足条件(式(7.81))的所有函数中，把代表真实运动的那一个函数 $s(t)$ 挑出来。换句话说，就是要从通过 1、2 两点的所有曲线中挑出代表真实运动情况的曲线。

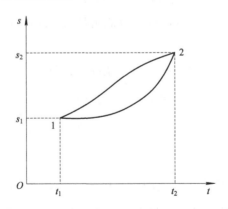

图 7.6　质点的运动路径

为了达到这一目的，首先设法找一个 t、$s(t)$ 和 $\dfrac{\mathrm{d}s(t)}{\mathrm{d}t}$ 的函数 $L\left(t,\,s,\,\dfrac{\mathrm{d}s}{\mathrm{d}t}\right)$，它称为这一系统的拉格朗日函数，简称拉氏函数。拉氏函数的具体形式取决于所研究的系统的性质。对于现在所讨论的由单个质点所组成的系统，拉氏函数的形式取决于质点的质量和所在空间中的势能场。由于 $s(t)$ 和 $\dfrac{\mathrm{d}s(t)}{\mathrm{d}t}$ 都是 t 的函数，所以拉氏函数是 t 的复合函数。将它对 t 由 t_1 到 t_2 积分，得到

$$F = \int_{t_1}^{t_2} L(t, s, \dot{s}) \mathrm{d}t \qquad (7.82)$$

其中：F 称为所研究系统的作用量；$\dot{s} = \mathrm{d}s(t)/\mathrm{d}t$。

比较式(7.80)和式(7.82)可见，作用量 F 是 $s(t)$ 的泛函。对于不同的 $s(t)$，泛函 F 有不同的值，因而可能存在一个 $s(t)$，其对应的 F 值对于其他 $s(t)$ 所对应的 F 值而言是最小的。这就是泛函的极值问题。质点力学的基本规律可以表述为泛函极值问题的形式：如果已知在 t_1 和 t_2 时刻，质点的广义坐标为 s_1 和 s_2，则描述质点由 t_1 到 t_2 的真实运动情况的函数 $s(t)$，是使作用量 F 达到极小值 $s(t)$。这就是质点力学的最小作用量原理。

对于更复杂的系统，例如电磁场或带电粒子与电磁场相互作用的系统，其基本运动规律也可以表述为式(7.82)的最小作用量原理的形式，只不过对于每个具体系统，拉氏函数和作用量有不同的具体形式而已。

显然，引入泛函的概念以后，上述的最小作用量问题就变为求泛函 F 的极小值问题。泛函的极值问题在物理学中广泛存在，例如光学中的费马原理(光线的实际路程上光程的变分为零)等都是泛函的极值问题。

因此，下面进一步研究泛函的极值问题。为了具体起见，在此讨论式(7.82)中的泛函 F，并求它有极小值的必要条件。

如果 $s = s(t)$ 使 F 有极小值，则当 s 略微偏离 $s(t)$ 时，F 值将增大。所谓"略微偏离 $s(t)$"，是指形状为

$$s(t) + \delta s(t) \qquad (7.83)$$

的函数，如图 7.7 所示，其中，δs 是整个区间 $[t_1, t_2]$ 中都很小的具有二阶连续导数的函数，并且满足条件：

$$\delta s(t_1) = \delta s(t_2) = 0 \qquad (7.84)$$

后一个条件是为了使函数(式(7.83))也能满足条件式(7.81)。这样的 $\delta s(t)$ 称为 $s(t)$ 的变分。可将式(7.82)写为

$$F[s(t)] = \int_{t_1}^{t_2} L(t, s, s') \mathrm{d}t \qquad (7.85)$$

其中，$s' = \mathrm{d}s/\mathrm{d}t$。用式(7.83)代替这里的 $s(t)$，得到

$$F[s + \delta s] = \int_{t_1}^{t_2} L(t, s + \delta s, s' + \delta s') \mathrm{d}t \qquad (7.86)$$

它和式(7.85)的差是

$$F[s + \delta s] - F[s] = \int_{t_1}^{t_2} [L(t, s + \delta s, s' + \delta s') - L(t, s, s')] \mathrm{d}t \qquad (7.87)$$

如果 $s(t)$ 使 F 有极小值，则 $F[s]$ 将小于任意的 $F[s + \delta s]$，即上述差值应该对任意变分 δs 都大于零。

式(7.87)右边的被积函数可以对 δs 和 $\delta s'$ 展开成级数：

$$L(t, s + \delta s, s' + \delta s') - L(t, s, s') = \left(\frac{\partial L}{\partial s} \delta s + \frac{\partial L}{\partial s'} \delta s' \right) + \cdots \qquad (7.88)$$

这里明显写出的是对 δs 和 $\delta s'$ 线性的项。将这种对 δs 和 $\delta s'$ 线性的项代入式(7.87)求积分，得到的结果称为泛函 F 的变分，用 δF 表示，它是当 δs 很小时的差值式(7.87)中的主要项，即

$$\delta F = \int_{t_1}^{t_2} \left(\frac{\partial L}{\partial s} \delta s + \frac{\partial L}{\partial s} \delta s' \right) \mathrm{d}t \tag{7.89}$$

由于 δF 线性地依赖于 δs 和 $\delta s'$，所以为使差值式(7.87)对任意的 δs 都大于零，必须要 δF 对任意的 δs 都等于零。如若不然，当 δs 变号时，δF 将随之变号，因而式(7.87)不能恒大于零。故

$$\delta F = 0 \tag{7.90}$$

就是泛函 F 有极值的必要条件。

式(7.89)中的 $\delta s'$ 是广义坐标对时间导数的变分，它等于广义坐标的变分对时间的导数，即

$$\delta s' = \frac{\mathrm{d}}{\mathrm{d}t} \delta s \tag{7.91}$$

因而式(7.89)中的第二项可以分部积分，得

$$\int_{t_1}^{t_2} \frac{\partial L}{\partial s'} \frac{\mathrm{d}}{\mathrm{d}t} (\delta s) \mathrm{d}t = \frac{\partial L}{\partial s'} \delta s \Big|_{t_1}^{t_2} - \int_{t_1}^{t_2} \left(\frac{\mathrm{d}}{\mathrm{d}t} \frac{\partial L}{\partial s'} \right) \delta s \mathrm{d}t \tag{7.92}$$

由于有条件式(7.84)，式(7.92)右边第一项为零。将式(7.92)第二项代入式(7.89)和式(7.90)，可得

$$\delta F = \int_{t_1}^{t_2} \left(\frac{\partial L}{\partial s} - \frac{\mathrm{d}}{\mathrm{d}t} \frac{\partial L}{\partial s'} \right) \delta s \mathrm{d}t = 0 \tag{7.93}$$

这一式子应对于任意的变分 δs 都成立。为此，被积函数的圆括号内的表达式必须等于零，故有

$$\frac{\partial L}{\partial s} - \frac{\mathrm{d}}{\mathrm{d}t} \frac{\partial L}{\partial s'} = 0 \tag{7.94}$$

这就是泛函 F 有极值的必要条件，称为欧拉方程。

以上假定泛函 F 只依赖于一个函数 $s(t)$。如果泛函依赖于多个函数 $s_i(t)$ $(i=1, 2, \cdots, n)$，同样有

$$F = \int_{t_1}^{t_2} L(t, s_1, \cdots, s_n, s_1', \cdots, s_n') \mathrm{d}t \tag{7.95}$$

$$s_i(t_1) = s_{i1}, \ s_i(t_2) = s_{i2} \qquad (i = 1, 2, \cdots, n) \tag{7.96}$$

则相应的极值条件是

$$\frac{\partial L}{\partial s_i} - \frac{\mathrm{d}}{\mathrm{d}t} \frac{\partial L}{\partial s_i'} = 0 \qquad (i = 1, 2, \cdots, n) \tag{7.97}$$

共有 n 个方程。

7.4.2　里兹方法

变分问题可以转化为相应的欧拉方程(常微分方程或偏微分方程)，反之，定解问题里的泛定方程也可以看做是某个变分问题的欧拉方程，而变分问题可以按瑞利-里兹方法求得近似解，这就是研究泛函极值问题的直接方法。其基本要点是，不把泛函放在它的全部定义域来考虑，而是把它放在其定义域的一部分来考虑。具体而言，取某种完备的函数系如下：

$$\varphi_1(x), \varphi_2(x), \cdots \tag{7.98}$$

尝试以其中的前几个来表示变分问题 $\delta F=0$ 的解，即令解为

$$y(x) = f(\varphi_1, \varphi_2, \cdots, \varphi_n; c_1, c_2, \cdots, c_n) \tag{7.99}$$

其中，$c_1, c_2, \cdots, c_n$ 为待定参数。把式(7.99)代入 F 的表达式，F 便成了 $c_1, c_2, \cdots, c_n$ 的 n 元函数，即 $F[y(x)] = \Phi(c_1, c_2, \cdots, c_n)$，由于 f 的形式是事先选定的，如可选 $f = \sum_{i=1}^{n} c_i \varphi_i(x)$，故按照多元函数的极值方法，令

$$\frac{\partial \varphi_i}{\partial c_i} = 0 \quad (i = 1, 2, \cdots, n) \tag{7.100}$$

而求出系数 $c_1, c_2, \cdots, c_n$，从而完全确定了 $y(x)$。但是这样得到的 $y(x)$ 并非 $\delta F=0$ 的严格解，而是近似解，若将上述近似解记作 $y_n(x)$，则严格解应为

$$y(x) = \lim_{n \to \infty} y_n(x) \tag{7.101}$$

只是这个极限是否收敛，甚至是否收敛于严格解都是问题，因此，在实际中通常只求解近似解。

在里兹方法中，如果函数系 $\varphi_1(x)$，$\varphi_2(x)$，$\cdots$ 选择适当，且测试函数 f 也在适当的时候，近似解与解析解逼近程度会很好；如果选择不当，则可能相差很远。但是至于如何选择，并没有确定的方法可循，需要根据问题试选，通常函数系多选为三角函数系。

例 7.5 用里兹方法求本征值为

$$\begin{cases} y'' + \lambda y = 0 \\ y(0) = 0, \ y(1) = 0 \end{cases} \tag{7.102}$$

的最小本征值及相应的本征函数的近似解。

解 这是分离变量后经常遇到的最简单的本征值问题，其精确解前面已求出。这里用它作为例子来说明里兹方法的主要思路，并与精确解比较，以了解里兹方法的准确程度。

方程(7.102)可改写为

$$-\frac{\mathrm{d}^2}{\mathrm{d}x^2} y(x) = \lambda y(x) \tag{7.103}$$

可见算符 L 是

$$L = -\frac{\mathrm{d}^2}{\mathrm{d}x^2} \tag{7.104}$$

因此，本征值问题(7.102)可转化为泛函

$$J[y] = \int_0^1 y(x)\left[-\frac{\mathrm{d}^2}{\mathrm{d}x^2} y(x)\right] \mathrm{d}x \tag{7.105}$$

在归一条件

$$\int_0^1 y^2(x) \, \mathrm{d}x = 1 \tag{7.106}$$

及边界条件

$$\begin{cases} y(0) = 0 \\ y(1) = 0 \end{cases} \tag{7.107}$$

下的极值问题。

对式(7.105)进行分部积分，得到

$$J[y] = \int_0^1 y(x)\left(-\frac{\mathrm{d}}{\mathrm{d}x}\right)y'(x) \, \mathrm{d}x = -[y(x)y'(x)]_0^1 + \int_0^1 [y'(x)]^2 \, \mathrm{d}x$$

由边界条件可知，上式右端第一项为零。因而

$$J[y] = \int_0^1 [y'(x)]^2 \, dx \qquad (7.108)$$

我们需要解决的正是这一泛函的归一条件式(7.106)和边界条件式(7.107)之下的极值问题。为了得到这一问题的近似解，采用里兹方法。

里兹方法的关键在于找出满足边界条件的含有一定个数参量的测试函数。在这样的情况下，满足式(7.107)的最简单的函数是 $x(x-1)$，因此假设测探函数为含有两个参量的函数，即

$$y(x) = x(x-1)(c_0 + c_1 x) \qquad (7.109)$$

可以算出

$$[y'(x)]^2 = 9c_1^2 x^4 + 12c_1(c_0 - c_1)x^3 + [4(c_0 - c_1)^2 - 6c_1 c_0]x^2 - 4c_0(c_0 - c_1)x + c_0^2 \qquad (7.110)$$

将其代入式(7.108)，得

$$J = \int_0^1 [y'(x)]^2 \, dx = \frac{1}{3}\left(c_0^2 + c_0 c_1 + \frac{2}{5}c_1^2\right) \qquad (7.111)$$

再将式(7.109)代入式(7.106)，得

$$\int_0^1 y^2(x) \, dx = \frac{1}{30}\left(c_0^2 + c_0 c_1 + \frac{2}{7}c_1^2\right) \qquad (7.112)$$

因而归一条件式(7.106)可写为

$$\zeta = \frac{1}{30}\left(c_0^2 + c_1 c_0 + \frac{2}{7}c_1^2\right) - 1 = 0 \qquad (7.113)$$

于是，求泛函极值的问题化为关于参量 c_0、c_1 的二元函数(式(7.100))在条件(式(7.102))之下的普通极值问题。利用拉格朗日乘子法，得

$$\begin{cases} \dfrac{\partial}{\partial c_0}[J - \lambda\zeta] = \dfrac{1}{3}(2c_0 + c_1) - \dfrac{\lambda}{30}(2c_0 + c_1) = 0 \\[2mm] \dfrac{\partial}{\partial c_1}[J - \lambda\zeta] = \dfrac{1}{3}\left(c_0 + \dfrac{4}{5}c_1\right) - \dfrac{\lambda}{30}\left(c_0 + \dfrac{4}{7}c_1\right) = 0 \end{cases} \qquad (7.114)$$

将它写成关于 c_0、c_1 的代数方程，即

$$\begin{cases} \left(2 - \dfrac{\lambda}{5}\right)c_0 + \left(1 - \dfrac{\lambda}{10}\right)c_1 = 0 \\[2mm] \left(1 - \dfrac{\lambda}{10}\right)c_0 + \left(\dfrac{4}{5} - \dfrac{2}{35}\lambda\right)c_1 = 0 \end{cases} \qquad (7.115)$$

要有非零解，必须系数行列式为零，即

$$\begin{vmatrix} 2 - \dfrac{\lambda}{5} & 1 - \dfrac{\lambda}{10} \\[3mm] 1 - \dfrac{\lambda}{10} & \dfrac{4}{5} - \dfrac{2}{35}\lambda \end{vmatrix} = 0 \qquad (7.116)$$

这个方程的两个根是 $\lambda = 10$ 和 $\lambda = 42$。故所求的最小本征值的近似解为 $\lambda = 10$，与精确解 $\pi^2 = 9.8696$ 相比较，相对误差为 1.3%。

将 $\lambda = 10$ 代入方程(7.115)的第二式，得 $c_1 = 0$，所以本征函数的近似解是

$$y(x) = c_0 x(x-1) \qquad (7.117)$$

其中，c_0 可以由归一化条件式(7.106)求得，即 $c_0 = \sqrt{30}$，从而本征函数得解。

7.5 本 章 小 结

1. 延拓法

定义：根据定解问题的性质补充拓展定义以适应问题的求解的方法称为延拓法。

2. 保角变换法

（1）伸缩率不变。

（2）旋转角的大小及方向不变。

3. 积分方程的迭代解法

（1）弗雷德霍姆(Fredholm)方程：

$$g(x) - \lambda \int_a^b \mathbf{K}(x, y) g(y) \mathrm{d}y = f(x)$$

（2）伏特拉(Volterra)方程：

$$g(x) - \lambda \int_a^x \mathbf{K}(x, y) g(y) \mathrm{d}y = f(x)$$

4. 变分法

（1）泛函极值的必要条件。

（2）里兹方法。

第 8 章　数学物理方程的可视化计算

　　数学物理方程是一门公认的较难学习的课程，虽然数学物理方程的求解通常都有明确的物理意义，但是如何从繁杂的解的数学表达式中体会其物理特性，是人们十分关注的问题。

　　本章主要针对前几章介绍的数学物理方程求解的典型问题，特别是在电磁场分析中的应用问题，结合计算机可视化编程计算，将问题的解用图像展现出来，以提高读者的学习兴趣和实际分析问题、计算编程和解决问题的能力。

8.1　分离变量法的可视化计算

8.1.1　矩形区泊松方程的求解

　　例 8.1　在矩形区域 $0 < x < a$，$-\dfrac{b}{2} < y < \dfrac{b}{2}$ 上求解泊松方程：

$$\Delta u = -x^2 y \tag{8.1}$$

且 u 在边界上的值为零。

　　解　定解问题为

$$\begin{cases} \Delta u = -x^2 y \\ u\mid_{x=0} = 0,\ u\mid_{x=a} = 0 \\ u\mid_{y=-\frac{b}{2}} = 0,\ u\mid_{y=\frac{b}{2}} = 0 \end{cases} \tag{8.2}$$

　　在第 3 章中已经求解过类似的定解问题(见习题 3.8)，它的解可以根据本征函数展开法求得，其解为

$$
\begin{aligned}
u = {} & \frac{xy}{12}(a^3 - x^3) \\
& + \sum_{n=1}^{\infty} \frac{a^4 b\left[(-1)^n n^2 \pi^2 + 2 - 2(-1)^n\right]}{n^5 \pi^5 \,\mathrm{sh}\left(\dfrac{n\pi b}{2a}\right)} \,\mathrm{sh}\left(\frac{n\pi y}{a}\right) \sin\left(\frac{n\pi x}{a}\right)
\end{aligned} \tag{8.3}
$$

　　显然，一旦解用解析级数表达式给出，就可以利用编程工具画出 u 的图像，如图 8.1 所示。为了方便学习编程技巧，这里给出利用 C++语言编写的计算程序，见程序 1。注意，计算中取 $a=5$，$b=5$，$n=1 \to 10$。

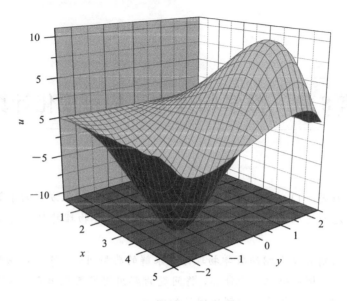

图 8.1   矩形区域泊松方程定解问题的解析解

程序 1

```cpp
//矩形区域泊松方程的定解问题
# include <iostream>
# include <fstream>
# include <cmath>
using namespace std;

const double a=5. , b=5. ;
const double pi=3. 1415926;

int main()
{
    ofstream outfile("解. dat");

    double dx=0. 1, dy=0. 1;
    for(int i=1; i<=50; ++i)
    {
        double x = i * dx;             //x 的取值范围为(0, 5]
        for(int j=-25; j<=25; ++j)
        {
            if(j == 0) continue;        //剔除 y=0
            double y = j * dy;           //y 的取值范围为[-2.5, 0), (0, 2.5]
            double u1 = 0;
            for(int n=1; n<=10; ++n)
                u1 += pow(a, 4) * b * (pow(-1. , n) * (n * n) * (pi * pi) + 2 -
                    2 * pow(-1. , n)) * sinh(n * pi * y/a) *  sin(n * pi * x/a)
```

```
                /(pow((double)n, 5) * pow(pi, 5) * sinh(n * pi * b/(2 * a)));
        double u = u1 + x * y * (pow(a, 3) − pow(x, 3))/12;        //方程的解
        outfile<<x<<"\t"<<y<<"\t"<<u<<endl;                        //输出结果
    }
  }
  outfile. close();
  return 0;
}
```

8.1.2　直角坐标系下的分离变量法在电磁场中的应用

　　例 8.2　求矩形规则波导中电场强度 E_x 与 E_y 与磁场强度 H_x 和 H_y 的分布。

　　解　假设在矩形金属波导中，横电磁波沿 z 轴正方向传播，按 $e^{j\omega t - \gamma z}$ 规律分布，则矩形波导中电场强度所满足的定解问题为

$$
\begin{cases}
\dfrac{\partial^2 H_z}{\partial x^2} + \dfrac{\partial^2 H_z}{\partial y^2} + \dfrac{\partial^2 H_z}{\partial z^2} + k^2 H_z = 0 \\[2mm]
\left.\dfrac{\partial H_z}{\partial x}\right|_{x=0} = 0, \quad \left.\dfrac{\partial H_z}{\partial x}\right|_{x=a} = 0 \\[2mm]
\left.\dfrac{\partial H_z}{\partial y}\right|_{y=0} = 0, \quad \left.\dfrac{\partial H_z}{\partial y}\right|_{y=b} = 0
\end{cases}
\tag{8.4}
$$

　　这是一个在直角坐标系下波动方程的定解问题经分离变量以后得到的有关 H_z 所满足的波导方程，采用分离变量法可以求解。令

$$
H_z(x, y, z) = X(x)Y(y)Z(z) = X(x)Y(y)e^{-\gamma z}
\tag{8.5}
$$

把式(8.5)代入定解问题(8.4)中的第一式，消去因子 $e^{-\gamma z}$，得

$$
X''Y + XY'' + \gamma^2 XY + k^2 XY = 0
\tag{8.6}
$$

用 XY 除式(8.6)两端，得

$$
\frac{X''}{X} + \frac{Y''}{Y} + \gamma^2 + k^2 = 0
\tag{8.7}
$$

令 $k_c^2 = \gamma^2 + k^2$，得

$$
\frac{X''}{X} + k_c^2 = -\frac{Y''}{Y} = k_y^2
\tag{8.8}
$$

其中，k_y^2 为任意常数，即

$$
\begin{cases}
\dfrac{X''}{X} + k_c^2 = k_y^2 \\[2mm]
\dfrac{Y''}{Y} = -k_y^2
\end{cases}
\tag{8.9}
$$

若令 $k_x^2 = k_c^2 - k_y^2$，即

$$
k_c^2 = k_x^2 + k_y^2
\tag{8.10}
$$

则有

$$
\begin{cases}
\dfrac{X''}{X} = -k_x^2 \\[2mm]
\dfrac{Y''}{Y} = -k_y^2
\end{cases}
\tag{8.11}
$$

解这两个常微分方程得到通解:

$$\begin{cases} X(x) = A\cos(k_x x) + B\sin(k_x x) \\ Y(y) = C\cos(k_y y) + D\sin(k_y y) \end{cases} \tag{8.12}$$

因此,把式(8.12)代入式(8.5),再由定解问题(8.4)中的第二和第三式的边界条件知

$$\begin{cases} \dfrac{\partial H_z}{\partial x}\bigg|_{x=0} = 0 \\[2mm] \dfrac{\partial H_z}{\partial y}\bigg|_{y=0} = 0 \end{cases} \tag{8.13}$$

解得

$$\begin{cases} B = 0 \\ D = 0 \end{cases} \tag{8.14}$$

从而有

$$H_z(x, y, z) = A\cos(k_x x) \cdot C\cos(k_y y)e^{-\gamma z} = H_0 \cos(k_x x)\cos(k_y y)\, e^{-\gamma z} \tag{8.15}$$

其中,$H_0 = AC$,它由最初激励情况决定。这里未用前面所讲的叠加方法确定 H_0,原因是在发射电波时,只要求某种波型通过波导管。常数 k_x、k_c、k_y 可由波导管的尺寸来决定。

由

$$\frac{\partial H_z}{\partial x}\bigg|_{x=a} = 0 \tag{8.16}$$

得

$$\sin(k_x a) = 0 \tag{8.17}$$

即

$$k_x = \frac{m\pi}{a} \qquad (m = 0, 1, 2, \cdots) \tag{8.18}$$

又由

$$\frac{\partial H_z}{\partial y}\bigg|_{y=b} = 0 \tag{8.19}$$

得

$$\sin(k_y b) = 0 \tag{8.20}$$

即

$$k_c = \sqrt{k_x^2 + k_y^2} = \sqrt{\left(\frac{m\pi}{a}\right)^2 + \left(\frac{n\pi}{b}\right)^2} \tag{8.21}$$

因此所求得的解为

$$H_z(x, y, z) = H_0 \cos\left(\frac{m\pi}{a}x\right)\cos\left(\frac{n\pi}{b}y\right)e^{-\gamma z} \tag{8.22}$$

同时可知横电波传播中电磁各分量间的关系为

$$\begin{cases} E_x = \dfrac{1}{k_c^2}\, j\omega\mu\, \dfrac{\partial H_z}{\partial y} \\[3mm] E_y = \dfrac{1}{k_c^2}\, j\omega\mu\, \dfrac{\partial H_z}{\partial x} \\[3mm] E_z = 0 \\[3mm] H_x = -\dfrac{\gamma}{k_c^2}\, \dfrac{\partial H_z}{\partial x} \\[3mm] H_y = -\dfrac{\gamma}{k_c^2}\, \dfrac{\partial H_z}{\partial y} \end{cases} \tag{8.23}$$

故所求的场分量分别为

$$\begin{cases} H_x = \dfrac{\gamma k_x}{k_c^2} H_0 \, \sin(k_x x) \, \cos(k_y y) \mathrm{e}^{-\gamma z} \\[2mm] H_y = \dfrac{\gamma k_y}{k_c^2} H_0 \, \cos(k_x x) \, \sin(k_y y) \mathrm{e}^{-\gamma z} \\[2mm] E_x = \dfrac{-\mathrm{j}\omega\mu k_y}{k_c^2} H_0 \, \cos(k_x x) \, \sin(k_y y) \mathrm{e}^{-\gamma z} \\[2mm] E_y = \dfrac{-\mathrm{j}\omega\mu k_x}{k_c^2} H_0 \, \sin(k_x x) \, \cos(k_y y) \mathrm{e}^{-\gamma z} \end{cases} \tag{8.24}$$

至此，得到了矩形波导中电磁场的分布情况。利用式(8.24)，可以编写程序，并画出波导中的电磁场随 x、y 的变化情况，如图 8.2 所示。在计算中，取 $m=3$，$n=2$，$z=0$，$a=0.01m$，$b=0.02m$。其计算程序如程序 2 所示。

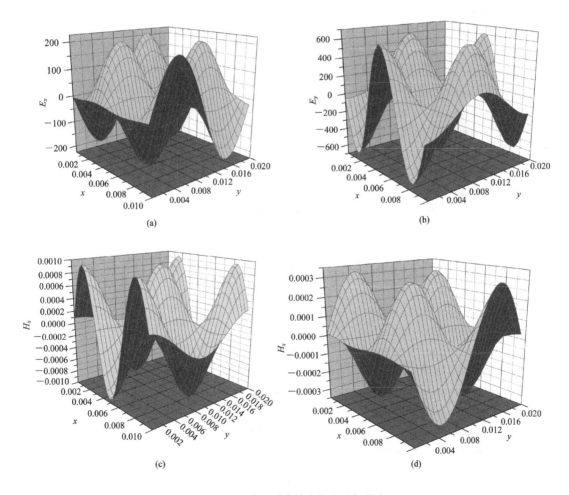

图 8.2　矩形规则波导中的电磁场分布

(a) E_x 分量；(b) E_y 分量；(c) H_x 分量；(d) H_y 分量

程序 2

```
/ * * * * * * * * * * * * * * * * * * * * * * * * * * * *
 *   本程序用来计算波导的电磁场
 *   其中波导长、宽分别为
 *   a＝0.01，b＝0.02
 * * * * * * * * * * * * * * * * * * * * * * * * * * * */
#include <iostream>
#include <fstream>
#include <cmath>
using namespace std;

const double pi = 3.1415926;

int main()
{
    ofstream outfile1, outfile2, outfile3, outfile4;
    outfile1.open("Hx.dat");
    outfile2.open("Hy.dat");
    outfile3.open("Ex.dat");
    outfile4.open("Ey.dat");

    int m, n;
    double z;
    cout<<"输入 m, n, z:";          //m＝3, n＝2, z＝0.0
    cin>>m>>n>>z;

    double a＝0.01, b＝0.02;         //波导的长和宽
    double w = 5.2e11;              //频率
    double mu = 4.*pi*1.e-7;        //磁导率
    double H0 = 1.0;               //初始场值
    double gama = 1.0;
    double kx = m*pi/a;            //x方向的波数
    double ky = n*pi/b;            //y方向的波数
    double kc2 = kx*kx + ky*ky;
    double dltax = a/100.;          //x的变化量
    double dltay = b/200.;          //y的变化量

    for(int i=1; i<=100; ++i)
    {
        double x = i*dltax;
        for(int k=1; k<=200; ++k)
```

```
    {
        double y = k * dltay;
        double Hx = gama * kx/kc2 * H0 * sin(kx * x) * cos(ky * y) * exp(−gama * z);
        double Hy = gama * ky/kc2 * H0 * cos(kx * x) * sin(ky * y) * exp(−gama * z);
        double Ex = −w * mu * ky/kc2 * H0 * cos(kx * x) * sin(ky * y)
                    * exp(−gama * z);
        double Ey = −w * mu * kx/kc2 * H0 * sin(kx * x) * cos(ky * y)
                    * exp(−gama * z);
        outfile1<<x<<"\t"<<y<<"\t"<<Hx<<endl;
        outfile2<<x<<"\t"<<y<<"\t"<<Hy<<endl;
        outfile3<<x<<"\t"<<y<<"\t"<<Ex<<endl;
        outfile4<<x<<"\t"<<y<<"\t"<<Ey<<endl;
    }
}
outfile1.close();
outfile2.close();
outfile3.close();
outfile4.close();
return 0;
}
```

8.2　特殊函数的应用

由于在球、柱坐标系下采用分离变量法求解亥姆霍兹方程和泊松方程的解一般与特殊函数有关，因此，本节将分别讨论平面波在球坐标系和柱坐标系中的展开表达以及球、柱坐标系下特殊函数在求解波动(电磁波)问题应用时的可视化计算方法。

8.2.1　平面波展开为柱面波的叠加

平面波展开为柱面波是广义傅里叶级数展开的一个很好的例子，它在研究电磁散射问题时很有用。其实，在例 4.21 中已经获得了平面波展开为柱面波的展开公式：

$$e^{ikr\cos\varphi} = J_0(kr) + 2\sum_{m=1}^{\infty} i^m J_m(kr)\cos m\varphi \tag{8.25}$$

如果以时间因子 $e^{-i\omega t}$ 乘式(8.25)的两端，则式(8.25)的左端是平面波，而右端的每一项都是柱面波。它的物理含义是：具有确定动量的平面波可按各种柱面波展开，每种柱面波分别对应于角动量量子数 $m=0,1,2,\cdots$，这时柱面波与 z 无关。利用式(8.25)，可以分别画出 $m=0,1,2,\cdots,5$ 的柱面波分量的图形，如图 8.3 所示。其计算程序如程序 3 所示。

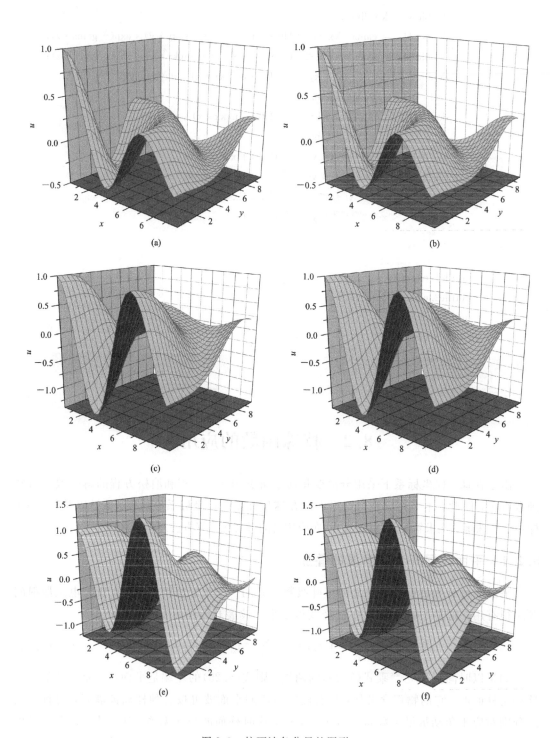

图 8.3 柱面波各分量的图形

(a) $m=0$；(b) $m=1$；(c) $m=2$；(d) $m=3$；(e) $m=4$；(f) $m=5$

程序 3

```
//平面波展开为柱面波的叠加
# include <iostream>
# include <fstream>
# include <complex>
# include <cmath>
using namespace std；

double dbesj0(double x)；
double dbesjn(double x，int n)；

const double k = 1.0；        //波数

int main()
{
    int m；
    cout<<"请输入整数 m："；
    cin>>m；

    ofstream outfile("result. dat")；
    for(double x=0.05； x<10.； x+=0.1)
    {
        for(double y=0.05； y<10.； y+=0.1)
        {
            double ku，phi，u1，u；
            complex<double> i(0.0，1.0)；

            ku = k * sqrt(x * x + y * y)；
            phi = atan(y/x)；
            if(0 == m)
                u = dbesj0(ku)；
            else
            {
                u1 = 0.0；
                for(int n=1； n<=m； ++n)
                    u1 += (2. * pow(i, n) * dbesjn(ku, n) * cos(n * phi)). real()；
                u = u1 + dbesj0(ku)；
            }
            outfile<<x<<"\t"<<y<<"\t"<<u<<endl；
        }
    }
    outfile. close()；
    return 0；
}
```

```
double dbesj0(double x)      //计算 0 阶贝塞尔函数
{
    double x_2 = 0.5 * x;
    double result = 1.0, kk = 1.0;

    for(int k=1; k<=40; ++k)
    {
      kk *= k;
      result += pow(-1.0, k) * pow(x_2, 2 * k) / (kk * kk);
    }
    return result;
}


double dbesj1(double x)      //计算 1 阶贝塞尔函数
{
    double x_2 = 0.5 * x;
    double result = x_2, kk = 1.0;
    for(int k=1; k<=40; ++k)
    {
      kk *= k;
      result += pow(-1.0, k) * pow(x_2, 2 * k+1) / (kk * kk * (k+1));
    }
    return result;
}


double dbesjn(double x, int n)   //计算 n 阶贝塞尔函数
{
    if(abs(x) < 1e-8)
    {
      cerr<<"dbesjn Error: x can't be zero!"<<endl;
      return 0.0;
    }

    double Bessel_l = dbesj0(x);
    double Bessel_h = dbesj1(x);

    double result = 0.0;

    if(0 == n) return Bessel_l;
    else if(1 == n) return Bessel_h;
    else
    {
      for(int i=2; i<=n; ++i)
      {
        result = 2 * (i-1) * Bessel_h/x - Bessel_l;
```

```
        Bessel_l = Bessel_h;
        Bessel_h = result;
    }
}
return result;
}
```

8.2.2　平面波展开为球面波的叠加

平面波展开为球面波的叠加也是广义傅里叶级数展开的一个例子，它在研究球体的电磁散射问题时很有用。可以用类似于例 4.21 的平面波展开为柱面波的方法或者格林函数的方法求得平面波用球面波展开的展开式：

$$\mathrm{e}^{-\mathrm{i}kr\cos\theta} = \sum_{l=0}^{\infty}(2l+1)\mathrm{i}^{l}\mathrm{j}_{l}(kr)\mathrm{P}_{l}(\cos\theta) \tag{8.26}$$

如果以时间因子 $\mathrm{e}^{-\mathrm{i}\omega t}$ 乘式(8.26)的两端，则式(8.26)的左端是平面波，而右端的每一项都是球面波(驻波)。它的物理含义是：具有确定动量的平面波可按各种球面波展开，每种球面波分别对应于角动量量子数 $l=0,1,2,\cdots$，这时球面波与 φ 无关。利用式(8.26)，可以得到 $l=0,1,2,\cdots,5$ 的球面波分量的图形，如图 8.4 所示。其计算程序如程序 4 所示。

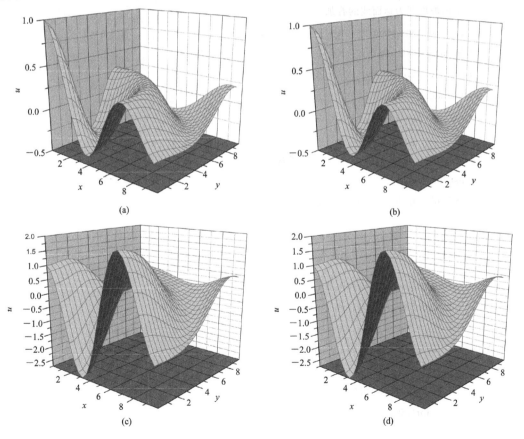

图 8.4　球面波各分量的图形(1)

(a) $l=0$；(b) $l=1$；(c) $l=2$；(d) $l=3$；(e) $l=4$；(f) $l=5$

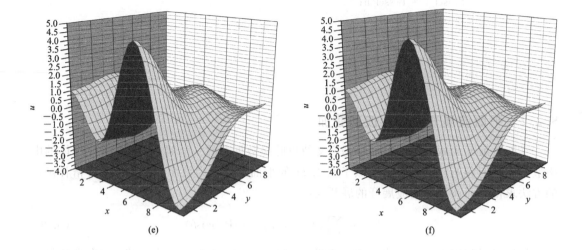

图 8.4　球面波各分量的图形(2)

(a) $l=0$；(b) $l=1$；(c) $l=2$；(d) $l=3$；(e) $l=4$；(f) $l=5$

程序 4

```cpp
//平面波展开为球面波的叠加
#include <iostream>
#include <fstream>
#include <complex>
#include <cmath>
using namespace std;

const double k = 1.0;              //波数
const int m = 5;                   //球面波分量
double dbesjn(double x, int n);

int main()
{
    ofstream outfile("result.dat");
    for(double x=0.05; x<10.; x+=0.1)
    {
        for(double y=0.05; y<10.; y+=0.1)
        {
            double u = 0.0;
            for(int n=0; n<=m; ++n)
            {
                double cta = atan(y/x);
                double r = sqrt(x * x + y * y);
```

```
            double ku = k * r;
            double z = cos(cta);
            complex<double> i(0.0, 1.0);        //虚数单位
            double p;                           //勒让德函数值

            switch(n)
            {
            case 0：
                p = 1.0;
                break；
            case 1：
                p = z;
                break；
            case 2：
                p = (3 * (z * z) - 1)/2;
                break；
            case 3：
                p = (5 * pow(z, 3) - 3 * z)/2;
                break；
            case 4：
                p = (35 * pow(z, 4) - 30 * (z * z) + 3)/8;
                break；
            case 5：
                p = (63 * pow(z, 5) - 70 * pow(z, 3) + 15 * z)/8;
                break；
            default：
                p = 0.；
                break；
            }
            u += ((2 * n+1.) * pow(i, n) * dbesjn(ku, n) * p).real();
        }
        outfile<<x<<"\t"<<y<<"\t"<<u<<endl;
    }
}
outfile.close();
return 0;
}
```

```
double dbesj0(double x)      //计算 0 阶贝塞尔函数
{
    double x_2 = 0.5 * x;
    double result = 1.0, kk = 1.0;

    for(int k=1; k<=40; ++k)
    {
        kk *= k;
        result += pow(-1.0, k) * pow(x_2, 2 * k) / (kk * kk);
    }
    return result;
}


double dbesj1(double x)      //计算 1 阶贝塞尔函数
{
    double x_2 = 0.5 * x;
    double result = x_2, kk = 1.0;
    for(int k=1; k<=40; ++k)
    {
        kk *= k;
        result += pow(-1.0, k) * pow(x_2, 2 * k+1) / (kk * kk * (k+1));
    }
    return result;
}


double dbesjn(double x, int n)   //计算 n 阶贝塞尔函数
{
    if(abs(x) < 1e-8)
    {
        cerr<<"dbesjn Error: x can't be zero!"<<endl;
        return 0.0;
    }

    double Bessel_l = dbesj0(x);
    double Bessel_h = dbesj1(x);

    double result = 0.0;
```

```
        if(0 == n) return Bessel_l;
        else if(1 == n) return Bessel_h;
        else
        {
            for(int i=2; i<=n; ++i)
            {
                result = 2 * (i−1) * Bessel_h/x − Bessel_l;
                Bessel_l = Bessel_h;
                Bessel_h = result;
            }
        }
        return result;
    }
```

8.2.3　特殊函数在波动问题中的应用

本小节主要讨论柱体外的波动问题。

例 8.3　半径为 ρ_0 的长圆柱面，其径向速度分布为 $v_0 \cos\varphi \cos\omega t$($v_0$、$\omega$ 为常数)，试求解这个长圆柱面在空气中辐射出去的波场中的速度势。(设 ρ_0 远小于声波的波长)

解　所求的速度势满足二维波动方程，取平面极坐标系，极点在柱轴上，则定解问题为

$$\begin{cases} u_{tt} = a^2 \Delta u \\ u_\rho \mid_{\rho=\rho_0} = v_0 \cos\varphi \cos\omega t \end{cases} \tag{8.27}$$

利用分离变量法，令

$$u = U(\rho, \varphi)\mathrm{e}^{-i\omega t} \tag{8.28}$$

将其代入定解问题，得

$$\begin{cases} \Delta U + k^2 U = 0 \\ U_\rho \mid_{\rho=\rho_0} = v_0 \cos\varphi \end{cases} \tag{8.29}$$

其中，$k = \omega/a$。

再令

$$U = R(\rho)\Phi(\varphi) = [AH_1^{(1)}(k\rho) + BH_1^{(2)}(k\rho)] \cos\varphi \tag{8.30}$$

由于不存在入射波，所以 $B = 0$。为求出 A，将式(8.30)代入边界条件，得

$$A\left[\frac{\partial}{\partial\rho}H_1^{(1)}(k\rho)\right]\Bigg|_{\rho=\rho_0} = v_0 \tag{8.31}$$

注意到 $\rho \ll \lambda = \dfrac{2\pi}{k} = \dfrac{2\pi a}{\omega}$，即 $ka \ll 1$，利用汉克尔函数的渐近展开式

$$\begin{cases} J_1(x) \to \dfrac{x}{4} \\ N_1(x) \to -\dfrac{2}{\pi x} \end{cases} \tag{8.32}$$

得

$$A = -\frac{\mathrm{i}\pi v_0 k \rho_0^2}{2} \tag{8.33}$$

至此，有

$$U = -\frac{\mathrm{i}\pi v_0 k \rho_0^2}{2} \mathrm{H}_1^{(1)}(k\rho)\cos\varphi \tag{8.34}$$

容易求得问题的解析解是下式的实部：

$$u = -\mathrm{i}\frac{\pi v_0 \omega \rho_0^2}{2a}\mathrm{H}_0^{(1)}\left(\frac{\omega}{a}\rho\right)\cos\varphi \mathrm{e}^{-\mathrm{i}\omega t} \tag{8.35}$$

在远场区，即 $k\rho \gg 1$ 时，其渐近解为

$$u = v_0 \rho_0^2 \sqrt{\frac{\pi\omega}{2a\rho}}\cos\varphi\cos\left(\frac{\omega}{a}\rho - \omega t + \frac{3\pi}{4}\right) \tag{8.36}$$

利用式(8.36)，可以求得不同时间不同空间分布的波场的速度势，如图 8.5 所示。计算中分别选取了 $t=0.02$ 和 $t=1$ 时刻的计算结果，通过图形可以方便地看到柱面波的传输特性。其计算程序如程序 5 所示。

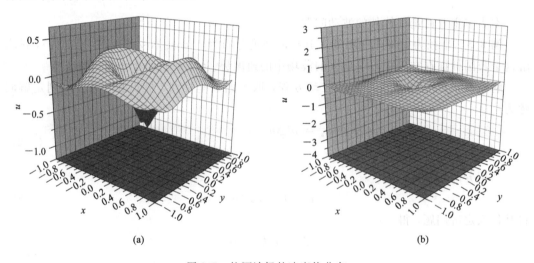

图 8.5 柱面波场的速度势分布

(a) $t=0.02$；(b) $t=1$

程序 5

```
//求解半径为 r0 的长圆柱面在空气中辐射出去的声场中的速度势
# include <iostream>
# include <fstream>
# include <cmath>
using namespace std;

const double r0=0.2, v0=2.0, k=6.0, a=2.0, t=0.02;
const double pi = 3.1415926;

int main()
```

```
    {
        ofstream outfile("渐近解. dat");
        for(int i=-100; i<=100; ++i)
        {
            if(i == 0) continue;          //剔除 x=0
            double x = i * 0.01;
            for(int j=-100; j<=100; ++j)
            {
                if(j == 0) continue;          //剔除 y=0
                double y = j * 0.01;
                double phi = atan(y/x);
                double r = sqrt(x * x + y * y);
                double u = v0 * (r0 * r0) * sqrt(k * pi/(2 * r)) * cos(phi) * cos(k * r - k * a * t
                          + 0.75 * pi);
                outfile<<x<<"\t"<<y<<"\t"<<u<<endl;
            }
        }
        outfile. close();
        return 0;
    }
```

类似地，可以求解球坐标系下的波动问题。

例 8.4　半径为 r_0 的球面，径向速度分布为 $v_0 \cos\theta \cos\omega t$，试求解该球面所发射的稳恒声振动的速度势 u。(设 r_0 远小于声波的波长 λ)

解　本定解问题完全类似于例 8.3，只是这里需要使用球坐标和勒让德函数的性质。

不妨设极点取在球心，定解问题为

$$\begin{cases} u_{tt} - a^2 \Delta u = 0 \\ u_r \mid_{r=r_0} = v_0 \mathrm{P}_1 (\cos\theta) \mathrm{e}^{-\mathrm{i}\omega t} \end{cases} \tag{8.37}$$

其中，$\mathrm{P}_1(\cos\theta) = \cos\theta$。在球面的边界条件是 $\cos(\omega t)$ 即为 $\mathrm{Re}(\mathrm{e}^{-\mathrm{i}\omega t})$，在上面写成了 $\mathrm{e}^{-\mathrm{i}\omega t}$，这要求在设计结果中也只取实部。

类似例 8.3 的求解过程，可以得到定解问题(式(8.37))的解析解：

$$u = \frac{v_0 r_0^3}{2}\left(-\frac{1}{r^2} + \mathrm{i}\,\frac{\omega}{ar}\right)\mathrm{P}_1 (\cos\theta) \mathrm{e}^{\mathrm{i}\frac{\omega}{a}(r-at)} \tag{8.38}$$

式(8.38)的实部就是所要求的解。在远场($kr \gg 1$)取渐近公式近似，并取实部，得到的解为

$$u = -\frac{v_0 \omega r_0^3}{2ar}\mathrm{P}_1 (\cos\theta)\,\sin\frac{\omega}{a}(r-at)$$

$$= -\frac{v_0 \omega r_0^3}{2ar}\cos\theta\,\sin\frac{\omega}{a}(r-at) \tag{8.39}$$

它具有球面波的形式，一旦解得到，便可以画出球面波场的速度势函数。如图 8.6 所示，这里分别画出了解析解在 $t=0.03$，0.06，0.1，1.0 时刻的图形。其计算程序如程序 6 所示。程序中取 $r_0 = 0.2$，$v_0 = 2$，$k = 6$ 和 $a = 2$。

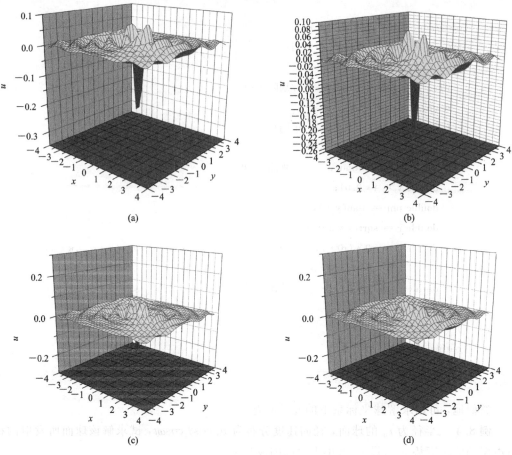

(a)　　　　　　　　　　　　　　　　(b)

(c)　　　　　　　　　　　　　　　　(d)

图 8.6　球面波场的速度势分布

(a) $t=0.03$；(b) $t=0.06$；(c) $t=0.1$；(d) $t=1.0$

程序 6

```
//求解半径为 r0 的球面所发射的稳恒声振动的速度势
# include <iostream>
# include <fstream>
# include <cmath>
using namespace std;

//设置初值与参数
const double r0=0.2, v0=2.0, k=6.0, a=2.0, t=0.03;

int main()
{
    ofstream outfile("解析解.dat");
    for(int i=-200; i<=200; ++i)
    {
        if(i == 0) continue;
        double x = i * 0.02;
```

```
        for(int j=-200; j<=200; ++j)
        {
          if(j == 0) continue;
          double y = j * 0.02;
          double cta = atan(y/x);
          double r = sqrt(x * x + y * y);
          double u = -v0 * k * pow(r0, 3) * cos(cta) * sin(k * (r+a * t))/(2 * r);
          outfile<<x<<"\t"<<y<<"\t"<<u<<endl;
        }
    }
    outfile. close();
    return 0;
}
```

8.2.4　球体雷达散射截面的解析解

球体对平面波的电磁散射问题被认为是最经典的电磁场问题，它的第一个级数解是由 Mie(1908 年)做出的，因而称之为 Mie 理论级数解，在此作详细讨论。

1. 球体散射问题的通解

我们知道，电磁散射问题满足标量亥姆霍兹方程：

$$\Delta u + k_0^2 u = 0 \tag{8.40}$$

其中，u 为电场 $\boldsymbol{E}$ 或者磁场 $\boldsymbol{H}$ 的大小。

选取图 8.7 所示的球坐标系，不妨设球的半径 $r=a$，入射电场 $\boldsymbol{E}^{\mathrm{i}}=E_0\hat{\boldsymbol{x}}\mathrm{e}^{-\mathrm{i}k_0 z}$，沿 $-z$ 轴方向入射，入射波矢量为 $\boldsymbol{k}_0^{\mathrm{i}}$，入射电场强度矢量取 x 方向极化。散射波沿 Op 方向，散射波矢量为 $\boldsymbol{k}_0^s$，求空间任一点 $p(r, \theta, \varphi)$ 的电磁场分布。

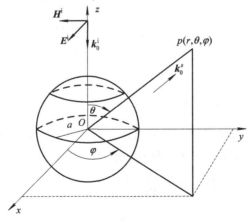

图 8.7　球体散射问题的坐标

显然，入射磁场为

$$\boldsymbol{H}^{\mathrm{i}}=-\sqrt{\frac{\varepsilon_0}{\mu_0}}E_0\hat{\boldsymbol{y}}\mathrm{e}^{-\mathrm{i}k_0 z}=-\frac{E_0}{\eta}\hat{\boldsymbol{y}}\mathrm{e}^{-\mathrm{i}k_0 z} \tag{8.41}$$

在球坐标系中，式(8.40)可变为

$$\frac{1}{r^2}\frac{\partial}{\partial r}\left(r^2\frac{\partial u}{\partial r}\right)+\frac{1}{r^2\sin\theta}\frac{\partial}{\partial\theta}\left(\sin\theta\frac{\partial u}{\partial\theta}\right)+\frac{1}{r^2\sin^2\theta}\frac{\partial^2 u}{\partial\varphi^2}+k_0^2 u=0 \tag{8.42}$$

分离变量,设

$$u(r,\theta,\varphi)=R(r)\Theta(\theta)\Phi(\varphi) \tag{8.43}$$

则可分离出三个常微分方程:

$$\frac{\mathrm{d}^2\Phi}{\mathrm{d}\varphi^2}+m^2\Phi=0 \tag{8.44}$$

$$\frac{1}{\sin\theta}\frac{\mathrm{d}}{\mathrm{d}\theta}\left(\sin\theta\frac{\mathrm{d}\Theta}{\mathrm{d}\theta}\right)+\left(\mu-\frac{m^2}{\sin^2\theta}\right)\Theta=0 \tag{8.45}$$

$$\frac{1}{r^2}\frac{\mathrm{d}}{\mathrm{d}r}\left(r^2\frac{\mathrm{d}R}{\mathrm{d}r}\right)+\left(k_0^2-\frac{\mu}{r^2}\right)R=0 \tag{8.46}$$

分离变量过程中引入的参数 m^2 和 μ,要由边界条件来决定取值。

在方程(8.45)中,令 $\cos\theta=x$,$\Theta(\theta)=y(x)$,即

$$\frac{\mathrm{d}}{\mathrm{d}x}\left[(1-x^2)\frac{\mathrm{d}y}{\mathrm{d}x}\right]+\left(\mu-\frac{m^2}{1-x^2}\right)y=0 \tag{8.47}$$

是连带勒让德方程。

令式(8.46)中 $k_0 r'=x$,$R(r')=x^{-\frac{1}{2}}y(x)$,$\mu=n(n+1)$,方程变为

$$\frac{\mathrm{d}^2 y}{\mathrm{d}x^2}+\frac{1}{x}\frac{\mathrm{d}y}{\mathrm{d}x}+\left[1-\frac{\left(n+\frac{1}{2}\right)^2}{x^2}\right]y=0 \tag{8.48}$$

即球贝塞尔方程。

方程(8.44)~方程(8.46)的解是已知的,可以根据求解问题的具体情况来选取其解,场在原点有限,在无穷远处满足辐射条件,因此

在球内的场满足:

$$u=\mathrm{j}_n(k_1 r)\mathrm{P}_n^m(\cos\theta)\begin{Bmatrix}\cos m\varphi\\\sin m\varphi\end{Bmatrix} \tag{8.49}$$

在球外的场满足:

$$u=\mathrm{h}_n^{(1)}(k_0 r)\mathrm{P}_n^m(\cos\theta)\begin{Bmatrix}\cos m\varphi\\\sin m\varphi\end{Bmatrix} \tag{8.50}$$

其中:P_n^m 为连带勒让德函数;j_n 和 $\mathrm{h}_n^{(1)}$ 分别称之为球贝塞尔函数和第一类球汉克尔函数。它们都是方程(8.48)的一个解。$\cos m\varphi$ 和 $\sin m\varphi$ 是方程(8.44)的解。三种函数的表达式为

$$\mathrm{P}_n^m(x)=\frac{(-1)^m}{\Gamma(1-m)}\left(\frac{1+x}{1-x}\right)^{m/2}$$

$$\begin{cases}\mathrm{j}_n(x)=\sqrt{\dfrac{\pi}{2x}}\mathrm{J}_{n+\frac{1}{2}}(x)\\[2mm]\mathrm{h}_n^{(1)}(x)=\sqrt{\dfrac{\pi}{2x}}\mathrm{H}_{n+\frac{1}{2}}^{(1)}(x)\end{cases} \tag{8.51}$$

其中,J 是贝塞尔函数,$\mathrm{H}^{(1)}$ 是汉克尔函数。要求场在散射区必须单值、连续,m 和 n 就只能取整数。

容易证明：

$$\begin{cases} \boldsymbol{M} = \nabla \times (\boldsymbol{\rho} u) \\ \boldsymbol{N} = \dfrac{1}{k_0} \Delta \times \boldsymbol{M} \end{cases} \tag{8.52}$$

都是电场 $\boldsymbol{E}$ 或者磁场 $\boldsymbol{H}$ 满足的矢量亥姆霍兹方程

$$\begin{cases} \Delta \boldsymbol{E} + k_0^2 \boldsymbol{E} = 0 \\ \Delta \boldsymbol{H} + k_0^2 \boldsymbol{H} = 0 \end{cases} \tag{8.53}$$

的解。其中，$\boldsymbol{\rho}$ 是任意矢量或径向矢量。

将式(8.49)和式(8.50)代入式(8.52)中，取 $\boldsymbol{\rho} = \boldsymbol{r}$，经过运算可以得到

$$\boldsymbol{M}_{\substack{e \\ o}mn}^{(1)} = \mp \frac{m}{\sin\theta} \mathrm{j}_n(k_0 r) \mathrm{P}_n^m(\cos\theta) \begin{Bmatrix} \sin m\varphi \\ \cos m\varphi \end{Bmatrix} \hat{\boldsymbol{\theta}}$$

$$- \mathrm{j}_n(k_0 r) \frac{\partial}{\partial\theta} \mathrm{P}_n^m(\cos\theta) \begin{Bmatrix} \cos m\varphi \\ \sin m\varphi \end{Bmatrix} \hat{\boldsymbol{\varphi}} \tag{8.54}$$

$$\boldsymbol{N}_{\substack{e \\ o}mn}^{(1)} = \frac{n(n+1)}{k_0 r} \mathrm{j}_n(k_0 r) \mathrm{P}_n^m(\cos\theta) \begin{Bmatrix} \cos m\varphi \\ \sin m\varphi \end{Bmatrix} \hat{\boldsymbol{r}}$$

$$+ \frac{1}{k_0 r} \frac{\partial}{\partial(k_0 r)} [k_0 r \mathrm{j}_n(k_0 r)] \frac{\partial}{\partial\theta} \mathrm{P}_n^m(\cos\theta) \begin{Bmatrix} \cos m\varphi \\ \sin m\varphi \end{Bmatrix} \hat{\boldsymbol{\theta}}$$

$$\mp \frac{m}{k_0 r \sin\theta} \frac{\partial}{\partial(k_0 r)} [k_0 r \mathrm{j}_n(k_0 r)] \mathrm{P}_n^m(\cos\theta) \begin{Bmatrix} \sin m\varphi \\ \cos m\varphi \end{Bmatrix} \hat{\boldsymbol{\varphi}} \tag{8.55}$$

其中，角标 e 表示偶数，o 表示奇数。

球内存在的电磁场、散射场和入射场都要满足式(8.53)，因此它们的解都可用 $\boldsymbol{M}$ 和 $\boldsymbol{N}$ 的线性组合表示。

散射场为

$$\begin{cases} \boldsymbol{E}^s = E_0 \displaystyle\sum_{m=0}^{\infty} \sum_{n=0}^{\infty} (A_{\substack{e \\ o}mn} \boldsymbol{M}_{\substack{e \\ o}mn}^{(2)} + B_{\substack{e \\ o}mn} \boldsymbol{N}_{\substack{e \\ o}mn}^{(2)}) \\ \boldsymbol{H}^s = -\mathrm{i} H_0 \displaystyle\sum_{m=0}^{\infty} \sum_{n=0}^{\infty} (B_{\substack{e \\ o}mn} \boldsymbol{M}_{\substack{e \\ o}mn}^{(2)} + A_{\substack{e \\ o}mn} \boldsymbol{N}_{\substack{e \\ o}mn}^{(2)}) \end{cases} \tag{8.56}$$

球内场为

$$\begin{cases} \boldsymbol{E}_1 = E_0 \displaystyle\sum_{m=0}^{\infty} \sum_{n=0}^{\infty} (C_{\substack{e \\ o}mn} \boldsymbol{M}_{\substack{e \\ o}mn}^{(3)} + D_{\substack{e \\ o}mn} \boldsymbol{N}_{\substack{e \\ o}mn}^{(3)}) \\ \boldsymbol{H}_1 = -\mathrm{i} \dfrac{E_0 k_1}{\omega \mu_1} \displaystyle\sum_{m=0}^{\infty} \sum_{n=0}^{\infty} (D_{\substack{e \\ o}mn} \boldsymbol{M}_{\substack{e \\ o}mn}^{(3)} + C_{\substack{e \\ o}mn} \boldsymbol{N}_{\substack{e \\ o}mn}^{(3)}) \end{cases} \tag{8.57}$$

其中：$k_1 = \omega^2 \varepsilon_1 \mu_1$，为球内散射介质材料的波数；上标"(2)"表示用 $\mathrm{h}_n(k_0 r)$ 代替 $\mathrm{j}_n(k_0 r)$；上标"(3)"表示用 $\mathrm{j}_n(k_1 r)$ 代替 $\mathrm{j}_n(k_0 r)$。

入射场为

$$\begin{cases} \boldsymbol{E}^i = E_0 \displaystyle\sum_{n=1}^{\infty} (-\mathrm{i})^n \frac{2n+1}{n(n+1)} (\boldsymbol{M}_{o1n}^{(1)} + \mathrm{i} \boldsymbol{N}_{e1n}^{(1)}) \\ \boldsymbol{H}^i = -\mathrm{i} H_0 \displaystyle\sum_{n=1}^{\infty} (-\mathrm{i})^n \frac{2n+1}{n(n+1)} (\mathrm{i} \boldsymbol{M}_{e1n}^{(1)} + \boldsymbol{N}_{o1n}^{(1)}) \end{cases} \tag{8.58}$$

其中没有 $n=0$ 的项，因为 $P_0^1(\cos\theta)\equiv 0$。

现在所讨论的球体散射问题中已知边界条件：

$$\begin{cases} \hat{r}\times(E^i+E^s)\mid_{r=a^+} = \hat{r}\times E_1\mid_{r=a^-} \\ \hat{r}\times(H^i+H^s)\mid_{r=a^+} = \hat{r}\times H_1\mid_{r=a^-} \end{cases} \quad (8.59)$$

将式(8.56)～式(8.58)代入式(8.59)，得

$$A_{emn}=B_{omn}=C_{emn}=D_{omn}=0 \quad (\text{全部的 } m, n) \quad (8.60)$$

$$A_{omn}=B_{emn}=D_{emn}=C_{omn}=0 \quad (m\neq 1, \text{全部的 } n) \quad (8.61)$$

$$A_{o1n}=(-i)^n\frac{2n+1}{n(n+1)}\frac{\mu_0 j_n(k_0 a)\dfrac{\partial}{\partial(k_1 a)}[k_1 a j_n(k_1 a)]-\mu_1 j_n(k_1 a)\dfrac{\partial}{\partial(k_0 a)}[k_0 a j_n(k_0 a)]}{\mu_1 j_n(k_1 a)\dfrac{\partial}{\partial(k_0 a)}[k_0 a h_n^{(1)}(k_0 a)]-\mu_0 h_n^{(1)}(k_0 a)\dfrac{\partial}{\partial(k_1 a)}[k_1 a j_n(k_1 a)]}$$

$$(8.62)$$

$$B_{e1n}=(-i)^{n+1}\frac{2n+1}{n(n+1)}\frac{\mu_0 j_n(k_1 a)\dfrac{\partial}{\partial(k_0 a)}[k_0 a j_n(k_0 a)]-\left(\dfrac{k_0}{k_1}\right)^2\mu_1 j_n(k_0 a)\dfrac{\partial}{\partial(k_1 a)}[k_1 a j_n(k_1 a)]}{\mu_0 j_n(k_1 a)\dfrac{\partial}{\partial(k_0 a)}[k_0 a h_n^{(1)}(k_0 a)]-\mu_1\left(\dfrac{k_0}{k_1}\right)^2 h_n^{(1)}(k_0 a)\dfrac{\partial}{\partial(k_1 a)}[k_1 a j_n(k_1 a)]}$$

$$(8.63)$$

$$C_{o1n}=\frac{\dfrac{(-i)^{n+1}(2n+1)\mu_1}{k_0 a n(n+1)}}{\mu_0 h_n^{(1)}(k_0 a)\dfrac{\partial}{\partial(k_1 a)}[k_1 a j_n(k_1 a)]-\mu_1 j_n(k_1 a)\dfrac{\partial}{\partial(k_0 a)}[k_0 a h_n^{(1)}(k_0 a)]} \quad (8.64)$$

$$D_{e1n}=\frac{\dfrac{(-i)^n(2n+1)\mu_1 k_1 a}{n(n+1)}}{\mu_1(k_0 a)^2 h_n^{(1)}\dfrac{\partial}{\partial(k_1 a)}[k_1 a j_n(k_1 a)]-\mu_0(k_1 a)^2 j_n(k_1 a)\dfrac{\partial}{\partial(k_0 a)}[k_0 a h_n^{(1)}(k_0 a)]}$$

$$(8.65)$$

至此，求得球外一点的散射场为

$$E^s(p,\omega)=E_0\sum_{n=1}^{\infty}(A_{o1n}M_{o1n}^{(2)}+B_{e1n}N_{e1n}^{(2)}) \quad (8.66)$$

$$H^s(p,\omega)=-i\sqrt{\frac{\varepsilon_0}{\mu_0}}E_0\sum_{n=1}^{\infty}(B_{e1n}M_{e1n}^{(2)}+A_{o1n}N_{o1n}^{(2)}) \quad (8.67)$$

其中：

$$M_{\substack{e\\o}1n}^{(2)}=\mp\frac{1}{\sin\theta}h_n^{(1)}(k_0 r)P_n^1(\cos\theta)\begin{Bmatrix}\sin\varphi\\\cos\varphi\end{Bmatrix}\hat{\theta}-h_n^{(1)}(k_0 r)\frac{d}{d\theta}P_n^1(\cos\theta)\begin{Bmatrix}\cos\varphi\\\sin\varphi\end{Bmatrix}\hat{\varphi} \quad (8.68)$$

$$N_{\substack{e\\o}1n}^{(2)}=\frac{n(n+1)}{k_0 r}h_n^{(1)}(k_0 r)P_n^1(\cos\theta)\begin{Bmatrix}\cos\varphi\\\sin\varphi\end{Bmatrix}\hat{r}$$

$$+\frac{1}{k_0 r}\frac{d}{d(k_0 r)}[k_0 r h_n^{(1)}(k_0 r)]\frac{d}{d\theta}P_n^1(\cos\theta)\begin{Bmatrix}\cos\varphi\\\sin\varphi\end{Bmatrix}\hat{\theta}$$

$$\mp\frac{1}{k_0 r\sin\theta}\frac{d}{d(k_0 r)}[k_0 r h_n^{(1)}(k_0 r)]P_n^1(\cos\theta)\begin{Bmatrix}\sin\varphi\\\cos\varphi\end{Bmatrix}\hat{\varphi} \quad (8.69)$$

2. 金属球的远区解

当球的电导率趋于无穷时，即在理想导体的情况下，式(8.59)可写为

$$\hat{\boldsymbol{r}} \times \boldsymbol{E} \mid_{r=a} = 0 \tag{8.70}$$

因为金属球内场为零，取球贝塞尔函数和球汉克尔函数的渐近形式以后，式(8.62)～式(8.65)的系数变为

$$A_{o1n} = -(-i)^n \frac{2n+1}{n(n+1)} \frac{j_n(k_0 a)}{h_n^{(1)}(k_0 a)} \tag{8.71}$$

$$B_{e1n} = (-i)^{n+1} \frac{2n+1}{n(n+1)} \frac{\dfrac{d}{d(k_0 a)}[k_0 a j_n(k_0 a)]}{\dfrac{d}{d(k_0 a)}[k_0 a h_n^{(1)}(k_0 a)]} \tag{8.72}$$

$$C_{o1n} = D_{e1n} = 0 \tag{8.73}$$

当 $r \gg a$ 时，即在远场情况下，$\boldsymbol{M}$ 和 $\boldsymbol{N}$ 之中的球汉克尔函数可以用其渐近展开式的第一项代替：

$$h_n^{(1)}(k_0 r) \sim (-i)^{n+1} \frac{e^{ik_0 r}}{k_0 r} \sim -i \frac{1}{k_0 r} \frac{d}{d(k_0 r)}[k_0 r h_n^{(1)}(k_0 r)] \tag{8.74}$$

其中，$\boldsymbol{M}$ 和 $\boldsymbol{N}$ 之中的 θ 和 φ 分量是同量级的。通过比较，$\boldsymbol{N}$ 之中的径向分量是较高级量，因此在远场之中只出现 θ 和 φ 分量。式(8.66)变为

$$\boldsymbol{E}^s \sim E_0 \frac{e^{ik_0 r}}{k_0 r} \sum_{n=1}^{\infty} (-i)^{n+1} \left\{ \left[A_{o1n} \frac{P_n^1(\cos\theta)}{\sin\theta} + i B_{e1n} \frac{d}{d\theta} P_n^1(\cos\theta) \right] \cos\varphi \, \hat{\boldsymbol{\theta}} \right.$$

$$\left. - \left[A_{o1n} \frac{d}{d\theta} P_n^1(\cos\theta) + i B_{e1n} \frac{P_n^1(\cos\theta)}{\sin\theta} \right] \sin\varphi \, \hat{\boldsymbol{\varphi}} \right\} \tag{8.75}$$

令

$$S_1(\theta) = \sum_{n=1}^{\infty} (-i)^{n+1} \left[A_{o1n} \frac{P_n^1(\cos\theta)}{\sin\theta} + i B_{e1n} \frac{d}{d\theta} P_n^1(\cos\theta) \right] \tag{8.76}$$

$$S_2(\theta) = \sum_{n=1}^{\infty} (-i)^{n+1} \left[A_{o1n} \frac{d}{d\theta} P_n^1(\cos\theta) + i B_{e1n} \frac{P_n^1(\cos\theta)}{\sin\theta} \right] \tag{8.77}$$

式(8.75)可改写为

$$\boldsymbol{E}^s(p, \omega) = E_0 \frac{e^{ik_0 r}}{k_0 r} [\cos\varphi \, S_1(\theta) \hat{\boldsymbol{\theta}} - \sin\varphi \, S_2(\theta) \hat{\boldsymbol{\varphi}}] \tag{8.78}$$

若定义散射函数：

$$F(\theta, \varphi) \hat{\boldsymbol{\tau}} = \cos\varphi \, S_1(\theta) \hat{\boldsymbol{\theta}} - \sin\varphi \, S_2(\theta) \hat{\boldsymbol{\varphi}} \tag{8.79}$$

$\hat{\boldsymbol{\tau}}$ 为在 p 点散射场的极化方向，则在任意极化方向 $\hat{\boldsymbol{\eta}}$ 的散射截面定义为

$$\sigma_\eta(\theta, \varphi) = \frac{4\pi}{k_0^2} |F(\theta, \varphi)|^2 |\hat{\boldsymbol{\tau}} \cdot \hat{\boldsymbol{\eta}}|^2 \tag{8.80}$$

当 $\hat{\boldsymbol{\eta}} = \hat{\boldsymbol{\theta}}$，即 θ 极化状态时，散射截面为

$$\sigma_\theta(\theta, \varphi) = \frac{4\pi}{k_0^2} S_1^2(\theta) \cos^2\varphi \tag{8.81}$$

当 $\hat{\boldsymbol{\eta}} = \hat{\boldsymbol{\varphi}}$，即 φ 极化状态时，散射截面为

$$\sigma_\varphi(\theta, \varphi) = \frac{4\pi}{k_0^2} S_2^2(\theta) \sin^2\varphi \tag{8.82}$$

上面两个散射截面分量分别称为 E 和 H 平面的散射截面。

利用式(8.81)和式(8.82)便可以计算金属球面外的远区电磁散射截面。计算结果如图 8.8 所示,计算中 $ka=2.9$ 和 5.3。其计算程序如程序 7 所示。

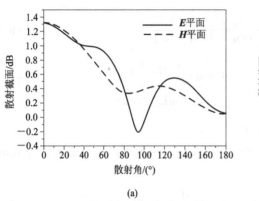
(a)

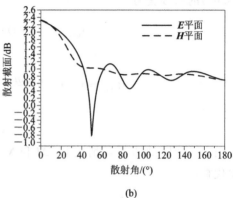
(b)

图 8.8 金属球的双站雷达散射截面

(a) $ka=2.9$; (b) $ka=5.3$

程序 7

```cpp
#include <iostream>
#include <fstream>
#include <complex>
#include <cmath>
using namespace std;

int MSTA1(double x, int mp);
int MSTA2(double x, int n, int mp);
void SPHJ(double x, int n, double * SJ, double * DJ, int * NM);
void SPHY(double x, int n, double * SY, double * DY, int * NM);
void CSPHJY(complex<double> z, int n, complex<double> * CSJ,
            complex<double> * CDJ, complex<double> * CSY,
            complex<double> * CDY, int * NM);
void BMIE(double x, complex<double> m, int NAng, complex<double> * S1,
          complex<double> * S2);

const double pi = 3.14159265358979;
int NAN;
double DANG;


/* * * * * * * * * * * * * * * * * * * * * * * * * * * * * * * * * * *
 * 基于给定的尺度参数和折射率,本程序使用经典 MIE 理论和相位因子来计算球体的
 * 远区散射强度
```

```
 *  参考文献：
 *  1. ABSORPTION AND SCATTERING OF LIGHT BY SMALL PARTICLES
 *       C. F. Bohren and D. R.. Huffman, Wiley , New York
 *  2. ELECTROMAGNETIC SCATTERING BY AN AGGREGATE OF SPHERES：
 *       FAR FIELD,
 *   Y. Xu, APPLIED OPTICS，Vol. 36，No. 36，1997，p9494-9508
 * * * * * * * * * * * * * * * * * * * * * * * * * * * * * * * * * * * * * * */
int main()
{
    double xL=0.，yL=0.，zL=0.；            //球体坐标
    double x = 2.9；                       //x=ka，球体的尺度参数
    complex<double> m(1.3，1e−8)；
    int NAng = 91；                        //使用到的角度个数
    DANG = 1.570796327/(NAng − 1)；
    NAN = 2 * NAng − 1；

    //计算每个球体的 MIE 理论因子的展开系数
    complex<double>  * S1 = new complex<double>[NAN+1]；
    complex<double>  * S2 = new complex<double>[NAN+1]；
    BMIE(x，m，NAng，S1，S2)；

    //sih 和 siv 分别是平行、垂直于散射平面的散射强度
    ofstream outfile("output. dat")；
    for(int j=1；j<=NAN；++j)
    {
      double sih = abs(S2[j]) * abs(S2[j])；
      sih = log(sih)/log(10.)；
      double siv = abs(S1[j]) * abs(S1[j])；
      siv = log(siv)/log(10.)；
      double ang = DANG * (j−1) * 57.2958；
      outfile<<ang<<"\t"<<sih<<"\t"<<siv<<endl；
    }
    outfile. close()；

    delete[] S1；
    delete[] S2；
    return 0；
}


 * * * * * * * * * * * * * * * * * * * * * * * * * * * * * * * * * * * * * */
 *  这个程序可以用来计算多层球体的散射，通过读入数据来获得以下信息：
 *  x、y、z 坐标系下的这些球体的中心坐标、尺度参数、折射率的实部和虚部。
 *  NL——球体的总数
```

```
    * * * * * * * * * * * * * * * * * * * * * * * * * * * * * * * * * * * * /
void BMIE(double x, complex<double> m, int NAng, complex<double> * S1,
        complex<double> * S2)
{
    double * theta = new double[NAng+1];
    double * amu = new double[NAng+1];
    double * PI0 = new double[NAng+1];
    double * PI1 = new double[NAng+1];
    for(int i=1; i<=NAng; ++i)
    {
        theta[i] = (i-1) * DANG;
        amu[i] = cos(theta[i]);
        PI0[i] = 0.0;
        PI1[i] = 1.0;
    }

    for(int j=1; j<=NAN; ++j)
    {
        S1[j] = complex<double>(0., 0.);
        S2[j] = complex<double>(0., 0.);
    }

    int NStop = (int)(x + 4. * pow(x, 1/3.) + 2.0);
    double * SJ = new double[NStop+1]();
    double * DJ = new double[NStop+1]();
    double * SY = new double[NStop+1]();
    double * DY = new double[NStop+1]();
    double * PSN = new double[NStop+1];
    double * DPSN = new double[NStop+1];
    complex<double> * KSN = new complex<double>[NStop+1];
    complex<double> * DKSN = new complex<double>[NStop+1];

    //用于电介质球
    / * complex<double> * CSJ = new complex<double>[NStop+1];
    complex<double> * CDJ = new complex<double>[NStop+1];
    complex<double> * CSY = new complex<double>[NStop+1];
    complex<double> * CDY = new complex<double>[NStop+1];
    complex<double> * CPSN = new complex<double>[NStop+1];
    complex<double> * CDPSN = new complex<double>[NStop+1];
    complex<double> * CKSN = new complex<double>[NStop+1];
    complex<double> * CDKSN = new complex<double>[NStop+1]; * /
    int NMJ, NMY;
```

```
int j = 1;
do {
        complex<double> mx = m * x;
        complex<double> z = mx;
        SPHJ(x, j, SJ, DJ, &NMJ);
        SPHY(x, j, SY, DY, &NMY);
        PSN[j] = x * SJ[j];
        DPSN[j] = SJ[j] + x * DJ[j];
        KSN[j] = x * complex<double>(SJ[j], SY[j]);
        DKSN[j] = complex<double>(DPSN[j], x * DY[j]+SY[j]);

        complex<double> an, bn, san, sbn;

        //用于电介质球
        / * CSPHJY(mx, j+1, CSJ, CDJ, CSY, CDY, &NM);
        CPSN[j] = z * CSJ[j];
        CDPSN[j] = CSJ[j] + z * CDJ[j];
        CSY[j]  * = complex<double>(0.0, 1.0);
        CKSN[j] = z * (CSJ[j] + CSJ[j]);
        CDKSN[j] = CDPSN[j] + z * CDY[j] + CSY[j]
                        * complex<double>(0.0, 1.0);
        an = (m * CPSN[j] * DPSN[j] * CDPSN[j])
                /(m * CPSN[j] * DKSN[j]-KSN[j] * CDPSN[j]);
        bn = (CPSN[j] * DPSN[j]-m * PSN[j] * CDPSN[j])
                /(CPSN[j] * DKSN[j]-m * KSN[j] * CDPSN[j]); * /

        //用于导体球
        an = PSN[j]/KSN[j];
        bn = DPSN[j]/DKSN[j];

        //计算 S1、S2
        double rn = j;
        double fn = (2 * rn+1)/(rn * (rn+1));
        double * PI = new double[NAng+1];
        double * TAU = new double[NAng+1];
        for(int i=1; i<=NAng; ++i)
        {
            int ii = 2 * NAng - i;
            PI[i] = PI1[i];
            TAU[i] = rn * amu[i] * PI[i] - (rn+1) * PI0[i];
            double p = pow(-1., j-1);
            S1[i] += fn * (an * PI[i] + bn * TAU[i]);
            double tt = pow(-1., j);
```

```
            S2[i] += fn * (an * TAU[i] + bn * PI[i]);
            if(i! = ii)
            {
                S1[ii] += fn * (an * PI[i] * p + bn * TAU[i] * tt);
                S2[ii] += fn * (an * TAU[i] * tt + bn * PI[i] * p);
            }
        }
        delete[] TAU;

        ++j;
        rn = j;
        for(int i=1; i<=NAng; ++i)
        {
            PI1[i] = ((2. * rn-1)/(rn-1)) * amu[i] * PI[i];
            PI1[i] -= rn * PI0[i]/(rn-1);
            PI0[i] = PI[i];
        }
        delete[] PI;
    }while(j-1 < NStop);

//用于电介质球
/ * delete[] CDKSN;
delete[] CKSN;
delete[] CDPSN;
delete[] CPSN;
delete[] CDY;
delete[] CSY;
delete[] CDJ;
delete[] CSJ; * /

delete[] DKSN;
delete[] KSN;
delete[] DPSN;
delete[] PSN;
delete[] DY;
delete[] SY;
delete[] DJ;
delete[] SJ;
delete[] PI1;
delete[] PI0;
delete[] amu;
delete[] theta;
}
```

```
/* * * * * * * * * * * * * * * * * * * * * * * * * * * * * * * * *
 *   作用：计算球贝塞尔函数 jn(x)以及对应的导数
 *   输入：x —— jn(x)的参数
 *        n —— jn(x)的阶数（ n = 0, 1, 2, …）
 *   输出：SJ(n) —— jn(x)
 *        DJ(n) —— jn'(x)
 *        NM —— 计算的最高阶数
 *   子函数功能：
 *        MSTA1 和 MSTA2 用于计算逆向递推的起点
 * * * * * * * * * * * * * * * * * * * * * * * * * * * * * * * * */
void SPHJ(double x, int n, double * SJ, double * DJ, int * NM)
{
    * NM = n;
    if(abs(x) <= 1e-100)
    {
      for(int k=0; k<=n; ++k)
      {
        SJ[k] = 0;
        DJ[k] = 0;
      }
      SJ[0] = 1;
      DJ[1] = 1./3;
      return;
    }

    SJ[0] = sin(x)/x;
    SJ[1] = (SJ[0]-cos(x))/x;
    if(n >= 2)
    {
      double SA = SJ[0];
      double SB = SJ[1];
      int m = MSTA1(x, 200);
      if(m < n)
        * NM = m;
      else
        m = MSTA2(x, n, 15);
      double f0 = 0, f1 = 1 - 100, f;
      for(int k=m; k>=0; --k)
      {
        f = (2. * k + 3) * f1/x - f0;
        if(k <= * NM)
          SJ[k] = f;
```

```
        f0 = f1;
        f1 = f;
      }
      double cs;
      if(abs(SA) > abs(SB))
        cs = SA/f;
      else
        cs = SB/f0;
      for(int k=0; k<= *NM; ++k)
        SJ[k] *= cs;
    }

    DJ[0] = (cos(x) - sin(x)/x)/x;
    for(int k=1; k<= *NM; ++k)
      DJ[k] = SJ[k-1] - (k+1) * SJ[k]/x;
}


/* * * * * * * * * * * * * * * * * * * * * * * * * * * * * * * *
 *   作用:计算球贝塞尔函数 yn(x)以及对应的导数
 *   输入:x —— yn(x)的参数
 *         n —— yn(x)的阶数 ( n = 0, 1, 2, …)
 *   输出:SY(n) —— yn(x)
 *         DY(n) —— yn'(x)
 *         NM —— 计算的最高阶数
 * * * * * * * * * * * * * * * * * * * * * * * * * * * * * * * * */
void SPHY(double x, int n, double * SY, double * DY, int * NM)
{
    * NM = n;
    if(x < 1e-60)
    {
      for(int k=0; k<=n; ++k)
      {
        SY[k] = -1e300;
        DY[k] = 1e300;
      }
    }

    SY[0] = -cos(x)/x;
    SY[1] = (SY[0]-sin(x))/x;
    double f0 = SY[0];
    double f1 = SY[1];
    for(int k=2; k<=n; ++k)
    {
```

```
        double f = (2 * k - 1) * f1/x - f0;
        SY[k] = f;
        if(abs(f) >= 1e300)
          break;
        f0 = f1;
        f1 = f;
        * NM = k;
      }
    DY[0] = (sin(x) + cos(x)/x)/x;
    for(int k=1; k<= * NM; ++k)
      DY[k] = SY[k-1] - (k+1) * SY[k]/x;
}
```

```
/* * * * * * * * * * * * * * * * * * * * * * * * * * * * * * * * *
 *   作用：计算球贝塞尔函数 jn(z) 和 yn(z)，以及复数参数的导数
 *   输入：z －－复数参数
 *         n －－ jn(z) 和 yn(z) 的阶数（ n = 0, 1, 2, …）
 *   输出：CSJ(n) －－ jn(z)
 *         CDJ(n) －－ jn'(z)
 *         CSY(n) －－ yn(z)
 *         CDY(n) －－ yn'(z)
 *         NM －－ 计算的最高阶数
 *   子函数功能：
 *         MSTA1 和 MSTA2 用于计算逆向递推的起点
 * * * * * * * * * * * * * * * * * * * * * * * * * * * * * * * * * */
void CSPHJY(complex<double> z, int n, complex<double> * CSJ,
            complex<double> * CDJ, complex<double> * CSY,
            complex<double> * CDY, int * NM)
{
    double a0 = abs(z);
    * NM = n;
    if(a0 < 1e-60)
    {
      for(int k=0; k<=n; ++k)
      {
        CSJ[k] = 0;
        CDJ[k] = 0;
        CSY[k] = -1e300;
        CDY[k] = 1e300;
      }
      CSJ[0] = complex<double>(1.0, 0.0);
      CDJ[1] = (1./3, 0.0);
      return;
```

```cpp
      }
CSJ[0] = sin(z. real())/z;
CSJ[1] = (CSJ[0]−cos(z. real()))/z;

complex<double> CSA;
complex<double> CSB;
double cs;
if(n >= 2)
{
   CSA = CSJ[0];
   CSB = CSJ[1];
   int m = MSTA1(a0, 200);
   if(m < n)
     * NM = m;
   else
     m = MSTA2(a0, n, 15);
   double cf0=0, cf1=1−100, cf;
   for(int k=m; k>=0; −−k)
   {
     cf = (2. * k + 3.) * cf1/z. real() − cf0;
     if(k <= * NM)
       CSJ[k] = cf;
     cf0 = cf1;
     cf1 = cf;
   }
   if(abs(CSA) > abs(CSB))
     cs = CSA. real()/cf;
   else
     cs = CSB. real()/cf0;
   for(int k=0; k<= * NM; ++k)
     CSJ[k] *= cs;
}

CDJ[0] = (cos(z) − sin(z)/z)/z;
for(int k=1; k<= * NM; ++k)
   CDJ[k] = CSJ[k−1]−(k+1.) * CSJ[k]/z;
CSY[0] = −cos(z)/z;
CSY[1] = (CSY[0] − sin(z))/z;
CDY[0] = (sin(z) + cos(z)/z)/z;
CDY[1] = (2. * CDY[0]−cos(z))/z;
for(int k=2; k<= * NM; ++k)
{
       if(abs(CSJ[k−1]) > abs(CSJ[k−2]))
```

```
        CSY[k] = (CSJ[k] * CSY[k−1]−1./(z * z))/CSJ[k−1];
      else
        CSY[k] = (CSJ[k] * CSY[k−2]−(2. * k−1)/pow(z, 3))/CSJ[k−2];
    }
    for(int k=2; k<= * NM; ++k)
      CDY[k] = CSY[k−1]−(k+1.) * CSY[k]/z;
}


static double ENVJ(int n, double x)
{
    return 0.5 * (log(6.28 * n)/log(10.)) − n * (log(1.36 * x/n)/log(10.));
}



/* * * * * * * * * * * * * * * * * * * * * * * * * * * * * * * *
 *    作用：决定逆向递归的起点，使得 jn(x)在该点的量级
 *          大约为 10^(−MP)
 *    输入：x −− Jn(x)的参数
 *          MP −−量级值
 *    输出：MSTA1 −−起点
 * * * * * * * * * * * * * * * * * * * * * * * * * * * * * * * */
int MSTA1(double x, int mp)
{
    double a0 = abs(x);
    int n0 = (int)(1.1 * a0) + 1;
    double f0 = ENVJ(n0, a0) − mp;
    int n1 = n0 + 5;
    double f1 = ENVJ(n1, a0) − mp;
    int nn;
    for(int it=1; it<=20; ++it)
    {
      nn = (int)(n1−(n1−n0)/(1−f0/f1));
      double f = ENVJ(nn, a0) − mp;
      if(abs(nn−n1) < 1)
        break;
      n0 = n1;
      f0 = f1;
      n1 = nn;
      f1 = f;
    }
    return nn;
}


/* * * * * * * * * * * * * * * * * * * * * * * * * * * * * * * *
```

```
*    作用：决定逆向递归的起点，使得 jn(x)有 MP 位有效数字
*    输入：x —— Jn(x)的参数
*         n —— Jn(x)的阶数
*         MP ——有效数字的位数
*    输出：MSTA2 ——起点
* * * * * * * * * * * * * * * * * * * * * * * * * * * * * * * * * /
int MSTA2(double x, int n, int mp)
{
    double a0 = abs(x);
    double hmp = 0.5 * mp;
    double EJN = ENVJ(n, a0);
    double obj;
    int n0;
    if(EJN <= hmp)
    {
      obj = mp;
      n0 = (int)(1.1 * a0);
    }
    else
    {
      obj = hmp + EJN;
      n0 = n;
    }
    double f0 = ENVJ(n0, a0) - obj;
    int n1 = n0 + 5;
    double f1 = ENVJ(n1, a0) - obj;
    int nn;
    for(int it=1; it<=20; ++it)
    {
      nn = (int)(n1-(n1-n0)/(1-f0/f1));
      double f = ENVJ(nn, a0) - obj;
      if(abs(nn-n1) < 1)
        break;
      n0 = n1;
      f0 = f1;
      n1 = nn;
      f1 = f;
    }
    return nn + 10;
}
```

8.3   积分变换法的可视化计算

例 5.6 中已经利用傅里叶积分变换法求解了无限长细杆的热传导的定解问题，即

$$\begin{cases} u_t - a^2 u_{xx} = 0 \\ u\,|_{t=0} = \varphi(x) \quad (-\infty < x < \infty,\, t > 0) \end{cases} \tag{8.83}$$

求得问题的解为

$$u(x,\,t) = \int_{-\infty}^{\infty} \varphi(\xi) \left[\frac{1}{2a\sqrt{\pi t}} e^{-\frac{(x-\xi)^2}{4a^2 t}} \right] \mathrm{d}\xi \tag{8.84}$$

如果这里取初始温度分布如下：

$$\varphi(x) = \begin{cases} 1 & (0 \leqslant x \leqslant 1) \\ 0 & (x \leqslant 0,\, x \geqslant 1) \end{cases} \tag{8.85}$$

这是在区间 0～1 之间高度为 1 的一个矩形脉冲，则

$$u(x,\,t) = \int_0^1 \frac{1}{2a\sqrt{\pi t}} e^{-\frac{(x-\xi)^2}{4a^2 t}} \mathrm{d}\xi \tag{8.86}$$

利用式(8.86)可以画出表示温度随时间与空间的变化的"瀑布图"，如图8.9 所示。其计算程序如程序 8 所示。

从图 8.9 中可以看到，在开始时，温度分布是原点附近的一个脉冲状的分布，随着时间的增加，热量向两边传播，形成一个平缓的波包。不难想象，如果时间足够长，最终杆上的温度会全部为零。

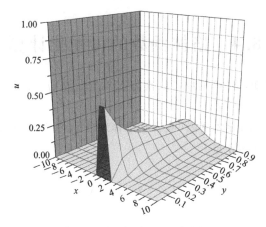

图 8.9　一维热传导的积分解

程序 8

```
//无限长细杆的热传导的定解问题
# include <iostream>
# include <fstream>
# include <cmath>
using namespace std;

const double a = 2.;
const double pi = 3.1415926;

int main()
{
    ofstream outfile("热传导 equ. dat");
```

```
for(double x=-10. ; x<10.1; x+=0.5)
{
    for(double t=0.01; t<1.01; t+=0.1)
    {
        double u = 0;
        //下面作积分
        for(double tao=0; tao<1.001; tao+=0.01)
        {
            double b = 1/(2 * a * sqrt(pi * t));
            double c = -(x-tao) * (x-tao)/(4 * (a * a) * t);
            u += b * exp(c) * 0.01;
        }
        //积分完毕，输出
        outfile<<x<<"\t"<<t<<"\t"<<u<<endl;
    }
}
outfile. close();
return 0;
}
```

8.4　格林函数的可视化计算

由第 6 章的内容可知，格林函数可以视为点源产生的场，下面进一步讨论球域内外的格林函数的可视化计算问题。

例 8.5　在半径为 a 的导体球内（或者在导体球外），距球心 r_0 处放置电量为 $4\pi\varepsilon_0 q$ 的点电荷，求它形成的静电场分布。

解　定解问题为

$$\begin{cases} \Delta G = -\delta(x-x_0,\ y-y_0,\ z-z_0) \\ G\,|_{r=a} = 0 \end{cases} \tag{8.87}$$

这里以 r_0 表示点电荷的位置，以 r 表示所计算的电场点。当电荷在球外时，要求 $r>a$，$r_0>a$；当点电荷在球内时，要求 $r<a$，$r_0<a$。

这个问题的解可以利用第 6 章介绍的电像法求得，无论球内还是球外，所得解的形式都相同。其解为

$$u(r,\ \theta) = \frac{q}{\sqrt{r_0^2 - 2r_0 r \cos\theta + r^2}} - \frac{q(a/r_0)}{\sqrt{\left(\dfrac{a^2}{r_0}\right)^2 - 2\left(\dfrac{a^2}{r_0}\right)r \cos\theta + r^2}} \tag{8.88}$$

其中，第一项是原来的点电荷在空间产生的电场，第二项可以看成是一个想象的点电荷产生的场。这个假想的点电荷的电量为 $-4\pi\varepsilon_0 q(a/r_0)$，位置在球心与原电荷的连线上，距球心的距离为 a^2/r_0。这个虚拟的电荷通常称为电像。它就是我们要求的球域外（内）的格林函数。

（1）画出点电荷在球外的情况，即要求 $r>a$，$r_0>a$。取 r_0 为极轴，以 θ 表示 r 与 r_0 的夹角，利用程序 9 画出这个解的图像，如图 8.10 所示。

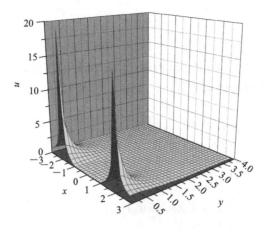

图 8.10　球域外点电荷的电势分布（格林函数）

程序 9

```cpp
//点电荷在导体球外的格林函数
# include <iostream>
# include <fstream>
# include <cmath>
using namespace std;

const double a＝1.0，r0＝2.0，q＝1.0;          //a 为半径，r0 为点电荷

int main()
{
    ofstream outfile("green.dat");
    double u = 0;
    for(double x＝-3.; x<3.001; x+＝0.01)
    {
      if(abs(x) < 1e-8)
        continue;
      for(double y＝0.01; y<4.001; y+＝0.01)
      {
        double cta = atan(y/x);          //r 与 r0 的夹角
        double r = sqrt(x * x + y * y);
        double rr = a/r0;
        double u1 = q/sqrt(r0 * r0 - 2 * r0 * r * cos(cta) + r * r);
        double u2 = q * rr/sqrt((a * rr) * (a * rr) - 2 * a * rr * r * cos(cta) + r * r);
        if(r > 1)
          u = u1 - u2;
        outfile<<x<<"\t"<<y<<"\t"<<u<<endl;
      }
    }
```

```
        outfile. close();
        return 0;
    }
```

(2) 用与(1)相同的方法，画出球域内解(式(8.88))的图像，这时要求 $r < a$，$r_0 < a$。利用程序 10 画出球域内点电荷的电势分布，如图 8.11 所示。

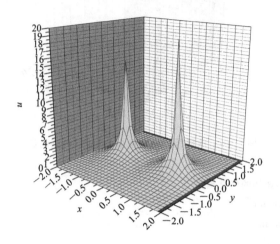

图 8.11　球域内点电荷的电势分布(格林函数)

程序 10

```
//点电荷在导体球内的格林函数
#include <iostream>
#include <fstream>
#include <cmath>
using namespace std;

const double a=2.0, r0=1.0, q=1.0;          //a 为半径，r0 为点电荷

int main()
{
    ofstream outfile("insideGreen. dat");
    double u = 0.0;
    for(double x=-2.; x<2.001; x+=0.01)
    {
        if(abs(x) < 1e-8)
            continue;
        for(double y=-2.; y<2.001; y+=0.01)
        {
            double cta = atan(y/x);          //r 与 r0 的夹角
            double r = sqrt(x * x + y * y);
            double rr=a/r0;
            double u1 = q/sqrt(r0 * r0 - 2 * r0 * r * cos(cta) + r * r);
            double u2 = q * rr/sqrt((a * rr) * (a * rr) - 2 * a * rr * r * cos(cta) + r * r);
```

```
        if(r < 2. )
          u = u1 − u2;
        outfile<<x<<"\t"<<y<<"\t"<<u<<endl;
      }
    }
    outfile. close();
    return 0;
  }
```

　　总之，充分利用数值计算技术，通过数学物理方程计算实例的可视化分析，是突破数学物理方法课程难点学习的有效途径，这不仅有助于读者加深所学知识的理解，而且能够提高读者的学习兴趣及解决实际问题的能力，以便更快地掌握与前沿科学密切相关的知识和技能。

8.5　本 章 小 结

　　本章中，针对数学物理方程求解的典型问题，特别是在电磁场分析中的应用问题，给出了计算机可视化编程计算和分析，具体包括以下内容：

1. 分离变量法的可视化计算

（1）矩形区泊松方程的求解。

（2）直角坐标系下的分离变量法在电磁场中的应用。

2. 特殊函数的应用

（1）平面波展开为柱面波的叠加。

（2）平面波展开为球面波的叠加。

（3）特殊函数在波动问题中的应用。

（4）球体雷达散射截面的解析解。

　　另外，还介绍了积分变换法和格林函数的可视化计算。

参 考 文 献

[1] 梁昆淼. 数学物理方法[M]. 4 版. 北京:高等教育出版社,2010.

[2] 郭敦仁. 数学物理方法[M]. 2 版. 北京:人民教育出版社,1978.

[3] 王一平,周邦寅,李立. 数学物理方程[M]. 2 版. 北京:电子工业出版社,2005.

[4] 胡嗣柱,倪光炯. 数学物理方法[M]. 2 版. 北京:高等教育出版社,2002.

[5] 姚端正. 数学物理方法[M]. 3 版. 北京:科学出版社,2010.

[6] 王一平,陈逢时,付德民. 数学物理方法[M]. 2 版. 北京:电子工业出版社,1993.

[7] 程建春. 数学物理方程及其近似方法[M]. 北京:科学出版社,2004.

[8] 杨华军. 数学物理方法与计算机仿真[M]. 北京:电子工业出版社,2005.

[9] 彭芳麟. 数学物理方程的 MATLAB 解法与可视化[M]. 北京:清华大学出版社,2004.

[10] 王元明. 数学物理方程与特殊函数[M]. 4 版. 北京:高等教育出版社,2012.

[11] 刘连寿,王正清. 数学物理方法[M]. 3 版. 北京:高等教育出版社,2011.

[12] 石丸. 随机介质中波的传播和散射[M]. 北京:科学出版社,1986.

[13] 邵惠民. 数学物理方法[M]. 2 版. 北京:科学出版社,2010.

[14] 谭浩强. C 程序设计[M]. 4 版. 北京:清华大学出版社,2010.

[15] 郗亚辉,徐建民,陈向阳. C++程序设计基础教程[M]. 北京:北京大学出版社,2011.

[16] 阮颖铮. 雷达截面与隐身技术[M]. 北京:国防工业出版社,1998.

[17] 李柱贞. 雷达散射截面常用计算法[M]. 内部交流专刊,1981.

[18] Julius Adams Stratton. Electromagnetic Theory[M]. Wiley – IEEE, 2007.

[19] Asmar N H. Partial differential equations with Fourier series and boundary value problems[M]. 2nd ed. 北京:机械工业出版社,2005.

[20] Jackson J D. Classical electrodynamics[M]. 3rd ed. 北京:高等教育出版社,2004.

[21] Folland G B. Fourier analysis and its applications[M]. American Mathematical Society,2009.

[22] William Hayt,John Buck. Engineering Electromagnetics[M]. 8th ed. McGraw – Hill Education, 2011.

[23] Bohren C F,Huffman D R. Absorption and Scattering of Light by Small Particles [M]. Wiley – VCH, 1998.

[24] Xu Y L. Electromagnetic scattering by an aggregate of spheres:Far field[J]. APPLIED OPTICS, 1997, Vol. 36, No. 36:9494 – 9508.

[25] 拜伦 F W,富勒 R W. 物理学中的数学方法(Ⅰ)(Ⅱ)[M]. 北京:科学出版社,1982.

[26] 姚端正. 数学物理方法学习指导[M]. 北京:科学出版社,2003.

[27] 胡嗣柱,徐建军. 数学物理方法解题指导[M]. 北京:高等教育出版社,1997.